欧洲联盟 Asia-Link 资助项目

可 持 续 建 筑 系 列 教 材

张国强　尚守平　徐　峰　主编

室内空气品质

Indoor Air Quality

张　泉　王　怡　谢更新　张国强　等编著

杨旭东　朱　能　主审

U0284714

中国建筑工业出版社

图书在版编目(CIP)数据

室内空气品质/张泉等编著. —北京:中国建筑工业
出版社,2012.4
(可持续建筑系列教材)
ISBN 978-7-112-13984-2

Ⅰ.①室… Ⅱ.①张… Ⅲ.①室内空气—环境空
气质量 Ⅳ.①X831

中国版本图书馆 CIP 数据核字(2012)第 012633 号

责任编辑:姚荣华 张文胜
责任设计:董建平
责任校对:张 颖 关 健

可持续建筑系列教材

张国强 尚守平 徐 峰 主编

室内空气品质
Indoor Air Quality

张 泉 王 怡 谢更新 张国强 等编著

杨旭东 朱 能 主审

*

中国建筑工业出版社出版、发行(北京西郊百万庄)
各地新华书店、建筑书店经销
北京永峥排版公司制版
北京市书林印刷有限公司印刷

*

开本:787×1092 毫米 1/16 印张:21½ 字数:532 千字
2012 年 5 月第一版 2012 年 5 月第一次印刷
定价:43.00 元
ISBN 978-7-112-13984-2
(22014)

可持续建筑系列教材
指导与审查委员会

可持续建筑系列教材
编委会

可持续建筑系列教材
参加编审单位

Aalborg University

Bahrati Vidyapeeth University

Brunel University

Careige Mellon University

广东工业大学

广州大学

大连理工大学

上海交通大学

上海建筑科学研究院

长沙理工大学

中国社会科学院古代史研究所

中国建筑科学研究院

中国建筑西北设计研究院

中国建筑设计研究院

中国建筑股份有限公司

中国联合工程公司上海设计分院

天津大学

中南大学

中南林业科技大学

东华大学

东南大学

兰州大学

北京科技大学

华中科技大学

华中师范大学

华南理工大学

西北工业大学

西安工程大学

西安建筑科技大学

西南交通大学

同济大学

沈阳建筑大学

武汉大学

武汉工程大学

武汉科技学院

河南科技大学

哈尔滨工业大学

贵州大学

重庆大学

南华大学

香港大学

浙江理工大学

桂林电子科技大学

清华大学

湖南大学

湖南工业大学

湖南工程学院

湖南科技大学

湖南城市学院

湖南省电力设计研究院

湘潭大学

总　序

我国城镇和农村建设持续增长，未来 15 年内城镇新建的建筑总面积将达到 100～150 亿 m^2，为目前全国城镇已有建筑面积的 65%～90%。建筑物消耗全社会大约 30%～40% 的能源和材料，同时对环境也产生很大的影响，这就要求我们必须选择更为有利的可持续发展模式。2004 年开始，中央领导多次强调鼓励建设"节能省地型"住宅和公共建筑；建设部颁发了"关于发展节能省地型住宅和公共建筑的指导意见"；2005 年，国家中长期科学与技术发展规划纲要目录(2006～2020 年)中，"建筑节能与绿色建筑""改善人居环境"作为优先主题列入了"城镇化与城市发展"重点领域。2007 年，"节能减排"成为国家重要策略，建筑节能是其中的重要组成部分。

巨大的建设量，是土木建筑领域技术人员面临的施展才华的机遇，但也是对传统土木建筑学科专业的极大挑战。以节能、节材、节水和节地以及减少建筑对环境的影响为主要内容的建筑可持续性能，成为新时期必须与建筑空间功能同时实现的新目标。为了实现建筑的可持续性能，需要出台新的政策和标准，需要生产新的设备材料，需要改善设计建造技术，而从长远看，这些工作都依赖于第一步——可持续建筑理念和技术的教育，即以可持续建筑相关的教育内容充实完善现有土木建筑教育体系。

随着能源危机的加剧和生态环境的急剧恶化，发达国家越来越重视可持续建筑的教育。考虑到国家建设发展现状，我国比世界上任何其他国家都更加需要进行可持续建筑教育，需要建立可持续建筑教育体系。该项工作的第一步就是编写系统的可持续建筑教材。

为此，湖南大学课题组从我本人在 2002 年获得教育部"高等学校青年教师教学科研奖励计划项目"资助开始，就锲而不舍地从事该方面的工作。2004 年，作为负责单位，联合丹麦 Aalborg 大学、英国 Brunel 大学、印度 Bharati Vidyapeeth 大学，成功申请了欧盟 Asia-Link 项目"跨学科的可持续建筑课程与教育体系"。项目最重要的成果之一就是出版一本中英文双语的"可持续建筑技术"教材，该项目为我国发展自己的可持续建筑教育体系提供了一个极好的契机。

按照项目要求，我们依次进行了社会需求调查、土木建筑教育体系现状分析、可持续建筑教育体系构建和教材编写、试验教学和完善、同行研讨和推广等步骤，于 2007 年底顺利完成项目，项目技术成果已经获得欧盟的高度评价。《可持续建筑技术》教材作为项目主要成果，经历了由薄到厚，又厚到薄的发展过程，成为对我国和其他国家土木建筑领域学生进行可持续建筑基本知识教育的完整的教材。

对我国建筑教育现状调查发现，大部分土木建筑领域的专业技术人员和学生明白可持续建筑的基本概念和需求；通过调查 10 所高校的课程设置发现，在建筑学、城市规划、土木工程和建筑环境与设备工程 4 个专业中，与可持续建筑相关的本科生和研究生课程平均多达 20 余门，其中，除土木工程专业设置的相关课程较少外，其余三个专业正在大量增设该方面的课程。被调查人员大部分认为，缺乏系统的教材和先进的教学方法是目前可持续建筑教育发展的最大障碍。

基于调查和与众多合作院校师生们的交流分析，我们将课题组三年研究压缩成一本教材中的最新技术内容，重新进行整合，编写成为 12 本的可持续建筑系列教材。这些教材包括新的建筑设计模式、可持续规划方法、可持续施工方法、建筑能源环境模拟技术、室内环境与健康以及可持续的结构、材料和设备系统等，从构架上基本上能够满足土木建筑相关专业学科本科生和研究生对可持续建筑教育的需求。

本套教材是来自 51 所国内外大学和研究院所的 100 余位教授和研究生 3 年多时间集体劳动的结晶。感谢编写教材的师生们的努力工作，感谢审阅教材的专家教授付出的辛勤劳动，感谢欧盟、国家教育部、国家科技部、国家基金委、湖南省科技厅、湖南省建设厅、湖南省教育厅给予的相关教学科研项目资助，感谢中国建筑工业出版社领导和编辑们的大力支持，感谢对我们工作给予关心和支持的前辈、领导、同事和朋友们，特别感谢湖南大学领导刘克利教授、钟志华院士、章兢教授对项目工作的大力支持和指导，感谢中国建筑工业出版社沈元勤总编和张惠珍副总编，使得这套教材在我国建设事业发展的高峰时期得以适时出版！

由于工作量浩大，作者水平有限，敬请广大读者批评指正，并提出好的建议，以利再版时完善。

张国强
2008 年 6 月于岳麓山

前　　言

本书是欧盟项目 Asia－Link 项目"跨学科的可持续建筑课程与教育体系"的研究成果，部分内容还得到"863"项目［SQ2011GX01D04276］、国家自然科学基金项目［50078020］、科技部"十一五"科技支撑计划项目［2006BAJ02A08］、［2006BAJ02A10］、教育部博士点基金项目［20090161110016］、教育部新世纪优秀人才支持计划［NCET－07－0271］、［NCET－08－0181］、广东省产学研项目［2008B090500232］、教育部重点项目（教技司［2008］226 号）、湖南省杰出青年基金［11EB006］、湖南省环境保护厅（湘财建指［2010］175 号）等项目资助。本书适合作为本科生和研究生教材以及作为对室内空气品质研究和实践人员参考书。

第一章概述全书的主要内容，包括室内空气污染严重性、污染物的来源、控制方法及对未来发展的展望。第二章系统阐述室内空气品质对健康的影响，其中包括室内化学污染物、微生物、颗粒物主要特性以及对人体健康影响与评价方法。第三章描述室内空气品质的主观、客观评价方法。第四章讲述室内空气品质的主要影响因素，包括室内环境、空调设备、建筑装饰材料和室内人员的活动等。第五章系统阐述室内化学污染物散发过程的模型及其解析解和数值解的方法。第六章阐述颗粒物和微生物传递和散发模型与规律。第七章介绍室内和建筑材料中主要污染物的检测方法及常用仪器设备。第八章讲述建筑通风、室内防潮与除湿、室内化学污染及生物污染的主要控制方法。在附录部分给出了室内品质规范限值及国际相关机构的网址。

本书由湖南大学、西安建筑科技大学牵头，在中南大学、大连理工大学、同济大学、湖南工业大学、南华大学、广州工业大学、华中师范大学、武汉科技学院、东华大学、上海建筑科学研究院、中国建筑设计研究院、美国 Careige Mellon 大学等单位的共同努力下，历时四年而完成的集体劳动的成果。参加编著的人员及承担的章节如下：

第一章由湖南大学的张泉、张国强、谢更新、曾丽萍编写；

第二章的第一节由湖南大学的陈小开、张泉、张国强、谢更新编写；第二节、第三节由湖南工业大学的刘建龙、华中师范大学的杨旭编写；第四节由湖南大学的张国强、张泉、谢更新、陈小开及华中师范大学的杨旭编写。

第三章的第一节、第二节由同济大学的高乃平及湖南工业大学的刘建龙编写；第三节由刘建龙承担。

第四章的第一节由西安建筑科技大学的王怡负责；第二节由南华大学的张杰编写；第三节和第四节由中南大学的李立清编写。

第五章的第一～五节由大连理工大学的张腾飞和湖南大学的张泉、谢更新、张国强编写；第六节、第七节由湖南大学的张泉、张国强、谢更新和美国 Careige Mellon 大学的余跃滨编写。

第六章的第一节由南华大学的张杰编写；第二节由南华大学的张杰和湖南大学的

谢更新、张国强、张泉、田利伟编写；第三节由南华大学的张杰和东华大学的亢燕铭编写；第四节由武汉纺织大学的程向东和大连理工大学的卢振编写。

第七章的第一～三节由湖南大学的陈小开、张泉、张国强、谢更新和中国建筑设计研究院的郝俊红编写；第四节由武汉纺织大学的程向东编写；第五节由上海建筑科学研究院的李景广和南华大学的熊军编写；第六节由湖南大学的张泉、张国强、谢更新和南华大学的熊军编写。

第八章的第一～四节由西安建筑科技大学的王怡编写；第五～七节由广东工业大学的李志生编写。

附录由湖南大学的陈小开、谢更新、张泉、张国强完成。

全书由张泉、王怡、谢更新、张国强统稿。清华大学杨旭东教授、天津大学朱能教授主审。

湖南大学从 2000 年开始进行室内空气品质相关的研究工作，进入研究团队的研究生们为本书的编写作了大量的前期工作，在此特别表示感谢，这些研究生包括熊志明、刘学艳、阳丽娜、郑聪、袁昊、张帆、邓天福、王骏顺、史彦丽、王科、方标、曾雯等。

由于室内空气品质是多门学科的交叉领域，涉及化学、物理、传热学、流体力学等多门学科的专业知识，而作者水平有限，缺点和错误在所难免，敬请有关专家和读者批评指正，以利再版时完善。

作者

2011 年 8 月

目 录

13

第一章 绪 论

　　室内环境是指采用天然材料或人工材料围隔而成的小空间，是与外界大环境相对分隔而成的小环境。最重要和最普遍的室内环境是建筑室内环境。随着经济发展和人们生活水平的提高，城市居民有80%以上的时间在室内度过，室内空气品质不仅影响人体舒适和健康，而且对室内人员的工作效率有着显著影响，室内空气品质相关问题越来越被人们所关注。在传统建筑中，人们常采用将室外空气引入室内的通风方式，来改善室内热舒适条件及空气品质IAQ（Indoor Air Quality）。随着采暖空调系统的广泛使用，人们获得了冬暖夏凉的室内环境。出于对采暖空调系统节能的考虑，人们开始提高建筑物围护结构热工性能和建筑密封程度，以减少通过围护结构的传热量；同时降低室内最小新风量标准，以减少室外空气进入室内带来的冷热负荷，导致室内污染物得不到新风稀释而浓度升高。

　　美国专家研究表明，在许多民用和商用建筑中，室内空气污染程度是室外的2～5倍，室内有11种有毒化学物质浓度高于室外，其中6种是致癌物质。美国将室内空气污染归为危害公共健康的5大环境因素之一。室内空气品质的恶化会引发病态建筑综合症（SBS）、与建筑有关的疾病（BRI）、多种化学污染物过敏症（MCS），以致长期在室内工作的人出现头晕、恶心、胸闷、乏力、皮肤干燥、嗜睡、烦躁等症状。根据世界卫生组织WHO（World Health Organization）的资料，目前世界上有近30%的建筑物是病态建筑，大约有20%～30%的办公室人员常被SBS症状所困扰。根据美国环境保护署（EPA）统计，美国每年因室内空气品质低劣所造成的直接经济损失高达400多亿美元，全球每年因IAQ问题造成的病态建筑综合症使生产效率下降了2.8%～11%。早在20世纪90年代，欧美发达国家已制定了室内环境质量的相应标准。德国、英国、美国、加拿大和芬兰等许多发达国家，为了改善居民的生活质量、防止室内环境的污染，开展了大量的相关研究。

　　世界卫生组织和联合国计划开发署联合声明：在发展中国家每年有160万人死于室内空气污染，发展中国家的室内空气污染状况比发达国家严重。而我国室内空气品质问题更为严重，主要原因在于：新建建筑每年超过10亿m^2，散发有害物质的建材充斥市场；农村的生活燃料大多以薪柴和秸秆、煤燃烧为主，炉灶以直接燃烧的方式提供热能，不仅能耗高，而且严重地污染室内空气环境；我国是世界上最大的烟草生产国和消费国，全世界11亿烟民中，我国约有3.5亿，香烟烟雾中，有上千种化学物质，其中60种已被证明或被怀疑对人体有致癌作用，人们在居室、办公室、公共场所等室内环境主动、被动吸烟亦成为普遍现象。

　　室内空气品质的改善和控制成为我国政府官员、研究人员和公众普遍关注的问题。2001年，温家宝同志曾批示"此事关系居民身体健康，应引起重视"；2005年，温家

1

宝总理在政府工作报告中再次提出"让人民群众喝上干净的水，呼吸上清新的空气"。2003 年 3 月，由国家环保总局、卫生部等部门制定的《室内空气质量标准》GB/T18883—2002 开始实施，该标准与国家有关部门发布的《民用建筑室内环境污染控制规范》、《室内装饰装修材料有害物质限量标准》等标准共同构成了比较完整的室内环境污染控制和评价体系，为室内空气污染的评价与控制提供了依据。

一、室内空气品质的定义

丹麦的 P. O. Fanger 教授，在 1989 年空气品质会议上提出了室内空气品质的定义：空气品质反映了满足人们要求的程度，如果人们对空气满意就是高品质，反之就是低品质。英国的 CIBSE（Chartered Institute of Building Services Engineers）认为如果室内少于 50%的人感觉到气味，少于 20%的人感觉到不舒服，少于 10%的人感觉到黏膜刺激，而且在不足 2%的时间内，少于 5%的人感到烦躁，则可认为此时的室内空气品质可接受。这两种定义都将室内空气品质完全变成了人的主观感受。ASHRAE（American Society of Heating, Refrigerating and Air Conditioning Engineering）在其标准 62 - 1989R 中，提出了"可接受的室内空气品质"（Acceptable indoor air quality）和"感受到的可接受的室内空气品质"（Acceptable perceived indoor air quality）等概念。可接受的室内空气品质的概念是：空调房间中绝大多数人没有对室内空气不满意，并且空气中没有已知的污染物达到了可能对人体健康产生严重威胁的浓度；感受到的可接受的室内空气品质的概念是：空调房间中绝大多数人没有因为气味或刺激而表示不满，在这一标准中，考虑到客观指标和人的主观感受两方面的内容，最近正在制订的国际标准 ISO - DIS - 16814 也采用了这个定义。目前各种室内空气品质的定义仍存在偏差，但基本上都认同 ASHRAE62 - 1989R 中提出的概念。该标准几乎被所有的建筑法规所采用，也被绝大多数工程师作为通风空调系统的设计基础。

二、污染物种类及研究进展概况

1. 污染源

室内空气污染源来源于四个方面：①建筑材料、装修装饰材料和家具；②室内人员及其活动；③暖通空调设备及系统；④室外环境。通过调查测试，总结出 4 类典型室内污染源及影响程度（比例）：抽烟者（25%）、非抽烟者（12%）、室内建材和家具（20%）、空调送风系统（43%）。室内污染源及其主要污染物示意图如图 1 - 1 所示。

室内装修、装饰使用的各种涂料、油漆、墙布、胶粘剂、人造板材、大理石、地板以及新购买的家具等，都会散发出甲醛、苯、甲苯、二甲苯、总挥发性有机物（TVOC）、氨、放射性气体氡等。由于化学污染物具有长期性（如建材中的甲醛释放期长达 3 ~ 15 年，甚至还会更长时间）和隐蔽性（一般有些污染物在超过国家标准 2 ~ 3 倍以下时，人体从感官上对其感觉不明显），因此，人长期处于化学污染物污染的环境下危害最大。

根据世界资源研究所等国际组织的评估，全球约有 30 亿人的家庭用能依赖于薪柴、秸秆、畜粪等生物质燃料以及煤炭的燃烧，占到发展中国家家庭能源消耗的一半，在某些贫困国家甚至高达95%；我国有9亿农村人口的生活燃料多采用木炭和树枝、干草和秸秆等，且没有任何处理排放物的措施，每年开发利用量约合2亿多吨标准煤，农村薪柴和秸秆燃烧占到家庭用能总消费量的55.17%，在我国西藏农村地区，生物质燃料甚至占到农村家庭用能95.2%，而且生物质如卷烟一样在不完全燃烧时会产生有机物，这些有机物会附着在颗粒物上进入人体。

吸烟是室内最严重的污染源之一。据测定，在居室内吸一支香烟产生的污染物对人体的危害比马路上一辆行驶的汽车排放的污染物对人体的危害更大。吸烟者吐出的烟雾中主要含有一氧化碳、氮氧化合物、烷烃、烯烃、芳烃、含氟烃、硫化氢、氨、亚硝胺等，这些有害气体对人体的肺及支气管黏膜的纤毛上皮细胞有严重的损害作用。所以，吸烟不仅危害吸烟者本人，而且对周围的人也造成危害。据统计，在吸烟家庭中儿童患呼吸道疾病的人比不吸烟家庭中的儿童多10%～20%。

空调系统是目前改善室内热湿环境以及空气品质的主要方式，但是，维护不当也将成为室内空气污染的主要来源。美国国家职业安全与卫生研究所（NIOSH）对529栋建筑物进行评估的结果表明，其中280栋建筑物通风不合格，占调查总数的53%。空调系统所产生的污染物及其原因如表1-1所示。

空调系统所产生的污染物　　　　　　　　　　表1-1

	过滤器	换热器	通风管道	冷却塔
污染物	颗粒物、微生物	气溶胶、真菌	挥发性有机污染物（VOCs）	细菌、霉菌、气溶胶等
原因	①颗粒物积聚达到极限时，或因滤料压差过大击穿滤料；②在通风系统关闭后，颗粒物吸收的气态污染物就扩散到过滤器表面；③只要环境适宜，微生物就会在过滤器上生长；④过滤器受潮后微生物穿透过滤器生长	盘管上冷凝膜的存在会阻留气溶胶，盘管凝水盘的滞水会产生藻类，而产生的代谢产物，如真菌类，会产生刺激、过敏性臭味；微生物物质的沉积生长会影响空调能效	风管散发的VOCs通常只占室内VOCs浓度的几个百分点。但进入机械通风建筑物内的大部分新风都要通过送风管	在冷却塔内孳生的各种细菌、霉菌以及可溶性固体在空气中易于形成气溶胶，这些含菌空气或混入新风进入空调室内或通过人体带菌、门窗的缝隙等进入室内

我国电力、冶金和石化等工业的蓬勃发展以及机动车数量的剧增，给我国造成了巨大的环境压力。我国一次能源生产和消费的结构均以煤为主，占到大约70%，每年约有10亿吨煤用于直接燃烧，主要用于燃煤电厂、工业锅炉和窑炉、生活用煤等。其中工业锅炉（不含电站锅炉）耗煤占我国直接燃煤总量的1/3以上，每年排放的粉尘近400万t。我国煤中灰分高，一般在15%～25%之间，有的煤的灰分甚至能达到40%。尽管许多锅炉都装配了各类除尘器，并且电除尘器的效率可高达99%以上，但电除尘器对0.1～1μm的粒子的捕集效率是很低的，而这部分粒子的来源主要是煤燃烧中无机组分的气化和凝结形成。因此，逃逸出电除尘器的粒子恰恰是富集有大量有

毒元素的粒子。而重力、惯性和旋风等其他除尘器，由于较低的除尘效率，排放出的粒子对环境和健康具有更大的危害。

2005 年，我国汽车总需求量超过了日本，成为全球第二大汽车消费国。机动车排放出的一氧化碳、碳氢化合物、氮氧化物等能诱发人体疾病和造成光化学烟雾的污染物。而且由于我国机动车生产技术低于世界水平、尾气控制技术较差，单车污染物排放比发达国家高 5 ~ 6 倍，致使我国城市污染中的 70% 来自机动车尾气，因此治理我国机动车尾气污染是迫在眉睫的任务。室外空气在没有工业污染的情况下，主要受交通车辆散发的污染气体影响，交通车辆散发的污染量与车型、车龄、车速、燃料与燃烧条件以及散发过程等有关；农村地区，主要是夏秋收获秸秆野外无序焚烧现象十分普遍，导致空气中灰尘、颗粒物和其他污染物的浓度急剧增加，空气质量下降。

室外空气污染经过建筑物的缝隙进入室内，影响室内空气品质。室外空气污染对室内空气品质影响与建筑层数相关，离地面越高，室内污染程度越低。美国 ASHRAE Standard 62 - 1999 对空调用室外新风有明确规定，如室外污染物浓度超过室内控制指标，引入新风不仅不能稀释室内污染物，还将恶化室内空气品质。ASHRAE62.1 - 2004 对空调系统的室外新风进风量的计算方法进行了全面彻底的修改，并且提供了一套完整的计算公式与数据表。

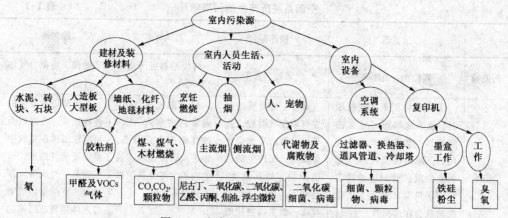

图 1-1　室内主要的污染源及污染物

2. 污染物种类

室内污染物主要包括室内挥发性有机污染物（Volatile Organic Compounds - VOCs）、室内颗粒污染物、室内微生物污染物、氡等。

（1）挥发性有机污染物　VOCs 是产生病态建筑综合症的主要因素，在非工业环境中，VOCs 通常是空气中的重要污染源。过去 10 年中，在发达国家，不同领域的研究人员对解决建材中 VOCs 的散发而产生室内空气污染的问题作了很大的努力，但是仅在很少结论上达成共识，如室内环境中存在 VOCs、VOCs 对人体健康有害、许多建筑材料和产品都散发 VOCs。而在其他细节方面，如 VOCs 如何影响人体健康和生产率、材料散发特性及其确定方法、影响 VOCs 散发的因素、如何减少 VOCs 对人体健康的负面影响等方面，研究结果并不一致。在发达国家，这方面的研究方兴未艾，而在中国，这方面的研究刚刚开始。

（2）室内颗粒污染物 越来越多的资料显示，人体患呼吸道疾病、心血管疾病和癌症等健康问题与空气中的颗粒物污染密切相关。颗粒物中空气动力学当量直径小于 10μm 的可吸入颗粒物（PM10），能够进入人体的上下呼吸道，更细小颗粒（PM2.5 和 PM0.1）可深入肺部发生沉积，甚至通过肺泡进入血液循环（见图 1-2）。同时，颗粒物上很可能富集重金属、酸性氧化物、有机污染物，也可能是细菌和真菌载体，对人体危害极大。

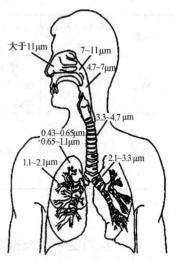

图 1-2 颗粒物粘附在人体器官内部的粒径分布

室内颗粒物包括：来自室外大气悬浮颗粒物、通过建筑围护结构向室内穿透的颗粒物、在室内各表面沉降的颗粒物、居民日常生活行为所产生的颗粒物以及来自 HVAC 系统的颗粒物。

颗粒能够通过建筑结构的缝隙或者门、窗等进入室内，粒径在 0.1～1.0μm 的颗粒穿透性能最强，其穿透因子近似为 1。颗粒沉降是颗粒物最重要的动力学行为，颗粒物在布朗扩散、紊流扩散、重力沉积机理的作用下而沉降，颗粒沉降还与颗粒尺寸、特性以及沉降的表面特性有关，这些成为研究室内颗粒物分布和运动的主要难点。颗粒沉降分析常采用理论及模拟仿真的方法，数值模拟方法目前采用 Euler 和 Lagrange 方法，而混合长度理论是基于湍流边界层理论及各向同性湍流的假设，有一定局限性。

（3）室内环境生物污染 生物污染物就是通常所说的空气微生物，室内环境中常见微生物如表 1-2 所示，它是引发各种中毒、感染和过敏疾病的主要原因之一。其来源于死的或活的有机体，分布很广，在一般条件下，空调过滤器的真菌可达 10^3～10^4 cfu/cm^2，受污染的内墙表面超过 10^3 cfu/cm^2，家庭生活垃圾中的空气中细菌为 10^7 cfu/m^3。室内的人群的聚集程度越高，空气微生物的浓度越大；空气温度和相对湿度通过影响微生物的生长繁殖而改变微生物在空气中的浓度，室内相对湿度越高，空气中微生物浓度水平越高；光照对空气中细菌有明显的杀灭作用，其杀灭效果取决于光的强度、光谱特征、微生物种类和粒子大小，如：夏季的光辐射最强，空气中细菌浓度最低。

国内的室内生物污染研究与国外相比有较大差距，国内研究多数是空气中的细菌浓度、真菌浓度、种类等，而室内生物气溶胶污染与疾病的关系、影响室内空气生物气溶胶污染的因素和相关的基础研究、控制室内生物气溶胶污染的方法等研究较少，有的几乎没有开展。

（4）室内氡污染 氡气的主要来源是放射性建筑材料，如花岗石、水泥及石膏等，特别是含有微量铀元素的花岗石，易释放出这种气体。当室内空气中的氡气浓度低于建筑结构中所含氡气浓度时，建筑物中的氡便向室内空气中扩散出氡气及其子体，放射出对人体有害的射线。

常见室内环境中的微生物 表 1-2

名 称	大小	形状	特 征	存在场所
细菌	0.4~4.0μm (∅)	球状、杆状、螺旋状	多为单细胞原核微生物	自然界分布广泛
病毒	16.5~300 nm（V）	棒杆状、蝌蚪状、丝状	非细胞结构微生物，没有生命特征，以核酸复制方式繁殖新病毒	主要寄生在人类、动植物及微生物细胞内
真菌	(2~3)μm×(1~10)	丝状	真核微生物	分布极广，以孢子和菌丝形式广泛分布在土、水、气及生物表体内

三、室内空气品质控制方法

1. 污染源控制

室内气态污染主要是由建筑材料、清洗剂、地毯、家具油漆等散发的 VOCs，吸烟、烹饪过程中烟雾颗粒以及燃烧过程产生的 CO。微生物污染物有细菌、真菌以及过滤性病毒。要控制室内污染源，需从源头抓起。例如：

（1）严格控制使用散发污染物的建筑装饰材料，需要进行材料标识研究，必要时需对污染高的材料进行预处理；

（2）隔离产生污染物的空间（如复印机、蓄电池等），防止污染空气在建筑物内扩散和蔓延；

（3）定期清洗或更换空调系统的易污染部件，如过滤器、消声器、表冷器等，及时排除凝结水，保持干燥，以免滋生繁衍细菌；

（4）在农村使用传统的煤和生物质燃料时，可以对"燃料—炉具—住房—行为"模式进行调整，有利于减少污染暴露，如房型设计时将厨卧分离、改进炉具的排烟设计等。

2. 通风稀释

加强通风换气，用室外新鲜空气来稀释室内空气污染物，从而改善室内空气品质，是最为方便、经济的方法。在减少能耗和提高室内空气品质的目标下，自然通风既能有效改善室内热环境，又能保证良好的室内空气品质。然而，对自然通风的利用必须建立在已知室外气候条件及室内自然通风量有效预测的基础上。机械通风方式是对自然通风的有力补充，包括采用自然通风与机械通风方式结合的混合通风模式以及置换通风等新型通风方式。

3. 净化方法

近年来，对室内各种污染物进行净化也是控制室内空气品质的有效途径，主要包括：吸附法、臭氧净化法、静电除尘法、负离子净化法、光触媒法、离子体放电催化空气净化、植物净化法。近年来，光触媒法出现了一些新的发展，如空气触媒法、二氧化钛-活性炭纤维技术、纳米二氧化钛等。随着这些技术的成熟及在净化器中的应用，净化器的市场得到进一步开发。2004 年，日本家用空气净化器市场超过 200 万台；2006 年，国内家用空气净化器产量达到 730 万台，绝大部分供应出口。目前空气净化器在全球大约有 1000 万台的市场容量，其中北美就占了 40%。空气净化器在美国家庭的普及率为 27%，在日本为 17%，而在中国，办公场所和城市家庭的使用才刚刚起步，普及率还不到 0.1%，中国居民对室内空气污染的危害还认识不够。

四、展望

室内空气品质问题近年来已经备受关注，但真正解决问题的路程还相当遥远，面临的困难还相当多。目前应当从以下几个方面入手：

（1）对室内空气品质问题要有科学、全面的认识。室内空气品质是一门跨学科的新兴学科，其研究对象是如何为人员提供可以长时期生活和工作的健康、舒适的室内空气环境。明确了定义、性质、范畴和要求，才能科学有效地展开研究。它不是任何一个或几个现有学科可以解决的问题，它是具有很大发展潜力的学科。在这方面要提倡"百花齐放，百家争鸣"，新的思想、观点会不断涌现，不要急于下结论。

（2）对目前已取得的研究成果要有清楚的认识。如果将研究分成三个阶段：提出问题、认识问题和解决问题，那么国内的许多研究大多还处于"提出问题"阶段，少数研究已进入"认识问题"阶段，总体水平与国外的研究相比，还处于起步阶段。目前已经提出的一些"解决"方法或开发的一些产品，还不能"解决"室内空气品质问题，只能从局部改善"污染"问题。

（3）必须加强多方面、多学科协作。从基础研究和实验开始，首先解决危害机理、检测和评价的标准和手段等关键问题，建立科学的法规体系。主、客观评价法及相关的评价权重系数等数据，只有通过大量的实验才能获得。要避免急功近利的态度，有关部门和企业要投入足够的研究资金。

（4）要坚持科学的态度。对目前存在的室内空气品质问题既不漠然也不夸大。对开发研制的新产品和新技术要给出真实确切的效果参数，并要在实践中检验。

思考题

1. 室内空气品质的定义是什么？如何科学地评价室内空气品质？为什么说室内空气品质的研究具有重要的意义？
2. 室内空气污染的主要来源是什么？污染的主要种类是什么？
3. 室内污染的常用控制方法是什么？
4. 室内空气品质的研究面临的困难及其对策是什么？

参考文献

［1］姚寿广，马哲树，陈宁. 室内空气品质研究现状及发展评述［J］. 华东船舶工业学院学报，

2002，16（3）：21-27.

[2] 凌均成. 室内空气品质研究现状与发展 [J]. 南华大学学报，2006，16（2）：26-19.

[3] 沈晋明. 室内空气品质的评价 [J]. 暖通空调，1997，27（4）：22-25.

[4] 沈晋明. 我国目前室内空气品质改善的对策与措施 [J]. 暖通空调，2002，32（2）：34-37.

[5] 张国强，宋春玲，陈建隆. 挥发性有机化合物对室内空气品质影响研究进展 [J]. 暖通空调，2001，31（6）：25-30.

[6] Yang X, et al. Application of semiconductor gas sensor to IAQ monitoring：ETS and VOC coexisting with ozone [J]. Indoor Air 1996，3：367-372.

[7] Gunnarsen L, The influence of area specific ventilation rate on the emission from construction products [J]. Indoor air 1997，7：116-120.

[8] Knudsen H N, et al. Determination of exposure response relationships for emission from building products [J]. Indoor Air 1998，8：246-275.

[9] 赵彬，陈玖玖，李先庭，陈曦. 室内颗粒物的来源、健康效应及分布运动研究进展 [J]. 环境与健康 2005，22（1）：65-68.

[10] Luo W. Theoretical and experimental studies for particle deposition in respiratory system. [D]. Ph. D. thesis. Dept. of Building and Construction, Royal Institute of Technology, KTH Syd, Stockholm-Haninge, Sweden , 1994，2-25.

[11] Mcdonald B, Ouyang M. Air cleaning - particle sizes [A] In：Indoor air quality handbook [M]. Spengler JD, Mccarthy JF. New York：McGraw-Hill, 2001. 1-28.

[12] Liu D L, Nazaroff W W. Modeling pollutant penetration access building envelopes [J]. Atmospheric Enviroment, 2001，35：4451-4462.

[13] Thatcher T L, Layton D W, Deposition, re-suspension, and penetration of particles within a residence [J]. Atmospheric Evironment, 1995，29：1485-1497.

[14] Lai C K, Nazaroff W W. Modeling indoor particle deposition from turbulent flow onto smooth surface [J]. Aerosol Science. 2000，4：463-476.

[15] 段学军，范晓伟，陈启石. 室内环境生物污染分析与控制 [J]. 中原工学院学报，2005，16（3）：8-11.

[16] 桑稳娇，杨松，高燕，室内空气品质评价方法 [J]. 安全与环境工程，2004，11（4）：26-28.

[17] 赵玉峰. 浅议绿色植物对室内空气污染物的净化作用 [OL]. http：// dgbbs. soufun. com/ 2819090992 ~6~281/62040157_ 62040157. htm.

[18] 张国强，喻李葵，室内装修——谨防人类健康杀手 [M]. 北京：中国建筑工业出版社，2003，7.

[19] 周娟，王仙园，张颖. 空气微生物污染与控制的研究进展 [J]. 护理研究，2007，21（7）：1704-1706.

[20] 袁昊，张泉，张国强. 王科，D. J. Moschandreas. The impact of human motion on TVOCs distribution for three ventilation modes [J]. International Journal of Energy Technology and Policy, 2008，6（5/6）：515-533.

[21] 张泉，张国强. Study on TVOCs concentration distribution and evaluation of inhaled air quality under a re-circulated ventilation system [J]. Building and Environment, 2007，42（3）：1110-1118.

［22］郝芳洲. 农村空气质量不容忽视［J］. 可再生能源, 2005, 122（4）: 6-7.

［23］顾庆平, 高翔, 丁鸥, 余琦, 陈立民. 西藏农村不同燃料利用类型对室内空气污染的影响［J］. 环境科学与技术, 2009, 32（4）, 6-8.

［24］王丹, 屈文军, 曹国良, 张小曳, 车慧正. 秸秆燃烧排放颗粒物的水溶性组分分析及其排放因子［J］. 气溶胶研究, 2007, 5, 31-34.

［25］吕建燚, 李定凯, 吕子安. 燃烧过程颗粒物的形成及我国燃烧源分析［J］. 环境污染治理技术与设备, 2006, 7（5）, 43-47.

［26］陈宇炼, 唐加林, 张敏会, 周闰. 吸烟对室内空气污染的研究［J］. 环境与健康, 2008, 25（12）, 1080-1082.

［27］陈其针, 牛润萍, 王强, 朱佳. 室内空气污染及防治措施［J］. 建筑热能通风空调, 2007, 26（3）, 25-27.

［28］赵彤, 孙江, 刘继凤室内空气污染现状及处理方法的探讨［J］. 环境科学与管理, 2011, 36（6）, 48-50.

［29］封跃鹏, 张太生. 室内空气污染概述［J］. 环境监测管理与技术, 2002, 14（3）, 17-20.

第二章 室内空气品质对健康的影响

第一节 室内空气污染物

世界卫生组织（World Health Organization，WHO）的相关资料表明，因室内环境污染，全球每年死亡人数约达到 280 万。因此，对室内空气污染来源及其性质进行确认，从而为室内空气污染的控制及净化提供了基础。

一、室内空气化学污染物

室内空气中存在 300 多种污染物，其化学污染物主要有甲醛、苯、甲苯、二甲苯、氨气、二氧化硫、二氧化氮、一氧化碳、二氧化碳和总挥发性有机物等。

1. 甲醛

（1）性质

甲醛（Formadehyde）又名蚁醛，分子式为 HCHO，分子量为 30，是由霍夫曼于 1867 年发现的。甲醛是一种挥发性有机化合物原生毒素，无色、具有强烈的刺激性气味，易溶于水、醇、醚，其 35% ~ 40% 的水溶液称为"福尔马林"。常压下，当温度大于 150℃时，甲醛分解为甲醇和 CO；当有紫外光照射时，容易被催化氧化为 H_2O、CO_2。

（2）来源

室内甲醛主要来自装修材料及家具、吸烟、燃烧和烹饪等。室内装修材料（复合地板、胶合板、细木工板、中密度纤维板和刨花板等人造板）在生产时使用胶粘剂（脲醛树脂），其主要成分是甲醛，板材中残留的甲醛会逐渐向周围环境释放，是形成室内空气中甲醛的主体。另外，各类装饰材料及生活用品会释放出甲醛，包括墙纸、室内纺织品、化妆品、清洁剂、防腐剂、油墨等。烟叶和燃料不完全燃烧也会产生甲醛。

甲醛的释放速率与家用物品所含的甲醛量、室内气温、空气湿度、风速、换气次数等因素相关。气温越高，甲醛释放率越快，室内甲醛的浓度就会升高。室内湿度也会影响甲醛的释放量。室内甲醛随季节、时间、温度差（室内温度与室外温度之间的差值）的变化示意图如图 2-1 和图 2-2 所示。

（3）危害

甲醛是一种无色、具有强烈刺激性的有毒气体，被称为室内环境的"第一杀手"，对人体健康危害极大。在我国有毒化学品优先控制名单上甲醛高居第二位，甲醛已经被世界卫生组织确定为致癌和致畸形物质，是公认的变态反应源，也是潜在的强致突变物之一。现代科学研究表明，甲醛对人眼和呼吸系统有强烈的刺激作用，它可以与人体蛋白质结合，其危害与它在空气中的浓度以及接触时间长短息息相关。甲醛对人体的具体毒性作用如表2-1所示。

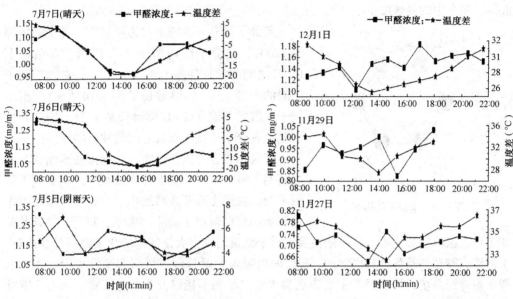

图2-1 夏季甲醛浓度与时间及温差的关系　　图2-2 冬季晴天甲醛浓度与时间及温差的关系

室内甲醛浓度对人体健康的影响 表2-1

甲醛浓度（mg/m³）	症　　状
0.00 ~ 0.588	头痛，眼、呼吸道刺激
0.036 ~ 2.124	对居民区有影响
0.05	脑电图改变
0.06	眼睛刺激
0.06 ~ 0.12	眼、鼻、咽有刺激
0.06 ~ 0.22	嗅觉刺激阈
0.06 ~ 1.8	30 % ~ 50 % 人群有不适感觉
0.06 ~ 1.92	健康成人刺激阈
0.12	上呼吸道刺激阈
0.15	慢性呼吸病增加，肺功能下降
1.0	组织损伤
6.0	肺部刺激
60	肺水肿
120	致死

2. 苯、甲苯

（1）苯

苯（benzene）是最简单的芳烃，分子式为 C_6H_6，分子量为78.11，熔点为5.5℃，沸点为80.1℃，是有机化学工业的基本原料之一，是一种无色、易燃、有特殊气味的液体，在水中的溶解度很小，能与乙醇、乙醚、二硫化碳等有机溶剂混溶。

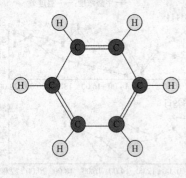

图 2-3　苯分子结构图

苯分子具有平面的正六边形结构，各个键角都是120℃，其分子结构图如2-3所示，六角环上 C—C 之间的键长都是 1.40×10^{-10} m；它既不同于一般的单键（C—C 键键长 1.54×10^{-10} m），也不同于一般的双键（C＝C 键键长是 1.33×10^{-10} m），而是一种介于单键和双键之间的独特的键。

苯属于芳香烃类化合物，是煤焦油蒸馏或石油裂解的产物。苯在工业上的用途很广，主要用于染料工业，农药生产及香料制作的原料等，苯还可作为溶剂和胶粘剂用于造漆、喷漆、制药、制鞋及苯加工业、家具制造业等。苯污染主要来自于建筑装饰中大量使用的化工原料，如涂料、木器漆、胶粘剂及各种有机溶剂。短时间内吸入大量苯蒸气可引起急性中毒，主要麻醉中枢神经系统，症状轻者主要表现为兴奋、步态不稳以及头晕、头痛、恶心、呕吐等，症状重者可出现意识模糊，由浅昏迷进入深昏迷或出现抽搐，甚至导致呼吸、心跳停止。苯还可引起各种类型的白血病，国际癌症研究中心已确认苯为人类强致癌物，专家们称之为"芳香杀手"。

（2）甲苯

甲苯（methylbenzene）属芳香烃，分子式为 C_7H_8，分子量为92.1，沸点为110.8℃，凝固点为 -95℃，密度为0.866g/cm^3，为无色透明液体，有类似苯的芳香气味。甲苯不溶于水，可混溶于苯、醇、醚等多数有机溶剂。甲苯为一级易燃物，其蒸气与空气可形成爆炸性混合物，遇到明火或者高热极易爆炸，与氧化剂能发生强烈反应。

甲苯是重要的化工原料，也是燃料的重要组分。使用甲苯的工厂、加油站，汽车尾气是主要污染源。室内空气中的甲苯主要来源于一些溶剂、香水、洗涤剂、墙纸、胶粘剂、油漆等。在室内环境中吸烟产生的甲苯量也是十分可观的，据美国环境保护署（EPA）的统计数据显示，无过滤嘴香烟，主流烟中甲苯含量大约 $100 \sim 200\mu g$，侧/主流烟（主流烟指吸烟者吸入口内的烟，侧流烟指点燃烟草时外冒的烟）甲苯浓度比值为 $1:3$。甲苯毒性小于苯，但刺激症状比苯严重，吸入可出现咽喉刺痛感、发痒和灼烧感；刺激眼黏膜，可引起流泪、发红、充血；溅在皮肤上局部可出现发红、刺痛及疱疹等。重度甲苯中毒后，或呈兴奋状、躁动不安、哭笑无常；或呈压抑状、嗜睡等，严重的会出现虚脱、昏迷。

3. 挥发性有机化合物

（1）特性及分类

挥发性有机化合物（Volatile Organic Compounds）是指环境监测中以氢焰离子检测器测出的非甲烷烃类检出物的总称，其中包括碳氢化合物、有机卤化物、有机硫化物、羰基化合物、有机酸和有机过氧化物等，其沸点一般在 50～100℃，240～260℃之间，是一类重要的室内空气污染物。室内挥发性有机化合物各自单独存在的浓度低且种类繁多，一般不逐个分别表示，总称为 VOCs，并以 TVOC（Total Volatile Organic Compounds）表示其总量。世界卫生组织（WHO，1989）对 TVOC 定义为：熔点低于室温、沸点范围在 50～260℃之间的挥发有机化合物的总称，并根据其挥发性，将 TVOC 分成四类，如表 2-2 所示。

总挥发性有机化合物的分类   表 2-2

分　类	缩写	沸点范围 （℃）	蒸气压力 （kPa）	刺激阈值 （μg/m³）	气味阈值 （μg/m³）
易挥发性有机物	VVOCs	<50～100			
挥发性有机物	VOCs	50～100	$>10^{-2}$		
半挥发性有机物	SVOCs	50～100	$10^{-2}～10^{-8}$	$1～10^{-6}$	$0.1～10^{5}$
包含特殊有机物的 VOC	POM	240～260、>380			

（2）来源

建筑中的 VOCs 主要来源于建筑材料和装饰材料，归纳起来，室内空气中的 VOCs 主要来源于以下几种：

1）建筑材料：人造板、泡沫隔热材料、塑料板材等；

2）室内装饰材料：壁纸、油漆、含水涂料、胶粘剂、其他装饰品等；

3）纤维材料：地毯、挂毯和化纤窗帘等；

4）生活用品：化妆品、洗涤剂、杀虫剂等；

5）办公设备：复印机、打印机等；

6）家用燃料和烟叶的不完全燃烧；

7）人类的活动。

目前，我国市场上出售的 1000 多种装修材料中，化学材料所占的比重相当大，如各种涂料（油漆、乳胶漆等）、喷塑、墙纸、屋顶装饰板、胶合板、塑料地板革等，这些都是室内 VOCs 的主要散发源。不同材料散发的 VOCs 量有很大差别，从 0.0004mg/m³ 至 5.2 mg/m³ 不等，如表 2-3 所示。

（3）危害

挥发性有机化合物对人体的呼吸系统、心血管系统及神经系统有较大的影响，甚至有些还会致癌，同时也是造成病态建筑综合症（Sick Building Syndrome）的主要原因。学术界普遍认为，VOCs 能引起人体机体免疫功能的失调，影响人的中枢神经系统功能，表现出头晕、头痛、嗜睡、无力、胸闷等症状；有些还可能影响消化系统，使人出现食欲不振、恶心，严重时可损伤肝和造血系统。各国科学家的研究表明，不同浓度的 TVOC 对人体造成不同的影响，可见表 2-4 和表 2-5。

典型家庭用品和材料中 VOCs 的释放量（中值，μg/g）　　表 2-3

释放的化学物质	化妆品	除臭剂	胶粘剂	涂料	纤维品	润滑剂	油漆	胶带
1，2-二氯乙烷	—	—	0.80	—	—	—	—	3.25
苯	—	—	0.90	0.60	—	0.20	0.90	0.69
四氯化碳	—	—	1.00	—	—	—	—	0.75
氯仿	—	—	0.15	—	0.10	0.20	—	0.05
乙基苯	—	—	—	—	—	—	527.80	0.20
1，8 萜二烯	—	0.40	—	—	—	—	—	—
甲基氯仿	0.20	—	0.40	0.20	0.07	0.50	—	0.10
苯乙烯	1.10	0.15	0.17	5.20	—	12.54	33.50	0.10
四氯乙烯	0.70	—	0.60	—	0.30	0.10	—	0.08
三氯乙烯	1.90	—	0.30	0.09	0.03	0.10	—	0.09
样品数	5	9	98	22	30	23	4	66

不同浓度的 TVOC 对人体的影响　　表 2-4

TVOC 浓度（ppb）	人 体 反 应
<50	没有反应
50～750	可能会引起急躁不安和不舒服
750～6000	可能会引起急躁不安和不舒服、头痛
6000 以上	头痛和其他神经性问题

有机挥发物的致病症状　　表 2-5

影　响	症　状	有机挥发物举例
自律神经障碍	出汗异常、手足发冷、易疲劳	丁醇、甲乙酮、烃类
精神障碍	失眠、烦燥、痴呆、没精神	苯、甲苯、环己酮
末梢精神障碍	运动障碍、四肢末端感觉异常	甲乙酮
呼吸道障碍	喉痛、口干、咳嗽	醋酸丁酯、200 号溶剂
消化器官障碍	腹泻、便秘、恶心	甲醛、200 号溶剂、甲苯、二甲苯
视觉障碍	结膜发炎	醋酸丁酯、醋酸乙酯、甲醛、甲乙酮
免疫系统障碍	皮炎、哮喘、自身免疫病	氯苯、200 号溶剂

挥发性有机化合物危害人体健康，严重影响室内空气质量和大气环境。VOCs在阳光的作用下与大气中氮氧化物、硫化物发生光化学反应，生成毒性更大的二次污染物，形成光化学烟雾。此外，有些挥发到大气中的卤代烃能破坏臭氧层，从而导致太阳的高能紫外线过量到达地面，对人类健康构成威胁。

4. 二氧化碳

二氧化碳（Carbon Dioxide）在常温常压下为无色无味的气体，分子式为CO_2，密度比空气略大，能溶于水，并生成碳酸；相对密度为1.101（$-37℃$），沸点为$-78.5℃$；CO_2分子有16个价电子，基态为线性分子，其碳氧键键长为116pm、介于碳氧双键（乙醛中$C=O$键长为$124×10^{-10}$m）和碳氧三键（CO分子中$C≡O$键长为$112.8×10^{-10}$m）之间，其碳原子与氧原子形成两个键，还形成两个三中心四电子的大π键。分子结构如图2-4所示。

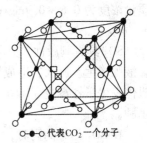

○─●─○ 代表CO_2一个分子

图2-4　CO_2分子结构

室内CO_2主要来源于人体代谢废气和含碳物质的充分燃烧。一般情况下，成人代谢二氧化碳约为20~30L/h；儿童约为成人的1/2。室内居住密度过大和活动频繁时，室内CO_2体积分数也明显增加。当室内空气中CO_2体积分数为0.07%时，少数气味敏感者能感觉到；达到0.10%时，则有较多人感到不舒服；达到2%~3%时，室内空气不良、人体呼吸急促；达到4%时，产生头晕、头痛、耳鸣、眼花、血压上升等症状；达到8%~10%时，呼吸困难、脉搏加快、全身无力、肌肉由抽搐至痉挛、神智由兴奋至丧失；达到30%时，可导致死亡。因此室内空气中CO_2浓度的高低直接反映出室内有害气体的综合水平，也反映出室内通风换气的实际效果。

5. 一氧化碳

一氧化碳（carbon monoxide）在通常状况下是无色、无臭、无味、有毒的气体，分子式为CO，熔点为$-199℃$，沸点为$-191.5℃$，标准状况下气体密度为1.25g/L。一氧化碳具有还原性和可燃性，能够在空气中或氧气中燃烧，生成二氧化碳，燃烧时发出蓝色的火焰，放出大量的热。

大气中的CO主要来自大气反应、森林和草地的火灾、火山、沼气等。人为来源则是各种燃料（木材、木炭、天然气和石油等）燃烧，汽车排放的尾气和烟草的烟雾等。含碳燃料在燃烧时供氧不足，可产生大量的CO，居室内烧煤炉是CO的主要来源。通风良好的夏秋季，居室内CO质量浓度与室外差别不大，日平均为1~5mg/m³。采暖季节居室内CO普遍高于室外，质量浓度约为10~20 mg/m³。

一氧化碳是一种毒性极高的气体，可干扰血液运载氧气的能力。此气体导致各种心血管病和其他症状，例如头痛、头晕、感冒、恶心、疲劳、气喘等。当一氧化碳含量过高时，更可导致人死亡。一氧化碳中毒亦称煤气中毒，其原因是由于CO进入人体之后，结合血液中的血红蛋白，导致缺氧。常见于家庭居室通风差的情况下，煤炉产生的煤气或液化气管道漏气或工业生产煤气以及矿井中的一氧化碳吸入而致中毒。

6. 二氧化硫

二氧化硫（sulfur dioxide）又叫亚硫酸酐，常温下为无色气体，分子式为 SO_2，分子量为 64.06，标准状况下气态密度为 2.551g/L，溶解度为 9.4g/ml，熔点为 $-72.4℃$，沸点为 $-10℃$。在硫磺燃烧或者硫化氢燃烧时，可生成二氧化硫。

$$S + O_2 \rightarrow SO_2$$
$$2H_2S + 3O_2 \rightarrow 2H_2O + 2SO_2$$

居室内的 SO_2 主要来自室外大气和室内炉灶。民用煤炉排出的烟雾中含有 0.05%～0.25% 的二氧化硫。冬季用煤炉做饭、取暖的地区，居室中 SO_2 最高日平均质量浓度为 0.6～0.9mg/m³，严冬无风的天气比平日还要高 50% 左右，最高达 1.5 mg/m³。

SO_2 具有刺激性，人体吸入 SO_2 后，可刺激上呼吸道，使气管和支气管腔变窄、黏液腺增生、肥大，造成慢性气道阻塞，易引起感染性肺疾患。长期的 SO_2 作用可使机体发生慢性鼻炎、咽炎、慢性支气管炎、支气管哮喘、肺气肿，严重者甚至出现水肿。

在 SO_2 污染的同时，一般均存在有 CO 或 NO_x、颗粒物、有机化合物等其他污染物，其互相联合作用比单独危害作用大得多。SO_2 吸附在颗粒物上，可进入肺深部，毒性作用明显增强，并可引起支气管哮喘发作；SO_2 与 CO 或 NO_x 协同作用可降低 SO_2 的有害作用阈值；SO_2 与 B（a）P（苯并芘）联合作用可增强 B（a）P 的致癌作用。在燃煤污染中，SO_2 和颗粒物对人体呼吸道疾病发病和人群死亡率影响较大。

7. 氮氧化物（NO_x）

氮氧化物 NO_x（Nitrogen oxide）是指 NO、N_2O、NO_2、NO_3、N_2O_3、N_2O_4 和 N_2O_5 等氮与氧的化合物的总称。经常存在于空气中对人体危害较大的是 NO 和 NO_2。NO_2 为红褐色气体，有刺激性，在标准状态下，密度为 2.0565g/L。NO 为无色气体，不稳定，遇氧易被氧化成 NO_2，在标准状态下，密度为 1.3403g/L。

氮氧化物 NO_x 的来源可分为自然来源和人为来源。自然来源包括火山爆发、雷电和细菌活动等；人为来源主要是工业、交通运输业中各种燃料的燃烧。另外，硝酸、氮肥、炸药、燃料等的生产过程排出的废气中也含有大量的 NO_x。室内空气中氮氧化物的污染来源主要是采暖或烹调时燃料的燃烧、吸烟以及室外大气中 NO_x 的进入等。

NO_x 难溶于水，主要通过呼吸作用，侵入呼吸道细支气管和肺泡，危害人体健康，包括对呼吸道组织的损伤、肺免疫功能下降及肺泡功能改变等。此外，NO_x 还可危害中枢神经系统和心血管系统。NO_x 对机体产生各种危害作用的阈值浓度见表 2-6。

8. 氨

氨气 NH_3（Ammonia）是一种碱性物质，具有腐蚀性和刺激性。分子质量为 17.031、标准状况下的密度为 0.7081g/L，氨气极易溶于水，溶解度为 1:700；氨溶于水时生成一水合氨（$NH_3 \cdot H_2O$），呈弱碱性，能使酚酞溶液变红色。氨分子的空间结构是三角锥形，三个氢原子处于锥底，氮原子处在锥顶；每两个 N-H 键之间夹角为 107°18′，因此，氨分子属于极性分子。

NOₓ 对机体产生危害作用的各种阈值浓度　表 2-6

损伤作用类型	阈值浓度（mg/m³）
嗅觉	0.4
呼吸道上皮受损，产生病理学改变	0.8 ~ 1
对抗有害因子抵抗力下降	1
短期暴露使成人肺功能改变	2 ~ 4
短期暴露使敏感人群肺功能改变	0.3 ~ 0.6
对肺系生化功能改变	0.6
使接触人群呼吸系统患病率增加	0.2
WHO 建议对机体产生损伤作用	0.94

　　氨气吸入人体，少部分被 CO_2 中和，余下的进入血液，结合血红蛋白，破坏血液运氧功能。短期内吸入大量氨气后，会出现流泪、咽痛、咳嗽、胸闷、呼吸困难、头晕、呕吐、乏力等。若吸入的氨气过多，导致血液中氨浓度过高，就会通过三叉神经末梢的反射作用而引起心脏的停搏和呼吸停止，危及生命。当人接触的氨浓度为 $553mg/m^3$ 时会发生强烈的刺激症状，可耐受的时间为 1.25min；当人置于氨浓度为 $3500 ~ 7000mg/m^3$ 的环境时会立即死亡。另外，在潮湿条件下，氨气对室内的家具、电器、衣物等也有腐蚀作用。

　　室内氨气污染主要来自建筑施工过程中所使用的各种添加剂（混凝土防冻剂、高碱混凝土膨胀剂和早强剂）、建材和家具中的胶粘剂、人体新陈代谢和生活废弃物。

9. 臭氧

　　臭氧（Ozone）是一种刺激性气体，稀薄状态下是近乎无色、无臭、不可燃的气体。分子式为 O_3，分子量为 48，熔点为 -192.70℃，沸点为 -111.9℃，气体密度（0℃）为 2.144 g/L，在水中可以微溶。臭氧为氧的同位素，也是一种非常活泼的分子，在常温（18 ~ 30℃）时，可迅速分解为氧分子（O_2）与氧原子（O），当还原成氧气时，氧原子游离出来，氧原子化学性质活泼，具有强效的氧化力与分解力，消毒、杀菌力特强。

　　低浓度的臭氧可消毒，高浓度臭氧则危害人体健康。当室内空气中臭氧的浓度为 0.05ppm 时，会出现皮肤刺痒、眼睛刺痛、呼吸不畅和头痛等症状；当浓度在 0.1 ~ 0.5ppm 时，可引发哮喘，导致上呼吸道疾病的恶化；当浓度为 1ppm 以上时，可引起头痛、胸痛、思维能力下降，严重时可导致肺水肿和肺气肿。

　　臭氧主要来自室外的光化学烟雾，室内的电视机、复印机、激光打印机、负离子发生器、紫外灯等在使用过程中也都能产生臭氧。臭氧可由紫外线撞击微粒和高压放电产生，因此在雷雨之后或者在暴晒过的衣物上都能闻到清新的气味。

10. 环境烟草烟雾

环境烟草烟雾（Environmental Tobacco Somke-ETS）主要来源于燃着的香烟、雪茄和吸烟者呼出的烟雾，可分为主流烟雾和侧流烟雾。烟草燃烧的过程中主流烟雾仅占整个烟气的10%，90%的侧烟流弥散在空气中，且极易在密闭性好、空间小的环境中聚集。

如果在居室内吸烟，则势必造成居室空气的严重污染，增加被动吸烟。被动吸烟又称间接吸烟或非自愿吸烟或偶然吸烟，它是指当不吸烟的人和吸烟的人在一起时，由于暴露于充满香烟烟雾的环境中而被迫吸进香烟烟雾。研究表明，非吸烟者患病死亡人数中的半数以上为被动吸烟所致。父母中1人吸烟的家庭中，儿童患呼吸道疾病的发病率比父母均不吸烟者高6%，父母都吸烟的家庭中，儿童呼吸道疾病的发病率则比父母均不吸烟者高15%。可见，香烟烟雾对被动吸烟者的危害相当大。

环境烟草烟雾是室内空气的重要污染源之一，其成分复杂，目前已鉴定出的化学物质有3000余种，其中92%为气体，主要有氮、氧、CO_2、CO及氢化氰类、挥发性亚硝胺、烃类、氨、挥发性硫化物、酚类等；另外8%为颗粒物，主要有烟焦油和烟碱（尼古丁）。烟雾中有害物质的含量如表2-7所示。

烟雾的成分　　　　　　　　　　　　　　　　　　　　　　　　　　　　表2-7

组成成分	每支香烟的含量（mg）		组成成分	每支香烟的含量（mg）	
	主流烟雾	二次烟雾		主流烟雾	二次烟雾
燃过的烟草	350	400	二氧化碳	60	80
全部颗粒	20	45	一氧化氮	0.01	0.08
尼古丁	1	1.7	丙烯醛	0.08	—
一氧化碳	20	80	产生烟雾的时间	·20s	550s

与吸烟有关的最严重的疾病是肺癌和慢性肺气肿，约有80%以上的肺癌是由于长期吸烟引起的。大量事实表明，吸烟人群的肺癌死亡率比不吸烟人群高10~20倍。每日吸烟量越大，吸烟年代越长，开始吸烟年龄越小，所吸香烟的焦油含量越高，则患肺癌的危险性也越大。此外，吸烟还会增加患心血管疾病、脑血管疾病、消化系统疾病等多种疾病的几率，烟雾中的放射性物质累积在机体内可以削弱免疫防御系统对机体中毒、癌症和其他疾病的抵抗能力。

二、室内微生物污染物种类及其生态特性

室内空气生物污染是影响室内空气品质的一个重要因素，它对人类的健康有着很大危害，能引起如各种呼吸道传染病、哮喘、建筑物综合症等各种疾病。空气微生物亦称气挟微生物，大多附着于固体或液体的颗粒物上而悬浮于空气中，其中以咳嗽产生的飞沫等液体挟带的微生物最多。

1. 细菌和病毒

（1）细菌生态特性分析

细菌是具有细胞壁的单细胞原核生物，裂殖繁殖，大多数细菌的直径在 $1 \sim 5\mu m$ 左右。根据革兰氏染色的不同表现，细菌可分为革兰氏阳性菌（G＋）和革兰氏阴性菌（G－）。图2-5是杆菌和葡萄球菌的图片。

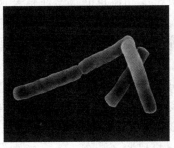

图2-5　杆菌和葡萄球菌图片

细菌在空气中的生存能力决定了它对疾病的传播能力。研究表明，相对湿度对气溶胶病原体的生存能力和毒性有着非常复杂的影响，温度在空调环境范围内的影响不是很明显。很多的研究发现某些细菌在一定的相对湿度范围内死亡特别快。如 Cox 发现大肠杆菌（Escherichia coli）在相对湿度为 70% ~ 80% 之间生存能力最低，超出这个区间，大肠杆菌的生存能力都将升高。Hambleton 发现嗜肺军团菌在相对湿度为 50% ~ 60% 和 30% 时生存能力最低。Brundrett 发现肺炎球菌在相对湿度 50% 的一个窄的范围内生存能力急剧下降。

与建筑有关的微生物病原体能在非人体环境下繁殖，从室外污染源进入到建筑内并在适宜的条件下增殖扩散。在公共建筑中最常见的菌种是军团菌，它可在易感人群中引发致命性肺炎；除此之外，临床上没有其他特别重要传染性疾病。

（2）病毒生态特性分析

病毒是广泛寄生于人、动物、植物、微生物细胞中的一类微生物。它比一般微生物小，能够通过细菌过滤器，必须借助电子显微镜才能观察到。各种病毒的形状不一，一般呈球状、杆状、椭圆状、蝌蚪状和丝状等。寄生于人、动物身体上的病毒大多呈球状、卵圆状或砖状。图2-6是噬菌体图片。

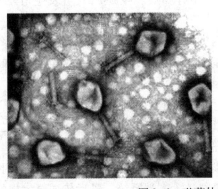

外壳蛋白————核酸

图2-6　噬菌体图片

病毒体积微小，常用纳米（nm）表示。病毒的大小差异显著，有的病毒较大，如痘病毒约为（250～300）nm×（200～250）nm，而口蹄疫病毒的直径约为10～22nm。空气中，病毒很少以单体形式存在，通常都附着在其他粒子上。环境因子决定了空气中病毒能否存活，如季节、空气含湿量和温度、风力条件、阳光和大气污染等。

除了呼吸道以外，病毒还可以通过黏液膜、眼结膜等部位传播。一些病毒的传播在不同的季节表现出很大的差别，这与人员密度和建筑的气密性有关。通常，暴露于病毒气溶胶中的发病几率与个体的易感性、病毒毒性、浓度及吸入的颗粒大小有关。气溶胶病原体在高相对湿度下幸存数量非常有限，而在较低的相对湿度下，如相对湿度<30%时则有较高的幸存率。

一般情况下，室内主要的细菌和病毒有溶血性链球菌、绿色链球菌、肺炎双球菌、流感病毒、结核杆菌、白喉杆菌、脑膜炎球菌、麻疹病毒等。这些细菌和病毒可依附在空气中的尘埃上（颗粒直径小于5μm的尘埃可较长时间地停留在空气中）进行传播。人们通过说话、咳嗽、打喷嚏等，可以将口腔、咽喉、气管、肺部的病原微生物通过飞沫喷入空气，传播给别人。过滤性病毒不能在机械通风和空调系统内长期生存，亦不能够在该系统内自我繁殖，例如伤风或流行性感冒，通常都是通过体液的气悬体在人与人之间进行传播。

2. 军团菌

军团菌是细菌的一种，属于革兰氏阴性杆菌，为需氧菌，又称作军团杆菌；是水中常见的一群微生物，其存在的环境是天然淡水源。它的最适宜生存温度为35℃，pH值为6.9～7.0。军团杆菌广泛存在于土壤和水体中，抵抗力较强，在自然环境中（例如自来水中）至少可以存活1年以上，在蒸馏水中也能存活100天左右。

美国的调查发现，有半数被检测的淡水样品都含有军团杆菌，如冷却塔水、冷凝器的冷凝水、加湿器的水、水箱温水、游泳池温水、浴池水、水龙头水、淋浴喷头水、医用喷雾器水等都检出了军团杆菌，而空调系统（主要是冷却塔水）带菌则是造成军团杆菌病爆发流行的最主要原因。

军团杆菌病的爆发时间一般是在仲夏和初秋，且易发生在封闭式中央空调房间内。它的易感人群为老年人、吸烟者和有慢性肺部疾病者。人染上军团杆菌病后，其症状类似于肺炎，表现为发冷、不适、肌痛、头昏、头痛，并有烦躁、呼吸困难、胸痛，90%以上的患者体温迅速上升，咳嗽并伴有黏痰。重症病人可发生肝功能变化及肾衰竭。

在设有空调的建筑里，通风系统内的水分或冷凝物可成为有害物的孳生地，所产生的有害细菌会透过通风管道散布到室内。暖通空调系统也是室内细菌和病毒的一个重要来源，这主要是基于以下几个原因：

（1）不清洁的中央空调本身就是污染源。设在大楼外墙的水冷式水塔，因为日晒雨淋，很容易积聚污物，助长细菌的孳生。冷气机的进风口多设在隐蔽之处，不易清洗，一般都布满了污垢、垃圾，蚊虫细菌多。

（2）除了生产污染物外，中央空调还是传播污染物的重要媒介。空调传播细菌的方法是将空气从室外抽进来，经过隔离网送入末端系统，最后传送至大楼的每个角落。

3. 真菌

真菌（Fungus）是指单细胞（包括无隔多核细胞）和多细胞、不能进行光合作用、靠寄生或腐生方式生活的真核微生物。图2-7是青霉、曲霉和芽枝霉的图片。真菌是建筑中主要的微生物污染物。在没有发霉时，建筑中的真菌大部分来自室外，一年四季都有，且保持稳定。室外真菌浓度随季节的不同而不同。青霉、曲霉是城市环境中最常见的霉菌。气溶胶浓度全年保持稳定。真菌典型尺寸范围是 $3 \sim 30\mu m$。通常真菌在 $0 \sim 40$℃都可以生长。低于0℃时真菌可以生存但不能生长，高于40℃时真菌不能长时间的生存。在初夏和秋天，室外空气中的真菌种类繁多。当植物生长时，真菌孢子的形成也达到了顶峰时期。它们可以通过建筑通风系统进入室内。通风形式和送风量对建筑室内空气中的孢子浓度有极大的影响。英国的一项调查发现，在夏天，关闭自然通风房间的门窗，可以阻挡98%或更多的孢子进入室内。

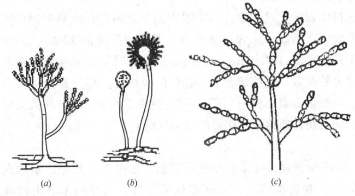

图 2-7　真菌图片
(a) 青霉；(b) 曲霉；(c) 芽枝霉

霉菌通常是用来形容隶属于真菌的一类微生物。建筑发霉是一个非常普遍的问题，主要是由潮湿引起的。北美的横断面问卷研究结果表明27%~36%的家庭有霉菌问题，而另一项随机选取的450个住房调查研究中显示，有80%受到湿度问题的影响。在高湿地区，建筑发霉主要是因为对空气湿度处理不当或根本不进行处理，潮湿的空气进入到墙体内部发生结露，导致霉菌生长；另一个原因是雨水，雨水渗入到围护结构中非常容易出现霉菌生长现象。结构越复杂的建筑越容易出现发霉问题。还有很多情况是由于风管泄露和送排风不平衡导致热湿气体接触到冷表面造成的。

室内没有真菌污染源时，室内的浓度几乎和室外一样。由于沉淀和系统的过滤，总数会逐渐减少。在一项对加拿大办公建筑的研究中，Miller发现那些没有明显微生物污染问题的建筑，室内微生物的浓度与室外空气中的浓度相似或比室外少。当建筑被污染后，微生物浓度明显升高，特别是青霉和曲霉。Hyvarinen也发现在发霉的建筑中气溶胶真菌孢子的浓度较高。另外，在秋天曲霉属和树粉孢属（Oidoidendron）及冬天时曲霉属和青霉属在发霉的建筑中其浓度明显比对照建筑中高。茎点霉属（Phoma）、葡萄穗霉属（Stachybotry）、木霉属（Trichoderma）等在潮湿环境中生长的真菌，如在室内存在一定数量，则表明在系统新风入口处有腐烂的植物或潮湿发霉的污染源。

真菌生长依赖于水、碳、氮和一些在自然环境中存在的微量的营养物质。能为真菌提供营养的典型建筑材料包括木头、纤维素、墙纸、有机绝缘材料、纺织品（特别是天然纤维的）、胶粘剂和包含碳水化合物和蛋白质的涂料。尽管像金属、混凝土、塑料、玻璃纤维和其他合成产品不能直接被真菌利用，但它们能收集有机碎屑作为其营养来源。在通风空调系统中尽管有空气过滤器，但仍然有一些包含微生物的灰尘可以穿过它，附着在管道表面或其他设备表面，当这些表面由于结露等原因变湿时，就会有真菌生长并释放出孢子，污染通风管道。

真菌通过溶解过程来获得所需要的大部分营养物质。营养底物表面和内部的水分是决定真菌生长的重要的因素，而不是空气中的湿度。Pasanen 在实验室中研究了青霉和曲霉的菌落直径相对于相对湿度在 11% ~92% 的函数变化，发现即使空气湿度很低时，真菌在湿润的培养基上也一样生长，并得出结论真菌的生长是受培养基湿度而不是空气湿度的影响。

真菌可以通过休眠的方式来度过一定限度的干燥时期，或是利用代谢把产生的水分加入到营养底物中。例如木头含湿量在少于其本身干重的 20% ~25% 时不会腐烂，在干腐真菌如干朽皱孔菌（Merulius lacrymans）侵入时则会发生腐烂现象，因为它能够改变木头中水分的位置。通常情况下，若长期接触，大部分真菌都可令人体产生过敏和气喘反应；一些含毒素真菌可引起"病态建筑综合症"；当真菌大量繁殖时，会产生挥发性有机化合物，通常带有明显的发霉气味。

4. 尘螨

螨是室内一种非常普遍的微生物空气污染物，如图 2-8 所示。螨体内水的含量占其体重 70% ~75%，并要维持这一比例以保证生存。水分的主要来源是周围的水蒸气。螨可以直接从不饱和空气中摄取水分，相对从食物中获得的水分比例较少。

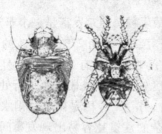

图 2-8　尘螨图片

活跃的成年螨在 25℃、相对湿度为 50% 时，可存活 4 ~11 天。在最初的幼虫阶段——螨主要的蛰伏形式，能在较低的相对湿度下生存 10 个月，当相对湿度升高后再转变为活跃状态。所以在相对湿度较低时（50% ~60%）仍然可以发现大量的幼虫，并且很难通过吸尘器去除，因为它们可以把自己隐藏在物体表面的深处。

螨的代谢和排泄产物与相对湿度有关，特别是相对湿度在 75% ~85% 之间时，随着湿度的升高而变得活跃。很多研究者认为限制螨代谢的条件是绝对湿度而非相对湿度。然而，试验室和现场研究却表明相对湿度是关键影响因素。Arlian 证明在 20℃、相对湿度为 79% 时螨能够维持水分平衡，而在 27℃、相对湿度为 56% 时，其绝对湿度相同螨却死亡了。

室内环境是螨最适合的生存条件。螨在室内的浓度与室内相对湿度的关系很大，而与当地的气候变化关系较弱。办公建筑湿度较小，没有厨房和浴池等场所，螨不容易生长，但有时在地毯和椅子上也可能发现较多的螨。螨容易在建筑的底层生长，在高层和宾馆中相对较少。

尘螨（Dust mite）是一种肉眼不易看清的微型害虫，归属节肢动物门蜘蛛纲。它不仅能够咬人，而且还会使人致病。尘螨普遍存在于人类居住和工作的环境中，尤其在温暖潮湿的沿海地带特别多。尘螨的种类很多，室内最常见的是屋尘螨。屋尘螨的大小约为 0.2~0.3cm，它以吃人体脱落的皮屑为生。

尘螨能在 20~30℃ 的环境中生存，其适宜相对湿度为 75%~85%，空气流通大的地方，尘螨极易死亡。试验研究表明尘螨最理想的生长和繁殖条件是，环境温度 25℃、相对湿度 70%~80%。可接受的范围是相对湿度 55%~80%、温度 17~32℃。相对湿度的上限受霉菌生长的限制，特别是在 88% 以上，可以抑制螨的生长。尘螨在阴暗潮湿的环境中能够大量繁殖，夏季是一年中的繁殖高峰。居室内的尘螨主要孳生于卧室中，多见于地毯、沙发、被褥、坐垫、枕头和不常洗涤的衣服中。另外，空调机也是尘螨孳生的好地方。

现代医学对螨进行深入的研究，证明螨中的尘螨（包括其蜕下的皮壳、分泌物、排泄物、虫尸碎片等）对人体是一种强过敏原，可诱发各种过敏性疾患，如过敏性哮喘、过敏性鼻炎、支气管炎、肾炎和过敏性皮炎等。这些物质随着人们的卫生活动（如铺床叠被）飞入空中后被吸入肺内，过敏体质者在这些过敏原的刺激下，就会产生特异性的过敏抗体，并出现变态反应，即患上各种变态反应性疾病。

三、室内颗粒物种类与分布特性

1. 分类

空气中悬浮着大量的固体或液体的颗粒称为悬浮颗粒物或气挟物。悬浮颗粒物按粒径大小可以分为降尘和飘尘。降尘是指空气中粒径大于 $10\mu m$ 的悬浮颗粒物，由于重力作用容易沉降，在空气中停留时间较短，在呼吸作用中又可被有效地阻留在上呼吸道上，因而对人体的危害较小。飘尘是指大气中粒径小于 $10\mu m$ 的悬浮颗粒物，能在空气中长时间悬浮，它可以随着呼吸侵入人体的肺部组织，故又称为可吸入颗粒物（PM_{10}）。一般来讲，可吸入颗粒物包括石棉、玻璃纤维、磨损产生的粉尘、无机尘粒、金属颗粒物、有机尘粒、纸张粉尘和花粉等。

2. 来源

室内空气中可吸入颗粒物的来源分为室外来源和室内来源。室外来源包括自然来源和人为来源，自然来源包括自然界的风沙尘土、火山爆发、森林火灾、海水喷溅等；人为来源包括各种燃烧、交通运输、施工、清扫及工业生产的排放。室外空气中的可吸入颗粒物可以通过门、窗及门窗的缝隙进入室内，从而对室内空气造成污染。室内来源主要是由人的活动引起的，如燃烧、吸烟、行走、衣物扬尘等，均能产生大量的可吸入颗粒物。

3. 危害

可吸入颗粒物在空气中以气溶胶的形态存在，对人体的健康危害较大。不同粒径的可吸入颗粒物滞留在呼吸系统的部位不同,粒径大于 $5\mu m$ 的多滞留在上部呼吸道;小于 $5\mu m$ 的多滞留在细支气管和肺泡;颗粒物越小,进入的部位越深,直径小于 $2.5\mu m$ 的细颗粒物多在肺泡内沉积。可吸入颗粒物进入人的肺部后,沉积于肺泡上,削弱细支气管和肺泡的换气功能,可引起肺组织的慢性纤维化,导致冠心病、心血管病等一系列病变。

可吸入颗粒物又是多种污染物、细菌病毒等微生物的"载体"和"催化剂"。现已查明,室内空气中的几十种致癌物质(多环芳烃及其衍生物、氡及子体等)会随着可吸入颗粒物被吸入人体,可诱发各种癌症。例如可吸入颗粒物与硫氧化物发生化学反应,形成硫酸雾,其毒性比二氧化硫大 10 倍。这样的可吸入颗粒物被吸入肺部后,则会引起肺水肿和肺硬化而导致死亡。如著名的伦敦烟雾事件就是由于当时空气中高浓度的二氧化硫和可吸入颗粒物协同作用造成的,一周内使 4000 人死亡。

4. 颗粒物粒径分布

颗粒尺寸是表征可吸入颗粒物的最重要参数,颗粒物的全部性质都与粒径有关。了解室内颗粒物粒径分布特征有助于采取措施,降低颗粒物污染对人体健康的不良影响。室内颗粒物污染源的释放通常都是短暂的、间歇性的,导致室内颗粒物浓度波动很大。国外有学者用不同的方法研究了各污染源对室内颗粒物粒径分布的影响,发现极细颗粒物和粗颗粒物主要由室内活动产生,而积聚态颗粒物 $(0.1\sim1\mu m)$ 则主要来自室外空气;室内颗粒物浓度随室外颗粒物浓度波动,但在时间上存在一定程度的滞后。针对不同的室内状况,我国学者选择了上海应用物理研究所内的 11 个测试点,在常规工作日进行测定;各测试点的具体情况见表 2-8,选择其办公楼 4 楼顶(14m)作为室外参照点 T,得出粒子数浓度粒径分布(见图 2-9)、粒子质量浓度粒径分布(见图 2-10)和抽烟前后的粒径分布(见图 2-11)。

测试点情况一览表
表 2-8

编号	测试地点	室内面积(m^2)	地面结构	室内状况
A1	实验楼,化学实验室	15	水泥地	装修后 3 年
A2	实验楼,物理实验室	100	水泥地	装修后 3 年
A3	实验楼,办公室	12	水泥地	装修后未使用
A4	实验楼,办公室	25	水泥地	装修后 3 年
A5	走廊		水泥地	装修后 3 年
B1	学生公寓楼,走廊		地砖	装修后半年
B2	学生公寓楼,房间	20	地砖	装修后半年
B3	学生公寓楼,房间	20	地砖	刚装修完工
C1	办公楼,办公室	30	地砖	装修后半年
D1	会议中心,走廊		地砖	装修后 1 年
D2	会议中心,会议厅	300	化纤地毯	装修后 1 年
T	办公楼,楼顶	室外		

（1）粒子数浓度粒径分布

图 2-9 显示了 11 个不同室内测试点和对照点粒子数浓度粒径分布的拟合结果。统计检验表明，颗粒物粒子数浓度呈现对数正态分布，符合单峰模式的有 A2 和 B1，双峰模式的有 A1、A3、A4、A5、B2、C1、D1 和 T，三峰模式的有 B3 和 D2，峰值位置分布没有规律性，粒子数浓度分布主要取决于室内实时状况；D2、A1 和 C1 三个点粒子数浓度粒径分布都比室外小，A3、A4、B3 和 D1 四个点（粒径 100nm 以下）的超细颗粒物粒子数浓度都比室外大，而粒径大于 100nm 的细颗粒粒子数浓度比室外小。A5 走廊的门直接和外界相连，因此它和室外大气的纳米颗粒物分布最接近，D1 粒子数浓度最高，为 2.16×10^6/ml，比室外参照点 T 的粒子数浓度 1.40×10^6/ml 高出 50%，由于会议中心的室内为非抽烟区，抽烟需在 D1 走廊内，由此形成的烟雾导致超细颗粒物浓度严重升高。

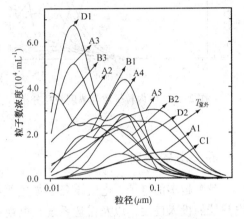

图 2-9　室内环境粒子数浓度的粒径分布

（2）粒子质量浓度粒径分布

图 2-10 是粒子质量浓度粒径分布的拟合结果，由图可见，粒子质量浓度主要呈单峰模式，符合对数正态分布。A5 点的质量浓度为 $2.31 \times 10^3 \mu g/m^3$，高出室外 T 参照点粒子质量浓度（$1.75 \times 10^3 \mu g/m^3$）的 20%，其余各测试点的室内粒子质量浓度都比室外低，由于 A5 是走廊，室内外气溶胶融于一体，加上人员走动影响，导致 A5 质量浓度为最高。

从图 2-9 中的粒子数浓度粒径分布可知，粒径 < 100nm 的超细颗粒对粒子数浓度贡献较大；而图 2-10 的结果表明，粒径 > 100nm 的细颗粒对质量浓度贡献较大。

（3）抽烟前后的室内颗粒粒径分布

使用宽范围粒径谱仪，对于抽烟前后的室内颗粒物粒径分布进行了研究，在 $25m^2$ 办公室（A4）内，分别测定抽 8 支红梅牌香烟前后的颗粒物粒径分布，如图 2-11 所示。由图可见，抽烟前，粒子数浓度粒径分布呈现双峰模式，峰位置在 18nm 和 53nm，纳米级粒子数浓度为 1.23×10^6/ml，粒子质量浓度为 $3.87 \times 10^2 \mu g/m^3$；抽烟后、粒子数浓度呈单峰分布，纳米级粒子数浓度升高到 1.03×10^7/ml，粒子质量浓度升高到 $8.64 \times 10^3 \mu g/m^3$。可见，吸烟前后室内颗粒物粒子数浓度和粒子质量浓度的粒径分布发生了显著变化，其浓度分别增加了 1 个数量级。虽然香烟的过滤嘴能过滤掉粒径 > 500nm 以上的粒子，但它对于纳米量级的烟雾颗粒几乎不起任何作用。由于烟草的烟雾中含有 3800 余种化合物，含有较高浓度的苯、CO、尼古丁、多环芳烃（PAHs）、醛等有害物质，使各种呼吸系统、肺癌发病率的相对危险度增加数倍。

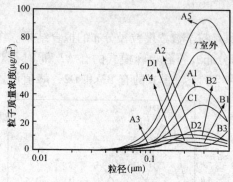

图2-10　室内粒子质量浓度粒径分布

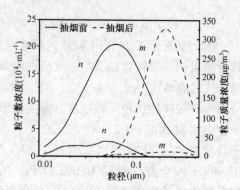

图2-11　室内吸烟前后的粒子数和质量浓度的粒径分布

四、电磁辐射

越来越多的电子、电气设备，如电视机、组合音响、微波炉、电热毯等多种家用电热器的投入使用，以及雷达系统、电视和广播发射系统、射频感应及介质加热设备、射频及微波医疗设备、各种电加工设备、通信发射台站、卫星地球通信站、大型电力发电站、输变电设备、高压及超高压输电线、地铁列车及电气火车以及大多数家用电器等都可以产生各种形式、不同频率、不同强度的电磁辐射源。各种频率、不同能量的电磁波不可避免地会对人体构成一定程度的危害。

电磁辐射危害人体的机理主要是热效应、非热效应和累积效应等。

①热效应：人体70%以上是水，水分子受到电磁波辐射后相互摩擦，引起机体升温，从而影响到体内器官的正常工作。

②非热效应：人体的器官和组织都存在微弱的电磁场，它们是稳定和有序的，一旦受到外界电磁场的干扰，处于平衡状态的微弱电磁场即遭到破坏，人体也会遭受损伤。

③累积效应：热效应和非热效应作用于人体后，对人体的伤害尚未来得及自我修复之前，再次受到电磁波辐射的话，其伤害程度就会发生累积，久之会成为永久性病态，危及生命。对于长期接触电磁波辐射的群体，即使功率很小，频率很低，也可能会诱发想不到的病变，应引起警惕。

五、氡气放射性辐射

氡（Radon）是一种惰性天然放射性气体，无色无味，又写作^{222}Rn。平常所说的氡-222也包含其子体。氡在空气中以自由原子状态存在，很少与空气中的颗粒物质结合。氡气易扩散，能溶于水和脂肪，在体温条件下，极易进入人体。氡的半衰期为3.8天，它最终裂变成一系列的"短命"的同位素，即氡子体，包括Po^{218}、Pb^{214}、Bi^{214}和Po^{214}。氡就像空气一样，很大部分在被人体吸入的同时也会被呼出，但是，^{222}Rn在进一步衰变过程中会释放出α、β、γ等8个子代核素，这些子体物质与母体全然不同，是固体粒子，有很强的附着力，它们能在其他物质的表面形成放射性薄层，也可以与空气中的一些微粒形成结合态，这种结合态被称作放射性气溶胶。

氡是一种自然发散的气体，自从人类建造房屋以来，由于建筑材料使用不当、空气流通不好等因素，使得氡真正成为一种污染，而且室内是公众受氡照射的主要场所，房屋的建筑材料与室内的氡浓度有着直接的关系。室内氡主要来源于地基、含有放射性镭的建筑装修材料、煤和天然气的燃烧、富氡水（指氡浓度含量较高的水，主要来源于含有机物、碳酸盐较多的土壤中）、烟草的燃烧。

具体研究表明，地基中铀、钍、镭的高浓度会造成严重的室内氡污染，而高孔隙度和高渗透性的地基会增加室内氡的浓度。即使地基中铀、钍、镭的当量浓度仅显示为平均值，而大量含氡的气体也会通过可渗透的地基进入建筑物。根据地基中氡的含量，可以将地基分为高危害地区、一般危害地区和低危害地区等几类，如瑞典的分类标准（见表2-9）。

根据土壤中氡含量分类的地基 表2-9

类　　别	地　基　特　征	土壤气中氡浓度
高危害地区	富含铀花岗岩、伟晶岩和页岩，高渗透性土壤，如碎石和粗砂。	$> 50000 Bq/m^3$
一般危害地	岩石、土壤中含铀量低或正常，渗透性一般。	$10000 \sim 50000 Bq/m^3$
低危害地区	岩石含铀量低，如石灰石、砂石、碱性火成岩和火山岩，土壤渗透性低，黏土或泥土。	$< 10000 Bq/m^3$

注：Bq为放射性强度单位，用贝柯勒尔（becquerel）表示，简称贝可，为1s内发生一次核衰变。

氡是室内主要的放射性污染源，氡对人体的危害主要来自氡及其子体随气流吸入肺部产生的内照射。氡及其子体会逐渐衰变，在衰变过程中放出 α 射线，α 射线穿透能力差，能量大，以至在人体内很小的范围内集中释放能量，使肺部组织受损，严重时就会导致肺癌。有关专家认为除吸烟以外，氡比其他任何物质都更能引起肺癌。美国估计每年约有2万例肺癌患者是与室内氡的暴露有关。目前最新发现氡还具有"致畸、致癌、致突变"的三致作用，其中认为最可能的就是白血病。

第二节　室内空气污染对人体健康的综合分析

一、室内滞留时间及时间—活动方式（TAP）调查分析

经过专家研究发现，人们在室内停留时间会随着不同民族、人种、气候环境、生活习惯以及建筑构造方式等有较大的差别，所以必须对居民在不同室内环境中停留的时间进行调查，进而综合分析居住者的室内污染物暴露及其健康状况。

1. 长沙市居民停留室内时间调查与分析

以长江流域南方典型代表城市——长沙市作为调查对象，对不同职业人员在室内停留时间的调查与统计，总结出长沙市居民不同职业人员与不同年龄层次的居民停留

时间特征。调查对象包括工人、教师、职员等四十余种职业人员。根据各种年龄段的生活规律特征，将人群分为青年人（24 岁以下，主要是学生），成年人（24 ~ 60 岁，主要是在外工作人员），老年人（60 岁以上，主要是离退休人员）。

图 2-12 为居民在各室内外环境中一天的时间分配比例。总的来说，长沙市居民平均每天约有 93% 的时间是在不同的室内环境中度过的，其中在住宅室内环境占据的比例最大，约占据了一天时间的 50%，占据第二位的室内环境是工作或学习地点，对于工作人员而言主要是工作场所，对学生而言主要是学习场所，占了一天时间的 30%；排在第三位是其他室内场所，占了一天时间的 8%；室外环境，为 7%；交通工具，占据一天时间的 5%。

图 2-13 所示为长沙市老年人在各环境中一天的时间分配比例图。从图中可知，老年人在各类室内环境中度过的时间占了一天时间的 90%。老年人在住宅中的停留时间占据了一天时间的 76%。在室外度过的时间占 10%，交通工具中的停留时间占 8%，其他室内场所的停留时间占 6%。

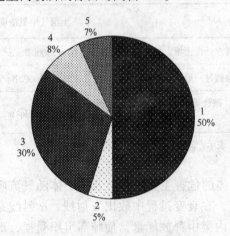

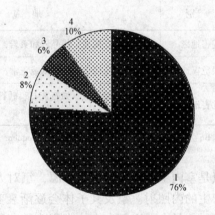

图 2-12　长沙市居民在各环境中一天　　　图 2-13　长沙市老年人在各环境中一天
　　　　　的时间分配比例　　　　　　　　　　　　　的时间分配比例
1—住宅；2—交通工具；3—工作或学习地点；　　1—住宅；2—交通工具；3—其他室内场所；
4—其他室内场所；5—其他室外场所　　　　　　　4—其他室外场所

图 2-14 所示为长沙市成年人在各环境中一天的时间分配比例图。成年人在各类室内环境中度过的时间占一天时间的 92%。从图中可知，成年人在住宅室内环境中停留时间占一天时间的 51%，在工作和学习场所的停留时间占 29%，在其他室内场所的停留时间占 8%，在其他室外度过的时间占 7%，其他室内场所的停留时间占 5%。

图 2-15 所示为长沙市青年人在各室内环境中一天的时间分配比例图。从图中可知，青年人在各类室内环境中度过的时间占全天的 85%，青年人在住宅中停留时间占 44%，在工作和学习场所停留时间占 27%，在其他室外度过的时间占 15%，在其他室内场所为 8%，其他室内场所为 2%。

图 2-16 为不同职业人员在室内环境中一天的停留时间分布图。从图中可知，办事人员和有关人员一天内在各类室内环境中停留时间最长为 92%；其次是不便于分类的

其他从业人员（不包括在前五项中），这类人员在各类室内环境中停留时间为87%；第三类为专业技术人员和商业、服务业人员，这类人员在各类室内环境中停留时间为85%；第四类是国家机关、党群组织、企业、事业单位负责人，这类人员在室内停留时间为84%；最后是生产、运输设备操作人员及有关人员，在室内停留时间最少，只有81%。职业不同，在室内环境中停留时间也不同，这说明了不同职业人员存在着不同的室内健康风险。

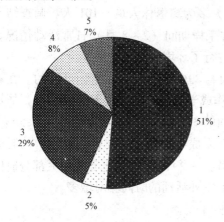

图2-14　长沙市成年人在各环境中一天
的时间分配比例

1—住宅；2—交通工具；3—工作或学习地点；
4—其他室内场所；5—其他室外场所

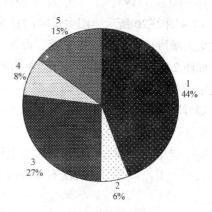

图2-15　长沙市青年人在各环境中一天
的时间分配比例

1—住宅；2—交通工具；3—工作或学习地点；
4—其他室内场所；5—其他室外场所

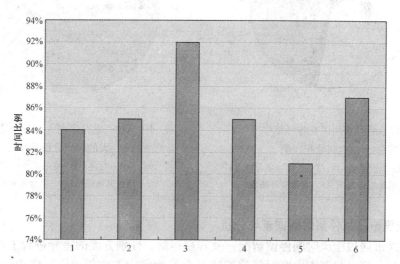

图2-16　不同职业人员在室内环境中一天的停留时间图

1—国家机关、党群组织、企业、事业单位负责人；

2—专业技术人员；3—办事人员和有关人员；4—商业、服务业人员；

5—生产、运输设备操作人员及有关人员；

6—不便分类的其他从业人员

2. 北京市居民停留时间调查与分析

以整群抽样的方法，对北京市各城区不同住宅小区内的居民进行了随机问卷调查。调查问卷涉及的内容包括：调查对象的年龄、性别、吸烟情况、日常时间分配（包括工作日和假日）及厨房燃料、房屋装修情况、通风率等。

调查对象包括 95 个家庭（其中包含现场采样检测的家庭）共计 364 人。根据人群的生理及生活活动特征，把人群分为未成年人（6~17 岁，大多为学生）70 人，成年人（18~60 岁）193 人，老年人（>60 岁、大多为离退休人员）101 人。调查结果如图 2-17~图 2-20 所示，图中反映的是居民在采样期间（2~8 月）日常活动情况。在其他室内场所如办公室、体育馆、商场等也进行了环境背景问卷调查。

如图 2-17 所示，北京市居民平均每天约有 89% 的时间是在室内度过的。在家庭住宅中的时间比率最大，平均为 44%，在工作或学习场所的时间平均为 37%，居民每天大部分时间都在这两种环境之中，占总时间的 81%。

图 2-18~图 2-20 分别为老人、成年人、未成年人一天中在各小环境中的时间分配。对于老年人，调查的对象大多为退休人员，图 2-18 反映出老年人绝大部分时间都待在家中，工作或学习场所没有反映出来，但室外活动的时间相对增多。

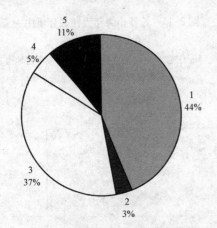

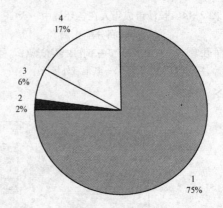

图 2-17 北京市居民在各环境中
一天的时间分配比例

1—住宅；2—交通工具；3—工作或学习地点；
4—其他室内场所；5—其他室外场所

图 2-18 北京市老人在各环境中
一天的时间分配比例

1—住宅；2—交通工具；
3—其他室内场所；4—其他室外场所

3. 武汉市居民停留时间调查与分析

对武汉市居民全天时间停留情况，及其在年龄、性别方面的差异进行了调查。

为便于分析，将调查内容时间停留情况合并为室内工作学习、居室内、室外工作学习、路途及其他室外四项，如表 2-10 和表 2-11 所示。

统计结果表明：人均室内工作学习时间停留为 5.58h，居室内为 15.93h，室外工作学习为 0.25h，路途及其他室外为 1.62h。室内时间停留合计为 21.51h，占全天 24h 的 92.00%；室外合计为 1.87h，占全天的 8.00%。在性别方面，男性室内工作学习时间停留稍高于女性，居室内则女性高于男性，而室外总的时间停留男性高于女性。

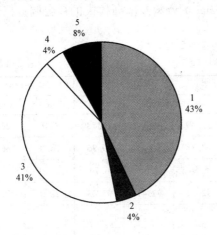

图2-19　北京市成年人在各环境中一天
的时间分配比例

1—住宅；2—交通工具；3—工作或学习地点；
4—其他室内场所；5—其他室外场所

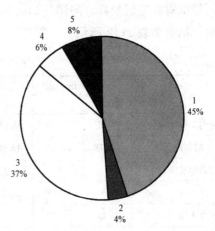

图2-20　北京市未成年人在各环境中一天
的时间分配比例

1—住宅；2—交通工具；3—工作或学习地点；
4—其他室内场所；5—其他室外场所

武汉市调查人口及性别分组室内外时间停留比较　　　表2-10

	调查人口		男		女	
	h	%	h	%	h	%
I	5.58	23.87	5.65	24.68	5.52	23.12
II	15.03	58.13	15.15	66.99	16.70	69.93
III	0.25	1.07	0.31	1.35	0.20	0.84
IV	1.62	6.93	1.78	7.78	1.46	6.11
V	26.38	100.00	22.89	100.00	23.88	100.00

注：I.室内工作，II.居室内，III.室外工作学习，IV.路途及其他室外，V.合计，下同。

武汉市各年龄组室内外时间停留比较　　　表2-11

	少年组		青壮年组		老年组	
	h	%	h	%	h	%
I	6.82	28.26	6.08	26.14	1.96	8.05
II	16.08	66.64	15.65	67.28	21.07	86.49
III	0.56	2.32	0.22	0.95	0.10	0.41
IV	0.67	2.78	1.31	5.63	1.23	5.05
V	24.13	100.00	23.26	100.00	24.36	100.00

少年组室内工作学习时间停留最高，老年组最低，而居室内老年组最高；室外总的时间停留青壮年组最高。与国外 Chapin、Szalai 的资料及南斯拉夫的社会调查报告进行比较，结果如表 2-12 所示。

国内外资料比较　　　　　　　　　　表 2-12

	武汉市		Chapin（美）		Szalai（荷）		南斯拉夫	
	h	%	h	%	h	%	h	%
室内工作学习	5.58	23.87	4.61	19.49	4.03	16.78	6.0	25.0
居室内	15.93	68.13	16.03	67.78	16.75	69.76	16.0	66.7
其他室内			1.31	5.54	1.63	6.79		
（小计）	21.51	92.00	21.95	92.81	22.41	93.33	22.0	91.7
室外工作学习	0.25	1.07						
路途及其他室外	1.62	6.93	1.70	7.19	1.60	6.66	2.0	8.3
（小计）	1.87	8.00	1.70	7.19	1.60	6.66	2.0	8.3
合计	23.38	100.00	23.65	100.00	24.01	99.99	24.0	100.0

结果说明，武汉市居民室内外活动方式全天 24h 时间停留情况同国外学者的调查结果基本一致，室内活动总计均在 91.4%~93.4% 之间。

二、空气吸入量

在进行不同类型室内风险健康评价时应该使用更为精确的呼吸速率，才能使风险评价更具实际意义，才能提供精确的暴露量评价。不同职业人员，如运动员、室外工作人员和不同年龄人员的呼吸速率并不相同，如表 2-13 所示。

呼吸速率建议值　　　　　　　　　　表 2-13

暴露方式	人　群		平均值	上限值
长期暴露	婴儿	<1 岁	4.5m³/d	—
	儿童	1~2 岁	6.8 m³/d	—
		3~5 岁	8.3 m³/d	—
		6~8 岁	10 m³/d	—
	9~11 岁	男性	14 m³/d	
		女性	13 m³/d	
	12~14 岁	男性	15 m³/d	
		女性	12 m³/d	
	15~18 岁	男性	17 m³/d	
		女性	12 m³/d	
	成年人（19~65 岁）	男性	15.2 m³/d	
		女性	11.3 m³/d	

续表

暴露方式	人　群		平均值	上限值
短期暴露	成年人	休息	$0.4 m^3/h$	—
		坐着	$0.5 m^3/h$	—
		轻微活动	$1.0 m^3/h$	—
		中等活动	$1.6 m^3/h$	—
		重度活动	$3.2 m^3/h$	—
	儿童	休息	$0.3 m^3/h$	—
		坐着	$0.4 m^3/h$	—
		轻微活动	$1.0 m^3/h$	—
		中等活动	$1.2 m^3/h$	—
		重度活动	$1.9 m^3/h$	—
	室内工人	小时平均值	$1.3 m^3/h$	$3.3 m^3/h$
		轻度工作	$1.1 m^3/h$	—
		中等工作	$1.5 m^3/h$	—
		重度工作	$2.5 m^3/h$	—

注：美国环境保护署建议成年人使用上限值 $30m^3/d$ 和平均值 $20m^3/d$。

各种活动量定义为：低活动量是指每天需要走动或站立 3~4h，除此之外则没有其他消耗体能的运动。中型活动指每周至少三次，每次 30~60min，定期慢跑、游泳或走路的运动。重度活动指每周至少四次，每次至少 60min 运动，或定期参与体能训练运动。根据以上分析可知，在家除了睡觉之外，都属于低活动量这个范围。

三、室内空气品质引起各种综合症的诊断

1. 病态建筑综合症

（1）病态建筑综合症的定义

目前，世界上许多组织对病态建筑综合症有很多不同的定义。1989 年世界卫生组织对病态建筑综合症（Sick Building Symptom，简称 SBS）的定义为：SBS 为一种大多数室内逗留人员对室内环境的反应，当人们停留在室内时，会有不明确的刺激性症状，一旦工作人员离开室内，症状就慢慢消失；这些不明确的症状通常包括中枢神经系统（头痛、疲倦、注意力不集中）刺激以及黏膜干燥、皮肤过敏等。他们的反应不能联系到明显的原因，比如对一个已知污染物的过分暴露或一个有缺陷的通风系统，这些症状可假设由一系列暴露因素，包括不同反应机理的多因子相互作用而引起。

1991 年，欧洲室内空气质量联合行动组织定义病态建筑综合症（SBS）专指由受到影响的工作人员所主诉报告的，在工作期间所发生的非特异症状，包括黏膜和眼刺激症、咳嗽、胸闷、疲劳、头痛和不适；病态建筑物综合症的要素是舒适、健康和空气质量。SBS 可描述为：在某建筑物中居住者的舒适和健康水平降低的状况。大多报道的 SBS 症状是不适或"感觉较正常时稍差"。

北大西洋公约组织（NATO）推荐了下列定义：病态建筑综合症是这样一种情形，

建筑内大部分工作人员普遍抱怨一种不明确的、刺激性症状，包括头痛、眼睛干燥、鼻子堵塞、咽喉疼痛等。在人离开室内环境后，症状减弱，但是病因还是无法鉴定。

研究发现，下列因素与病态建筑综合症有关：空调设备、地毯、室内人数过多、空调系统通风效率低、工作压力大或对工作不满意、过敏症、哮喘、性别等。每个因素都非常复杂，而且其对不舒适的作用可能不是直接的。

（2）病态建筑综合症的诊断标准

有两种广泛采用且相似的诊断基准：一种出现较早，来自丹麦的 L. Molhave 博士，并被 WHO 所采用（见表2-14）；另一种出现较晚，来自欧洲室内空气质量及其健康影响联合行动组织（见表2-15）。

WHO/L. Molhave 基准 表2-14

1. 绝大多数室内逗留人员主诉有症状
2. 在建筑物或其中部分，发现症状尤其频繁
3. 建筑物中的主诉症状不超过下列五类：   —感觉性刺激症   —神经系统和全身症状   —皮肤刺激症   —非特异超敏反应   —嗅觉与味觉异常
4. 眼、鼻咽部的刺激症状是其中最频繁的症状
5. 其他症状，如下呼吸道刺激症，内脏症状并不多见
6. 症状与暴露因素及室内活动者敏感水平没有可被鉴定的病因学联系

欧洲室内空气质量及其健康影响联合行动组织基准 表2-15

1. 该建筑物中大多数室内逗留人员必须有反应
2. 所观察的症状和反应应属以下各组：   （1）急性心理学和感觉反应：   ①皮肤和黏膜感觉性刺激症；   ②全身不适，头痛和反应能力下降；   ③非特异性超敏反应，皮肤干燥感；   ④主诉嗅味或异味。   （2）心理学反应：   ①工作能力下降，旷工旷课；   ②关心初级卫生保健；   ③主动改善室内环境。
3. 眼、鼻咽部的刺激症状必须为主要症状
4. 系统症状（如胃肠道）并不多见
5. 症状与单一暴露因素间没有可被鉴定的病因学联系

SBS 的流行特征主要包括以下几方面：

1）高度的建筑特征依赖性：室内建材、装饰材料及家具材料的种类，所释放的污染因素的水平，空调和通风系统的卫生学措施和房间的密闭程度都与 SBS 的发生有极为密切的关系。离开了不良建筑物，症状在较短时间内可以改善或消失。

2）有生理与性别的差异：有过敏体质的个体的罹患率高于非过敏体质的个体，其比例约为 2∶1~4∶1；女性高于男性，其比例约为 2∶1~4∶1。

3）受生活方式和工作方式的影响：吸烟者的罹患率低于非吸烟者，室内计算机终端和复印机的使用对 SBS 的发生均有促进作用。

近年各国 10 次 SBS 流行病学研究中眼刺激症的罹患率　　　　表 2-16

国　　家	研究者	样本量	罹患率种类	罹患率（％）
美国	T. Godish	1100	点时率	9
挪威	F. Levy	2197	点时率	9
芬兰	J. Jaakkola	2678	周罹患率	9.1
加拿大	J. Bourbeau	1010	周罹患率	13.4~18.0
意大利	G. Muzi	479	季罹患率	14.6~29.3
瑞典	D. Norback	1000	季罹患率	14.0~24.0
希腊	C. Balaras	437	季罹患率	43.8~48.0
克罗地亚	E. Eega	285	季罹患率	31.0~38.0
美国	R. Alderfer	438	年罹患率	25
美国	W. J. Fisk	880	年罹患率	40.3

（3）危险因素

有关文献将 SBS 的危险因素主要集中在以下三方面：

1）建筑物相关因素。包括：① 建材相关因素，即建筑和室内装饰材料、室内用品（如家具）等释放的 VOCs、甲醛和嗅味物质；② 建筑设计相关因素，即通风量、空调系统（HVAC）、室内气温和相对湿度的调节设备和室内电磁场强度等。

2）人体相关因素。① 生理素质因素，即过敏性体质和过敏原等；② 心理素质因素，即工作负荷和工作压力等。

3）生活方式和工作方式。① 生活方式，例如吸烟和喝咖啡嗜好；② 工作方式，例如使用计算机和复印机。

（4）发病机理

尽管 SBS 的发病涉及不同的反应机理，因而很复杂；然而有关 SBS 发病机理的研究仍然在不断深入；SBS 发病主要涉及刺激作用和免疫学反应。

1）刺激作用的发生机理

比较著名的是 G. D. Nielsen 假说，简介如下：黏膜刺激作用是一种受体介导的病理学过程。分布于眼部和气道黏膜的三叉神经感觉神经末梢（C 纤维和 Aδ 纤维），其膜上镶嵌有类香草素受体（Vanilliod receptor，VR），它不仅是一种感受器（Affector），也是一种效应器（Effector）。受到低浓度的刺激性"空气化学物"（Airborne chemicals，AC）激活后，它能介导产生眼部和气道刺激作用。刺激作用包括"刺激感觉"和"神经源性炎症"两种病理学过程：一方面，VR 作为感受器，将刺激信息传至中枢神经系统，中枢神经系统出现对吸入性刺激原的感知，此即"刺激感觉"；另一方面，VR 作为效应器，通过类香草素受体信息传递系统（VR messaging system）介导引起局部炎症，称为"神经源性炎症"。刺激作用是病态建筑综合症的主要病理学基础。

2）免疫学反应

免疫反应分为非特异性免疫反应和特异性免疫反应。非特异性免疫构成人体防卫功能的第一道防线，并协同和参与特异性免疫反应。特异性免疫反应可表现为正常的生理反应，异常的病理反应以及免疫耐受。多数专家认为 SBS 的免疫学反应以非特异性过敏反应为主。

2. 多重化学过敏症

（1）多重化学过敏症的定义

多重化学物质敏感症（Multiple chemical sensitivity，MCS），又称为"总过敏综合症"（Total allergy syndrome），可以由装修型化学性室内空气污染物引起，也可以由皮肤接触的和/或食物摄入的化学性污染物引起。主要症状包括三个方面：中枢神经系统症状、呼吸和黏膜刺激症状以及肠胃道症状。此外，还有疲劳、注意力不集中、情绪低落、记忆力丧失、虚弱、头晕、头痛、怕热、关节炎等症状。

目前广泛引用的是 M. R. Cullen 的 MCS 定义，包括四方面的要素：1）在暴露于可以引起客观健康效应的环境因素之后才可能发生 MCS，这需要有明确的证据证明；2）症状涉及多个器官系统，并且对环境刺激的反应是可以预见的；3）症状的发生与环境化学物质的水平有关，但是它们的浓度水平低于已知的对健康有害的水平；4）器官没有明显的器质性损害。

（2）多重化学过敏症的诊断标准

1998 年石川等提出了诊断标准。该诊断标准重视神经系统症状，并以除此之外其他慢性疾病为前提。

主要症状是：1）持续或反复发作的头痛；2）肌痛及肌肉不适感；3）持续性倦怠、高度疲劳感；4）关节疼痛；5）过敏性疾病等。

次要症状是：1）咽痛；2）轻度发热；3）腹痛、腹泻、便秘；4）羞明、一过性暗点（scotoma）；5）兴奋、精神不安、失眠；6）感觉异常、皮肤瘙痒；7）月经过多、生理异常。

在这些临床的基础上临床检查还可见：1）副交感神经刺激型瞳孔异常；2）视觉空间频率特征性阈值明显下降；3）眼球运动的典型异常；4）诱发试验阳性反应等。2 项主要症状 +4 项次要症状，或者 1 项主要症状 +6 项次要症状 +2 项临床检查所见就可诊断为化学物质过敏症。但是这种诊断方法过于繁琐，临床实践中有必要考虑使用更为简便的方法。

1999 年美、英、加三国共同对化学物质过敏症下了准确的定义，提出诊断 MCS 的 6 条标准：1）病症有复发性；2）症状为慢性的；3）由低浓度化学物质引发；4）对多种化学物质产生过敏反应；5）多种器官系统同时发病；6）致病因素排除后症状将会改善或消退。

（3）流行水平和流行特征

多重化学过敏症是一种慢性的综合系统失调，通常包括中枢神经系统以及至少一个其他的相关系统失调。受影响的人对某些物质不能忍受，并且对某些化学和环境介质起过敏反应，这种过敏反应或是单独的或综合性的，而这些过敏物的浓度是在大多数人可以接受的范围内。多重化学过敏症的症状没有特殊性，但它是一种综合的症状，例如行为变化、疲劳、沮丧、精神紊乱、骨骼、呼吸道刺激、泌尿生殖器、黏膜刺激等。

（4）危险因素

发病原因是对多种化学物质产生过敏反应（或称变态反应）。换而言之，化学物质过敏症是由于多种化学物质作用于人体多种器官系统，引起多种症状的疾病。据国外报道，美国一名 38 岁的男子因燃烧聚氨酯包装材料引发支气管痉挛，发生哮喘。时隔 8 年之后，他在家中窗户上安装聚氨酯泡沫隔热材料时，又发生哮喘。这是典型的多重化学物质产生过敏反应（MCS）。

（5）发病机理

MCS 是由多种化学物质作用于人体多种器官系统，引起多种症状的疾病。在室内，即使仅有微量的化学污染物存在，人们长期生活和工作在这样的环境中，也可能出现神经系统、生殖系统和免疫系统的障碍，出现眼刺激感、鼻咽喉痛、易疲劳、运动失调、失眠、恶心、哮喘、皮炎等症状。化学物质过敏症对健康的危害有时还相当持久。日常诊疗中诊断的化学物质过敏症患者，其主诉多以植物神经症状为主要症状，伴有多样的其他系统症状，从精神神经系统症状到消化系统症状、循环系统症状、呼吸系统症状、免疫系统症状等。此外，还可观察到"switch 现象"，即随病程变化，症状发生变化。

3. 建筑物相关疾病

（1）定义

建筑物相关疾病（Building related illness，BRI）专指特异性因素已经得到鉴定，具有一致的临床表现的疾病。

建筑物相关病包括：军团菌病、室内变应原相关哮喘、过敏性鼻炎和过敏性皮炎、室内氡相关性肺癌等。

（2）建筑物相关病的诊断标准

建筑物相关病的诊断必须具备以下资料：必须证实病因存在于该建筑物内，必须排除其他暴露因素的干扰，疾病必须经过临床确诊，患者离开该建筑物之后病情不会很快消退等。

建筑物相关疾病最普遍的症状是超敏性疾病，包括肺炎、湿疹、哮喘、过敏性鼻炎和感冒。建筑相关病的特点如下：

1）患有建筑物相关病的人群具有某些类型的临床不适反应，离开工作环境后症状也不会消失，并且能被医生诊断。

2）病人和医生都很难意识到病人的工作环境和所患疾病之间的关系。

3）建筑物相关病通常只是个别发生。

4）建筑部件的微生物污染是造成建筑物相关病问题的主要原因。

（3）流行水平和流行特征

建筑物相关病的最著名的例子就是军团病事件。军团病是由军团菌引起的，是迄今为止最著名的建筑并发症感染，被感染人群有 5%～15% 不幸身亡。这种病最初在1976 年美国得到了证实。军团菌通常生长在水表面，包括湖、溪流、沼泽、冷却塔、加湿器、喷头以及有温水的管道。然而，只有很少的军团菌会引起疾病，因为它必须被雾化并且被送入人体中才可能发病，而建筑暖通空调系统为军团菌的传播提供了理想的条件。

（4）危险因素

建筑物相关病发生在建筑物或办公室，不直接受到工业生产过程的影响，是一种由已知特异性原因（特异性因素已经得到鉴定）引起的临床表现普遍一致的症状。这些特异的因素包括过敏原、感染原、特异的空气污染物和特定的环境条件（例如气温和湿度）等。

（5）发病机理

这些病原是由于接触建筑环境中的抗原，刺激特殊抗体反应引起的。可以认为，大多数关于建筑的抗原都是真菌、细菌或更可能是影响有遗传性过敏史人的病菌。通常这种疾病不会大规模地出现，因此病人和医生都很难察觉建筑环境与疾病之间的因果关系，通常也不会发现抗原的微生物污染源。

第三节　室内空气污染物对人体健康危害的评估方法

风险评价一般包括健康风险评价和环境风险评价。风险评价的应用范围不断扩展，从原来致癌物的评价到现在对其他系统有害效应的评价。风险评价以揭示人类暴露于环境有害因子的潜在不良健康效应为特征。

致癌物和非致癌物的风险评价程序通常有 4 个步骤：

（1）危害鉴定：基于流行病学、临床医学、毒理学和环境研究结果，描述有害因素对健康的潜在危害；

（2）剂量—反应关系评价：评价某物质的剂量和人类不良健康效应发生率之间关系的过程；

（3）暴露评价：评价内容包括暴露方式（接触途径、媒介物）、强度、时间、实际或预期的暴露期限和暴露剂量、可能暴露于特定不良环境因素的人数等；

（4）风险评价特征分析：总结和阐明由暴露和健康效应评价所获得的信息，确定在风险评价过程中的不确定性。

健康风险评价要求首先确定所要评价的有毒化学物质是致癌物还是非致癌物。一般认为致癌物的暴露—反应关系没有阈值，并建议使用线性多阶段模型；相反，非致癌物则是有阈值的，因此有多种确定阈值的模型，如未观察到有害作用剂量（NOAEL）或观察到有害作用最低剂量（LOAEL）模型。

风险评价的前两个部分：危害认定、剂量—反应关系评价属于流行病学的范畴。故本书只是在后两个方面进行研究，即室内暴露评价和风险特性阐述与分析。

一、暴露评价概念的内涵

暴露定义为某个器官接触化学物质和物理物质，暴露量大小通过测量或者计算在交换边界（即肺脏、内脏和皮肤）某个时间段内所有的污染物的总量。暴露评价是评价（定性或者定量的）关于总暴露量、频率、持续时间和路线的暴露量。暴露评价通过每一阶段可变评价技术评价过去、现在和将来的暴露。可以用不同的模型来模拟过去、现在和将来的暴露量，暴露评价主要用于评价现在和将来的暴露量及其风险水平。

暴露评价的程序主要依据美国环境保护署出版的暴露评价导则和其他有关评价程序，步骤主要如下所述：

1. 暴露特征描述

评价者概括需要进行评价主体的暴露特征，评价场所所有的物理特征和邻近评价场所或者评价场所暴露样本（人群）的特征。评价场所的特征诸如气候、植物、地下水水文学和地表水的基本特色都将在这个步骤中进行识别。同时，也将确定影响暴露的样本（人群）特征，诸如与评价场所有关的位置、活动模式和敏感的子样本（子人群）的存在。

2. 确定暴露路径

评价者通过步骤1确定的暴露样本（人群）来确定暴露路径。暴露路径的识别与确定基于评价场所所有的化学品的来源、释放、类型和位置；这些化学品潜在的环境特性（包括化学品在环境中的持久性、分类、迁移和通过媒介迁移）；同时还包括潜在的暴露人群的位置与活动。最后确定每一条暴露的路径识别点（与化学品可能的联系点）和暴露路线（摄取和吸入），环境中的暴露路径如图2-21所示。

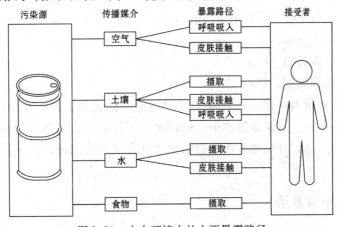

图2-21 人在环境中的主要暴露路径

3. 计算暴露量

在一定时期内，人体接触某一种污染物的总量称为暴露量。暴露量可以被分为潜在暴露量（Potential Dose）、可应用暴露量（Applied Dose）和内部暴露量（Internal Dose）。评价者定量计算步骤 2 中每一条路径的暴露量、频率和暴露持续的时间。计算暴露量可以分为两个阶段：确定暴露浓度和计算吸入量。暴露评价者需要确定在暴露时间内与暴露人群接触的化学品浓度。暴露浓度使用监控数据或者化学物质在环境中转移与传输模型。通过模拟当前被污染的媒介中化学品浓度来估计未来媒介中化学物质的浓度，或者通过已知媒介中的浓度来模拟出未知媒介中污染物质的浓度。在这个步骤中，确定暴露评价步骤 2 中每一条暴露路径的暴露量。暴露量用所摄入的污染物质除以人体质量与单位时间的乘积来表示 [单位：mg/（kg·d）]。

对空气污染物而言，潜在暴露量是指在一定的时间内，人体所吸入的污染物量；可应用暴露量是指能被呼吸系统所吸收的污染物量；内部暴露量是指被吸收且通过物理、生物过程进入人体内部的污染物量。一般来说，潜在暴露量大于可应用暴露量，可应用暴露量大于内部暴露量。但由于可应用暴露量和内部暴露量难以测定，因此在实际暴露评价过程中，一般都采用潜在暴露量作为计算风险的暴露量。

潜在暴露量计算公式如下：

$$D_{\mathrm{pot}} = \int_{t_1}^{t_2} C(t) \cdot IR(t) \cdot \mathrm{d}t \tag{2-1}$$

式中　D_{pot}——某时间段内的潜在暴露量，mg；

　$C(t)$——空气中某种污染物浓度，mg/m³；

　$IR(t)$——单位时间呼吸率，m³/h，m³/d；

　$\mathrm{d}t$——从 t_1 到 t_2 的时间增量，h，d。

实际上，使用（2-1）计算潜在暴露可能无法实现，因为在操作中并不能确实其函数关系。所以，人们一般对式（2-1）进行离散处理为下式：

$$D_{\mathrm{pot}} = CA \times IR \times ET \times EF \tag{2-2}$$

式中　D_{pot}——某时间段内的潜在暴露量，mg；

　CA——空气中的污染物浓度，mg/m³；

　IR——呼吸速率，m³/h，m³/d；

　ET——暴露时间，h/d；

　EF——暴露频率，d/a。

暴露评价是评价人体接触的环境空气中污染物的强度、频率及持续时间的过程，暴露评价可提供暴露人数、暴露水平、暴露途径、各小环境中暴露的贡献率及污染物的种类、强度等信息，并可用于污染物的现状和发展趋势预测以及流行病学调查和风险评价等研究中。

二、暴露评价方法

暴露评价方法可分为直接暴露评价方法和间接暴露评价方法两大类。

1. 直接暴露评价方法

（1）被动采样法

被动采样法是基于气体被动扩散理论及费克（Fick）扩散定理来检测污染物浓度。被动采样器较轻巧，能够直接固定在暴露人员的身上或置于各种各样的室内环境中，长时间实时地检测暴露量，无需其他动力。被动采样器具有成本低、方便、精密度高等特点，在过去的几十年中被广泛应用于暴露评价。被动采样器可用来检测二氧化氮、一氧化碳、二氧化硫、臭氧、甲醛及氨等。但对于其他空气污染物，被动采样法的准确性则较差，使用不太方便。

（2）实时个体检测器

实时检测器需要电源，一般都比较轻便，易于为暴露人员携带，也可称为便携式检测仪。和被动采样器一样，实时检测器反映的也是一段时间内污染物的平均浓度。此方法可用来检测一氧化碳、颗粒物、苯、芳香烃、VOCs 等污染物暴露量。实时个体检测器能较为准确地反映实际暴露浓度，但对环境空气中的一些微量气体较难检测。

（3）生物标靶法

生物标靶法提供了一种较好的途径来检测内部暴露量。空气污染物随呼吸系统进入人体，经过一系列的物理化学反映，使污染物本身的浓度、结构发生变化，或使人体一些器官组织发生变异，这些污染物及代谢变异产物成为生物标靶。生物体内标靶浓度和环境中污染物浓度之间的相关性是评价此方法有效性的关键，如果污染物在生物体内的清除速度较慢且生物标靶物在体内能够积累，那么生物标靶法将是一种非常有效的方法。

通常选用的生物标靶有母乳、唾液、血液、尿液、头发及呼出气体等物质中的污染物，蛋白质或 DNA 的加合物（Protein or DNA Adducts），血清蛋白化合物，嗜曙红细胞及变异染色体等。生物标靶法可用来评价空气中苯、甲苯、二甲苯、多环芳烃、二氧化氮、臭氧等污染物。此方法能够反映出一段时间内通过皮肤、饮食、呼吸等各种途径进入人体内的污染物综合暴露量，但很难区分各种不同途径的暴露量；对于急性健康反映，生物标靶法评价结果比较准确，但对于长期慢性健康反映，生物标靶法则反映不出相关的暴露量。所以，这些方法更适合于污染物的急性暴露。

2. 间接暴露评价方法

（1）环境检测网站

假定在某一环境检测站周围的各种空气污染物浓度均匀，周围人群暴露方式相同，应用环境检测网站所检测的数据，可评价周围地区人群的暴露水平。此方法一般应用于较大范围内的人群暴露，不适合于个人暴露量的评价，而且环境检测网络运行费用较高。这种方法的准确度及精密度相当高，室外空气污染物浓度一般都能较准确地反映出来。

（2）微环境法

微环境法综合了各种小环境中污染物的浓度及暴露人员在不同的小环境中所花的时间，可用来评价相关人员的暴露水平。微环境法一般同问卷调查法相结合，可用于大范围内的暴露评价，与其他方法相比，此方法费用相对较低，可操作性强，而且结果准确度高。

（3）模型及问卷调查法

模型法是指运用数学的描述来预测个体或人群的污染物暴露水平，模型通常可分为物理模型和统计模型。物理模型基于一些数学等式来描述相关物理化学机理；统计模型基于观测的大量数据，及各种变量的解析；另一些模型则依靠相关的物理化学知识和统计方法，称之为混合模型。问卷调查法是进行暴露评价的重要工具，可用于统计人群的日常行为、相关污染源的情况等，对暴露量的评价具有重要意义。

有些研究用的是单一的方法，如 Adams HS 等运用统计模型分析交通工具内人员 PM2.5 的暴露，但通常各种直接和间接的方法都综合使用，并通过相互比较来校正。如 Anu Kousa 等曾用被动采样法、回归模型及微环境法来对比分析个体二氧化氮的暴露；Ellgen 等运用被动采样器及微环境法来对照评价德国汉诺威地区居民芳香烃的暴露水平。

三、室内污染物对健康影响的研究

室内污染物浓度主要取决于室内空气量、污染物产生量（或散发率）、通过再反应或沉降作用导致的污染物被清除率、室内外空气交换率以及室外污染物浓度之间的关系。个体对污染物的反应取决于个体对污染物的敏感性、污染物浓度、个体当前心理、生理状态以及受污染时间和频率。最近，研究人员把室内污染物对健康影响的研究分为人类研究、动物研究、离体研究、流行病学研究、生态学研究、实例控制研究以及毒物学研究等。

（1）人类研究主要是对个体受污染的症状和对个体健康影响的观测和测量，包括常规环境（流行病学研究）和实验环境两种情况。常规环境研究的主要优势是污染发生条件是现实的，尽管这些调查的力度不能充分表示它们之间的因果关系。实验环境研究的优势则在于污染条件和主体选择可由调查者确定，不过它们只适合研究轻微的、可逆的、短期的健康影响。

（2）动物研究包括实验动物的健康影响评估，进行动物实验的目的主要是研究物质的致癌性，但通常需要相对较高的污染物浓度才能引发足够多的动物患癌症。因此，仅从这些实验数据评估人类患病风险系数，就需要从实验动物到人，从高浓度到低浓度进行转换推算。由于不确定因素较多，所以单在动物实验的基础上很难精确估计人类与污染物浓度之间的关联度。

（3）离体研究方法是确定污染物对细胞或有机体的健康影响，这种方法的优势在于运用低成本的动物实验，但也存在从个体到整个有机体转换的困难。染色体受损的骨髓分析法是离体试验的典型实例。诱变物不一定就是致癌物，诱变性实验不允许进行人类风险评估。动物和离体研究提供了重要发现，然而，这些研究条件背离了个体受室内污染物污染的典型情况。

（4）流行病学研究可用于检测实际生活中污染物是否能增加癌症的发生率。一般来说，为确定癌症发生率与污染物浓度之间的关系，大量人（一组人）长期的实验是必需的。目前，国际上已经广泛使用流行病学研究且主要着重于肺炎和呼吸道疾病，在这个领域已经达到了相当好的标准化程度。

（5）生态学（地理学）研究方案已被许多流行病学研究运用以调查健康风险与住宅内氡浓度之间关系。Lucie 于 1989 年报道了氡浓度与英国急性骨髓白血病死亡率之间的关系。Henshaw 等人于 1990 年发现 15 个国家平均氡浓度与儿童癌症发生率有很大关系，特别是对于白血病的产生，这种关系更明显。然而，这些报道受到许多异议，因为生态学研究存在很大局限性，潜在的混淆因素，同时大面积的人群污染程度与个体污染程度存在差异。最新的生态学分析如 Etherington 等人于 1996 年进行的研究指出室内氡与癌症发生无关。

（6）一种取代生态学的研究方法是实例控制研究方法。大部分的实例控制研究表明，氡浓度与肺癌死亡率之间存在微小的但却是很明显的关系。例如，在瑞典，最近通过对 4000 多人的检测中发现，氡浓度每增加 $100Bq/m^3$，感染肺癌几率增加 $0.15 \sim 0.2$。

（7）毒物学中采用各种特定的方法检测化学物质对生殖系统的影响。

这些方法中离体测试法专门针对整个胚胎系统、哺乳动物连续进行 3 代研究，这种研究中将哺乳动物三代分别处于不同浓度的有害物质中。人类流行病学研究已利用调查自然流产频率、流产数量、新生儿体重、精子数量以及出生畸形率等进行相关研究。

第四节　室内空气品质健康指南

人体对室内空气污染物的暴露具有多因素、低剂量、长期作用的特点，而且暴露人群范围广泛，特别是包括婴幼儿、儿童、老年人甚至慢性病人等敏感人群。因此，室内空气污染对健康影响的评价和研究一般很难得出明确的结论。

一、人体呼吸道疾病

儿童的呼吸道系统比成人的呼吸道系统更易受到环境的感染；老年人肺部功能下降，抵抗力减弱，也更容易受到感染，因为同样的污染量对老年人的影响就更大。吸烟会增加人体呼吸道疾病，许多研究人员表明，婴儿的下呼吸道疾病与接触环境烟草烟雾有关，甚至会引起婴儿的慢性呼吸道疾病；有研究还表明，与吸烟者结婚很长时间的非吸烟妇女，肺部功能有所下降。此外，已经感染了慢性阻塞性肺疾病的病人，支气管反应不良和哮喘症状明显的病人以及一些抑制生理免疫能力下降的人比健康人群的易感性更强。

许多人在家庭中接触环境烟草烟雾、不通风燃气炉燃烧产物和微生物污染物。在许多欧洲国家，仍然有大量的吸烟者，而吸烟者通常有 50% 的时间停留在室内。已经有研究证实了环境烟草烟雾对儿童呼吸道系统有影响。禁烟运动后，取得了很好的公共卫生效应。呼吸道疾病在儿童当中相当普遍，减少接触环境烟草烟雾会大大减少发病率，接触多了环境烟草烟雾就有相当大的危险。家庭中的潮湿也是一个非常值得关注的区域，这主要是由于建筑内部维护不当引起的，室内湿气会导致螨虫和真菌生长，产生了人们易受感染的污染物质。

人们已经注意到，许多疾病是由于接触室内空气中的传染介质引起的。在某种程度上，这样的接触通过减少传染介质滋生繁殖可以进行预防，或通过免疫、空气放射或拥挤最小化进行预防，引起传染疾病的室内因素可能相当多。在一定程度上，也可以通过减少传染介质生长繁殖，或通过注射疫苗、降低人员密度来预防室内污染引起的疾病传染。通过合理的改善环境，可以减少或消除呼吸道疾病风险，改善人们的健康状况。当危险性人群的健康状况好转时，整个人群的呼吸道健康就改善了。

二、室内空气引起的过敏症

过敏症是人体免疫系统对一般有害物质（例如细菌、病毒和花粉等）所表现出的过敏反应，例如鼻炎、鼻内充血、结膜炎、麻疹、哮喘等。由室内空气中致过敏物引发的主要疾病有：过敏性哮喘、过敏性肺泡炎（即过敏性肺炎）、过敏性鼻炎、加湿器热、肺结核、军团病等。其中过敏性哮喘和过敏性肺泡炎是最严重的两种疾病。这些疾病的触发者是房间的尘螨、蟑螂、宠物、霉菌和毛皮、木棉等散发的致过敏物。经研究发现，人体内出现的与环境污染有关的过敏性症状中大部分是由于接触了室内污染物引起的，而不是室外污染物。

人体内都具有 IgE 抗生素，能够抵抗一定数量的致过敏物。一小部分人（10% ~ 12%）能很容易通过制造特殊的 IgE 抗生素，抵抗过敏性哮喘等。因此体内 IgE 抗生素低的人属于易感人群。

人体产生过敏反应应具备两个条件，即首先与致过敏物接触，其次是本身具有遗传性过敏症。产生过敏反应当然要与花粉、宠物、霉菌、尘螨等致过敏物分子接触，但不是每个接触了它们的人都会有过敏反应，本身不具有遗传性过敏倾向的人就不会产生过敏反应。过敏性疾病的研究者指出，假设父母中的一个具有过敏症，则他们的孩子被遗传有过敏症的几率是 30%；假设父母两人都有过敏症，则他们的孩子被遗传有过敏症的几率是 60%。研究者们正在研究基因过敏症遗传中所起的作用。

某些特定职业要求工作人员长期与致过敏物接触，这些人容易感染上过敏症。例如：健康维护工作人员使用橡胶手套，他们易感染上胶乳过敏症；经常与动物、霉菌、尘螨接触的工作人员易感染上过敏性鼻炎；感染了病毒或处于妊娠期的人的抵抗能力衰退，此时如果与致过敏物接触就很容易感染上过敏症。

过敏性疾病的诊治是基于临床病史和病情、所接触污染物的特征、特殊抗体的存在、吸入污染物的反应及停止接触污染物后病情的好转程度。一些研究者发现了与免疫力反应有关的过敏原分子，试图研制出使 IgE 粘附上杆状细胞的分子，从而阻止这个粘附过程。过敏性哮喘的一个主要病因是房间尘螨和宠物，在某些地方还有蟑螂，通过适当的建筑设计与使用可以预防这种疾病。在室内环境中选择更好的湿度环境，适当地维护增湿器将会减少体外过敏性肺泡炎和加湿器热的发病率。

三、各种癌症和生殖系统疾病

由于个体遗传因素的差异，人对癌症的易感性也会因人而异。目前，人们很难获取确定易感个体的方法。一般而言，儿童、老人由于自身免疫力弱，最易受影响。据调查发现，普通癌症患者中约10%是家族患者，或者有较大的遗传因素。最近研究者们指出半数家族患者中发生了基因突变，这些突变因子从父母那里遗传给了小孩。

目前研究发现，癌症的发生是遗传和众多环境因素相互作用的结果。对不同种类的癌症以上两种因素相应的作用各不相同。

（1）家族史和高危人群（遗传因素）：癌症的发生从某种程度上而言是一种基因的缺陷，这就可以解释为什么许多人常常身处某种致癌因子的包围之下没有得癌症，而有的人百般注意结果还是得了癌症。这种基因缺陷表现为肿瘤类疾病的家族史。不同的肿瘤其家族史的分布也不同。肝癌和乳腺癌有明确的家族史，若家族中曾有肝癌患者，那么这个家族中的成员就称为高危人群，他们患肝癌的几率大大高于没有肝癌家族病史的人群；家族中三代以内有乳腺癌发生的，该家族中的女性即为高危人群，她们乳腺癌的发生率是无乳腺癌家族病史人群发病率的2倍。

（2）好发年龄：人的一生中有些年龄段是肿瘤好发的时间段。一般而言，肿瘤类疾病多发于40岁以上的人群。有些肿瘤年龄越大，发生率越高，如前列腺癌。前列腺癌是一种典型的老年性疾病，一般的发病年龄在60岁以上。目前，肿瘤类疾病的发病年龄有提前的趋势。

（3）生活环境中的有害物质和诱因：如环境污染、食物、水源等均应注意。理论上说，发霉变质的食物、腌制的食物、煎炸的食物、烤制的食物都有可能致癌，肝癌就与黄曲霉素（多存在于发霉变质的谷物和腌制的食品中）有很密切的相关性；肠癌则与高脂肪饮食、低纤维饮食、动物蛋白、食物中亚硝氨及其衍生物含量高等有关。

了解了癌症的好发人群和诱因，就可以相应地对癌症的预防提出建议：第一，保持愉悦的精神状态是非常重要的；第二，注意饮食及环境卫生，保障空气及水源的安全无污染也很重要；第三，定期进行体检；第四，养成规律的生活习惯。

四、感官及神经系统疾病

1987年，WHO在"欧洲空气质量指导"中指出，室内环境中的污染物在低于毒副作用发生浓度时会造成感官影响。室内空气污染所致的感觉效应通常是多种感觉的，并且同一感觉可能来源于不同环境因素。室内有多种污染物对人的感官系统和神经系统均有影响，其产生的症状有：眼睛、鼻刺激，喉咙痛、干涩；严重时会造成神经中毒等。在室内空气品质领域，感官影响的定义是人对于环境污染的感知反应，感官感知是通过感官系统间接感知的。感官系统是由感受神经发出信号，并传至高级中枢神经系统（CNS），然后形成感官意识，如产生嗅觉感、触觉感、疼痒感、新鲜感等。建筑物室内环境引起的感官影响很明显，因为许多化学化合物存在于室内空气中，它们一般都有气味，并对皮肤黏膜有刺激。

有很多个体易受甲醛污染，然而甲醛易感人群的确切比例仍不知道。由于室内空气污染物不只是甲醛，很少有人研究刺激易感人群，因此还没有对易感人群下结论。然而有过敏症状、慢性刺激皮肤病（如湿疹）以及眼病等可能是这些症状的高危险群体，不过对此还有很大争议。不同个体其感观刺激、反应也存在很大差异。大多数人中，随着年龄的增加，气味的感知能力会减弱，但感官刺激如何变化尚不清楚。婴幼儿是神经中毒的高风险人群，因为他们的大脑处于生长时期。许多实地研究和实验表明，女性与男性的感官反应有很大不同（性别影响）。有时在分析相关辅助因素如个体年龄、地位以及工作点位置时做一些合适调整后性别影响可忽略。

经大量研究表明，甲醛、氨、一氧化碳、环境烟草烟雾等对人的感官系统有强烈的刺激作用。甲醛对人的眼睛、鼻子、呼吸道都有刺激性。空气中含有 $0.6mg/m^3$ 甲醛时就会对眼睛产生刺激反应。人在含甲醛 10ppm 的空气环境里停留几分钟就会流泪不止。低浓度甲醛对人体影响主要表现在皮肤过敏、咳嗽、多痰、失眠、恶心、头痛等。甲醛对人体皮肤也有很强的刺激作用，空气中甲醛浓度为 $0.5 \sim 10mg/m^3$ 时会引起肿胀、发红。低浓度甲醛能抑制汗腺分泌，使皮肤干燥，皮肤直接接触甲醛可引起过敏性皮炎、色斑、坏死。

人对氨气的嗅阈为 $0.5 \sim 1.0mg/m^3$，对口、鼻黏膜及上呼吸道有很强的刺激作用，其症状根据氨的浓度，吸入时间以及个人感受性等有轻重。氨是一种碱性物质，它对接触的皮肤组织都有腐蚀和刺激作用。氨对上呼吸道有刺激和腐蚀作用，浓度过高时除腐蚀作用外，还可通过三叉神经末梢的反射作用而引起心脏停搏和呼吸停止。

室内空气中引起神经中毒的最重要的物质是挥发性有机化合物，如丙酮、苯、甲苯、环己烷、己烷、甲醛、苯乙烯、氯化溶剂以及其他有机溶剂等。另外一种能对中枢神经系统造成负面影响、很可能是致命的化合物就是一氧化碳（CO），这种气体能阻止神经组织的氧供应。使警戒功能受损是在低浓度时可能出现的影响。

五、其他疾病

美国心脏协会（AHA）非常重视室内空气污染对心脏的影响。香烟与烟草烟雾、血液胆固醇增多、高血压、身体状态不佳、肥胖及糖尿病是引发冠心病的 6 个主要因素，这些因素都能加以处理与控制，其中吸烟是最为普遍而且效果最显著的病因。烟草烟雾不仅本身能引发冠心病，而且它与其他因素结合后致病效果更强烈。

室内空气污染对人体其他系统也会造成影响，也就是吸入的有害物质对人体一个或多个器官会造成损害，这些损害包括对肠胃、肝脏、肾脏的影响，免疫力受抑制以及一些附属影响。

思考题

1. 请说出室内空气污染的主要污染类型，针对每一种类型，试举例说明主要的污染物及其特性。
2. 室内滞留时间的特征调查有什么作用？空气吸入量与风险评价之间的关联性是什么？
3. 请描述病态建筑综合症、建筑物相关疾病、多重化学过敏症的定义及其特征。
4. 请说明室内污染暴露的风险评价方法是什么？
5. 请描述常见的与室内空气污染相关的病症特征及其对策。

参考文献

[1] Brain, A., Stewart, P. A., Warren, A. J. and Shaikh, R. A.. Variations in susceptibility to inhaled

pollutants［M］. John Hopkins University Press, Baltimore and London, 1998.

［2］Horvath, E. P.. Building-related illness and sick building syndrome: from the specific to the vague［J］. Cleveland Clinical Journal of Medicine. 1997, 64 (6), 303-309.

［3］张国强, 喻李葵. 室内装修——谨防人类健康的杀手［M］. 北京: 中国建筑工业出版社, 2003.

［4］Lahtinen, M., Huuhtanen, P, Reijula, K., . Sick building syndrome and psychosocial factors a literature review［J］. Indoor Air. 1998, 8 (Suppl 4), 71-80.

［5］Jones. A. P. Indoor air quality and health［J］. Atmospheric Environment. 1999. 33 (28), 4535-4564.

［6］Koeck, M., Pichler-Semmelrock, F. P., Schlacher, R. Formaldehyde-study of indoor air pollution in Austria［J］. Central European Journal of Public Health. 1997, 5 (3), 127-130.

［7］刘建龙, 张国强, 郝俊红等. 长沙市住宅室内环境污染状况及其控制对策［J］. 环境污染与防治. 2004, 26 (2), 159-159.

［8］Wolkoff, P., Nielsen, G. D., Hansen, L. F., at el.. Study of human reactons to emissions from building materials in climate chambers. Part Ⅱ: VOC Measurements, mouse bioassay, and decipol evalution on the mg/m^3 TVOC range［J］. Indoor Air. 1992b, 2 (4), pp. 389-403.

［9］Davies, D. M., Jolly, E. J, Pehtybridge, R. J. at el., 1991. The effects of continuous exposure to carbon monoxide on auditory vigilance in man［J］. International Archives of Occupational and Environmental Health, 48 (1): 25-34.

［10］贾衡, 冯义副主编. 人与健康环境［M］. 北京: 北京工业大学出版社. 2001

［11］张国强, 宋春玲, 陈建隆, Haghighat Fariborz. 挥发性有机化合物对室内空气品质影响研究进展［J］. 暖通空调, 2001, 31 (6): 25-34.

［12］张国强, Lin Yi, Haghighat Fariborz. 室内气流数值模拟方法比较及一种新的 Zonal 模型方法研究［J］. 应用基础与工程科学学报, 2000, 8 (3): 289-298.

［13］余跃滨, 张国强. 室内空气质量准则/标准的制定及比较.//首届全国室内环境与健康研讨会论文集［M］. 北京: 中国环境科学出版社, 2002.

［14］冯圣洪, 张国强, 陈在康, 汤广发. Systematically Analyzing the State Of Indoor Air Quality In Office Buildings, //第四届室内空气品质、通风与建筑节能国际学术会议论文集［M］. 香港: 香港城市大学出版社. 2001.

［15］周中平, 赵寿堂、朱立、赵毅红编著. 室内空气污染检测与控制［M］. 北京: 化学工业出版社, 2002.

［16］刘东, 陈沛霖. 室内空气品质与暖通空调［J］. 建筑热能通风空调. 2001, 20 (3): 31-34.

［17］李先庭, 杨建荣, 王欣. 室内空气品质研究现状与发展［J］. 暖通空调, 2000, 30 (3): 36-40.

［18］耿世彬, 杨家宝. 室内空气品质及相关研究［J］. 建筑热能通风空调, 2000, 19 (1): 29-33.

［19］叶海. 室内环境品质的综合评价指标［J］. 建筑热能通风空调, 2000, 19 (1): 31-34.

［20］周中平, 赵寿堂, 朱立, 赵毅红编著. 室内空气污染检测与控制［M］. 北京: 化学工业出版社, 2002.

［21］沈晋明. 我国目前室内空气品质改善的对策与措施［J］. 暖通空调, 2002, 32 (2): 34-37.

［22］Robarge, Stacey Katz/Gail. Mechanisms of Toxicity of PM Using Transgenic Mouse Strains［M］. University of Washington, 1999.

［23］American Heart Assosiation. Cigarette Smoking and Cardiovascular Diseases.

［24］American HeartAssosiation. Air Pollution, Heart Disease and Stroke.

［25］Qiang wei，Qigao Chen. New function for indoor air quality evaluation ［M］. Proceedings of the 3rd international symposium on heating，ventilation and air conditioning. 1999，207-213.

［26］M. V. Jokl. Evaluation of indoor air quality using the decibel concept based on carbon dioxide and TVOC. Building and Environment，2000. 35 （8），677-697.

［27］吴自强，刘志宏，许士洪. 室内甲醛污染控制进展 ［J］. 建筑人造板. 2000，（3）：11-14.

［28］李艳莉，尹诗，钟理. 室内甲醛污染治理技术研究 ［J］. 环境污染治理技术与设备，2003，4 （8）：79-81.

［29］朱天乐，李国文，田贺忠编著. 室内空气污染控制 ［M］. 北京：化学工业出版社，2003.

［30］李汉珍，杨旭，李燕等. 武汉市室内装饰材料卫生状况调查 ［J］. 中国公共卫生，2000，16 （1）：40-41.

［31］王芳，钟伟雄. 新装修后的公共场所甲醛浓度调查 ［J］. 环境与健康，2000，17 （2）：86-86.

［32］郝郑平，胡成南，王东辉. 我国室内空气污染现状、成因与对策 ［J］. 中国环保产业，2001，12 （6）：32-33.

［33］李景舜. 装修后室内空气甲醛污染研究 ［J］. 中国卫生工程学，2002，1 （3）：136-137.

［34］朱利平. 低毒耐水脲醛树脂的合成 ［J］. 林产工业，2003，30 （4）：25-28.

［35］吕春梅，王琨，李玉华等. 室内空气甲醛和氨与室外气象条件相关性研究 ［J］. 建筑科学，2005，21 （4）：51-54.

［36］赵彬，陈玖玖，李先庭，陈曦. 室内颗粒物的来源健康效应及分布运动研究进展 ［J］. 环境与健康，2005，22 （1）：65-68.

［37］Abt E，Suh H H，Catalano P J，et al. Relative contribution of outdoor and indoor particle sources to indoor concentrations ［J］. Environment Science and Technology，2000，34 （17）：3579-3587.

［38］Long C M，Suh H H，Koutrakis P. Characterization of indoor particle sources using continuous mass and size monitors ［J］. Journal of the Air & Waste Management Association，2000，50 （7）：1236-1250.

［39］Morawska L，He C，Hichins J. The relationship between indoor and outdoor airborne particles in the residential environment ［J］. Atmospheric Environment，2001，35 （20）：3463-3473.

［40］Koponen I K，Asmi A，Kulmala M. Indoor air measurement campaign in Helsinki，Finland 1999-the effect of outdoor air pollution on indoor air ［J］. Atmospheric Environment，2001，35 （8）：1465-1477.

［41］熊志明，张国强，彭建国，周军莉. 室内可吸入颗粒物污染研究现状 ［J］. 暖通空调，2004，34 （4）：32-36.

［42］Jamriska M，Morawska L，Ensor DS. Control strategies for sub-micrometer particles indoors：model study of air filtration and ventilation ［J］. Indoor Air，2003，13 （2）：96-105.

［43］Tareq H，Kaarle H，Maire SA，et al. Indoor and outdoor particle size characterization at a family house in Espoo-Finland ［J］. Atmospheric Environment，2005，39 （20）：3697-3709.

［44］Kousa A，Kukkonen J，Karppinen A，et al. A model for evaluating the population exposure to ambient air pollution in an urban area ［J］. Atmospheric Environment，2002，36 （12）：2109-2119.

［45］Osunsanya T，Prescott G，Seaton A. Acute respiratory effects of particles：mass or number? ［J］ Occupational and Environmental Medicine，2001，58 （3）：154-159.

［46］Kaufman YJ，Tanre D，Boucher O. A satellite view of aerosols in the climate system ［J］. Nature，2002，419 （6904）：215-223.

［47］Abt E，Suh HH，Catalano P. Relative contribution ofoutdoor and indoor particle ources to indoor concentrations［J］. Environmental Science and Technology, 2000, 34（17）: 3579-3587.

［48］Thatcher TL, Lunden MM, Revzan KL et al. A concentration rebound method for measuring particle penetration and deposition in the indoor environment［J］. Aerosol Science and Technology, 2003, 37（11）: 847-864.

［49］Talukdar SS, Swihart MT. An improved data inversion program for obtaining aerosol size distribution from scanning differential mobility analyzer data［J］. Aerosol Science and Technology, 2003, 37（2）: 145-161.

［50］Vette AF, Rea AW, Lawless PA, et al. Characterization of indoor-outdoor aerosol concentration relationships during the Fresno PM exposure studies［J］. Aerosol Science and Technology, 2001, 34（1）: 118-126.

［51］张元勋，杨传俊，陆文忠等. 室内气溶胶纳米颗粒物的粒径分布特征［J］. 中国科学院研究生院学报, 2007, 24（5）: 705-709.

［52］郭学仪，蒋光辉. 武汉市居民室内外活动方式时间消费的抽样调查［J］. 环境与健康, 1985, 2（3）: 17-18.

［53］刘建龙，谭超毅，张国强，李志生. 湖南省4城市住宅室内环境健康风险评价［J］. 环境与职业医学, 2008, 25（4）: 375-377.

［54］J. D. Anderson, F. A. D., S. Peto. The Effect of Aeroslation upon Survival and Potassium Retention by Various Bacteria［J］. Journal of General Microbiology, 1968,（52）: 99-105.

［55］C. S. Cox. The Survival of Escherichia coli Sprayed into Air and into Nitrogen from Distiled Water and from Solutions of Protecting Agents, as a Function of Relative Humidity［J］. Journal of General Microbiology, 1966,（43）: 383-399.

［56］G. W. Brundrett. Criteria for Moisture Control［M］. London: Butterworths, 1990.

［57］P. Hambleton, M. G. B., P. J. Dennis, R. F. Henstridge, J. W. Conlan. Survival of Virulent Legionella Pneumophila in Aerosols［J］. Journal of Hygiene（Cambridge）, 1983, 90（3）: 451-460.

［58］M. J. Hodgson. Clinical Diagnosis and Management of Building-Related illness and the Sick Building Syndrome［J］. Occupational Medicine: State of the Art Reviews, 1989, 4（4）: 593-606.

［59］V. knight. Viruses as Agents of Airborne Contagion［M］. Annuals New York Acad Sciences. Part V, 1980, 147-156.

［60］G. H. Green. Indoor Relative Humidities in Winter and Related Absenteeism［J］. ASHRAE Transactions, 1985. 91（1）: 643-653.

［61］任南琪，污染控制微生物学. 哈尔滨: 哈尔滨工业大学出版社, 2002.

［62］A. Ten Wolde, W. N. R., Croteria for Humidity in the Building and the Building Envelope［M］. Proceedings of Workshop on Control of Humidity for Health Artifacts and Buildings, November 16-17, 1993, 63-65.

［63］K. F. Adams, H. A. H., Pollen Grains and Fungal Spores Indoors and out at Cardiff［J］. Journal of Palynology, 1965,（1）: 67-69.

［64］Dales RE, B. R., Zwanenburg H. Adverse Health Effects Among Adults Exposed to Home Dampness and Molds［J］. The American review of respiratory disease, 1991. 143（3）: 505-509.

［65］Spengler JD, N. L., Nakai S, Dockery D, Speizer F, Ware J, Raizanne M, Respiratory Symptoms and House Characteristics［J］. Proceedings of Indoor Air 93 Conference, Gummerus Oy, Jyvaskyla, Finland, 1993: 165-171.

[66] Nevalainen A, P. P. , Jaaskelainen E, Hyvarinen A, Koskinen O, Meklin T, Vahteristo M, Koivisto J, Husman T. . Prevalence of Moisture Problems in Finnish Houses [J] . Indoor air, 1998, 7 (Suppl 4): 45-49.

[67] J. D. Miller, Fungi and the Building Engineer. Environments forPenple [M] . Proceedings of IAQ'92, October 18-21, San Francisco, 1992, 147-159. Atlanta: American Society of Heating Refrigerating and Air-Conditioning Engineers. Inc.

[68] A. Hyvarinen, T. R. , T. Husman, J. Ruuskanen, A. Nevalainen. , Characterizing Mold Problem Buildings-Concentrations and Flora of Viable Fungi [J] . Indoor Air, 1993. 3 (4): 337-343.

[69] B. Flannigan. Approaches to Assessment of the MicroBial Flora of Buildings. Proceedings of IAQ'92, September, San Francisco, 1992, 139-145. Atlanta: American Society of Heating, Refrigerating and Air-Conditioning Engineers, Inc.

[70] P. Pasanen, A. P. , M. Jantunen. Water Condensation Promotes Fungal Growth in Ventilation Ducts [J] . Indoor Air, 1993. 3 (2): 106-112.

[71] D. H. Griffin. Fungal Physiology [M] . New York: Wiley and Sons, 1981.

[72] S. S. Block. Humidity requirements for Mold Growth [J] . Applied Microbiology, 1953, (1): 287-293.

[73] A. L. Pasanen, P. K. , P. Pasanen, M. J. Jantunen, A. Nevalainen. Laboratory Studies on the Relationship Between Fungal Growth and Atmospheric Temperature and Humidity [J] . Environment International, 1991. 17 (4): 225-228.

[74] Moore-Landecker, E. , Fundamentals of the fungi [M] . Englewood Cliffs. 1982: N. J. : Prentice-Hall.

[75] L. G. Arlian, Water Balance and Humidity Requirements of House Dust Mites [J] . Expermental and Applied Acarology, 1992, 16 (1-2): 15-35.

[76] E. Fernandez-Caldas, W. L. T. , D. K. Ledford. , Environmental Control of Indoor Biologic Agents [J] . Journal of Allergy and Clinical Immunology, 1994. 94 (2): 404-412.

[77] I. Anderson, J. K. Asthma and the Indoor Environment: Assessment of the Health Implcations of High Indoor Air Humidity [J]. Environment International, 1986. 12 (1): 121-127.

[78] L. L. Hung, C. S. Y. , F. J. Dougherty, F. A. Lewis, F. A. Zampiello, L. Magniaracina. Dust Mite and Cat Dander Allergens in Office Buildings in the MidAtlantic region [M] . Proceedings of IAQ'92, October 18-21, San Francisco, 1992. 87-93.

第三章　室内空气品质评价方法

室内空气品质评价是人们认识室内环境的一种科学方法，它是随着人们越来越重视室内空气品质而提出的新概念。室内空气品质评价所涉及的不仅仅是室内空气污染，也并不是简单的合格或不合格的问题，而是居民满意程度的问题。由于室内空气品质涉及多学科的知识，它的评价应集中由建筑技术、建筑环境与设备工程、医学、环境检测、卫生工程学、社会心理学等多学科的综合研究小组联合工作来完成。同时，由于各国的国情不同，室内污染特点不一样，人种、文化传统与民族特性不同，造成了对室内环境的反应、感觉和接受程度上的差异，因此，不同地区需采取不同的评价方法及取值。本章主要阐述国内外普遍运用的室内空气品质的主观评价方法、客观评价方法和综合评价方法。

第一节　室内空气品质的主观评价方法

在 1989 年的空气品质年会上，著名的 P. O. Fanger 教授给室内空气品质的定义是：所谓品质就是反映满足人们要求的程度，如人们满意就是高品质，不满意就是低品质。英国的 CIBSE（Charted Institute of Building Services Engineers）认为：如果室内少于50% 的人能够觉察到任何气味，少于 20% 的人感觉不舒服，少于 10% 的人感觉黏膜刺激，并且少于 5% 的人在不足 2% 的时间内感到烦躁，那么此时的室内空气是可以接受的，这两者的共同点就是将室内空气品质完全变成了人的主观感受。美国 ASHRAE 考虑了室内污染物浓度指标和人体主观感受两方面的因素，在标准 62‐1989R 中提出了可接受的室内空气品质（Acceptable Indoor Air Quality）和感受到可接受室内空气品质（Acceptable Perceived Indoor Air Quality）的概念。前者定义为空调中的绝大多数人对空气没有表示不满意，并且空气中没有已知污染物达到了可能对人体健康产生严重威胁的浓度；后者定义为空调房中的绝大多数人没有因为气味和刺激而表示不满。其中可接受的室内空气品质定义提到了主观评价的可行性。美国 ASHRAE 通风标准 62‐2001 中规定：考虑到大多数污染物是有气味或有刺激性的，认为至少要由 20 位未经训练的人员组成室内空气品质评定小组，以一般访问者的形式进入室内，在 15s 时间内做出相关判断。每位人员必须独立做出判断，不应受到他人或评定小组领导的影响。当评定小组中有 80% 的人员认为室内没有引起烦恼的污染物，并未对一些典型设备的使用或居住状态提出异议时，可以认为该室内环境的空气品质是可以接受的，否则就认为室内空气品质是不可接受的。

主观评价主要通过对室内人员的询问及问卷调查得到，即利用人体自身的感觉器官（如嗅觉等）对环境进行描述和评价。一般引用国际通用的主观评价调查表格，并结合个人背景资料，主要归纳为以下几个方面：在室者和来访者对室内空气不接受率，对不舒适空气的感受程度，在室者受环境影响而出现的症状及其程度。室内空气品质专家通过相关视觉调查作出判断，最后综合分析作出结论，同时根据要求，提出仲裁、咨询或整改对策。

室内空气品质问卷调查表

（1）居民问卷调查表

① 建筑物／位置 ＿＿＿＿＿＿＿＿＿＿＿＿＿＿＿＿＿＿＿＿＿＿＿＿＿＿＿＿

居住者姓名＿＿＿＿＿＿＿＿＿＿＿＿＿＿＿＿＿＿＿＿＿＿＿＿＿＿＿＿＿

电话号码＿＿＿＿＿＿＿＿＿＿＿＿＿＿＿＿＿＿＿＿＿＿＿＿＿＿＿＿＿＿

调查员＿＿＿＿＿＿＿＿＿＿＿＿＿＿＿＿＿＿＿＿＿＿＿＿＿＿＿＿＿＿＿

调查日期＿＿＿＿＿＿＿＿＿＿＿＿＿＿＿＿＿＿＿＿＿＿＿＿＿＿＿＿＿＿

② 室内空气品质问题的实质即不适感的表现是什么？请尽可能详细说明。

＿＿＿＿＿＿＿＿＿＿＿＿＿＿＿＿＿＿＿＿＿＿＿＿＿＿＿＿＿＿＿＿＿＿

＿＿＿＿＿＿＿＿＿＿＿＿＿＿＿＿＿＿＿＿＿＿＿＿＿＿＿＿＿＿＿＿＿＿

③ 居住者是否有过病史记录？

＿＿＿＿＿＿＿＿＿＿＿＿＿＿＿＿＿＿＿＿＿＿＿＿＿＿＿＿＿＿＿＿＿＿

＿＿＿＿＿＿＿＿＿＿＿＿＿＿＿＿＿＿＿＿＿＿＿＿＿＿＿＿＿＿＿＿＿＿

④ 室内空气品质问题加剧在以下哪个时段？

时间		日　期	
清晨	＿＿＿＿＿＿＿	星期一	＿＿＿＿＿＿＿
上午	＿＿＿＿＿＿＿	星期二	＿＿＿＿＿＿＿
下午	＿＿＿＿＿＿＿	星期三	＿＿＿＿＿＿＿
黄昏	＿＿＿＿＿＿＿	星期四	＿＿＿＿＿＿＿
夜晚	＿＿＿＿＿＿＿	星期五	＿＿＿＿＿＿＿
		周期六	＿＿＿＿＿＿＿
		星期天	＿＿＿＿＿＿＿

⑤ 何时室内空气品质问题减轻或消失？

＿＿＿＿＿＿＿＿＿＿＿＿＿＿＿＿＿＿＿＿＿＿＿＿＿＿＿＿＿＿＿＿＿＿

＿＿＿＿＿＿＿＿＿＿＿＿＿＿＿＿＿＿＿＿＿＿＿＿＿＿＿＿＿＿＿＿＿＿

⑥ 建筑物条件是否引起这些问题出现（如温度、湿度、滞留空气、臭气）？

＿＿＿＿＿＿＿＿＿＿＿＿＿＿＿＿＿＿＿＿＿＿＿＿＿＿＿＿＿＿＿＿＿＿

＿＿＿＿＿＿＿＿＿＿＿＿＿＿＿＿＿＿＿＿＿＿＿＿＿＿＿＿＿＿＿＿＿＿

⑦ 室内空气品质问题出现时是否有其他事件发生（如季节、天气、温度、湿度或居住者活动发生变化）？

＿＿＿＿＿＿＿＿＿＿＿＿＿＿＿＿＿＿＿＿＿＿＿＿＿＿＿＿＿＿＿＿＿＿

＿＿＿＿＿＿＿＿＿＿＿＿＿＿＿＿＿＿＿＿＿＿＿＿＿＿＿＿＿＿＿＿＿＿

⑧ 您的不舒适感是否可归属于以下因素？

＿＿＿光线不充足、较弱

_____周围环境嘈杂

_____疲劳或其他与您的工作性质相关的因素

_____压力过大

_____周围植被

_____其他（具体叙述）

⑨ 您是否还有其他意见想法？

_____

⑩ 您是否有何新发现与倡议？

_____

⑪跟踪调查情况（初次调查后一个月内）

_____

（2）暖通空调系统管理人员问卷调查表

① 是否有建筑暖通空调系统的维护记录？

_____

② 暖通空调系统是定风量系统还是变风量系统？暖通空调系统总容量是多少？

_____

③ 建筑内有多少个单独的暖通空调单元？哪个送风区域引起了室内空气品质抱怨？

_____

④ 整栋建筑的用途是什么？哪个区引起室内空气品质抱怨？

_____

⑤ 建筑物附近是否有室外污染源？室外新风引入口是否在建筑的排风口或停车场附近？

_____

⑥ 室外新风百分比是多少？是否满足暖通空调系统设计标准？

_____

⑦ 建筑物内是否有潜在污染源？如果有，是否安装有局部排气装置？或是否对此污染物进行了处理？如果是，处理方式是什么？使用了什么型号的空气过滤器？过滤装置的频率是多少？

_____

⑧ 是否有暖通空调的集水装置？建筑内的集水装置是否遭破坏？

_____

⑨ 空气处理系统最后平衡时间为多少？

_____

⑩ 在上班时间里暖通空调系统是否持续运行？暖通空调系统运行时间的确定是否

正确？是否能保证每天居住者接受良好的新风？

一、嗅觉方法

20 世纪以来，有些学者开始研究人体作为室内污染源的污染强度和稀释人体的散发物（bioeffluent）所需要的通风量。人体的散发物主要来源于呼吸过程、新陈代谢活动和皮肤表面细菌的分解。它含有二氧化碳和数百种有机挥发物。最早系统研究人体散发物、人体体味（body odor）的是哈佛公共卫生学院的 Yaglou（Yaglou et al. 1936）。Yaglou 让不同数量的受试者坐在一个气候环境室内，送以不同流量的新风，让受试者判别感到的空气品质。他的研究结果后来被很多通风标准采纳，用来确定室内每一个人所需要的新风量。例如欧洲标准（CEN 1998）就是基于 Yaglou 研究基础上的后续研究制定的，如图 3-1 所示。

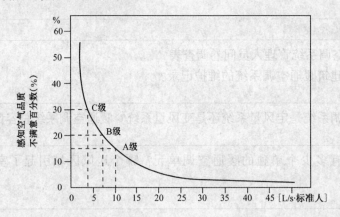

图 3-1　不同通风量下一个标准人散发的污染物引起的空气品质不满意度

图 3-1 中 A 级品质对应的不满意度为 15%，需要的通风量是 10L/（s·标准人）；B 级品质对应的不满意度为 20%，需要的通风量是 7L/（s·标准人）；C 级品质对应的不满意度为 30%，需要的通风量是 4L/（s·标准人）。称此方法衡量室内空气品质为"嗅觉方法"，是因为它以人的嗅觉器官作为测量的"仪器"。嗅觉感知器官位于鼻腔顶部，当气味分子溶于黏膜时，会刺激嗅觉神经，传入大脑后会对气味进行识别。

实际情况中，室内污染物的来源多种多样，如建筑材料、地毯、家具、办公设备等。为此，1988 年，Fanger 教授提出了标准人的概念，一个标准人的污染物散发量作为污染源强度单位，称为 1olf，标准人是指处于热舒适状态静坐的成年人，平均每天洗澡 0.7 次，每天更换内衣，年龄为 18~30 岁，体表面积为 $1.7m^2$，职业为白领阶层或大学生，在 10L/s 未污染空气通风的前提下，一个标准人引起的空气污染定义为 1 decipol，即 1 decipol = 0.1olf。把室内的其他污染物的强度折算成 olf，即以 olf 为单位来衡量室内各种污染物的散发强度。如图 3-2 所示，室内的家具建材等散发的污染物相当于 4olf，加上 3 个人体散发的污染物，则总的污染物强度为 7olf，那么，所需要的通风量就可以根据图 3-1 进行计算。

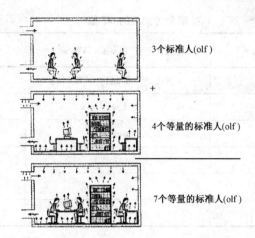

3个标准人(olf)

+

4个等量的标准人(olf)

7个等量的标准人(olf)

图3-2 室内污染物的 olf 折算举例

运用室内空气品质指标 *PDA*（Predicted Dissatisfied of Air quality）即关于室内空气品质的预期不满意百分比来评价室内空气品质，其计算公式如下：

$$PDA = \exp\ (5.98 - \sqrt[4]{112/C}) \tag{3-1}$$

$$C = C_0 + 10G/Q \tag{3-2}$$

式中　*C*——室内空气品质的感知值，decipol；

　　　C_0——室外空气品质的感知值，decipol；

　　　G——室内空气及通风系统的污染物源强，olf；

　　　Q——新风量，L/s。

PDA 与 *IAQ* 的关系如图 3-3 所示，从图中可以发现，在低污染浓度尤其是在 5decipol 以下时，室内空气品质的微小恶化也会导致 *PDA* 的急剧增大，当空气品质为 5decipol 以下时，*PDA* 竟达 45% 左右，将近有一半的人不满意。由于目前室内空气品质的感知值还无法直接用仪器进行测量得到，所以 Fanger 教授提供了一些污染源强度数据作为参考：室内人员（人员密度 1 人、10m² ）的生理污染为 0.1olf/m²，每 20% 的人吸烟增加 0.1olf/m²，现有建筑物的材料和通风系统平均为 0.4olf/m²，低污染建筑为 0.1olf/m²。其他部分污染源的 olf 参考值如表 3-1 所示。

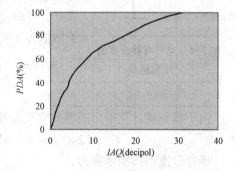

图3-3 *IAQ* 与 *PDA* 的关系曲线

近期的嗅觉方法研究发现，主观感知的空气品质不仅和空气中的污染物水平有关，还和空气的物理状态有关。1998 年，Fang et al. 的大量受试者实验表明，吸入空气的温度和湿度影响人们的嗅觉评价，将温度和湿度用焓值来表征，当吸入空气具有适当的焓值时，可以对鼻腔造成对流和蒸发冷却，给人带来新鲜愉快的感觉。因此，嗅觉感知器官的化学感应和热感应共同决定了感受到的空气品质。

部分污染源的 olf 值 表 3-1

污 染 源	新陈代谢量（1met = 58W/m²）	室内污染感知值
人（静坐）	1 met	1olf
人（活动较小）	4met	5olf
人（活动较大）	6met	11olf
吸烟者（正在吸烟）		25olf
吸烟者（平均）		6olf
办公楼的建筑材料		0.05olf/m²

目前，还没有任何直接测量感知空气品质的仪器，受试者进行嗅觉评价是唯一获得感知空气品质的方法。通常，让一组未经过训练的受试者对空气的可接受度进行打分，如图 3-4 所示，再根据可接受度的平均值，PDA 和 C 值可由下式计算：

你怎样评价空气品质？
请在下面的表尺上做标记

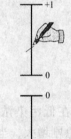

明显地可以接受 +1

刚刚可以接受 0

刚刚不可以接受 0

明显地不可以接受 -1

图 3-4 空气可接受度的评价标尺

$$PDA = \frac{\exp\ (-0.18 - 5.28 \times ACC)}{1 + \exp\ (-0.18 - 5.28 \times ACC)} \times 100\% \quad (3-3)$$

$$C = 112 \times [\ln\ (PDA)\ -5.98]^{-4} \quad (3-4)$$

式中 ACC——平均空气可接受度的投票值（介于 -1 到 + 1）。

例如，一个新建的大型开放式办公室面积为 50m²，其空调系统的新风量为 90L/s。30 个未经训练的受试者进入该办公室后立刻对其空气可接受度进行打分评价，30 人的平均值为 +0.5。则可知不满意百分数PDA为：

$$PDA = \frac{\exp\ (-0.18 - 5.28 \times 0.5)}{1 + \exp\ (-0.18 - 5.28 \times 0.5)} \times 100\% = 5.6\%$$

$$(3-5)$$

由不满意度计算得出的感知空气品质为：

$$C = 112 \times [\ln\ (5.6)\ -5.98]^{-4} = 0.34decipol \quad (3-6)$$

该办公室的污染强度为：

$$G = 0.34 \times \frac{90}{10} \times \frac{1}{50} = 0.06olf/m² \quad (3-7)$$

0.06olf/m² 的污染强度应算是较轻微的污染。

二、应用分贝概念的评价方法

捷克布拉格技术大学的 Jokl 提出采用分贝（decibel）概念来评价室内空气质量。分贝是声音强度单位，将人对声音的感觉与刺激强度之间的定量关系用一个对数函数式来表达，这同样可用于对建筑物室内空气质量中异味强度和感觉的评价方法。Jokl

用一种新的 dB（odor）单位衡量对室内总挥发性有机化合物（TVOC）以及 CO_2 的浓度改变引起的人体感觉变化，从而评价室内空气品质优劣。

1. 介绍"室内空气品质"概念

室内空气品质受环境所有成分的影响，这些环境成分称为微环境构成。即取决于温度、湿度、气味、有毒材料浓度、气溶胶数量以及空气中微生物量、辐射气体静电产生的污染物、空气中正负离子数量等。它们各自的影响取决于刺激物级别。仅考虑空气质量，即室内空气化学成分，如无明显室内污染源，愉快的或不愉快气味则是居住者对环境接受与否的主要指标，而当存在明显污染源时，水蒸气、一氧化碳及有害成分通过它们各自指标得以评估。

2. 选取指标评价室内气味强度

选取 CO_2、TVOC 指标评价室内气味强度。长期以来，气味强度都是基于 CO_2 浓度及其限值 1000ppm 得以评估的，这种方法是由于 1818～1901 年在慕尼黑大学工作的教授 Max Von Pettenkofer 提出并用于确定最小新风量 [25m³／（h·人）]。CO_2 是最重要的活性因子，它的浓度与人类的新陈代谢率成比例。实际上，通过 CO_2 浓度来控制新风量能取得很好效果，同时，还将 TVOC 作为评价指标。尽管 CO_2 是对于久居室内者的可接受空气品质的指示剂，但它不能代表空气污染物的产生源，如建筑材料和设备，特别是地毯及其他地板贴覆材料，都会产生可挥发性有机物。

人类通过嗅觉器官感知 TVOC，人类对室内 TVOC 的反应分为急性感知，急性、亚急性皮肤或黏膜发炎，亚急性或轻微压力反应等。在实际运用中，Molhave 提出的基于 TVOC 的室内空气品质评价方法也被广泛应用。该方法是一种综合的方法，并运用火焰电离检测仪测出 TVOC 浓度范围：舒适范围（<200μg/m³）、多重因素污染范围（200～300μg/m³）、不适范围（300～25000μg/m³）以及有毒范围（>25000μg/m³）。

3. 应用分贝概念

（1）分贝单位的产生

对于一个健康的人，能被感知的最微弱的声音声压为 20μPa，比标准大气压低约 50 亿倍，20μPa 的压力变化使得耳鼓偏移量少于一个氢分子直径，能够忍受的上限声压为 $20 \times 10^6 \mu Pa$，人体耳鼓能忍受的声压很大，是其一百万倍。当测量高噪声时，很难得到过程值，为避免此情况发生，采用另外一个单位衡量，即对数函数分贝值 dB。

根据韦伯-费希纳定律：$R = k\lg S$，即反应与刺激量对数成正比。分贝不是一个绝对单位，它是测量值与参考值之比的对数，如声压级公式：

$$Lp = SPL = 20\lg \frac{P}{P_0} \quad (dB) \tag{3-8}$$

式中　Lp——SPL 即声压级，dB；

　P——声压，RMS 值，即瞬时测量值的算术平方根，μPa；

　P_0——听觉阈值对应的声压值，Pa（对于空气 $P_0 = 20\mu Pa$）。

参考值对应的 SPL 为 0dB，这样 $20 \sim 1 \times 10^8 \mu Pa$ 可变为 0～134dB。对数 dB 值相对于 Pa 来说更能反映主观听觉接受能力。

（2）应用分贝概念到气味强度

有两点需要明确：1）CO_2 与 TVOC 浓度范围大；2）气味浓度可接受百分比类似噪声的对数函数，如图 3-5 所示。

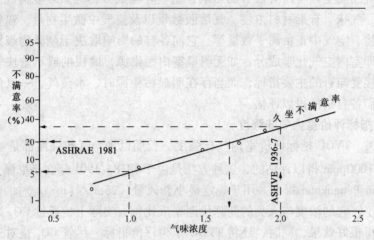

图 3-5 日常活动中久坐个体不满意百分比与气味浓度（Yaglou 理论）之间的关系图

同时，对于每个准则，以下两点也是必需的：

1）最小阈值，即能被检测到的最微弱气味；

2）最大阈值，选择有毒初始值作为气味的最大阈值。根据 Yaglou 的理论，对于一个健康人体，嗅觉器官感知的最小阈值为 1，对应的不满意百分比 PDA 为 5.8%。

①CO_2

CO_2 的最小阈值认为有 5.8% 不满意率时的值为 485ppm，即 875mg/m³，其最大限值系短期污染极值就是有毒的初始值，其值为 15000ppm。这是基于英国健康与安全（HSE）执行部门颁布的住宅污染限值 1990 中的指标规定 EH 40/90 中的数据。

这样气味浓度公式如下：

$$L_{odour}\ (CO_2)\ = a \log \frac{\rho_{iCO_2}\ [ppm]}{485}\ (dCd) \tag{3-9}$$

$$a \log\ (15000/485)\ = 135 \Rightarrow a = 90 \tag{3-10}$$

$$L_{odour}\ (CO_2)\ = 90 \log \frac{\rho_{iCO_2}\ [mg/m^3]}{875}\ (dCd) \tag{3-11}$$

式中 CO_2 分贝值 dCd 是新的分贝单位。

二氧化碳最合适值对应的 PDA = 20%，较好值对应的 PDA = 10%，最差值即可接受允许值对应的 PDA = 30%，对于不适应与适应人群，这些值有所不同。在居民健康标准与研究中提到的长期允许值可在病态建筑综合症建筑中得到，短期允许值则是对于不适应和适应人群的有毒初始值。对于最低感知值，适应人群与非适应人群是相同的。各种 CO_2 限值范围汇总如表 3-2 所示。

各种 CO_2 限值范围汇总 表 3-2

	名称	浓度值（mg/m^3）	浓度值（ppm）	分贝值（dCd）	来源
各种限值	阈值	875	485	0	5.8% 不满意率
	USAF 警告值	1080	600	8	USAF 阿姆斯特朗实验室 1992 年
	不适人群哮喘患者最佳值	1110	615	9	不适人群 10% 不满意率
	职业安全保健管理局 OSHA 警告值	1440	800	20	OSHA 联邦调查局 1994 年
	最佳值	1800	1000	28	
	可接受限值	1800	1000	28	BSR/ASHRAE 标准 62—2001
	长期最佳值	1800	1000	28	欧洲空气质量标准
	不适人群最佳值	1825	1015	29	不适人群 20% 不满意率
	不适人群哮喘患者允许值	1825	1015	29	
	非工业建筑无影响浓度值	2000	1110	32	WHO
	短期最佳值	2160	1200	35	欧洲空气质量标准
	适应人群哮喘患者最佳值	2200	1225	36	适应人群 10% 不满意率
	不适人群允许值	2830	1570	46	不适人群 30% 不满意率
	适应人群最佳值	4350	2420	63	适应人群 20% 不满意率
	适应人群哮喘患者允许值	4350	2420	63	BSR/ASHRAE 标准 62 - 2001
	对于直燃的空气加热器	5035	2800	68	BS5990：英国标准协会 1981 年
	对于直燃的空气加热器	5035	2800	68	BS6230：英国标准协会 1982 年
	长期可接受值	6300	3500	77	住宅室内空气品质的污染指标
	非工业建筑影响浓度	7000	3890	81	WHO
	适应人群允许值	7360	4095	83	适应人群 30% 不满意率
	长期污染限值（8h）	9000	5000	91	英国 HSE 指标 EH 40/90
	工业、非工业建筑平均浓度	9000	5000	91	
	长期允许值	9000	5000	91	USSR 调查（SBS 极值）
	对于工业和非工业建筑的最大允许浓度	18000	10000	118	
	短期允许值	18000	10000	118	USSR 调查
	短期允许值	27000	15000	134	有毒初始值
	短期污染限值（10min）	27000	15000	134	英国 HSE 标准 EH 40/90

	名　称	浓度值 （mg/m³）	浓度值 （ppm）	分贝值 （dCd）	来　源
不适人群范围	最佳范围	875～1825	485～1015	0～29	
	哮喘患者最佳范围	875～1110	485～615	0～9	
	哮喘患者允许范围	1110～1825	616～1015	10～29	
	允许范围	1826～2830	1016～1570	30～46	
	长期允许范围	2831～9000	1571～5000	47～91	
	短期允许范围	9001～27000	5001～15000	92～134	
	不允许范围	＞27001	＞15001	＞135	
适应人群范围	最佳范围	875～4350	485～2420	0～63	
	哮喘患者最佳范围	875～2200	485～1225	0～36	
	哮喘患者允许范围	2201～4350	1226～2420	37～63	
	允许范围	4351～7360	2421～4095	64～83	
	长期允许范围	7361～9000	4096～5000	84～91	
	短期允许范围	9001～27000	5001～15000	92～134	
	不允许范围	＞27001	＞15001	＞135	

对于不适应人群，最合适值（$PDA=20\%$）与允许值（$PDA=30\%$）分别为 1015ppm 和 1570ppm，即 29dCd 和 46dCd。

$$R_p = \frac{G_{pCO_2} \times 10^6}{3600\ (\rho_{iCO_2} - \rho_{eCO_2})} = \frac{19 \times 1000}{3.6\ (1015 - \rho_{eCO_2})} = 7.5\ [\text{L}/\ (\text{s}\cdot\text{p})] \qquad (3\text{-}12)$$

式中　$R_p = 7.5$L/（s·p），是指在不适人群的条件下，室外空气所需引入的规定量（BSR/ASHRAE62-2001）；

$G_{pCO_2} = 19$L/（h·p），是由久坐人群产生 CO_2 负荷；

$\rho_{iCO_2} = 1015$ ppm，是不适人群不满意率为 20% 时的室内 CO_2 浓度；

$\rho_{eCO_2} = 310$ ppm，是室外的 CO_2 浓度。

对于适应人群，式（3-7）同样适用。根据 BSR/ASHRAE62-2001，适应人群的室外空气进入量的规定值只有 2.5L/（s·p），CO_2 负荷及室外 CO_2 浓度仍保持不变，$G_{pCO_2} = 19$L/（h·p），$\rho_{eCO_2} = 310$ ppm，因此，室内 CO_2 浓度可按下式计算得到：

$$R_p = \frac{19 \times 1000}{3.6\ (\rho_{iCO_2} - 310)} = 2.5\ [\text{L}/\ (\text{s}\cdot\text{p})] \qquad (3\text{-}13)$$

得到，$\rho_{iCO_2} = 2420$ppm 即为适应人群不满意率为 20% 时的室内 CO_2 浓度，其浓度从 1015ppm 增加到 2420ppm。假设曲线为：

$$\Delta\rho_{CO_2} = k\ (\ln\ (PDA)\ - 5.98)^{-4}\ (\text{ppm})$$

$$2420 - 310 = k\ (\ln 20 - 5.98)^{-4}$$

可得到适应人群的曲线为（见图3-6）：

$$\Delta\rho_{CO_2} = 167350 \left[\ln\left(PDA \right) - 5.98 \right]^{-4} \text{ (ppm)} \tag{3-14}$$

由式（3-9）得到，对于适应人群，最合适值（$PDA = 20\%$）和允许值（$PDA = 30\%$）分别为2420ppm和4095ppm，即63dCd和83dCd。

对于不适人群，哮喘患者的最合适值（$PDA = 10\%$）和允许值（$PDA = 20\%$）分别为615ppm，9dCd和1015ppm，29dCd；而对于适应人群，哮喘患者的最合适值（$PDA = 10\%$）和允许值（$PDA = 20\%$）分别为1225ppm，36dCd和2420ppm，63dCd。基于USSR调查，长期允许值为5000ppm，91dCd，这是病态建筑综合症的极值。由英国指标规定EH 40/90，短期允许值为15000ppm，134dCd，有毒初始值。

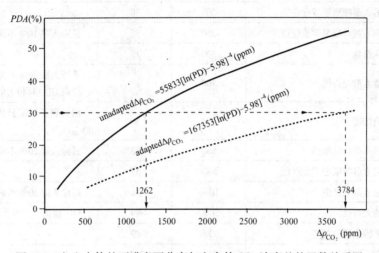

图3-6　久坐个体的不满意百分率与室内外CO_2浓度差的函数关系图

②TVOC

TVOC的最小阈值认为是5.8%不满意率时的值为50 $\mu g/m^3$，短期污染极值就是有毒的初始值为25000$\mu g/m^3$，该值是Molhave估计得到的。

可得到如下方程：

$$L_{odour}(\text{TVOC}) = a \log\frac{\rho_{iTVOC}}{50} \text{ (dTv)} \tag{3-15}$$

$$a \log(25000/50) = 135 \Rightarrow a = 50 \tag{3-16}$$

式中TVOC分贝值dTv是新的分贝单位。各种TVOC限值范围汇总如表3-3所示。

对于不适应人群，最合适值（$PDA = 20\%$）与允许值（$PDA = 30\%$）分别为200 $\mu g/m^3$和360$\mu g/m^3$，即30dTv和43dTv。

$$R_B = \frac{G_{BTVOC}}{3.6(\rho_{iTVOC} - \rho_{eTVOC})} = \frac{5140}{3.6(200 - \rho_{eTVOC})} = 7.5 \left[\text{L}/(\text{s} \cdot \text{p}) \right] \tag{3-17}$$

式中　$R_B = 7.5$L/（s · p），是不适人群室外空气规定量（BSR/ASHRAE62-2001）；

$G_{BTVOC} = 5140\mu g/h \cdot p$，由久坐人群产生TVOC负荷；

$\rho_{eTVOC} = 10\mu g/m^3$，是不适人群不满意率为 20% 时的室内 TVOC 浓度；

$\rho_{iTVOC} = 200\mu g/m^3$，是室外的 TVOC 浓度。

各种 TVOC 限值范围汇总   表3-3

	名 称	浓度值 （μg/m³）	分贝值 （dTv）	来 源
各种限值	阈值	50	0	5.8% 不满意率
	不适人群哮喘患者最佳值	85	12	不适人群 10% 不满意率 （EUR 14449 EN）
	不适人群最佳限值	200	30	不适人群 20% 不满意率 （EUR 14449 EN）
	不适人群哮喘患者允许值	200	30	
	适应人群哮喘患者最佳值	250	35	适应人群 10% 不满意率
	目标指标	300	39	
	不适人群允许值	360	43	不适人群 30% 不满意率 （EUR 14449 EN）
	影响浓度	500	50	澳大利亚国家健康与医疗研究协会
	适应人群最佳限值	580	53	适应人群 20% 不满意率
	适应人群哮喘患者允许值	580	53	
	适应人群允许值	1040	66	适应人群 30% 不满意率
	长期允许值	3000	89	SBS 极值
	多重因素污染范围	3000	89	
	短期允许值	25000	135	有毒初始值
	不舒适限值	25000	135	
不适人群范围	最佳范围	50～200	0～30	
	哮喘患者最佳范围	50～85	0～12	
	哮喘患者允许范围	86～200	13～30	
	允许范围	201～360	31～43	
	长期允许范围	361～3000	44～89	
	短期允许范围	3001～25000	90～135	
	不允许范围	＞25001	＞136	
适应人群范围	最佳范围	50～580	0～53	
	哮喘患者最佳范围	50～250	0～35	
	哮喘患者允许范围	251～580	36～53	
	允许范围	581～1040	54～66	
	长期允许范围	1041～3000	67～89	
	短期允许范围	3001～25000	90～135	
	不允许范围	＞25001	＞136	

对于适应人群，式（3-17）同样适用。根据 BSR/ASHRAE62-2001，适应人群的室外规定量只有 2.5L/（s·p），TVOC 负荷及室外 TVOC 浓度仍保持不变，即，G_{BTVOC} $=5140\mu g/$（h·p），$\rho_{eTVOC}=10\mu g/m^3$。因此，室内 TVOC 浓度可由下式计算得到：

$$R_B = \frac{5140}{3.6\ (\rho_{iTVOC}-10)} = 2.5\ [L/\ (s\cdot p)] \tag{3-18}$$

得到 $\rho_{iTVOC}=580\mu g/m^3$，即为适应人群不满意率为 20% 时的室内 TVOC 浓度，其浓度从 $200\mu g/m^3$ 增加到 $580\mu g/m^3$。假设曲线为：

$$\rho_{TVOC} = k(\ln(PDA)-5.98)^{-4}\ (\mu g/m^3) \tag{3-19}$$

$$580 = k(\ln20-5.98)^{-4}\ (\mu g/m^3) \tag{3-20}$$

可得到适应人群的曲线为（见图 3-7）：

$$\Delta\rho_{TVOC} = 46000[\ln(PDA)-5.98]^{-4}-10\ (\mu g/m^3) \tag{3-21}$$

由式（3-15）得到，对于适应人群，最合适值（$PDA=20\%$）和允许值（$PDA=30\%$）分别为 $580\mu g/m^3$ 和 $1040\mu g/m^3$，即 53dTv 和 66 dTv。

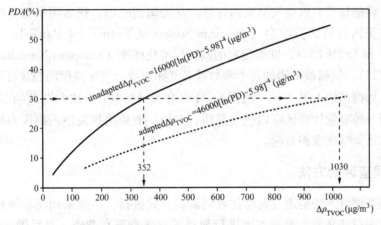

图 3-7 久坐个体的不满意百分率与室内外 TVOC 浓度差的函数关系图

对于不适人群，哮喘患者的最合适值（$PDA=10\%$）和允许值（$PDA=20\%$）分别为 85 $\mu g/m^3$，12dTv 和 $200\mu g/m^3$，30dTv；而对于适应人群，哮喘患者的最合适值（$PDA=10\%$）和允许值（$PDA=20\%$）分别为 $250\mu g/m^3$，35dTv 和 $580\mu g/m^3$，53dTv，这些值也适用于过敏人群等。长期允许值为 $3000\mu g/m^3$，89dTv，这是 SBS 极值。Molhave 提出的短期允许值为 $25000\mu g/m^3$，135dTv，有毒初始值。

这种方法存在许多优势如下：

①与浓度单位相比，分贝单位能更好地概算气味浓度的可接受率，这是因为人类嗅觉器官反应表现为对数变化并与分贝值相对应；

②通过比较 dCd 和 dTv 值，可确定 CO_2 和 TVOC 哪个污染更严重；

③新单位 dCd 和 dTv 可通过 CO_2 和 TVOC 的测量得到；

④运用新单位可评价室内空气品质优劣、通风性能；

⑤运用新单位可确定适应人群、不适人群、哮喘患者以及过敏人群的允许限值及

最佳值等；

⑥运用新单位还可确定长期允许值、短期允许值以及 SBS 限值等；

⑦运用新单位可确定不同室外空气条件下的最小通风量；

⑧这种方法还具有普遍性，可适用于其他环境成分分析，正确评价室内空气品质与健康关系。

三、线性可视模拟比例尺方法

线性可视模拟比例尺（Linear Visual Analogous Rating Scales，LVARS）是一类定量测量人体感觉器官对外界环境因素反应强度的测量手段，近几年来常被国际学者用于评价因室内装饰材料产生的甲醛及挥发性有机化合物污染，是一类较为灵敏的人体健康指标。

四、嗅觉计测试室内空气品质

室内空气品质不良主要是室内空气中含有各种有气味的化学物质，对这些气味进行定量测量就能知道室内空气品质的好坏。从美国到欧洲，很多国家都制定了气味测量标准，如美国材料试验学会（American Society of Testing and Materials，ASTM）的 ASTM E679 和 ASTM E544，欧盟制定的欧洲标准化标准（European Normalization Standard，EN13725）。气味最普通的一个参数就是气味强度，气味强度的测量可以用气味计进行测量。如德国的 VDI 方法、法国的 AFNOR X-43-101 方法和荷兰的 NVN2820 方法就是采用一种嗅觉计测试室内空气品质，它们一般采用挥发性丙酮作为指示剂，丙酮浓度值与污染浓度值相对应。

五、调查评价方法

视觉调查评价方法是通过向居住者问询的方式进行，一般采用问卷调查表收集信息，然后室内空气品质专家对实地进行简单的视觉勘测和调查，最后做出综合评价，并提出解决措施与方案。其步骤如下：

（1）收集居住者对于所处室内空气品质的抱怨意见。

（2）室内空气品质调查的目的就是为成功解决问题获取充分的信息，在进行问卷调查之前，室内空气品质专家应对抱怨问题的实质有深入清晰的认识。

（3）抱怨的居住者和处于同一楼层或室内的其他非抱怨的居住者都要参加相应的问卷调查，这有两个目的：

1）帮助对室内环境有所不适的居住者正确认识不适的真正原因何在，室内空气品质专家也可从中得到相关信息如潜在污染源、问题实质等。

2）提供对话桥梁，公开交流问题，获取高信任度，便于解决问题。

（4）室内空气品质评价应选择在居住者感觉舒适的场所进行。

（5）调查问题应包括：

1）不舒适感和出现的症状是什么？如有感知气味，进行描述。

2）症状、不舒适感出现部位，感知气味明显与否？

3）症状、不舒适感、感知气味何时开始？是否消失或衰减？如果是，何时？

4）这些症状和气味出现时，是否有其他情况发生？

5）最近有何运行过程发生变化？

6）是否是由于建筑条件或工作环境引起这些问题出现（如室内温度、湿度不适合、通风不充分、新风量不足、门窗未开等）？

7）是否有其他居住者出现了类似症状或不舒适感？

8）是否是因为居住者自身的身体状况不佳导致对环境条件特别敏感？

（6）室内空气品质评价的问卷调查还应根据实际情况适当增加一些问题以便于正确认识环境条件，发现原因并提出假设。

（7）收集的相关信息必须存档，内容包括如姓名、工作部门、职位、工作时间班次以及调查个体详情等，以备日后参考。

（8）室内空气品质评估组还应进行简单的实地考察，通过直接观察收集实地资料并发现相关影响因素。

1）全面调查问题发生地，试图找到问题关键以及可识别源。

2）检查附近地区证实污染源，如：

① 是否存在有害材料或化学用品（注：化学用品可导致相关过敏性疾病如上呼吸道感染，某些特别的化学物质还可使人中毒，其症状与过敏相似）；

② 是否有化学物质排放；

③ 是否有烹调；

④ 是否存在建造/改建工程，因为建筑材料含有挥发性有机化合物（VOCs），如油漆、胶粘剂、乳香、填料以及使灰尘、纤维及其他微粒悬浮的活动；

⑤ 是否来自新使用的地毯或家具。

3）检测通风是否充分或空气分布是否均匀。

4）检测附近水池和排水系统以证实周围干湿情况。

5）观测是否存在潜在的污染途径（即污染物如何通过建筑物），如开门、重新隔间、通风系统等。

6）检测门窗框、墙壁地板是否有真菌或其他微生物生长。

（9）检测问题产生源及其他与其共享同一通风管道的暖通空调系统的地区（评估者应全面完整地观察风机盘管、送风系统及外界通风口的运行和清洁状况。由此可发现一些不清洁的状况如潮湿的过滤器、鸟粪等都可能影响室内空气品质）。

1）检测风机室的轴承、皮带等运行状况。

2）观测建筑物周围环境状况，特别是接近空气吸入口附近是否存在下列情况：建造、吊顶及其他工程会释放水蒸气、烟雾或微粒物质，停滞的运输工具（在货运码头、停车场、飞机场）可散发烟雾，附近的化学制品、填料和其他潜在的工业污染物，附近的炉火，花粉或灰尘量，杀虫剂的应用，下水道的气味。

3）检查空气吸入口的过滤器、内部清除尘埃、真菌及其他微生物、残骸的可见管道或附近的雨水管是否存在泄漏。

4）检查滴水盘、加湿器是否有微生物生长。

（10）室内空气品质评估组根据直接观测得到的资料以及从已有的文档中获取的额外信息证实以往的发现/预先的假设，或据此认识无法通过职员的问卷调查得知的问题原因。

（11）在评价过程中应确定污染地，并确定其潜在根源、检测污染途径。该评价应调查下列各项以收集具体信息：污染途径；问题出现时是否有相关事宜报道、预防性维护/纠正性维护（PM/CM）过程等；暖通空调系统的运行周期、季节周期以及与气候相关的变化等。

（12）工业卫生协会、暖通空调行业以及环境服务部门应应用科学技术手段，如对特别的污染物进行检测，使居住者在紧急情况、有潜在材料危害和感染人群出现相关症状时可获得外界帮助。

（13）一旦收集了足够的信息，评估者应全面总结所有的发现、已证实的假设以及统一处理问卷调查的数据。同时需用其他方式如图表等明确叙述结论。

室内空气品质诊断评估结论应包括：

1）通过对评价过程中的相关数据信息确定最初问题、抱怨的真正原因；

2）确定其他潜在的污染源、室内空气品质问题；

3）总结所有的信息并制定整改计划；

4）阐述是否需进一步评价，如果需要，叙述理由。

（14）室内空气品质诊断评价结论必须存档，并与相关职员、受影响部门经理以及参与评价、提供推荐意见的专家进行交流。报告要求：

1）简要概括问题实质和评价过程的步骤清单；

2）讨论最初的室内空气品质问题原因假设并描述相关发现；

3）确定进一步的调查评价是否需要；

4）阐述不可确定的室内空气品质问题的原因；

5）提出整改措施并给出问题解决策略与方法；

6）提供室内空气品质诊断过程检测与评价进程。

（15）室内空气品质报告和其他相关文档的副本（如调查笔录、工作记录等）应保存在安全部门，以备日后参考。

这种调查评价方法主要依靠居住者自身反映以及专家在现场的视觉考察而得出结论，但由于个人素质与敏感程度有差异，居住者和专家的主观判断在这种评价方法占主导，评价结论也有局限。

六、普通居室内空气品质的简单识别方法

普通居民一般不可能用专业仪器对自己的居室进行检测，也不可能都具有室内空气品质方面的专业知识，只能通过一些简单的常识判断居室内的空气品质状况。由于居室是人主要的生活环境，室内空气品质的好坏直接关系到人的舒适和健康状况，所以某些健康状况可作为室内空气品质问题的指示器，特别是这些症状如果是在迁入新居，或者重新装修了房子，或者在家里使用了杀虫剂后出现的。如果认为某种疾病可能与家居环境有关，可以找当地的医生或者有关健康部门进行咨询，看看这些症状是

否是由于室内空气污染引起的。如果出现的某种症状随着人离开房间而减弱或消失，随着人返回房间而又出现，应该可以判断，室内空气污染是产生这种症状最直接、最有可能的原因。

另一种判断居室是否已经出现或者可能会出现空气品质问题的方法是识别潜在的室内空气污染源。尽管这些污染源的存在并不一定意味着就会出现室内空气品质问题，但知道潜在污染源种类和数量是评价室内空气品质的重要的步骤。

第三种是判断室内空气品质是否较差的方法，可通过看一看人的生活方式和活动情况，因为人类的活动也是室内空气污染的来源之一。找一找居室内通风不良的征兆，如窗户或墙体上潮湿、空气有异味或发臭、放书或鞋子的地方发霉等。为了辨别家里的气味，可到室外待一会儿，然后再进入室内，看看两者是否有明显的差别。

美国肺癌协会 1988 年给出了普通居民室内空气品质评价检验表，如表 3-4 所示。

室内空气品质评价检验表 表 3-4

居室状况		
居室内是否存在不通风的燃烧设备？	是	否
居室内是否有人吸烟？	是	否
室内是否存在毛皮宠物？	是	否
室内是否存在草木？	是	否
居室内是否使用过杀虫剂？	是	否
在车库中是否有车辆？	是	否
居室内是否进行过：木材加工、胶粘、珠宝制造、陶器制造、涂漆、焊接、照相或建模？	是	否
您是否使用过加压装置？	是	否
您生活的空间在地下室吗？	是	否
您家中的保温材料是否采用尿素—甲醛（安装有 2~3 年）或石棉？	是	否
暖气风口是否腐蚀？	是	否
烹饪设施及燃气炉的火焰是否呈黄色而不是蓝色？	是	否
地下室是否有水泄漏？	是	否
室内污染物强度		
居室内是否有不寻常的异味？	是	否
居室内湿度是否很高、窗户或其他表面有水？	是	否
居室内空气是否不新鲜？	是	否
居室内是否存在下列症状：头痛、眼睛发痒或水肿、鼻喉干涩感染、眩晕、恶心等？	是	否
居室内是否出现不寻常的寒冷或温暖？	是	否
居室内是否缺乏空气流动？	是	否
居室内家具上是否积灰？	是	否
居室内墙壁、顶棚是否积灰？	是	否

居室状况		
最近是否取缔了现有燃炉，而采用高效燃炉？	是	否
家庭成员		
家庭内是否有小于 4 岁或大于 60 岁的成员？	是	否
每天是否有人在居室内 12h 以上？	是	否
是否有人患有哮喘、支气管炎、过敏症、心脏病或肺炎等？	是	否
是否有人早上醒来时头痛？	是	否

如果以上有 10 个或更多答案为是，这就表明室内空气品质低劣。

室内空气品质的主观评价方法主要是以人的感觉器官作为评价工具和手段，因为人长期处于建筑物内，直接感受室内的环境状况，最能反映室内空气品质的好坏优劣。这种方法简单方便，无需专业仪器测量，但是往往会不够全面，具有一定的局限性。

第二节　室内空气品质的客观评价方法

客观评价就是直接用室内污染物指标来评价室内空气品质，即选择具有代表性的污染物作为评价指标，全面、公正地反映室内空气品质的状况。由于各国的国情不同，室内污染特点不一样。人种、文化传统与民族特性的不同，造成对室内环境的反应和接受程度上的差异，选取的评价指标理应有所不同。除此之外，还要求这些作为评价指标的污染物长期存在、稳定、容易测到且测试成本低廉。因此，一般国际上通常选用二氧化碳、一氧化碳、甲醛、可吸入性微粒（IP）、氮氧化物、二氧化硫、室内细菌总数，加上温度、相对湿度、风速、照度以及噪声共 12 个指标来定量地反映室内环境质量，这些指标可根据具体对象适当增减。客观评价还需要测定背景指标，这是为了排除热环境、视觉环境、听觉环境以及人体工作活动环境因子的干扰。

一、室内空气污染物的检测方法

首先对室内空气污染物进行采样（详细采样方法、步骤将在第七章说明），采样的目的主要是因为室内空气污染物具有种类繁多、组成复杂、浓度低、受环境条件影响变化大等特点。为了能准确检测出室内空气污染物的种类和浓度，必须对空气中的有害物质进行预处理。目前能直接测定污染物浓度的专用仪器较少，大多数污染物需要将空气样品收集起来，再用一定的分析方法测定其污染物浓度。然后分析这些污染物浓度与室内空气品质的相关性。各个室内空气品质的指标的具体测定方法参见《室内空气质量标准》GB/T 18883—2002。其次，污染物浓度检测出来以后，对照《室内空气质量标准》，作出检测报告，得出室内环境是否达标的结论。这种方法直观，从检测报告中可以看出室内污染物的分布情况，超标倍数。

各个室内空气品质的指标的具体测定方法如表 3-5 和表 3-6 所示，我国及其他国家地区的室内环境指标具体列在附录中。

部分室内空气品质参数的测量方法与仪器　　　　表 3-5

污染物	检验方法	来源
二氧化硫（SO_2）	甲醛溶液吸收—盐酸副玫瑰苯胺分光光度法	(1) GB/T 16128—1995 (2) GB/T 15262—94
二氧化氮（NO_2）	改进的 Saltzaman 法	(1) GB/ 12372—90 (2) GB/T 15435—1995
一氧化碳（CO）	(1) 非分散红外法（NDIR） (2) 不分光红外线气体分析法 (3) 气相色谱法 (4) 汞置换法	(1) GB 9801—88 (2) GB/T 18204.23—2000
二氧化碳（CO_2）	(1) 不分光红外线气体分析法 (2) 气相色谱法 (3) 容量滴定法	GB/T 18204.24—2000
氨（NH_3）	(1) 靛酚蓝分光光度法 (2) 纳氏试剂分光光度法 (3) 离子选择电极法 (4) 次氯酸钠—水杨酸分光光度法	(1) GB/T 18204.25—2000 (2) GB/T 14669—93 (3) GB/T 14679—93
臭氧（O_3）	(1) 紫外光度法 (2) 靛蓝二磺酸钠分光光度法	(1) GB/T 15438—1995 (2) GB/T 18204.27—2000
甲醛（HCHO）	(1) AHMT 分光光度法 (2) 酚试剂分光光度法 (3) 气相色谱法 (4) 乙酰丙酮分光光度法	(1) GB/T 16129—95 (2) GB/T 18204.26—2000 (3) GB/T 15516—95
苯（C_6H_6）	气相色谱法	GB 11737—89
甲苯（C_7H_8） 二甲苯（C_8H_{10}）	气相色谱法	GB 14677—93
苯并[a]芘（B(a)P）	高压液相色谱法	GB/T 15439—1995
可吸入颗粒（PM10）	撞击式——称重法	GB/T 17095—1997
总挥发性有机物（TVOC）	热解析/毛细管气相色谱法	ISO 16017—1
新风量	示踪气体法	GB/T18204.18—2000
氡（Rn）	(1) 空气中氡浓度的闪烁瓶测量方法 (2) 环境空气中氡的标准测量方法	(1) GB/T 16147—1995 (2) GB/T 14582—93
细菌总数	(1) 撞击法。 (2) 平皿沉降法，是靠地心引力将悬浮在空气中的微生物粒子吸入而沉降到平皿中的培养基上。	详见附录 A

室内环境参数与检测方法   表 3-6

室内环境参数	检 测 方 法
温度	玻璃温度计（包括干湿球温度计）、数字式温度计（热电偶、热电阻、半导体式包括数字式湿度计或风速计所附的温度计）
相对湿度	普通干湿球湿度计、电动干湿球湿度计、氯化锂电阻式湿度计、氯化锂露点式湿度计、电容式湿度计、毛发式湿度计
空气流速	热球式电风速计、热线式电风速计
噪声	使用模拟人耳在低响度时对不同声音的敏感情况的计权网络 A 的声级计评价噪声
照度	照度计是用于测量被照面上的光照度的仪器，是光照度测量中用得最多的仪器之一。由光度头（包括接收器、V（λ）滤光器、余弦修正器）和读数显示器两部分组成

二、室内空气品质的模糊评价方法

目前，室内空气品质本身就是一个模糊概念，至今尚无一个统一、权威性的定义。因此，有人尝试用模糊数学方法加以研究，由于该方法考虑到了室内空气品质等级的分级界限的内在模糊性，评价结果可显示出对不同等级的隶属程度，故这样更符合人们的思维习惯。

这种模糊评价方法是将影响室内空气品质的主要指标定为下面七种：CO_2、CO、吸入尘、菌落数、甲醛、NO_2、SO_2。室内空气品质的模糊评价就是利用模糊数学的处理方法，综合考虑影响对象总体性能的各个指标，通过引入隶属函数，同时考虑各指标在影响对象中的重要程度，经过模糊变换得到每一个被评判对象的综合优劣度。这种室内空气品质的模糊评价方法的具体步骤如下：

1. 各单项评价指标的量化

所谓量化也就是确定标准要求的各单项性能指标的数值范围，即确定 CO_2、CO、吸入尘、菌落数、甲醛、NO_2、SO_2 这七项指标的数值范围。根据我国《环境空气质量标准》GB 3096—1996 和一些较先进国家与地区所建议的室内空气标准，在表 3-7 中列出了一套标准建议值作为量化依据，即室内空气中的上述单项值不应超过表 3-7 中所给出的值。

室内空气品质标准建议值   表 3-7

污 染 物	指 标	污 染 物	指 标
CO_2	1000ppm	甲醛	100ppb
CO	10ppm	NO_2	50ppb
吸入尘	150μg/m³	SO_2	25ppb
菌落数	30CFU/（9cm·5min）		

2. 各单项指标的隶属函数的构造

由独立同分布情形下的中心极限定理可知，对于常用的数理统计量均具有渐近正态性，为此采用的隶属函数为正态分布型，由于量化时都只有上界，故此处均采用戒上型（偏上型）的降半正态模糊分布。

设评判对象集 $X = (x_1, x_2, x_3 \cdots x_n)$，其中 X_i $(i = 1 - m)$ 表示有 m 个不同的场所。根据事物的性质，选定几种指标作为评判标准，即评判因素集合 $U = (u_1, u_2, u_3, \cdots u_n)$，其中 U_j $(j = 1 - n)$ 表示 n 个评判指标。对各场所的室内空气测定后有 $x_i u_j$ $(i = 1 - m, j = 1 - n)$ 表示对第 i 个场所的第 j 个指标的测量值。根据给定的隶属函数求出单因素评判结果，得 $X \to U$ 的模糊关系矩阵 $R: X \times U \to [0, 1]$，用 r_{ij} 表示对象 x_i 对因素 u_j 的评价结果，则有评判矩阵 R。

$$R = \begin{pmatrix} R_1 \\ R_2 \\ \cdots \\ R_m \end{pmatrix} = \begin{pmatrix} r_{11} & r_{12} & \cdots & r_{1n} \\ r_{21} & r_{22} & \cdots & r_{2n} \\ \cdots & \cdots & \cdots & \cdots \\ r_{m1} & r_{m2} & \cdots & r_{mn} \end{pmatrix} \tag{3-22}$$

于是得到评判空间 $S = (X, U, R)$，在评判空间 S 中，为了表达各因素的地位差异，令其权值分配向量 $A = (a_1, a_2, a_3, \cdots a_n)^T$，根据模糊矩阵合成算法，并采用 M $(., +)$ 模型可计算出评价指数 Me。

$$Me = R \cdot A = \begin{pmatrix} r_{11} & r_{12} & \cdots & r_{1n} \\ r_{21} & r_{22} & \cdots & r_{2n} \\ \cdots & \cdots & \cdots & \cdots \\ r_{m1} & r_{m2} & \cdots & r_{mn} \end{pmatrix} \cdot \begin{pmatrix} a_1 \\ a_2 \\ \cdots \\ a_n \end{pmatrix} = \begin{pmatrix} m_{e1} \\ m_{e2} \\ \cdots \\ m_{en} \end{pmatrix} \tag{3-23}$$

再对评判对象在矩阵 R 中取极大和极小，分别得到 M_{max} 和 M_{min}。

$$M_{max} = (m_{a1}, m_{a2}, m_{an})^T$$
$$M_{min} = (m_{i1}, m_{i2}, m_{in})^T$$

令 $U_1 = (Me, M_{max}, M_{min})$ 得到新的评判空间 $S_1 = (X_1, U_1, R_1)$，其中 R_1 为：

$$R_1 = (Me, M_{max}, M_{min}) = \begin{pmatrix} m_{e1} & m_{a1} & m_{i1} \\ m_{e2} & m_{a2} & m_{i2} \\ \cdots & \cdots & \cdots \\ m_{em} & m_{am} & m_{im} \end{pmatrix} \tag{3-24}$$

然后再做第二次评判，同样为了表达各因素的地位的差异，令其权重分配向量 $A_1 = (a_1, a_2, a_3)^T$ 仍取 M $(., +)$ 模型运算，则有：

$$M = R_1 \cdot A_1 = \begin{pmatrix} m_{e1} & m_{a1} & m_{i1} \\ m_{e2} & m_{a2} & m_{i2} \\ \cdots & \cdots & \cdots \\ m_{em} & m_{am} & m_{im} \end{pmatrix} \cdot \begin{pmatrix} a_1 \\ a_2 \\ a_3 \end{pmatrix} = \begin{pmatrix} m_1 \\ m_2 \\ \cdots \\ m_m \end{pmatrix} \tag{3-25}$$

其中矩阵 M 即为综合指标矩阵，m_1 为室内空气品质综合指标值，根据该指标值的大小即可判定出所衡量的室内空气品质的优劣顺序。

这种模糊评价方法需要建立各因素对每一级别的隶属函数，过程较繁琐。而且复合过程的基本运算规则是取最小值和取最大值，强调了权值的作用，丢失的信息较多，突出了严重污染物的影响，但忽视了各种污染因子的综合效应。

三、室内空气品质的灰色理论评价方法

灰色系统理论是 20 世纪 80 年代初期由中国学者邓聚龙教授创立的一门系统科学新学科。它以"部分信息已知，部分信息未知"的"小样本"，"贫信息"不确定性系统为研究对象，主要通过对"部分"已知信息的生成、开发，提取有价值的信息，实现对系统规律的正确描述和有效控制。根据灰色系统理论，能用时间序列来表示系统行为特征量和各影响因素的发展，灰色系统理论中的灰色关联分析的基本思想是根据序列曲线的相似程度来判断其联系是否紧密。曲线越接近，形状越相似，相应序列之间的关联就越大，反之就越小。序列曲线的相似程度用灰色关联度来衡量。有中国学者利用灰色理论对室内空气品质进行综合评价，具体方法如下：

1. 评价因子的选择

室内污染物种类繁多，不可能对每种污染物都进行检测，需要从中选择有代表性的，对人体感觉和健康有重要影响的因子作为室内空气品质检测和评价的内容。目前国内外普遍关注的室内污染物有：甲醛（HCHO）、CO、CO_2、NO_2、SO_2、悬浮颗粒、浮游微生物、氡气等，因而，灰色理论评价方法选取这些污染物作为评价因子。

2. 评价标准序列的确定

考虑到室内空气中污染物浓度一般比较低，在对室内空气品质进行评价时，将它分为四级：清洁、未污染、轻污染、重污染。根据国家已制定的相关室内环境标准以及各种污染物的背景值，具体的评价标准序列如表 3-8 所示。

室内空气评价标准序列　　　　　　表 3-8

污 染 物	等 级			
	清洁	未污染	轻污染	重污染
二氧化碳（ppm）	400	650	1000	1800
一氧化碳（ppm）	1.5	4.5	10	25
吸入尘（mg/m³）	0.025	0.075	0.15	0.35
菌落［cfu/（9cm·5min）］	3	20	45	150
甲醛（ppb）	20	45	100	220
二氧化氮（mg/m³）	0.01	0.04	0.10	0.3
二氧化硫（mg/m³）	0.01	0.05	0.15	0.4

当用关联度量化序列曲线的相近程度时，需要对序列进行适当的预处理，使之化成数量级大体相近的无量纲数据。由韦伯-费希纳定律：$R = k\log S$，可知反应的大小与刺激量的对数成正比，因此可对各种污染物浓度的数值进行处理，使之能反映人体感

觉的大小，且能在不同的污染物之间进行比较。仿照噪声单位分贝的定义，提出计算式（3-26）：

$$L = k\log\frac{n}{n_0} \tag{3-26}$$

式中 n——实测的浓度值，mg/m^3；

n_0——作为比较的浓度值，mg/m^3。

将 n_0 取各污染物的背景值，并且将清洁级别的计算值取为 0，轻污染级别的计算值取为 2，可得到相应的 k 值。表 3-9 列出了处理后的室内空气品质评价标准序列。

处理后的室内空气品质评价标准序列   表 3-9

污 染 物	等 级			
	清洁	未污染	轻污染	重污染
二氧化碳	0	1.06	2	3.28
一氧化碳	0	1.16	2	2.97
吸入尘	0	1.23	2	2.95
菌 落	0	1.4	2	2.89
甲 醛	0	1.01	2	2.98
二氧化氮	0	1.2	2	2.95
二氧化硫	0	1.19	2	2.74

3. 灰色评价过程

经过预处理后，参考因素序列 Y_i，$i \in M \in \{1, 2, \Lambda, m\}$，比较因素序列 X_j，$j \in N \in \{1, 2, \Lambda, n\}$，序列表示为：

$$Y_i = \{y_i(1), y_i(2), \Lambda, y_i(k), \Lambda, y_i(l)\} \tag{3-27}$$

$$X_j = \{x_j(1), x_j(2), \Lambda, x_j(k), \Lambda, x_j(l)\} \tag{3-28}$$

$$k \in L = \{1, 2, \Lambda, l\} \tag{3-29}$$

令：

$$\Delta_{\min} = \min_i \min_j \min_k |y_i(k) - x_j(k)| \tag{3-30}$$

$$\Delta_{\max} = \max_i \max_j \max_k |y_i(k) - x_j(k)| \tag{3-31}$$

$$\Delta_{i,j}(k) = |y_i(k) - x_j(k)| \tag{3-32}$$

$$\xi_{i,j}(k) = \frac{\Delta_{\min} + \rho\Delta_{\max}}{\Delta_{i,j}(k) + \rho\Delta_{\max}} \tag{3-33}$$

$$r_{i,j} = \frac{1}{l}\sum_{k=1}^{l}\xi_{i,j}(k), \ i \in M, j \in N, k \in L \tag{3-34}$$

$\xi_{i,j}(k)$ 是第 k 个数据点上 Y_i，X_j 的相对差值，称为关联系数。$r_{i,j}$ 称为 Y_i 与 X_j 的

关联度，集中反映了所有数据点上的关联系数的大小，因为计算关联系数时 $\Delta_{\min}$、$\Delta_{\max}$ 采用三级差，所以用式（3-33）定义的关联度体现了系统的整体性。关联度 $r_{i,j}$ 反映了 Y_i、X_j 序列曲线之间的相似程度，其值越大，说明 Y_i、X_j 之间的联系越紧密。式（3-33）中 ρ（$0 < \rho < 1$）为分辨系数，一般取 0.5。

由关联度 $r_{i,j}$，$i \in M$，$j \in N$，组成一个 $m \times n$ 阶矩阵：

$$R = \begin{pmatrix} r_{1,1} & r_{1,2} & \Lambda & r_{1,n} \\ r_{2,1} & r_{2,2} & \Lambda & r_{2,n} \\ M & M & O & M \\ r_{m,1} & r_{m,2} & \Lambda & r_{m,n} \end{pmatrix} \tag{3-35}$$

矩阵 R 称为关联矩阵。考虑任意因素 Y_i，X_j，Y_p，X_q，当 $\xi_{i,j}(k) > \xi_{p,q}(k)$ 时，必有 $|Y_i(k) - X_j(k)| < |Y_p(k) - X_q(k)|$，这说明关联系数越大，曲线间距越小，曲线形状越相似。而关联度 $r_{i,j}$ 与 $r_{p,q}$ 是 $\xi_{i,j}(k)$（$k \in L$）与 $\xi_{p,q}(k)$（$k \in L$）的集中体现，因此任意两个关联度 $r_{i,j}$ 与 $r_{p,q}$ 的比较都是很有意义的。

将灰色关联分析应用于室内空气品质评价时，取序列 X_1，X_2，Λ，X_n 为 n 个评价对象的实测值，Y_1，Y_2，Λ，Y_m 为室内空气品质评价的 m 个评价标准序列。经计算得出关联矩阵 R 后，可以利用它提供的信息对室内空气品质的现状做出评价。在矩阵 R 中，每一行的元素均为某一待评价对象与不同室内空气品质等级的灰色关联系数；某一等级的关联系数越大，说明其与该等级的联系越紧密，因此最大关联系数对应的等级即为该对象的室内空气品质的等级。R 中每一列的各元素为某一室内空气品质等级与相应评价对象的灰色关联系数，因为 R 中任意元素的比较都是有意义的，因此可以通过比较任意两行的相应元素，而比较任意两评价对象的室内空气品质的优劣。

这种灰色关联分析方法简单方便，实测得到的所有数据对评价结果均有影响，充分利用了获得的信息。根据灰色关联矩阵提供的丰富信息，不仅可确定样本的级别，而且能反映处于同一级别样本之间空气品质的差异，评价结果直观可靠。但是这种方法没有与人体对室内空气品质的主观感受相联系，不够全面。

四、人体模型方法

从已有大量的研究中发现，通风气流、体表对流气流以及呼出气流之间的相互关系对居住者热舒适性以及可接受的室内空气品质有很大影响。图 3-8 显示了静止的和行进中的人体周围的气流流动情况。在居室内，即使是静坐不动的人，由于通常其体表的温度要高于环境空气温度，人体被四周的向上的热羽流所包围，而吸入鼻子或口腔的气流正是来源于这股热羽流。因此，人体微环境内的气流状况直接影响到吸入空气品质。

为了更加准确地研究人体吸入的空气品质，有些学者开始使用带有人工肺的暖体假人的方法。不同于以往监测室内各关键区域的污染物浓度的评价方法，暖体假人方法着重于人体的吸入空气品质，它考虑了人体的存在对室内流场的扰动，其结果更加真实可靠。尤其是在有大梯度的局部污染物浓度时，该方法更加必要，比如有个性化送风的情况。

图 3-8　静止和行进中的人体周围的气流流动（Settle GS 1997）

最早的暖体假人用于研究不同布料的散热散湿的性能以及其对人体热舒适性的影响。这些假人不配备人工肺，没有呼吸功能。所谓"暖体"是指假人的体表可以被加热，模拟真实的人体热反应。其体表可以被分割成若干个部分，如面部，胸，腹，手臂等（见图 3-9）。每一部分的体表加热温度由电脑进行控制。通常有三种加热模式：定体表温度、定体表热流和模拟真人的动态体表温度。

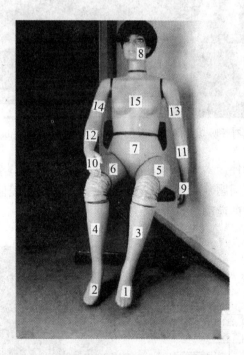

图 3-9　可进行体表分块加热的暖体假人

为了研究吸入空气品质，暖体假人配置了人工肺系统（见图 3-10）。人工肺由四个系统组成：空气传输系统、空气加湿系统、示踪气体系统以及控制呼出空气温度系统。四个系统构造如图 3-11 所示，空气传输系统模拟人体肺部的通风，由两个泵和两个阀组成，从而控制呼吸量；并通过两个相连的数字计时器控制肺的呼吸频率。呼吸流量和频率可根据人体的新陈代谢活动强度进行调节。空气加湿系统则由一个小型泵和一个加湿器组成，泵驱使水经过加湿器并得以加热蒸发。接着，热湿空气经过示踪气体系统并与示踪气体混合，压力阀和流量控制器将瓶中的示踪气体释放。在呼吸过程中，人体产生二氧化碳气体，该气体量取决于人体重量和活跃程度。在试验中，采用了 CO_2 和 N_2O 的混合气体，两种气体的密度相同，相互间不发生化学反应，比例为 9:1。该混合物浓度与静坐的人排放的气体中 CO_2 浓度相同。最后这种混合气体通过人工肺与人体模型相连的柔性管排向室内。

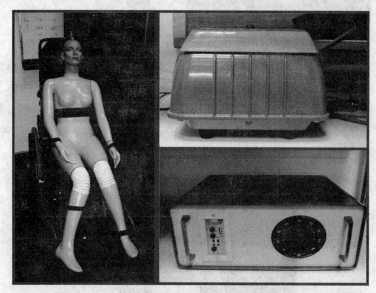

图 3-10 具有呼吸功能的暖体假人（右侧为人工肺的泵和频率控制器）

具有呼吸功能的暖体假人可以用于人体的吸入空气品质、暴露剂量以及人体呼出的气流在室内的扩散等问题（见图 3-12）。近年来，移动的暖体假人还被用于研究人员的走动对室内污染物的搅动、携带和传播等。

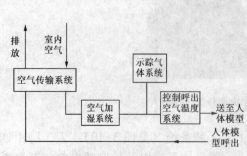

图 3-11 人工肺功能

图 3-12 应用具有呼吸功能的暖体假人研究室内空气品质（Bjorn and Nielsen 2002）

五、应用 CFD 技术对室内空气品质进行评估

室内空气中的污染物通过气流在室内传输，室内气流是传播污染物的介质，气流流动方式直接影响污染物传播路径和室内污染物的排除效率，从而影响人体健康。近二十年来，计算流体动力学（Computational Fluid Dynamics，CFD）技术是模拟室内气流、污染物的传播软件，已用于评估室内空气品质领域。该方法是利用室内空气流动的质量、动量和能量守恒原理，采用合适的湍流模型，给出适当的边界条件和初始条件，离散求解各控制方程，得出室内各点的气流速度、温度、湿度和污染物浓度等。同时利用室内空气的流动形式和扩散特性，可得到室内各点的空气年龄，从而判断送风到达室内各点的时间长短，评估室内空气的新鲜度（见图3-13）。

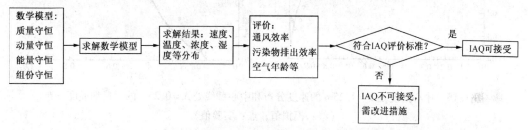

图 3-13　CFD 方法评价室内空气品质的流程图

目前，CFD 应用于室内气流的模拟越来越广泛。2007 年，普渡大学的陈清焰教授对主要学术杂志的统计，采用 CFD 方法的论文占据所有室内气流研究的论文数的 70%以上。其广泛的应用得益于计算机计算速度的提高和模拟可靠性的增加。CFD 模拟的可靠性就常见的三种室内气流形态（即自然对流、强制对流、和混合对流）都得到了很好的实验验证。

室内空气流动中，自然对流是最常见的流动形态之一。图 3-14 显示了一个二维的自然对流，宽 0.5m，高 2.5m，左侧为恒温热板，65.8℃，右侧为冷板，20.0℃。上下两侧挡板为绝热。

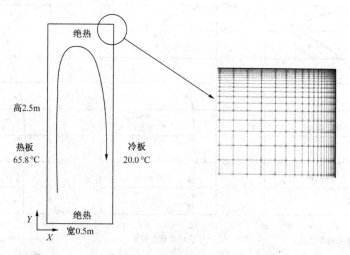

图 3-14　两平板之间自然对流及其 CFD 模拟的网格划分

采用两方程 RNG k-ε 模型模拟出的速度和温度分布如图 3-15 所示，实验值和模拟值吻合的很好。由于实验中不可能做到上下挡板的完全绝热，故模拟出的温度值稍大于实验值。

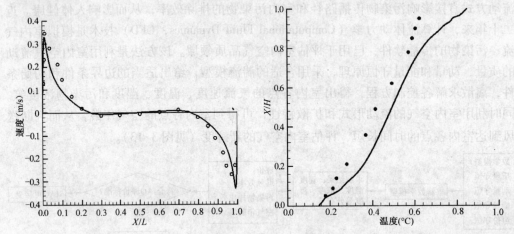

图 3-15　中心高度处 $Y=1.25$m 的速度分布和中心截线处 $X=0.25$m 的无量纲温度分布
（线：模拟值；点：实验值）

图 3-16 是一个强制对流工况，等温流动。小腔室长 0.8m，宽 0.4m，高 0.4m。

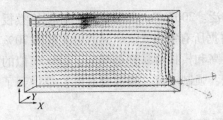

图 3-16　小腔室内的强制对流

方腔的两侧墙开孔，一侧为通风入口，另一侧为排风口。入口风速和出口风速均为0.225m/s。实验中，在送风里面均匀地混入粒径为 10 um，密度为 1400kg/m³ 的液态颗粒物。取入口的颗粒物浓度为 1.0，在中心截面 $Y=0.2$m 上选择三个位置（$X=0.2$m，0.4m，0.6m）测量颗粒物的相对浓度。实验值和与采用欧拉方法模拟得出的颗粒物浓度值的比较如图 3-17 所示，结果表明，两者吻合较好。

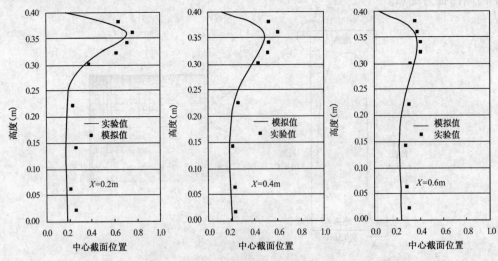

图 3-17　中心截面不同位置处的颗粒浓度分布

上述两例表明了 CFD 方法预测室内流场和污染物分布的可靠性。在 CFD 的模拟中，其结果的准确性受到边界条件、网格数量、质量和数值方法的影响。另外，湍流模型的选择也直接影响到模拟的精度。表 3-10 列出了不同湍流模型对于不同流动的模拟效果。

不同湍流模型的比较（Zhang et al. 2007） 表 3-10

工况	比较内容	湍流模型							
		零方程模型	重整化群 k-ε 模型	应力传输 k-ω 模型	低雷诺数模型	V2F-模型	雷诺应力模型	分离大涡模型	大涡模型
自然对流	平均温度	B	A	A	C	A	A	C	A
	平均速度	D	B	A	B	A	B	D	B
	湍流脉动	n/a	C	C	C	A	C	C	A
强制对流	平均速度	C	A	C	A	B	A	C	A
	湍流脉动	n/a	B	C	B	B	B	C	B
混合对流	平均温度	A	A	A	A	A	A	B	A
	平均速度	A	A	B	A	A	A	B	B
	湍流脉动	n/a	A	D	B	A	A	B	B
强浮升力的流动	平均温度	A	A	A	A	A	n/c	n/a	B
	平均速度	B	A	A	A	A	B	n/a	B
	湍流脉动	n/a	C	A	B	B	n/c	n/a	B
计算时间		1	2~4			4~8		10~20	$10^2 \sim 10^3$

注：A—好；B—可以接受的；C——般；D—差；n/a—不适用；n/c—不收敛

CFD 在室内空气方面经常解决的问题包括：

（1）预测和评估室内的污染物浓度、通风效率、污染物排出效率、空气年龄；

（2）研究带有病菌的飞沫或形态为微小悬浮颗粒物的生化恐怖武器在室内的扩散分布；

（3）预测和评估人体的暴露剂量；

（4）研究自然通风条件下室内的换气次数；

（5）室内和室外污染物的传输；

（6）反问题的 CFD 还可以从已知的浓度分布寻找污染源。

图 3-18 显示了用 CFD 方法模拟得出的客机机舱内一位乘客打喷嚏呼出的 1.0 um 液滴团的扩散过程。高速的水平呼出气流使得液滴迅速扩散，不需 6s 的时间，呼出气流携带液滴就能到达前面 2~3 排的乘客。更长时间的液滴轨道跟踪计算表明，一部分液滴被机舱的空调系统排风带走，而大部分液滴附着在机舱的座椅表面和乘客体表，给呼吸道传染病的二次感染带来机会。

近年来，由于计算机计算能力的飞速发展，还出现了 CFD 和其他仿真技术相结合的耦合模拟，如 CFD 和多节点模型（Multi-node model）的耦合来预测污染物在一幢建筑物中的扩散和分布（见图3-19），CFD和人体内部热调节的模型（Thermoregulation model）的耦合来评价人体周围的热羽流和微环境对吸入空气品质的影响（见图3-20）等。

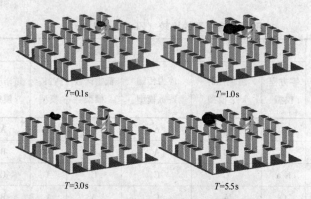

图3-18　飞机机舱内人体打喷嚏呼出的颗粒团的扩散过程

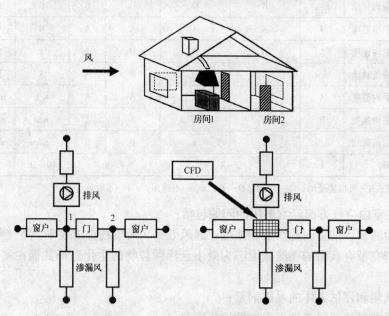

图3-19　一个房间的CFD模拟和一幢房子的多节点模拟耦合的示意图（Nielsen PV 2007）

图3-20　CFD和人体热调节模型耦合示意图

六、其他评价指标方法

1. 排污效率、换气效率以及空气龄

这类指标是从发挥通风空调设备和系统的效应，进行有效通风，提高室内空气品质的出发点而提出的。利用室外新风稀释与排除室内有害气体和气味，仍是保证室内空气品质的基本措施，并认为有效通风是提高室内空气品质的关键。近年来，国外学者对通风评价方法进行了大量的研究，提出了通风系统的评价指标。

换气效率，定义为室内空气的实际滞留时间与理论上的最短滞留时间的比值。它是衡量换气效果优劣的一个指标，是气流自身的特性参数，与污染物无关。通风排污效率则是反映通风对污染物排除能力的指标。对于相同的灰尘生成量，能够较快地把室内的原始浓度降下来的气流组织，其排污效率就高。影响排污效率的因素有：气流组织（换气效率）、污染物的特点（如污染物的位置）、污染物的密度。Rydlberg 和 Sandberg 等人定义排污效率为排风口处污染物质量浓度与室内污染物平均质量浓度之比，即表示室内有害物被排除的速度的快慢程度。

空气质点的空气龄（简称空气龄），是指空气质点自进入房间起到达房间某点所经历的时间，是质点与空气点位置的双重函数。

2. 空气耗氧量 COD（Chemical Oxygen Demand）

空气耗氧量由前苏联学者于 20 世纪 80 年代提出的，是通过反应方法测定室内 VOC 被氧化的空气耗氧量，表征室内 VOC 的总浓度。其原理是基于空气污染物中的有机物可被重铬酸钾—硫酸液完全氧化，根据有机物被氧化时消耗的氧气量推算出空气耗氧量的含量（mg/m^3）。具体的测定方法为：在小波氏管内加 0.25% 重铬酸钾—硫酸吸收液 2ml 后，置于距地面 1.5m 处，以 0.15L/min 连续采样 60min 后，用乳胶管串联封闭吸收管两端，置 95～100℃沸水浴 1h。冷却后，用 50ml 蒸馏水将吸收液洗入碘量瓶中，加 5% 碘化钾 1ml，过 3min 后，用 0.005mol/L 硫代硫酸钠溶液滴至淡黄色，再加入 0.5ml 淀粉溶液为指示剂，最后用 0.005mol/L 硫代硫酸钠溶液滴至蓝色消失。根据样品与空白滴定量的差异计算出 COD 的浓度。国内在 1989 年人防工程平时使用环境卫生标准中，用空气耗氧量作为地下旅游、影剧院、舞厅、餐厅环境卫生标准的一个指标，该标准于 1998 年被国家技术监督局和卫生部颁布为国家标准。

COD 与室内空气品质的其他指标如二氧化碳、一氧化碳、空气负离子、甲醛浓度、微生物等有着显著的相关性，说明它是综合性较强的室内空气污染指示指标。

3. EEI 指标

EEI 为当量评价指标，是评价室内环境的综合指标。由于室内环境的一些因素也会影响到人们对室内空气品质的反映，所以有人觉得用综合性更强、结合室内空气品质指标的室内环境综合指标 EEI 作为评价室内空气品质的综合指标更具合理性。

最佳的室内环境并非是由一个环境参数和某个确定的设计或控制点决定的。举例来说，最狭义的室内空气品质意味着房间空气免受烟、灰尘和化学物质污染的程度。稍为广义的说，它包括空气温度、湿度和空气流速，而热环境这一词还需包括视觉因素，如亮度、色彩、空间感等。另一方面，允许水平的室内空气品质还取决于暴露时

间的长短、个人生理条件及经济观点。从实用的观点来看，最佳的环境取决于室内空气品质推荐值和允许范围的客观标准加上居住者的期望或者说主观看法，下限称之为节能允许值或推荐值，上限是室内空气品质所能达到的极限。

4. 绿色建筑材料指数法（崔涛、陈淑琴，2005）

绿色建筑材料指数法是考察建筑材料对室内环境污染的一种评价方法。该方法通过确定某种建筑材料中直接和间接影响室内空气质量的各种污染的危害度标准以及对应的权重，综合出该材料的绿色指数。当建筑材料中含有某种特殊有害物质，对人体的危害极大时，给予一票否决。绿色建筑材料指数法可以成为建筑设计中材料选择的重要依据。

5. 环境暴露评价方法

环境暴露评价描述了接触的程度、频率和持续时间，并评价化学品透过界面的速率、途径以及持续时间内透过量和呼吸量。该方法能更加准确地反映进入人体体内的污染物的量。在研究以空气为载体的传染病传播时，著名的 Wells - Riley 方程就是基于暴露剂量的方法推导出来的。

6. 动态模式法

顾名思义，动态模式法是动态地考虑室内的污染物浓度水平，随着空调系统的开与关，室内污染物浓度不断地随之变化。该方法就是通过质量守恒方程，把污染物的浓度写成时间的函数，利用该函数确定一天中各不同时刻的污染物质量浓度，并确定哪些时刻的浓度最大，从而确定最有效的设计方案来将这些污染物的质量浓度降到卫生标准以下。此法确定的通风方案不但可以保证空气质量，而且比稀释通风更加经济有效地控制室内污染物浓度。

客观评价方法的依据就是人们受到的影响和表现的症状跟各种污染物浓度、种类、作用时间之间的关系，同时还利用了空气龄（air age）、换气效率（air exchange efficient）、通风效能系数（ventilation effectiveness）等概念和方法。由于室内往往是低浓度污染，这些污染物长期作用时对人体的危害还不太清楚，因此它们影响人体舒适与健康的阈值和剂量也不清楚。大量的测试数据表明，室内这些长期低浓度的污染即使在室内空气品质状况恶化、室内人员抱怨频繁时也很少有超标的。另外，室内有成千上万种空气污染物同时作用于人体，选用哪些污染物作为客观评价的标准还需进行大量的研究，所以室内空气品质的客观评价有其局限性。另一方面，人们的反映跟其个体特征密切相关，即使在相同的室内环境中，人们也会因所处的精神状态、工作压力、性别等因素不同而产生不同的反应。因此，对室内空气品质的评价必须将上述各种主观因素考虑在内。但人的感觉往往受环境、感情、利益等方面影响，这会使主观评价出现倾向性。

第三节　量化测量与主观评价相结合的方法

美国供暖、制冷和空调工程师学会新修订的标准 ASHRAE Standard 62 - 2001，对合格的室内空气质量做了新定义，定义为"室内空气中已知的污染物浓度，没有达到公认权威机构所确定的有害浓度指标，而且处于该空气中的绝大多数人没有表示不满意。"这一定义体现了把客观评价和主观评价相结合的评价标准。室内空气品质的主、客观相结合的评价方法是一种综合的评价方法，这种方法不仅运用人体的感觉器官作为评价工具，还利用专业仪器对室内空气污染物进行检测，能克服单一的主观或客观评价的局限，从而全面正确地反映室内空气状况。

20世纪90年代，欧洲英国、法国、荷兰、丹麦等9国曾经联合进行了大规模的室内空气品质的审计（Bluyssen et al. 1996），共选取了56栋建筑，测量室内的通风量、空调系统能耗、噪声、一氧化碳、二氧化碳、有机挥发物、温度、湿度和风速等。并且用一组经过训练的受试者，对感知空气品质进行评价。结果发现，以感知空气品质表征的嗅觉污染程度（sensory pollution load）和以污染物浓度表征的化学污染程度（chemical pollution load）并没有相关性。有些有机挥发物可能有较强的嗅觉效果，而有些则可能没有。这就说明了量化测量和主观评价相结合的综合评价方法的必要性。而且，他们的统计结果还显示，受试者的主观评价得分对建筑物内的人们的健康和建筑有关的不适症状的影响并不显著，这就更加说明了主观评价的局限性。

一、我国的综合评价方法

20世纪90年代初，有人建立了一套既符合国际通用模式又符合我国国情的室内空气品质综合评价方法。这一评价程序主要有三条路径，即客观评价、主观评价和个人背景资料。

第一条路径为客观评价，直接用室内污染物指标来评价室内空气品质的方法称为客观评价。需要选择具有代表性的污染物作为评价指标来全面、公正地反映室内空气品质的状况。由于各国的国情不同，室内污染特点不一样。人种、文化传统与民族特性的不同，造成对室内环境的反映和接受程度上的差异，选取的评价指标理应有所不同。除此之外，还要求这些作为评价指标的污染物长期存在、稳定、容易测到，且测试成本低廉。由于我国室内烟雾污染一直是个重点，其评价指标有一氧化碳、可吸入性微粒（IP）、氮氧化物和二氧化硫，这些指标的室外值也偏高。二氧化碳在以人为主要污染物的场合中可以作为室内人的生物散发物的污染程度的评价指标，也可作为反映室内通风情况的评价指标。甲醛浓度是评价建筑材料有机性释放物（VOC）对室内空气污染的主要指标。另外，以室内细菌总数作为室内空气细菌学的评价指标，它又反映了室内人员密度、活动强度和通风状况。加上温度、相对湿度、风速、照度以及噪声作为背景测定指标，一共用12个指标来全面地、定量地反映室内环境质量。

背景测定指标是为了保证选取所需要的评价指标数据，排除热环境、视觉环境、听觉环境以及人体工效活动环境因子的干扰。当确定所测的背景指标处于舒适（或适宜）的范围内，评价指标数据才有效，并输入电脑，留待以后作统计分析。

评价指标的测定数据要整理、分析和归纳成指数值才能表征环境质量现状。其中分指数定义为污染物浓度 C_I 与标准上限值 S_I 之比，S_I 的倒数看作其权值系数，形象地表示了某个污染物浓度与其标准上限值间的距离。由分指数有机组合而成的评价指数能够综合反映室内空气品质的优劣。借用算术平均指数及综合指数作为主要评价指数，算术叠加指数作辅助评价指数（只有在同一次评价中，采用相同的评价指标时才使用）。现将评价指数介绍如下：

（1）算术叠加指数 P：它表示各个分指数的叠加值。

$$P = \sum \frac{C_i}{S_i} \tag{3-36}$$

（2）算术平均指数 Q：它代表各个分指数的算术平均值。

$$Q = \frac{1}{n} \sum \frac{C_i}{S_i} \tag{3-37}$$

（3）综合指数 I：它适当兼顾最高分指数和平均分指数。

$$I = \sqrt{\left(\max \left| \frac{C_1}{S_1}, \frac{C_2}{S_2}, \cdots, \frac{C_n}{S_n} \right| \right) \cdot \left(\frac{1}{n} \sum \frac{C_i}{S_i}\right)} \tag{3-38}$$

以上各分指数可以较为全面地反映出室内的平均污染水平和各种污染物之间的污染程度上的差异，并可据以确定室内空气中主要污染物。三项指数能够明确地反映出各个大楼间室内空气品质的差异。

其次是室内空气品质等级评价问题，这与人群健康受环境污染影响的程度相联系，并考虑到不同等级的环境质量引起的环境效应（主要考虑主观评价）。1996 年，欧洲国家接受了室内空气品质分级的方法。如欧洲标准组织（CEN）的 PrENV1752-1996 标准将室内空气品质分成 A，B，C 三个等级，分别相应达到 85%，80% 和 70% 的满意率。德国 DIN1946 第二部分文件里也分为三个等级，要求感到满意的居住者分别占 90%，80% 和 70%。该方法采用的等级划分基准是我国通用的划分基准，如表 3-11 所示。

污染物等级划分基准　　　　　　　　　　　　　　　　　　表 3-11

综合指数	室内空气品质等级	等级评语	特　　点
≤0.49	I	清洁	适宜于人类生活
0.50~0.99	II	未污染	各环境要素的污染物均不超标
1.00~1.49	III	轻污染	至少有一个环境要素的污染物超标，除了敏感者外，一般不会发生急慢性中毒
1.50~1.99	IV	中污染	一般有 2~3 个环境要素的污染物超标，人群健康明显受害，敏感者受害严重
≥2.00	V	重污染	一般有 3~4 个环境要素的污染物超标，人群健康受害严重，敏感者可能死亡

第二条路径为主观评价，即利用人自身的感觉器官进行描述和评判工作。一般都依靠某方面具有敏感器官及长年经验积累的专家。该方法采用直接的人群资料，可分为定群调研和对比调研。"定群"为正在室内的人员，或称为在室者；"对比"者是从室外进入室内的调研人员，或称为普通评定者。

主观评价主要有两个方面工作：一是表达对环境因素的感觉；二是表达环境对健康的影响。室内人员对室内环境接受与否属于评判性评价，对空气品质感受程度则属于描述性评价。为了能提取最大的信息量以及取得最大的可靠度，主观评价规范化和标准化十分重要。为此引进了国际通用的主观评价调查表格。其中还包括背景调查，主要有两个部分：一部分是个人资料调查；另一部分是排他性调查。如果室内人员反映头痛，要排除因照明、噪声和操作电脑等引起的因素，并得到本人的认可，才能确定是由室内空气品质所引起。这就要引入第三条路径，即个人背景资料。

要求 20 位调研人员，在每次测定前先作为一个普通的来访者进入大楼的一个典型的房间，在 15s 内做出对室内空气品质可接受性的判断以及对室内不佳空气感受程度的描述。在主观评价时要求调研人员对室内人员进行亲切面谈、详细讲解、协助他们正确理解调查表，以做出公正的主观评价。作为一种以人的感觉为测定手段（人对环境的评价）或为测定对象（环境对人的影响）的方法，误差是不可避免的。在室人员与来访者对空气品质感受程度不一致，也是正常的。这是由于两者的嗅觉适应性不同以及对不同类型的污染物适应程度不一致所造成的。同样需要筛选主观评价数据，分门别类地进行数理统计与分析，采用加权平均等方法，合理地有效地纠正误差带来的影响，以获取不同的信息。

主观评价主要归纳为四个方面，人对环境的评价表现为在室者和来访者对室内空气不接受率以及对不佳空气的感受程度。环境对人的影响表现为在室者出现的症状及其程度。这种评价首先表达了室内人员对出现的症状种类的确认。如果将没有出现某种症状定为 1，频繁出现某种症状定为 5，其加权平均值称作症状水平，这是所有的室内人员对这种症状的平均反应程度。当所感受到的这些症状普遍并且症状水平处于较显著的程度（$SL \geqslant 2$），这才有意义。对环境的评价，首先要感受出不佳空气种类及其程度，由此可推断出室内主要污染物是否与客观评价保持同一性，然后再判断室内空气品质的状况。美国采暖、制冷与空调工程师学会标准 ASHRAE Standard 62-2001，强调的是来访者对室内空气的不接受率（不大于 20%），依此判断室内空气是否可接受。而世界卫生组织则强调在室者的症状程度（不小于 20%），依此证实是否存在"建筑综合症"。最后综合主、客观评价，做出结论。根据要求，提出仲裁、咨询或整改对策，程序如图 3-21 所示。这种综合的主、客观评价方法已成功应用于实际，它最主要的优势在于能全面正确的评价室内空气品质。

二、国外的综合评价方法

国外常用的综合评价方法多采用问卷调查与现场测试相结合的形式。问卷调查的内容一般包括：（1）周围环境状况，如温度、湿度、灯光、噪声、吹风感、异味、灰尘、静电等；（2）职业状况，如工作满意程度、工作压力、工作环境等；（3）病态建筑综合症状况，如困倦、头痛、眼睛发红、流鼻涕、嗓子疼、恶心、头晕、皮肤瘙痒、过敏等；（4）个人资料，如性别、年龄、是否吸烟、是否有过敏史等。现场测量内容一般包括：二氧化碳、VOC、微生物、悬浮颗粒、温度、相对湿度以及暖通空调系统运行维护情况等。具体分两个步骤：

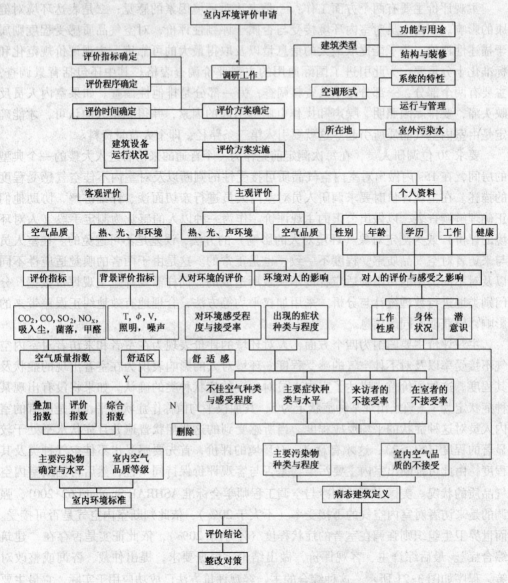

图 3-21 室内环境评价方法程序

步骤一：

（1）通过问卷调查的形式确定室内空气品质问题范围。首先要确定居住者出现的症状是否属于"主观"症状，即病态建筑综合症（Sick Building Symptom，SBS），这种症状的特点是：发病快，当人们迁入新居后的瞬间至数周或数月内，便有人感到眼睛刺激、头痛、疲劳乏力等不适症状；患病人数多；病因很难鉴别确认，也就是说很难找出哪一种症状与哪一种污染物，或哪一个因素的对应因果关系；病态建筑综合症患者一旦离开发病现场到室外空气清新的地方，症状又缓解，以致消失。建筑相关疾病（Building Related Illness，BRI），这种症状的特点：患者述说的症状在临床上可以明确诊断出来，临床症状主要表现为发热、过敏性肺炎、哮喘以及传染性疾病；病因可以鉴别确认，可以直接找到致病的空气污染物，乃至污染源；患者即使离开现场，症状也不会很快消失，必须进行治疗才能恢复健康。问卷调查一般包括：症状实质、居住者离开建筑物后症状是否加剧或减轻、建筑物条件是否会引起相关症状出现、居住者的不舒适感是否是由其他因素如工作压力过大、周围环境嘈杂以及光线不充足等造成的。

（2）初步勘测调查。初步调查包括暖通空调系统、污染源、污染途径以及建筑居住者的活动等，一般由建筑管理维护人员以及专业工程师完成。与病态建筑综合症紧密相关的因素有温度、空调、地毯、居室密集状况、VDT（视频显示终端设备）的使用、通风率、工作压力/不满意以及个人过敏/哮喘史等个人背景资料，而温度是首要考虑因素。大量研究表明，热环境对人体对环境的反应影响很大。

（3）暖通空调系统检测。对暖通空调系统进行初步勘测，确保暖通空调系统组件是否运行正常、是否满足当前建筑要求。还应注意其他相关因素（例如建筑）是否有所改变，是否因为没有考虑通风的需要而增加了污染物浓度。

（4）污染源评估。污染物可来自暖通空调系统本身、建筑材料、周围附近正在进行的施工、居住者的活动、建筑设备运行维护过程等。问卷调查应涉及询问许多可能存在的污染物以及症状出现同时是否有改造工程，潜在污染源位置与相关因素如表3-12 和表3-13 所示。

暖通空调系统潜在污染源位置与相关因素　　　　　　　　　　表3-12

污 染 源	相 关 因 素
室外空气吸入口	吸入口附近微生物源（即植被残骸、羽毛和鸟粪、昆虫、啮齿动物、卫生间的通风管道、冷却塔、蒸发冷凝设备以及雨水管等）；室外空气吸入口卫生状况较差
过滤器	潮湿；过滤器上微生物生长；过滤器的裂缝；低效过滤器
热交换器	脏的供热、冷却盘管；冷凝盘有多余的水，积水盘排污不充分；盘管下部表面有水滴滴落；消声器潮湿且有微生物生长；性能较差的空气加湿器；加湿器中水积存
送风风道	表面过多积灰、潮湿与表面微生物生长
散流器	天窗上表面积灰、生锈或微生物生长；顶棚和墙壁污垢积存；空气混合不均

居民住宅区潜在污染源位置与相关因素　　　　　　　　　　表3-13

污 染 源	相 关 因 素
水源	屋顶漏雨，有水溢出；室内湿度大（70%）；对地毯和建筑材料进行清洗或消毒时有多余水产生，引起真菌和霉菌产生
缓慢冷凝	由于保温设施不充分，室外空气在窗户、周边墙壁以及其他冷表面上产生冷凝水

污 染 源	相 关 因 素
窗式空调器和蒸发式空气冷却器	安装位置不便维护；空调器铁架生污；冷凝盘或排污池有水滴；机组附近潮湿并有表面微生物生长
风机盘管和电动机	冷热盘管或过滤器积灰；冷凝盘有多余的水、积水盘排污不充分；机组附近潮湿并有表面微生物生长
地毯	地毯长期积灰、有微生物生长
建筑物隔板、墙体涂料、窗帘；装潢家具	建筑涂料表面积灰、有微生物生长
加湿器	储水箱有微生物生长
回风箱	表面积灰较多，潮湿并有微生物生长

（5）污染途径。应收集的污染途径信息包括建筑和机械方式行为促使污染物从周围环境进入室内。典型的途径包括门、活动窗、楼梯、电梯、管道系统以及高压风管等。

（6）综合评价室内空气品质问题，得出结论并存档。

步骤二：

（1）取样策略。步骤一可能无法完整准确地评估室内空气品质，更全面的信息需要进一步了解，取样分析显得尤为重要。室内空气测量的目的为：比较建筑内不同地点（即抱怨区与非抱怨区）、比较室内和室外条件、比较建筑物改变前后状况、证实污染源、比较测量结果预先确定指标。

（2）暖通空调系统评价。步骤一对暖通空调系统只进行了简单粗略的勘测，而步骤二则进行复杂具体的测试、确定通风和热量需求。暖通空调系统测试包括温度、湿度、暖通空调组件运行状况、送风、回风、排风、室外气流率、控制设置、风机速度以及过滤器的阻力。同时还运用示踪气体跟踪通风途径，如六氟化硫（SF_6）。目前有两种示踪气体方法：递升法和衰减法。递升法是将恒量的示踪气体送入送风气流中，并监控症状出现地区和排风口的示踪气体。而衰减法则是首先在症状出现地区送入示踪气体，然后监控该地和回风口的示踪气体。这类测试可确定新风引入量和新风气流分布形式，但需要行业专家完成。部分暖通空调系统评价是通过深入彻底的视觉测试来判断暖通空调系统本身是否是污染源；勘测是否有腐化现象发生，如排水管和雨水管是否有微生物生长；检查是否存在真菌、臭气、失效的过滤器以及腐化的材料。

（3）VOC评价。如果发现挥发性有机化合物是污染重点，有两种主要的取样方法：实地取样/测量和实地取样后实验室分析。实地取样通常采用含有直接读数的测试仪器，如火焰电离检测器（FID）、光电离检测器（PID）以及红外线光度计等进行测量。这种方法缺乏全面性，但是快捷便利。而结合实验室分析的取样方法是指采用被动扩散技术或通过采样泵产生压迫流，其主要缺点是采样时间长，从而在此期间环境变化因素将影响结论。最普遍使用的压迫流方法是带有多吸附剂试管的动态取样系统（空气取样泵），取样时，采用采样泵对室内空气进行收集后将收集气体中的 VOC 热解析，这种方法主要优点是灵敏度高、取样步骤简单。另外一种取样方法是附带不锈钢筒，收集的 VOC 采用气相色谱仪进行分析，这种方法能用于实时、整体取样，不过不锈钢筒的清洗程序相当复杂。

（4）微生物评价。普遍采用的取样方法是用取样泵将空气收集，目前主要的收集系统包括条缝式收集器、盒式收集器、离心式收集器等。另外一种方法是采用空气沉降法。

最后综合上述两个步骤，得出最终室内空气品质评价。

三、室内空气品质评价方法的完善

室内空气品质的评价涵盖了客观指标和主观感受两个方面的内容，单纯的主观评价或客观评价都有其自身的局限性。因此，评价一般也采用量化监测和主观调查有机结合的手段。目前，空气品质评价的发展主要集中在评价方法的进一步研究和评价标准的建立和完善上。

（1）评价方法的进一步研究

在空气品质的主观评价上，感知空气品质的研究越来越深入。继丹麦学者 Fang Lei 发现人们感知到的空气品质与吸入空气的焓有关之后，近期有研究表明，感知空气品质还和人们面部呼吸区的风速呈现一定的相关性（Niu et al. 2007）。吸入空气的焓值和速度决定了其对呼吸道器官的冷却能力。就像人体需要空气调节一样，人体的呼吸器官也需要"空气调节"，即呼吸道与吸入空气的热湿交换的过程。试验表明，适当的人体呼吸器官的冷却有利于提高人们感受到的空气质量。

在污染物对人体的危害方面，室内各种低浓度的污染物长期作用于人体的综合效应仍然需要进一步研究，而且不同种类、不同浓度的污染物的危害对年龄和性别呈现差异性。由于此类研究耗时长、样本复杂、工作量大，目前的进展仍然十分有限。

（2）评价标准的完善

随着人们对空气品质研究的深入，相关的评价标准也必然会随之做出相应的调整和完善。例如，室内多种污染物长期作用对人体的危害的研究必然揭示其影响人体舒适与健康的域值，进而有可能修改目前的各单项标准的范围。现有的大量测试数据表明，这些低浓度污染物即使在室内空气品质恶化、室内人员抱怨频繁、诱发病态建筑综合症时也很少有超标。

思考题

1. 室内空气品质的主观评价方法的定义是什么？主观评价法主要考虑包括哪些因素？

2. 嗅觉评价法的使用什么指标进行室内品质的评价？请解释室内空气品质不可接受率与平均空气可接受度的投票值、室内空气品质的感知值的关联性。

3. 分贝评价方法中主要采用哪两个污染对象进行评价？这种评价方法中有什么优点？请简单描述分

贝评价方法的步骤。

4. 客观评价方法常选用哪些指标来评价室内空气品质？

5. 室内空气品质的模糊评价方法以及灰色评价方法的评价步骤是什么？

6. 人体模型方法的应用场合是什么？

7. CFD 评价室内空气品质的具体步骤是什么？常应用什么场合的评价过程？

8. 试举例说明主客观的评价方法。

参考文献

[1] 贾衡，冯义副主编. 人与健康环境 [M]. 北京：北京工业大学出版社，2001.

[2] 金招芬，朱颖心主编. 建筑环境学 [M]. 北京：中国建筑工业出版社，2001.

[3] 李先庭，杨建荣，王欣. 室内空气品质研究现状与发展 [J]. 暖通空调，2000. 30 (3)：36-40.

[4] M. Maroni, B. Seifert. T. lindvall. Indoor Air quality-a Comprehensive Reference Book [M]. 1995. Elsevier Science B. V, Netherland.

[5] David L. Hansen. Indoor air quality issue [M]. Library of Congress Cataloging-in-Publication Data.

[6] 刘东，陈沛霖. 室内空气品质与暖通空调 [J]. 建筑热能通风空调，2001，20 (3)：31-34.

[7] 耿世彬，杨家宝. 室内空气品质及相关研究 [J]. 建筑热能通风空调，2000，19 (1)：29-33.

[8] ASHRAE Standard 62-2001. Ventilation for acceptable indoor air quality [M]，2001.

[9] Qiang wei, Qigao Chen. New function for indoor air quality evaluation [M]. Proceedings of the 3rd international symposium on heating, ventilation and air conditioning, 1999.

[10] Parine, N. Sensory evaluation of Indoor air quality by building occupants versus trained and untrained panels [J]. Indoor and Built Environment, 1996, 5, (1)：34-43.

[11] M. V. Jokl. Evaluation of indoor air quality using the decibel concept based on carbon dioxide and TVOC [J]. Building and Environment, 2000, 35 (8)：677-697.

[12] Pawel Wargocki. Measurements of the Effects of Air Quality on Sensory Perception [J]. Chemical Senses, 2001, 26 (3)：345-348.

[13] Charles M. McGinley, P. E. Standardized Odor Measurement Practices for Air Quality Testing [M]. Air and Waste Management Association Symposium on Air Quality Measurement Methods and Technology-2002, San Francisco, CA, 13-15 November, 2002.

[14] 张国强，喻李葵. 室内装修——谨防人类健康的杀手 [M]. 北京：中国建筑工业出版社，2003.

[15] 叶海. 室内环境品质的综合评价指标 [J]. 建筑热能通风空调，2000，19 (1)：31-34.

[16] 周中平、赵寿堂、朱立、赵毅红编著. 室内空气污染检测与控制 [M]. 北京：化学工业出版社，2002.

[17] 宋广生编. 室内环境质量评价及检测手册 [M]. 北京：机械工业出版社，2002.

[18] 刘建龙，张国强，陈友明等. 便携式气相色谱仪在室内环境检测中的应用 [J]. 建筑热能通风空调，2003，22 (6)：67-70.

[19] 《室内空气质量标准》GB/T 18883-2002 中华人民共和国国家标准，2002.

[20] 王维新. 《室内装饰装修材料人造板及其制品中甲醛释放限量》的制定和实施. 中国标准化. 2003, 2, 75-76.

[21] 初春玲，曹叔维，周俊彦. 室内空气品质的模糊性综合评判 [J]. 建筑热能通风空调，1999，

18（3）：9-11.

［22］《环境空气质量标准》GB3095-1996. 中华人民共和国国家标准，1996.

［23］邓聚龙主编. 灰色控制系统［M］. 武汉：华中理工大学出版社，1985.

［24］邓聚龙著. 灰色预测与决策［M］. 武汉：华中理工大学出版社，1985.

［25］邓聚龙著. 灰色系统基本方法［M］. 武汉：华中理工大学出版社，1987.

［26］张桂芳，汤广发，李念平等. 室内空气品质的灰色综合评判［J］. 湖南大学学报（自然科学版），2001，28（5）：107-111.

［27］李念平，朱赤晖，文伟. 室内空气品质的灰色评价［J］. 湖南大学学报（自然科学版），2002，29（4）：85-91.

［28］A. Melikov, J. Kaczmarczyk and L. Cygan, Indoor air quality assessment by a "breathing" thermal manikin, Air distribution in rooms［M］. Proceedings of the 7th International Conference，2002，Volume Ⅰ，101-106.

［29］李念平，汤广发，陈在康. 室内空气环境的数值预测和评价方法［J］. 建筑热能通风空调，1997，16（1）：1-3.

［30］马哲树，姚寿广. 室内空气品质的 CFD 评价方法［J］. 华东船舶工业学院学报（自然科学版），2003，17（4）：84-87.

［31］MurakamiS. The actual situation and future in the study of ventilation efficiency［J］. SHASE. 1994，68（11）：61-71.

［32］唐玄乐，朱振岗，席淑华. 室内空气耗氧量卫生标准的初步研究［J］. 环境与健康杂志，1997，14（1）：8-9.

［33］沈晋明. 室内空气品质的评价［J］. 暖通空调，1997，27（4）：22-25.

［34］沈晋明. 创造舒适的室内环境［J］. 暖通空调，1997，27（1）：35-38.

［35］沈晋明. 我国目前室内空气品质改善的对策与措施［J］. 暖通空调，2002，32（2）：34-37.

［36］Peter V. Nielsen, Francis Allard, Hazim B Awbi, Lars Davidson, Alois Schalin. Computational Fluid Dynamics in Ventilation Design［M］. ISBN2-9600468-9-7，2007.

［37］刘丽儒，张红福. 用动态模式法评价室内空气品质［J］. 沈阳建筑工程学院学报，1997，15（3）：256-259.

［38］崔涛，陈淑琴. 室内空气品质评价方法和标准的研究进展［J］. 制冷与空调，2005，19（2）：63-67.

［39］Niu JL, Gao NP, Ma P, Zuo HG. Experimental study on a chair-based personalized ventilation system［J］. Building and Environment，2007，42（2）：913-925.

［40］Settle GS. Visualizing full-scale ventilation airflows［J］. ASHRAE Journal，1997，39（7）：19-26.

［41］Bjorn E., Nielsen PV. Dispersal of exhaled air and personal exposure in displacement ventilated rooms［J］. Indoor Air，2002，12（3）：147-164.

［42］Zhang Z., Zhang W., Zhai Z., Chen Q. Evaluation of variousturbulence models in predicting airflow and turbulence in enclosed environments by CFD：Part-2：comparison with experimental data from literature. HVAC&R Research，2007，13（6）：871-886.

［43］Yaglou C P., Riley E C., Coggins D I. Ventilation requirement［J］. ASHVE Transactions，1936，42：133-162.

［44］CEN Ventilation for buildings-Design criteria for the indoor environment［M］. Report CR 1752.

Brussels：European Committee for Standardization，1998.

［45］Fanger PO. Introduction of the olf and decipol units to quantify air pollution perceived by humans indoors and outdoors ［J］. Energy and Buildings，1988，12（1）：1-6.

［46］FangL.，Clausen G.，Fanger P O. Impact of temperature and humidity on the perception of indoor air quality during immediate and longer whole - body exposures ［J］. Indoor Air，1998，8（4）：276-284.

［47］Bluyssen P M.，Oliveira E D.，Groes L.，Clausen G.，Fanger P O.，Valbjorn O.，Bernhard C A.，Roulet C A. European indoor air quality audit project in 56 office buildings ［J］. Indoor Air，1996，6（4）：221-238.

第四章　室内空气品质的影响因素

第一节　建筑外环境对室内空气品质的影响

建筑外环境与室内是有联系的，建筑室外空气与室内空气的相互联系是通过建筑的通风换气完成的，室外的空气质量影响室内空气品质的高低。

在很多情况下，室外的空气质量都优于室内，研究发现室内污染源所造成的 VOCs 量总高于室外，如巴西里约热内卢的室内平均 VOCs 浓度为 $304.3 \sim 1679.9 \text{mg/m}^3$，而室外则为 $22 \sim 643.2 \text{mg/m}^3$。在室外空气质量优于室内的情况下，通风换气可以对室内的污染物起到稀释和排出的作用，因此通风换气常常是作为改善室内空气质量的重要手段。

在室外空气污染严重的情况下，室外空气也会成为危害室内空气环境的元凶。工业污染和交通污染是建筑外环境的主要污染源。在个别工业生产场所的周围，室外空气受到严重污染，成为影响室内空气品质的污染源。室外空气状况在没有工业污染的条件下主要受交通车辆散发的 VOCs 气体等影响。无论室内还是室外，总是离地面越高，VOCs 的含量越低。

建筑外环境影响室内空气品质，因此在选址评估、建筑设计时应考虑外环境因素对室内空气品质的影响，建筑外环境因素主要包括：室外空气质量、附近污染源、气候、土壤和地下水品质。

一、室外空气品质

室外环境空气品质的好坏是能否通过通风换气改善室内空气品质的关键因素。室外环境空气通过机械通风送入室内，并用于稀释建筑内部产生的污染物。它也可通过门、窗、缝无组织渗透进入室内。大气中主要污染物有 SO_2、NO_x、烟雾、硫化氢等，这类污染物主要来自工业企业、交通运输工具等污染源。本节以颗粒污染物为例介绍室内外空气品质的影响作用关系。

二十多年来，越来越多的流行病学研究表明，人群发病率和死亡率与大气颗粒物（PM）质量浓度存在显著的正相关性，即使该浓度低于相关国家控制标准。相关研究表明，从室外迁移进入室内的颗粒物对健康有重大影响，迁移进入室内环境中的大气颗粒物质量浓度与室外颗粒污染物浓度处于同一数量级。因此可以认为，室外环境中的大气悬浮颗粒物是空气环境对人类健康影响的最重要因素之一。

颗粒物是影响我国城市空气质量的主要污染物。2001 年，在监测的全国 341 个城市中，64.1% 的城市颗粒物年均浓度超过国家空气质量二级标准（$100\mu\text{g/m}^3$，PM_{10}），

比美国标准超过的更多（50μg/m³，PM₁₀）。101 个城市颗粒物年均浓度超过三级标准
（150μg/m³，PM₁₀），占统计城市总数的29.2%。此外，我国建筑围护结构的密封性远
远不及欧美发达国家，大气悬浮颗粒污染物更容易通过建筑围护结构渗透进入室内，
从而对建筑室内空气品质造成影响。

　　尽管大气悬浮颗粒物大部分产生于室外，但由于人类大部分时间停留在室内，研
究室内环境中大气悬浮颗粒物的粒径分布和化学组成，将对大气悬浮颗粒物的迁移、
产生机理、对健康的影响规律和控制方法具有重要的意义。图 4-1 描绘出了室内环境
中的颗粒物的传播与转变的示意图。

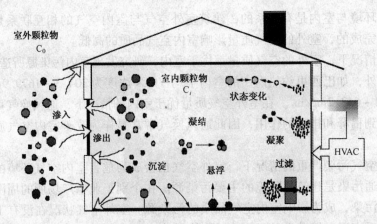

图 4-1　室内颗粒物传播与转变机理示意图

　　大量的试验研究和模型研究已经表明，控制室内环境中大气悬浮颗粒物的主要因
素有：建筑通风换气、过滤器过滤、大气悬浮颗粒物对建筑围护结构的穿透作用及其
在室内环境中的沉积和重新悬浮。

　　由于条件的变化，大气悬浮颗粒物浓度总是随时间变化的。假设房间安装有带过
滤器的机械通风系统，室内初始浓度为零，且没有室内污染源。Case A ~ D 表示四种
具有不同装备环境的房间情况。Case A 代表普通住宅门窗关闭时的房间情况，通风较
低，过滤不重要，沉积缓慢，几乎没有重新悬浮；Case B 除了换气次数大一点，其他
与 Case A 相同，代表普通住宅门窗敞开时的房间情况；Case C 代表具有机械通风系统
的房间；Case D 除了沉积率大一点，其他与 Case A 相同。图 4-2 表示了室外颗粒物浓
度呈指数衰减时，室内悬浮颗粒物浓度的变化，从图中可以看出，房间换气次数越大，
室内颗粒物浓度最大值越大，而且达到最大值的时间越短。Case C 室内表面积尘浓度
最低。较高的颗粒物沉积率有助于降低室内浓度，但是会导致室内表面积尘浓度增大。
城市中的工厂废气和机动车尾气是重要的颗粒物污染源，机动车尾气、甚至某些工厂
废气的排放都是周期性的。图 4-3 表示了室外颗粒物浓度呈周期性变化时，室内悬浮
颗粒物浓度的变化。图 4-3 假设室外浓度在上午八点和下午四点有两个峰值。由图可
知，室内浓度随着室外浓度波动，并在时间上有一定程度的滞后，峰值浓度与通风量
有关。

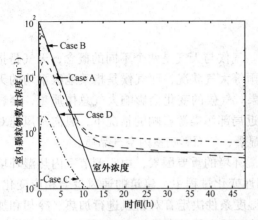

图4-2　室外颗粒物浓度呈指数衰减时
相应的室内颗粒物浓度（考虑再悬浮）

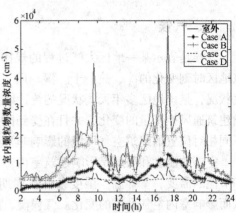

图4-3　室外颗粒物浓度呈周期性波动时
相应的室内颗粒物浓度

二、附近局部污染源

如果建筑紧挨着污染源，则其对周边建筑的污染影响程度就可能比大气总体环境质量的污染更为严重。局部污染源主要有工业工厂、餐馆、公路或停车场的汽车废气等。在工业生产过程中污染物对大气环境及作业工人的健康危害问题突出，与一般的环境空气污染相比，这些污染源的污染物浓度更高，比当地环境空气品质更值得关注。这类污染物对建筑室内空气品质的影响基于下列因素：

（1）临近场所产生污染物的数量和类型；

（2）影响污染烟气的稀释和扩散的地形及临近建筑的特征。

通常，某些临时性活动也会引起高浓度污染，例如施工、修路、使用杀虫剂、涂抹水性涂料以及其他引起严重气味和刺激或引起焦虑的活动（见表4-1）。气味问题尤其棘手，其特性随着混合物和浓度的不同而不同，很难追踪其来源。

可能成为环境空气污染源的活动　　　　　　　　　　　表4-1

商业机构	洗熨和干洗、餐馆、实验室和照相馆、汽车修理厂、油漆商店
制造业	电子制造和装配、木制品、木头存储厂
公共服务设施	电厂、蒸汽集中供应厂
农业设施	温室、果园、加工包装厂

短时间的高浓度污染可能是产生不可接受室内空气品质的主要原因。然而，在有高浓度污染物短期作用时，除了改变或关闭室外空气入口，唯一的办法就是改变或减少污染源。此外，如果某区域虽然目前闲置，但是已规划为工业用地，将来对建筑未来的室内空气品质也可能产生影响。

三、气候

气候是表示某一地区大气过程的规律。气候与天气是两个不同的概念，天气是指该地区时刻变化的冷、热、干、湿、风、雨等大气状况，而气候是指某地区平均的天气状况，是该地区多年天气状况的统计结果。气候的变化会影响大气总体质量，会影响建筑通风换气量的变化，并且在受到附近局部污染源影响的情况下，风向和风速对不同相对位置的建筑空气环境的影响非常显著，从而影响室内空气品质。

室外的温度和湿度是影响建筑室内热湿环境的重要因素，由于调节室内热湿环境和节能的需要，室外温、湿度条件在周期性变化过程中，建筑的通风量会相应变化，从而影响室内空气品质的变化。气候温、湿度条件决定着对新风进行加热、冷却和加湿或去湿量。在选择暖通空调设备、进行热舒适和能效设计时，建筑师和工程师会对温、湿度资料进行评估。例如，在最不利温湿度条件下，为最大限度地减少加热或冷却新风带来的能耗，会将房间的新风补充量控制在最小，称为最小新风量。如果温、湿度的最不利条件发生在室内污染源的污染物散发量很高的时候，尤其是在夏天，由于通风不足而引起的室内空气品质问题将更为严重。而在过渡季，室外气候适宜，增大通风换气在改善室内的热湿环境的同时，也可以改善由于通风不足引起的空气品质问题。

气候中的风要素是影响空气品质问题最重要和直接的因素，风向和风速是描述风的特征的两个要素。通常，人们把风吹来的地平方向确定为风方向，如风来自西北方称为西北风，如风来自东南方称为东南风。在陆地上常用16各方位来表示，如图4-4所示。

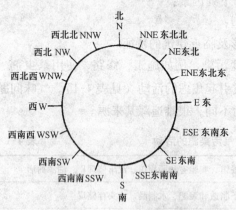

图4-4　风向方位名称

风速是单位时间风所行进的距离，以m/s为单位，气象部门也常用"级"来表示风速。气象台一般以所测距地面10m处的风向和风速作为当地的观察数据。污染区总是在污染源的下风方向，且风向频率越高，其下风侧污染机会越多。

风向、风速和时段影响着建筑周边区域污染物的流动。此外，由于各地每年的风向变化很大，城区有时有涡流，且当地风向时有变化，所以风况可能使排出的废气或其他发散物重新进入建筑。风况的日变化和季节性变化，通常是由太阳高度角或地形特点所决定的，如靠近山坡或临近湖泊。风况资料对确定新风口、排风口、停车场、码头以及其他影响室内空气品质的建筑和场所的位置非常重要。另外，建筑物周围的环境对其附近的风向和风速也有很大的影响。这主要是局部地方受冷或受热，产生对流气流所为，也可能是由于遇到障碍物绕行而产生方向和速度的变化，所有这些引起风向的改变都会造成对室内空气品质的影响。

四、土壤和地下水品质

许多建筑，尤其是高层建筑具有抽风效应，因此低层的空气压力通常低于周围土壤中的空气压力，而建筑又与大地相连，导致气体被吸入建筑，土壤中的污染物释放到大气中后，也可能进入建筑中，这些都可能会影响建筑室内的空气品质。

土壤和地下水质对空气品质的影响所需考虑的因素包括：地基土壤和地下水中的污染源、地基使用的历史记录、当地污染源的详细记录（如地下储油罐）、土壤和地下水测试资料。

土壤和地下水可能成为室内空气污染源。沼气就是其中一种污染物，沼气的产生可以是人为从地下释放，也可以是由有机材料腐烂自然产生。另外，地表有些物质会释放气体，如氡气就是由于镭的衰变而产生的。该地释放氡的能力取决于当地的地理特征、地球化学和土壤疏松性。

如果该地基曾经用于农业、作为就地加工地或废物倾倒地等，那么土壤和地下水很可能受到了污染。曾用作农耕的地块可能包含高浓度的杀虫剂、除草剂以及化肥。甚至娱乐用地也可能被有毒的化学肥料和杀虫剂污染，附近的污染物也可能流过来并沉积下来。如果以前此地的建筑物被严重破坏过，那么可能留下有害残渣。如果旧建筑曾经喷过沙，那么残留在沙子中砷的浓度就可能很高。

如果调查表明土壤或地下水已经受到了污染，那么应该对土壤进行物理和化学污染分析，可以将常规土壤和地质测试与该测试要求结合起来。在地基确定后，应该结合建筑设计、发掘、公共规划以及其他的建筑和设计方法来防止污染源侵入。

第二节 暖通空调系统对室内空气品质的影响

关于暖通空调与室内空气品质的关系，人们常常结合对室内空气品质评估中的四个要素来进行分析：空气污染来源、受到污染影响的某人或人群、传输这种污染物的通道以及传播过程的动力。事实上，暖通空调系统与上述诸要素均有关。如果不能很好地解决室内空气的污染问题，暖通空调系统不仅可以形成传播污染物的通道和动力，还会制造这种污染源，影响人体健康。可以说，暖通空调系统一方面具有正效应，它的积极意义在于可以排除或稀释各种空气污染物；但另一方面，它的消极作用在于它可以产生、诱导和加重空气污染物的形成和发展。在室内空气品质方面，暖通空调系统具有以下作用：

（1）过滤

这种过滤以及排放不同于局部排气系统，不是从源头捕捉并排除污染物，而是对循环空气中的污染物进行过滤清洁。

（2）稀释

这是有效地利用暖通空调系统来控制非工业建筑的室内空气品质的一种手段，如对于气味的稀释。这个作用的大小取决于清洁或干净新鲜空气引入的数量和有效地分布以避免出现短路与滞流区。

（3）产生

暖通空调设备可能会导致空气污染物的产生，这当然是不正常的作用。往往是由于设计、安装、操作和维护系统中的缺陷。例如风机发动机，如果因其轴承问题造成过热，就会产生异味，随送风传入室内；风机皮带橡胶部分如果磨损脱落，也会形成粉末状污浊空气，假若过滤装置效果不良（积尘、发霉、失效等），则会经送风风管传入室内。

（4）诱入

如果空调系统毗邻室外有关污染源，又未采取合适的措施，则有可能把污染物引入室内，因而具有明显的传播室外污染物的作用。

（5）扩散

由于大多数暖通空调系统采用循环系统，则有可能把某处的污染物经过暖通空调系统又传输到建筑物的另一处。例如吸烟房间对非吸烟房间的影响、复印机设备等办公设备房间对其他房间的侵害和共用某一商业建筑时对不同房间的气味扩散。一些空调设备的设计和运行只注意节能或采用低效能的空气过滤装置，或减少新风量而维持室内空气循环，客观上为各种污染物在空调环境里的滞留与聚积创造了条件，也使空调系统本身受到了污染。

由于暖通空调系统问题所导致的室内空气品质问题可以归结为：不合适的室外新风的引入；不合适的室内空气输送；不当的室内气流分布；风机问题；不适宜清洁材料；不洁净的空气处理室；效率较低的空气过滤；不良局部排风；空气输送阻塞及缺乏状态检测和预见性维护。

暖通空调系统对室内空气污染的影响主要有三个方面：

（1）暖通空调系统成为空气污染源；

（2）暖通空调系统将空气污染物从污染源扩散到工作区；

（3）由于不能充分稀释或消除位于工作区的污染源产生的空气污染物，因而产生室内空气品质问题。

典型的暖通空调系统由下列部件组成：空气量和温度的控制调节、用于洁净空气的过滤器、空气加热/冷却盘管、调节流量的阀门、将空气送到工作区的分布系统、新回风混合箱（见图4-5）。在非住宅建筑中，即使设有活动窗户，仍然采用机械通风。机械通风系统的目的是引入室外空气并进行加热或冷却，然后将空气输送到整栋建筑，并排走不新鲜的空气。

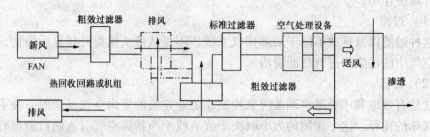

图4-5 机械通风系统示意图

这种机械通风系统就叫做暖通空调系统，其目的有：

（1）保证室内热舒适性；

（2）输送足量的新风以满足所有建筑居住者的通风要求；

（3）控制气味和污染物。

通风有两种基本类型：全面通风和局部通风。全面通风通过对整栋建筑送、排大量空气来处理污染物，局部通风则通过捕捉污染区及附近的污染物并直接排到室外来控制污染物。全面通风以稀释为主，局部通风则主要采取隔离并消除污染物的措施，防止污染物扩散到整个工作区。

为了节能，有一部分回风从工作区排出后，又与新风混合，经过滤后进入再循环。不同比例的循环空气和室外新风混合成送风空气，通过管道输送到需要进行空气调节的房间（见图4-5）。

一、空调系统的过滤设备

影响室内空气品质最主要因素是异味、尘埃、微生物污染。传统空调系统的新风过滤只采用粗效过滤器，而我国大气尘浓度是国外发达国家2～3倍。要使室内可吸入颗粒物达到0.15mg/m³，单靠通风是不行的，必须采用性能良好的空气过滤器。送风中含尘量过大会直接影响室内人员对室内空气品质的接受程度。国外的一项调查表明，当室内含尘浓度从0.23～0.38mg/m³降为0.1～0.15mg/m³时，室内感到有污染的人数从90%降到了10%。可见室内含尘浓度对室内空气品质可接受程度有着直接的影响。

暖通空调系统中的过滤器，从传统意义上讲，它是用来保护机械设备的，而非保护人类健康的。随着技术的发展，空气过滤器成为改善室内空气品质最有效的措施之一。但是许多空调系统由于空气过滤器效率较低，即使使用较高效率的过滤器，也会因安装不善引起过滤渗漏或旁通，导致颗粒物、微生物穿透过滤器，许多过滤器对粒径小于10μm的粒子过滤效率不高。过滤器的种类、迎风面速度和尘埃量决定过滤效率。在暖通空调系统中经常发现空气旁通经过过滤器，估计在典型的建筑中有15%的空气没有经过过滤器。这种旁通气流可以传输室外各种各样的污染物。回风管内的气体通常是没有经过过滤的，所以回风带有室内源产生的各种各样的污染物，即不管在送风还是在回风管道中都包含着各种各样的污染物，所以提高新风过滤等级、增加回风过滤器十分必要。

其实与新的空气过滤器相比，使用过的过滤器的感官污染负荷要大得多。许多研究发现空气过滤器本身不是污染源，真正的污染源是其上滤集的颗粒物。这些颗粒物不仅积聚在过滤器表面，还会深入过滤器内部，形成"过滤器饼"。在晚间通风系统关闭或以最小新风量运行的状态下，过滤器表面的空气处于相对静滞的状态，"滤饼"中颗粒物吸收的气态污染物就扩散到过滤器表面，并积聚到一定浓度；在早晨刚开机时，随送风进入室内，形成一段时间的高污染物浓度。室内人员会感到有股异味，过敏人员会打喷嚏，这就是我国普遍存在的"开机污染"。但这些气态污染物在正常送风状态下很难积聚起来，因此在开机运行一段时间后，污染物浓度又会逐渐降低。这种"开机污染"对健康人群影响不大，但过敏人群反应较大。

二、空调系统的风管及保温材料

美国学者 Klaus 指出，约有20%的室内空气污染物来自通风系统，如果通风系统保持干净，维护良好，该值可减少到一半。这几年我国也开始重视空调输送管道系统污染，卫生部在2004～2006年连续3年组织开展了全国公共场所集中空调系统卫生状况的监督检查。2004年2～4月共抽检了全国60多个城市具备集中空调设施的937家公共场所，检测了空调风管的积尘量及积尘中的细菌和真菌的总含量，合格率仅为6.2%，最高细菌浓度的竟然达到486g/m²。对1060家宾馆饭店的集中空调通风系统进行了监测，检测风管断面4009个，积尘量和细菌总数超标率分别为25.5%和15.5%；卫生部于2006年3月实施了《公共场所集中空调通风系统卫生管理办法》、《公共场所集中空调通风系统卫生规范》、《公共场所集中空调通风系统卫生学评价规范》和《公共场所集中空调通风系统清洗规范》；2005年，建设部又颁布了《空调通风系统运行管理规范》GB 50365，这使对空调风系统的管理有章可循。

通过过滤器的尘埃或微生物能在空调风管内沉积，尘埃或微生物的沉积能改变管道系统的气流和压降，也能影响管道泄漏率和通过热传导散失到管壁外的能量率，影响整个暖通空调系统的能量使用率。气流通过通风管道是湍流，由于湍流的相互作用，重力沉积，或者其他机制可使颗粒物沉积在管道中。在使用过程中，管道内表面必然沉积有不同粒径的颗粒物。WAIIIN 观察到这种沉积可能减少通过管道的空气量，尤其对小管径，这种沉积可能降低通风管道的性能。风管内沉积了足够多的颗粒物，那么沉积的颗粒物可能成为"二次污染源"重新悬浮，污染室内环境，使室内人员曝露在较高水平的粒子浓度下，给人的健康带来风险。由于难以进行软风管清洗，所以只限于接送风口的末端管路。管道清洗越来越被接受，它能维持恰当的换气次数，对IAQ起到了预防和纠正作用。《公共场所集中空调通风系统卫生管理办法》中规定，风管内的积尘量超过20g/m²则需要清洗。

Klaus 指出，如果一个污染严重的过滤器位于一段长风管的上游，且风管中有一层厚的积尘，则滤过空气会因吸收而改善；但如果干净的空气通过脏的风管，其空气品质就会因解吸而变差。即使在干净的风管内，污染仍会随风管的长度而增加。只有干净的风管和干净的过滤器才提供最好的空气品质。建筑物内的大部分新风都要通过送风管，因此新风送风管的污染就显得很重要。另外，管道破损、管道拐角积尘也会严重影响室内空气品质，尤其是当绝缘衬里被气流腐蚀后，多孔绝热材料产生的问题就尤为突出，如玻璃纤维就会随着送风空气进入居住者呼吸区，引起居住者呼吸道和皮肤刺激。

三、空调系统的热湿处理设备

1. 末端以及冷凝水盘

（1）末端

除了末端再热器内盘管堵塞问题，诱导式风机盘管机组和风力混合箱也会影响室内空气品质。诱导器使用送风气流诱使空气进入空间以达到更大的混合气流。诱导器一般放在窗户或外墙下，经过集中调节的空气（一次风）以较高的压力送入诱导器喷嘴，然后高速射出。由于喷出气流的引射作用，在诱导器内部造成负压，室内空气（即回风、又称二次风）被吸入诱导器，一、二次回风相混合由诱导器风口送出。二次风在盘管内是进行加热还是冷却，取决于季节和房间要求。滴水盘收集盘管冷却时产生的湿气，许多诱导器散布于建筑中，如果盘管和滴水盘缺乏清洁，那么滴水盘中的灰尘吸收湿气后就会导致微生物生长。

风力混合箱也是产生室内空气品质问题的潜在污染源，它可以使空气从局部回风管循环到建筑外围空间来补给。如果回风管不清洁，而且对回风管中的空气没有进行充分过滤，就可能产生室内空气品质问题。这些风力混合箱散布于建筑内，很难进行充分维护。此外，能否接近这些设备取决于天花板吊顶的类型。

另一类终端设备就是变风量箱（VAVBO），它调节送到特定区域的送风量。如果该区域不要求制冷或供暖，那么就应该将该区的送风量限制到最小，这可能导致新风不足。风机盘管安装在空调房间内，用于直接处理室内空气。由于技术、造价等各方面的限制，风机盘管对空气的处理仅仅包含冷却或加热，室内的有毒、有害物质不会减少，有些风机盘管风机压头小，刚投入运行时尚能满足使用要求，但使用一段时间后，过滤器不经常清洗，造成局部阻力损失增加，不再能满足送风要求，而且滤网还会成为新的污染源。

（2）冷凝水盘

空气通过冷却盘管冷却后产生的冷凝水从滴水盘流走。冷凝水如果未能利用虹吸作用和坡度有效地排走或不经常清洁滴水盘，由于带有很多菌尘微粒，其阴暗潮湿的环境和水中的有机物质提供了微生物繁殖的有利条件，致使污染物和气味大量扩散，影响到下游过滤器的性能。

防止滴水盘积水对防止微生物在暖通空调系统中生长非常关键。在设计方面，要正确设计排水管水封，使之能隔离空气处理设备的内外压差，使得冷凝水能从滴水盘中顺利排走。在安装方面，要检查滴水盘的坡度以及滴水盘与排水管之间的连接。如果排水管不是与滴水盘的最低点连接就会产生死水。在系统运行和维护方面，应该注意防止滴水盘和冷凝水水封堵塞。安装细节如图4-6所示。

检查滴水盘主要包括下列内容：

1）容易进行检查和清洁。

2）滴水盘清洁。棉绒很可能堵塞排水管，导致死水。

3）滴水盘和排水管之间的连接。排水管只有连接到滴水盘的最低点，才能将所有水排出。如果排水管底部高于滴水盘底部，会导致死水产生。滴水盘还应向排水管方向有一定的坡度。

4）排水管水封。由于冷却盘管一般放在过滤器和送风风机之间，因此冷却盘管和

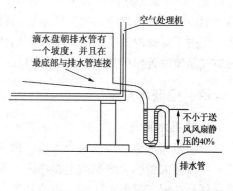

图4-6　冷凝水存水弯安装示意图

机房内空气之间有很大的负压，这时必须设计水封保证顺利排水。水封的有效高度一般不小于送风风机最大静压的40%。

2. 组合式空调机组

为了有效发挥通风空调系统的正面作用，就要强调消除空调机组污染。系统中换热器（盘管）是影响室内空气品质的潜在污染源，也是微生物气溶胶的发生源。许多空调系统由于空气过滤器效率较低，普遍存在盘管积灰等情况；即使使用较高效率的过滤器，但也会因安装不善引起过滤渗漏或旁通，导致颗粒物穿透；盘管上冷凝膜的存在会阻留气溶胶，导致沉积的增加，使盘管的导热性能降低。微生物气溶胶在换热器表面的沉积生长会产生如下问题：有机体产生的代谢产物，例如真菌毒素，会引起刺激、过敏，产生臭味，甚至引起疾病；送风很容易带走真菌孢子，对室内人员造成不利影响，沉积在建筑物其他部件表面并生长；微生物在换热器上的沉积生长会影响空调器的能效。

空调机组通过盘管表面的风速较高，加上翅片加工时表面的油渍，使得翅片表面的冷凝形成的微小水滴易被带走，尽管有挡水板，但带走水量也不少，造成下游空气过滤器受潮。

为保证盘管表面风速均匀、热湿交换充分，常将盘管处于机组负压段，而且空调箱的换热器多数是在湿工况下工作的，这就带来凝水盘排水问题（排水坡度不够、排水管堵塞），只有依靠水封才能保证在负压段排出冷凝水，一旦水封做得不好，空调机组就容易积水。在这种高湿环境下，会使因粗效过滤不良而进入空调箱和风机盘管的灰尘和微生物紧紧地粘附在换热器表面和集水盘中。当空调机组中止运行时，随着机组温度的逐渐回升，为微生物迅速大量繁殖创造了良好的营养和温、湿度条件，当机组再次启动时，微生物繁殖时生成的大量气体以及细菌、霉菌，在空气中分散成气溶胶，随送风气流进行空调室内，使室内空气品质恶化。

可以说空调机组自身结构到处可以积尘、积水，一旦条件成熟，微生物污染是难免的，或者说从深层次讲微生物污染隐患自空调机发明以来就存在了，难以消除。事实上我国空调机组微生物污染是普遍存在的，如没有发生严重积尘与霉变，一般不予重视。实际上对空调系统中微生物繁殖所释放气态代谢物污染绝不能掉以轻心，异味或多种VOCs就是其繁殖的代谢产物。因此，我们知道空调系统中新风品质是稀释室内污染的关键，如果新风被空调系统污染、混杂了微生物代谢产生异味或VOC就会变味、丧失了稀释的效应，甚至变成了污染源。这就是为什么系统新风量增加了，对室内空气品质改善作用效果不大的原因。

四、空调水系统

1. 冷凝水系统

新风与回风是空调的两个入口，因为新风大多只用粗效过滤器，而回风过滤不彻底，从而使大量的尘埃和微生物进入空调箱和内机盘管。由于空调箱和风机盘管中的换热器是在湿工况下工作的，而换热器下面的凝水盘常常因为施工过程中排水坡度不够（<1%），或在运行过程中排水管堵塞而积满了凝结水，这种高温度环境，会使大

量的尘埃和微生物积聚于凝水盘中。当空调机组停止时，随着机组内温度的逐渐回升到室内温度（20~40℃），创造了微生物繁殖温、湿度条件。当机组再次启动时生成的大量气体以及细菌、霉菌，在空气中分散成气溶胶，便随送风气流进入空调室内，使室内空气品质恶化。

2. 空调冷冻水系统

空调冷冻水系统多为闭式循环，不与大气接触，而且水温比较低，所以，除了因被充水管道接头、阀件以及水泵轴封漏气，还会给循环水带入溶解氧而生产电化学腐蚀。对于用喷水室来处理空气的开式循环系统，同样会因为新风过滤不良或空调箱漏风等原因使大量的尘埃和细菌进入喷水室，污染喷水室底池中的积水。在空调系统中止运行期间，喷水室温度回升，底池积水中各种微生物大量而迅速地繁殖滋生，当空调系统再次启动时，这些可溶性固体以及细菌、霉菌在空气中形成的气溶胶就会随送风气流进入空调室内，污染室内环境，从而引起"空调病"的发生。

3. 空调冷却水系统

制冷系统的循环冷却水因为与大气直接相通，空气中的污染物如尘土、杂质、细菌、可溶性固体等，随时都有可能进入循环冷却水系统，而循环冷却水的温度和PH值恰恰适合于大多数微生物的繁殖生长，且随着冷却水的不断循环蒸发，水中的营养源也随之而增加，更促使微生物迅速地大量繁殖。这不仅使冷却水水质恶化，而且还和其他杂质掺混，形成黏垢附着在冷凝器的传热管壁上，使热交换效率大大下降，水流阻力增加，并一步促使腐蚀发生。由于冷却水系统多在空调室外，且自成体系，其水质的好坏与空调室内空气品质没有直接关系，因而常常被人们所忽视。然而合适的水温和PH值以及与大量的灰尘、细菌、霉菌等生物接触的机会，却使冷却水系统污染成了空调水系统中最为严重而显著的一例，其危害最大的就是军团菌病。

空调用冷却塔的冷却水，恰好满足军团病病菌极易滋生和繁殖的温度范围（35~37℃）。冷却塔因机械通风产生的水汽飘逸损失，国外设备约为循环水量的0.15%~0.3%，国内质量好的冷却塔约为循环水量的0.3%~0.35%。冷却塔的飘水可散布几百米远，而由于冷却塔引起的军团病感染的范围可能远达110~117km。20多年来，有记载的军团病感染事件中，由冷却塔引起的军团病感染病例约占80%，冷却塔已被公认为导致军团病的主要污染源。这主要是由于空调冷却水系统水质受到污染，冷却水系统各种细菌、霉菌的繁衍滋生多在冷却塔内进行，而高层建筑空调系统的冷却塔多置于裙房之上，在冷却塔内滋生的各种细菌、霉菌以及可溶性固体在空气中形成的气溶胶，将会弥散于冷却塔周围大气之中，这些含菌空气，或混入风中进入空调室内，或通过人体带菌进入空调室内，都会对室内空气品质带来极为不良的影响。

第三节 建筑材料

一、建筑建造材料

建筑建造材料是建筑材料中的结构材料。土木工程和建筑工程中使用的材料统称建筑材料，它可分为结构材料、装饰材料和某些专用材料。其中结构材料包括木材、竹材、石材、水泥、混凝土、金属、砖瓦、陶瓷、玻璃、工程塑料、复合材料等。

建筑建造材料会影响室内空气品质，比如：建筑施工中使用的混凝土外加剂有利于提高混凝土的强度和施工速度，国家在这方面有着严格的标准和技术规范。正常情况下不会出现污染室内空气的情况，但为了工期进度等要求，许多建筑还是使用了高碱混凝土膨胀剂和含尿素的混凝土防冻剂，这些含有大量氨类物质的外加剂在墙体中随着温湿度等环境因素的变化而还原成氨气从墙体中缓慢释放出来，使室内空气中氨的浓度不断增高，造成室内空气品质恶化。另外，一些用原粉加稀料配制成的防水涂料，操作后 15h 检测，室内空气中苯含量大大超过国家允许的最高浓度。

建筑材料如花岗岩、砖、砂、水泥及石膏之类，特别是含有放射性元素的天然石材，易释放出氡，严重影响室内空气品质以及人体健康。

二、装修装饰材料及家具

装修各类土木建筑物以提高其使用功能和美观，保护主体结构在各种环境因素下的稳定性和耐久性的建筑材料及其制品，称为装修材料或饰面材料。国内市场现有的主要装修装饰材料有：木质装饰材料、地毯、塑料地板、金属装饰材料、石材、水泥、石膏及石膏制品、涂料及胶粘剂、装饰陶瓷等。家具的构成以材料为主，除了常用的木材、金属、塑料外，还有藤、竹、玻璃、橡胶、织物、装饰板、皮革、海绵等。建筑装修装饰材料和家具带来的室内污染主要是人造板材、胶粘剂等带来有害化学物质，如甲醛、苯等；土、石、沙材料中的放射性物质；涂料中带来的挥发性有机化合物、铅、镉、铬、汞等有害物质。以下具体介绍装修装饰材料及家具产生的污染物以及对室内环境的影响。

1. 甲醛

随着社会的发展和人们生活水平的提高，住宅和办公室等场所都要进行室内装饰和购买家具，由于装饰和家具制造要使用大量人造板材（如胶合板、大芯板、中纤板、刨花板、强化地板和复合木地板等），而人造板在生产的过程中使用大量胶粘剂，其中脲醛树脂粘胶剂应用最广泛，它由尿素和甲醛缩聚而成，存在一定量未完全聚合的游离甲醛。日本横滨国立大学的研究表明，室内甲醛的释放期可长达 3～15 年，人们会长期处于甲醛的残留气味中受到其刺激和伤害。

2. 苯、甲苯和二甲苯

室内空气中的苯主要来自建筑装饰中使用的化工原材料，如涂料、填料及各种有机溶剂等，都含有大量的有机化合物，经装修后挥发到室内。有关专家强调，油漆、油漆及涂料的添加剂和稀释剂、各种胶粘剂、防水材料中苯含量较高。

3. 氡

氡是天然存在的无色无味、不可挥发的放射性气体，主要来自建筑与装修中使用的天然石材（如花岗岩、大理石等），还有瓷砖、砖沙、水泥及石膏等建筑材料。世界卫生组织（WHO）的国际癌症研究中心（IARC）的动物实验证实了氡是当前认识到的 19 种最重要的致癌物质之一。它是由镭、铀、钍等放射性元素在衰变时产生的一种在自然界里唯一存在的天然放射性情性气体物质，本身无色无味，不易被人们觉察。世界卫生组织统计表明，全世界 1/5 的肺癌患者与氡的污染有关，氡是除吸烟外引起肺癌的第二大致癌因素。它还可以引起人体基因突变和染色体畸变，从而对人类的遗传产生不良影响，而且还能杀死精子，长期接触可造成男性不育。另外，氡对人体脂肪具有很高的亲合力，能影响人的神经系统，使人精神不振，昏昏欲睡，使人体免疫系统受到损害，并诱发出类似白血病的慢性放射病。

4. 氨

氨为无色气体，有强烈刺激性臭味，易溶于水，水溶液呈弱碱性。在建筑施工中加入含尿素的混凝土外加剂，在墙体中随温度、湿度等环境因素的变化而还原成氨气，从墙体中缓慢释放出来，是室内空气中氨污染物的主要来源。此外，室内装饰材料所用的添加剂和增白剂大部分都含有氨水，人造板材的粘合剂聚合脲醛树脂在室温下易释放出气态甲醛和氨，人体自身代谢物挥发和食物腐败后产生的氨气，这些都是室内氨气的污染源。

5. 甲苯二异氰酸酯（TDI）

甲苯二异氰酸酯（聚氨酯涂料的原料之一）是毒性物质，其在聚氨酯涂料的生产和使用过程中会游离挥发到空气中，成为不容忽视的室内空气污染源，并对环境中的人产生危害作用。游离 TDI 主要的毒性作用是致敏和刺激作用。

室内 TDI 主要来自以下 3 方面：（1）室内装修装饰材料中使用的聚氨酯类油漆和胶粘剂，还有用作墙面绝缘材料的含有聚氨酯的硬质板材，密封地板、卫生间等处的聚氨酯密封膏，以及一些含有聚氨酯的防水涂料；（2）TDI 是用于制造聚氨酯泡沫塑料的主要原料，聚氨酯泡沫是家庭床垫垫层及复合面料的主要材料，也是沙发中的主要材料；（3）来自于聚氨酯弹性地板材。

第四节　室内常用设备及其人员活动

空调是室内最常用的设备之一。在享用空调舒适性的初期，人们并未注意到空调系统自身的缺陷而带来的负面影响，温室效应的形成和能源危机的矛盾，反映在建筑物内必须安装空调系统来调节日趋偏高的空气温度。为了节省能源消耗，最小新风量的引入，最大限度地减少围护结构的负荷耗散，导致了建筑物密闭严实，室内的污染物不能及时排出室外，室外的新鲜空气不能正常地进入室内，从而使生活在其中的人患上了所谓的病态建筑综合症（SBS），又称空调病，严重影响人们的健康和生活。浴室、厕所、地毯、空调等地方是细菌微生物大量繁殖的场所，众多细菌、病毒可造成室内微生物污染，引起过敏、呕吐甚至传染病。

另外，家用电器的电磁辐射对室内空气造成了一定的污染。根据研究者的相关试验研究，有人活动相比无人活动的房间，大颗粒（污染物）（$\geqslant 1 \mu m$）有相应的增加，质量浓度增加为原来的 3 ~ 4 倍，总质量浓度增加为原来的 2 倍。同时发现，室内无污染源的情况下，其颗粒物质量浓度明显低于室外。

人在室内活动，通过呼吸道、汗腺可排出大量的污染物，从事接触有害物质工作的人可从其呼吸道、皮肤向室内排放各种有害工业物质。一般不接触有害物质的人呼出气体中含有大量 CO_2、有机化合物等气体。因此，当室内房间人数过多时，人们会感到头晕、恶心、疲倦，甚至休克。

居民做饭、取暖所用燃料的燃烧产物是室内空气污染的重要来源。在城市民用燃料中，煤、天然气占很大比例，是最主要的能源。煤主要是以碳、氢两种元素组成，其中尚含有不同量的无机元素。当煤完全燃烧时（高温氧化）生成二氧化碳、水蒸气并释放出大量的热，而受温度、煤质等因素的影响，以致很多情况下煤不完全燃烧产生大量的煤烟、二氧化硫、氮氧化物、一氧化碳等污染物，而天然气比煤容易燃烧完全，污染比煤相对要小得多。由于城市居民厨房面积小、排风设备不好，因此室内空气污染也常常超出国家相应标准。特别是在冬季由于门窗紧闭，空气流通不好，室内空气污染物浓度相对会升高，从而对人的身体健康产生危害，如果长期处在室内高浓度污染空气的状态下，会诱发呼吸系统疾病。

一、厨房产生污染

家庭厨房中的污染主要包括以下几个方面：配料中的污染，如购买了假冒伪劣的调味品、已经氧化的油脂等；食物隐藏中的污染，如蔬菜储藏中的亚硝酸盐问题，粮食储藏中的霉菌毒素问题等；洗涤过程中的污染，如洗涤剂使用不当，残留在食品中；烹调过程中的污染，如熏烤和煎炸食品时产生有毒、致癌物质；食品包装和餐具中的污染，如使用有毒塑料袋、含铅的瓷碗等；饮水中的污染，如饮水机没有经常清洗产生致癌物质；空气中的污染，如炒菜、煎炸时产生致癌的油烟等。

烹调油烟是食用油和食物在高温条件下，发生一系列变化而形成的。食用油加热到170℃时开始出现少量油烟雾，随着温度的升高，油的分解速度加快，当温度达到250℃时会产生大量的烹调油烟。烹调油烟的成分极为复杂，在其中检测到的组分至少有300多种，主要有脂肪酸、烷烃、烯烃、醛、酮、醇、酯等芳香化合物和杂环化合物，其中至少有数十种危害人体健康。

厨房空气污染程度与厨房的通风条件、燃具的类型及燃烧工况等诸多影响因素有关。燃具燃烧时，对厨房内的空气造成的污染比较严重，因此应尽量选用低污染燃具，减少排放气体中有害成分的含量，如在选择燃气热水器时尽可能选用平衡式及强排式热水器。通风条件对厨房内的空气质量有较大影响，开窗开门开抽油烟机（夏季）通风条件下测试的厨房污染程度明显小于关窗关门开抽油烟机（冬季）通风条件下测试的厨房污染程度，因此在燃具工作时，最好是自然通风和机械强制通风同时使用，以保证足够的通风量。随着燃具使用时间的增加，厨房内的污染物含量呈上升趋势，因此在长时间使用燃具时，厨房内的通风条件显得更加重要，此时更要注意加强通风。

二、室内日常化工品

随着人们生活水平的提高，大量经济便捷的化工合成材料在生活中应用越来越广泛，如消毒剂、杀虫剂、清洁品、化妆品等。在给人们带来便利的同时，也带来了潜在的污染，严重影响室内空气环境。下面就清洁产品、化妆品、杀虫剂、空气清新剂等进行简要的介绍。

1. 清洁产品

清洁产品是指保持室内清洁的产品，主要有拖把、马桶除臭设施、空气加湿器、空气净化器等。这些清洁产品在发挥基本功能的同时，也容易滋生大量的病菌，不仅影响室内空气品质，也给人体健康带来了隐患。

2. 化妆品

随着人们生活水平的提高以及对健康与美的追求，化妆品日益普及，成为生活必需品。功能性、安全性、稳定性是化妆品必须具备的条件。可是，化妆品成分复杂，含有的营养物质是微生物生长的良好培养基，容易导致病原微生物滋生，造成化妆品微生物污染。化妆品微生物污染后，在感官上其色泽和气味发生变化，更重要的是致病微生物的污染导致对人体健康的危害，如化脓性细菌污染可引起皮肤感染化脓，甚至导致败血症。按照《化妆品卫生规范》（2002 年版），化妆品菌落总数不得大于1000cfu/ml，霉菌和酵母菌总数不得大于 100cfu/ml，每克或每毫升产品中不得检出粪大肠菌群、绿脓杆菌和金黄色葡萄球菌。

目前化妆品检验依据的是《化妆品卫生规范》中微生物检验规定的五项指标：菌落总数、粪大肠菌群、绿脓杆菌、霉菌与酵母菌、金黄色葡萄球菌。各地检测的化妆品微生物指标不合格的，主要是菌落总数超标，其次是粪大肠杆菌、霉菌和酵母菌，少有国家监控的致病菌检出。但石家庄市卫生防疫站报道，在化妆品中除了检出金黄色葡萄球菌，还有革兰阳性葡萄球菌具有致病性球菌表皮剥脱性毒素。天津市卫生防病中心报道，检出白色念珠菌；徐州市卫生防疫站报道，检出恶臭假单胞菌。这些非国家标准监控的致病菌检出，反映出现有化妆品国家标准监控的致病菌种类有一定的局限性。所以，即使在现有的标准所规定的化妆品微生物指标 100% 合格情况下，也不能排除潜在的某些致病菌的污染。

卫生监督机构先后对连续监测 5～12 年的资料进行了分析：山西省疾病预防控制中心对 686 份化妆品的检测结果表明，微生物指标合格率为 86%，其中细菌总数为86%，粪大肠菌群、绿脓杆菌和金黄色葡萄球菌为 98%～99%。广东省卫生防疫站对2574 份化妆品的检测结果显示，微生物指标合格率为 91%，其中细菌总数为 91%，粪大肠菌群、绿脓杆菌和金黄色葡萄球菌为 99%～100%。江西省疾病预防控制中心对937 份化妆品的检测结果表明，微生物指标合格率为 91%，其中细菌总数为 94%，粪大肠菌群、致病菌、霉菌和酵母菌为 98%～99%。天津市卫生防病中心对 1899 份化妆品检测结果进行分析，微生物指标合格率平均为 92%，其中细菌总数超标率最高，占不合格数的 78%。浙江省卫生防疫站对 338 份化妆品的检测，霉菌和酵母菌检出率为4%。武汉市卫生防疫站对 632 份化妆品的检测，微生物指标合格率平均在 93%～98%，不合格的绝大多数是细菌总数超标，较少检出致病菌。沈阳市疾病预防控制中心对 767 份化妆品的检测，微生物指标平均合格率 96%。由此可以看出，化妆品引发的微生物污染将对室内环境空气品质产生不良的影响。

3. 杀虫剂

家用杀虫剂主要用于杀灭室内的蚊子、苍蝇、跳蚤、蟑螂、飞蛾、白蚁等害虫，最常见的有蚊香、熏蟑螂剂、樟脑球、驱虫喷雾剂等。这些杀虫剂都是化学制剂，其含有的化学物质往往具有强毒性，对人体有很大的危害。在美国，杀虫剂被列入居家污染的第二大来源，每年有超过 200 万人次受到杀虫剂的伤害。

一些喷雾杀虫剂是以对二氯苯为主要原料配香料制成的，因其驱虫效果好并具有芳香气味而被大量使用。但是，近年来，世界卫生组织和国际癌症研究机构已确认，对二氯苯对人有致癌作用。除此之外，杀虫剂还会使人患帕金森症的概率增加。

蚊香至今仍是使用最广的驱蚊手段。盘式蚊香的成分主要是天然除虫菊或合成除虫菊等杀虫成分以及燃烧剂、阻燃剂、增效剂。盘式蚊香燃烧产生的烟气正是夏季室内可吸入颗粒物的重要来源。此外，蚊香燃烧时在空气中可产生致癌物质苯并（a）芘，加上燃烧产生的 CO 等有害气体，使盘式蚊香成为夏季室内的一大污染源，造成室内空气品质恶化。除了可吸入颗粒物本身的危害，各种有害物质包括有机污染物及微生物等大多会吸附在颗粒物上，随颗粒物进入呼吸系统深处，从而使颗粒物对人体健康的影响更大。在关窗的情况下使用蚊香，室内颗粒物浓度严重超标。浓度在两小时趋于稳定，浓度的大小则由房间大小、蚊香发烟量、漏风量等多种因素共同决定。研究表明，在关窗的情况下，浓度的衰减速度与开窗时相比小很多。在因室内开空调而关窗时，建议定时开窗通风，降低污染物浓度。

4. 空气清新剂

空气清新剂种类繁多，香型也各不相同，大体上分为固体、液体、气雾剂三种。香型上种类繁多，主要有柠檬香、茉莉花香、玫瑰香等。

对于许多家庭来说，使用空气清新剂是一种时尚。但在空气清新剂的使用上，很多人认为只要一用空气清新剂，家里的空气就干净了，其实不然。空气清新剂大多是香精、乙醇等成分合成的化学制剂由液体变成气体，产生一种叫做气溶胶的物质，气溶胶里的分子较之空气中的分子颗粒小，是烟雾污染的主要成分，对人的呼吸道也有刺激作用。空气清新剂并不能净化空气，它只是通过散发香气混淆人的嗅觉来"淡化"异味，并不能清除有异味的气体。还有一些空气清新剂，因为产品质量低劣，本身还会成为空气污染源。如果清新剂含有杂质成分（如甲醇等），散发到空气中对人体健康的危害更大。这些物质会引起人呼吸系统和神经系统中毒和急性不良反应，产生头痛、头晕、喉头发痒、眼睛刺痛等。

三、办公用品及设备

室内各种办公用品和设备主要有计算机、复印机、打印机、手机、空调、电视机等，可引起电磁辐射和臭氧污染等。

目前使用最广泛的复印机是有碳复印机，它使用的显影粉有干、湿两种。干性显影粉是用特级炭黑制作，其中的环芳烃具有致癌作用。无碳复印机的显影材料有很大刺激性，可以引起皮肤、眼睛、呼吸道和神经系统等方面的病症。同时，无碳复印在复印过程中也可释放一些可能致癌的物质。

在一些设备如复印机、打印机的运行中，还会产生一定量的臭氧。臭氧的强氧化力对人体健康有危害作用。臭氧的嗅阈为 $40\mu m/m^3$，在 $100\mu m/m^3$ 以下时，被认为是无作用剂量浓度，达 $200\mu m/m^3$ 时，可对易感者的眼、鼻及咽部黏膜产生刺激；当浓度达 $300\mu m/m^3$ 时，将近 30% 的人群有黏膜刺激感；达 $400\mu m/m^3$ 时，50% 的人群产生刺激症状。低浓度臭氧长期作用可抑制人体免疫机能。

在办公室内由于计算机、复印机、打印机、手机、空调和电视机等的存在，使室内充满电磁波。这些电磁波充斥空间，无色、无味、无形，可以穿透包括人体在内的任何物质，当电磁波辐射的强度超过人体或环境所能承受的限度时就会对人体造成污染。一些受到较强或较久电磁波辐射的人，可能出现各种临床病症，主要表现如下：

（1）对心血管系统的影响：表现为头痛、心悸、心动过缓、心搏血量减少、窦性心律不齐、乏力、免疫功能下降等。

（2）对神经系统的影响：表现为记忆力减退、容易激动、失眠等。

（3）对视觉系统的影响：表现为使眼球晶体混浊，严重时造成白内障，是不可逆的器质性损害，影响视力。

（4）对生殖系统的影响：表现为性功能降低，男子精子质量降低，部分女性经期紊乱，孕妇发生自然流产和胎儿畸形等。

（5）长期处于高电磁辐射的环境中，会使血液、淋巴液和细胞原生质发生改变，白细胞和血小板减少，影响人体的循环系统、免疫、激素分泌、生殖和代谢功能，严重的还会加速人体的癌细胞增殖，诱发癌症以及糖尿病、遗传性疾病等病症，对儿童甚至还可能诱发白血病。

四、环境烟草烟雾

已知烟草烟雾中至少含有 3000 种成分，其中含有尼古丁等有害物质达几百种。烟草烟雾可分为主流烟雾和侧流烟雾。主流烟雾是指吸烟时进入吸者体内的烟雾，侧流烟雾是指烟草燃烧时直接进入环境的烟雾。一支纸烟在燃烧过程中所产生的主流烟雾总重量约为 $400\sim500mg$，其中气相及蒸汽相约占 92% 以上。气相中含 $400\sim500$ 种成分，其中氮占 58%，氧占 12%，二氧化碳占 13%，一氧化碳占 3.5%。其中一氧化碳的浓度为工业最高允许浓度的几百倍。在蒸汽相成分中，烃类约占 40%，水分占 20%，醛类约占 14%，酮类约占 9%，腈类约占 6%，醇类约占 1.5%，杂环族氧化物约占 1.5%，酯类约占 1%，其他未分类化合物约占 7%。

颗粒物在主流烟雾中约占 8%，烟雾中致突变物及致癌物的大多数均含在颗粒相中。在未经稀释的烟雾中，每毫升含有 1.3×10^{10} 个颗粒物，而在污染严重的空气中，每毫升最多也不超过 10 万个颗粒物，二者相差 13 万倍以上。烟雾颗粒物直径在 $0.15\sim1.0\mu m$ 范围内。具有普通纤维过滤嘴的纸烟，主流烟雾中颗粒物直径范围为 $0.15\sim0.18\mu m$，平均 $0.48\mu m$。在颗粒相成分中，强酸性成分约占 37.7%，弱酸性成分约占 15.3%，中性成分约占 16.2%，碱性成分约占 5.8%，水分约占 25%。每支纸烟的主流烟雾中焦油含量可高达 30mg，烟碱可高达 3mg。烟草烟雾中还含有某些一般大气污染所没有的有毒物质，如氰化氢。长期接触 10ppm 的氰化氢就被认为很危险，而纸烟烟雾中氰化氢的浓度几乎达到 1600ppm。

与吸烟有关的最严重的疾病是肺癌和慢性肺气肿，约有 80% 以上的肺癌是由于长期吸烟引起的。大量事实表明，吸烟人群的肺癌死亡率比不吸烟人群高 10 ~ 20 倍。每日吸烟量越大，吸烟年代越长，开始吸烟年龄越小，所吸香烟的焦油含量越高，则患肺癌的危险性也越大。此外，吸烟还会增加患心血管疾病、脑血管疾病、消化系统疾病等多种疾病的几率，烟雾中的放射性物质累积在机体内可以削弱免疫防御系统对机体中毒、癌症和其他疾病的抵抗能力。

目前，关于吸烟与居室空气污染的定量关系的研究还不多。香烟在燃吸过程中产生两部分烟气，其中被吸烟者直接吸入体内的主烟流仅占整个烟气的10%，90%的侧烟流弥散在空气中。如果在居室内吸烟，则势必造成居室空气的污染。烟草污染物的成分非常复杂，室内一氧化碳、二氧化碳、多种化学物质如甲醛等污染都可能是由吸烟引起的。另外，室内空气中尼古丁浓度与禁烟规定、吸烟人数和房屋面积有关。其中，吸烟人数对室内空气中尼古丁浓度影响最大，随着吸烟人数的增多，尼古丁浓度升高；而随着房屋面积的增大，尼古丁浓度降低。由于室内较室外相比，具有封闭性和空间小的特点，上述物质极易在室内聚集，从而严重影响室内空气环境。

五、人体代谢产物

影响室内空气环境的人体代谢产物主要是粪便和尿液，其中以粪便恶臭为主。粪便恶臭主要有硫化氢、阿米尼亚、苯酚、吲哚、亚硝基胺等，前两种有臭鸡蛋、腐烂洋葱味，在日常生活中能见到；后几种虽见不到，但经检测、试验，发现它们是致癌的主要物质。人体代谢后，及时冲洗，对室内空气环境影响不大。

六、饲养宠物

近年来，我国兴起了一股养宠物热，在宠物带来乐趣的同时，一些疾病也相继而来，这主要是由宠物所携带的细菌和病毒所致。宠物多带致病菌、病毒，易引起人类感染肺炎、皮肤病、脑膜炎、长期发烧、狂犬病等疾病，许多宠物是诱发儿童哮喘病的重要因素。同时，这些细菌和病毒扩散到室内的空气中，影响了室内空气的质量，危害人们的身心健康。

思考题

1. 建筑外环境对室内空气品质的影响因素有哪些？
2. 室内空气品质方面，暖通空调系统具有哪些作用？
3. 针对空调系统不同构成，分析简述这些设备对室内空气品质的影响。
4. 简述建筑材料以及装修材料对室内空气品质的影响。
5. 从人们常用的日常生活角度出发，简述几种生活方式或设备对室内空气品质的影响。

参考文献

[1] 李焰. 环境科学导论 [M]. 北京：中国电力出版社，2000.

[2] 沈晋明，聂一新. 通风空调对室内空气品质的影响 [J]. 建筑热能通风空调，2006，25（5）：

17-21.

[3] 蓝嗣国，狄一安，施钧惠等．无铝箔覆膜复合玻璃纤维风管安全性能的监测［J］．中国环境监测，1998，14（2）：38-39.

[4] 刘帅，袁文华．HVAC 系统对室内空气品质的影响及改进建议［J］．建筑热能通风空调，2005，24（3）：92-95.

[5] 郑爱平、王卫周．空调水系统污染对室内空气品质的影响及其防止措施［J］．建筑热能通风空调，2003，22（4）：34-35.

[6] 于家义，杨金刚，朱林等．军团病成因及防治［J］．吉林建筑工程学院学报，2006，23（2）：55-58.

[7] 沈秀明，王海永．建筑材料与室内环境污染［J］．建材发展导向，2006，4（1）：70-71.

[8] 张金良，郭新彪．居住环境与健康［M］．北京：化学工业出版社，2004.

[9] 唐良士．室内空气质量指标综述（1）［J］．制冷技术，2006，（3）：8-42.

[10] 邵振才，万军明．脲醛胶在生产及使用过程中的甲醛污染［J］．环境保护，1998，8（5）：15-16.

[11] 李景舜，赵淑华，邢义等．装修后室内空气甲醛污染研究［J］．中国卫生工程学，2003，3（1）：136-137.

[12] 张会群，涂明扬．室内空气中甲醛的危害及防治［J］．广西轻工业，2008，14（2）：69-70.

[13] 王美霞，李念平，李灿．地板送风室内可吸入颗粒物粒径及浓度分布特征［J］．环境与健康杂志，2008，25（2）：144-146.

[14] 刘立平，许东．化妆品使用过程中二次污染的现状分析［J］．上海预防医学杂志，2006，18（11）：551-551.

[15] 李青彬，赵晓军，王香．化妆品微生物污染状况及其分析［J］．中国卫生检验杂志，2006，16（2）：245-247.

[16] 方圆，茅清希，邱济夫．盘式蚊香对室内空气品质的影响［J］．建筑热能通风空调，2006，25（1）：80-83.

[17] 黄露，杨功焕，郭新彪等．公共场所和工作场所环境空气中烟草烟雾污染状况的研究［J］．环境与健康杂志，2007，24（7）：477-479.

[18] Dhar P. Measuring tobacco smoke exposure：quantifying nicotine/ cotinine concentration in biological samples by colorimetry, chromatography and immunoassay methods ［J］. Journal of Pharmaceutical and Biomedical Analysis, 2004, 35（1）：155-168.

第五章　室内化学污染物的散发机理及评估

　　室内化学污染物是指对人体健康和舒适性产生不良影响的化学物质，如一氧化碳、二氧化碳、二氧化硫、氮氧化物、甲醛、苯及其同系物和总挥发性有机物等。本章重点从理论上剖析室内环境中化学气体污染物从污染源的散发过程以及在空气中的传播规律，从而为室内化学污染物的治理提供理论参考和依据。

第一节　质传递理论概述

　　室内传播的化学污染物来自室外大气环境、室内建筑装饰材料、家具或人员等。化学污染物在传播过程中遵守物质传递的基本规律，因而可以由质传递理论来解释。质传递理论是研究物质传递现象的科学，传递现象是自然界和工程技术中普遍存在和研究的对象，是由于物质的非平衡状态所致。人们通常所说的平衡状态，是指物系内具有强度性质的物理量，如温度、组分浓度等完全均匀分布而不存在强度梯度。例如，热平衡是指物系内温度各处均匀一致；气体混合物的平衡是指物系内各处具有相同的组分。反之，若物系处于非平衡状态，即具有强度性质的物理量在物系内分布不均匀时，则物系将会发生变化。对于任何处于不平衡状态的物系，一定会有某些物理量自发地由高强度区向低强度区转移。物理量向平衡方向转移的过程就是传递过程。

　　传递过程中所传递的物理量一般为质量、能量、动量和电量等。质量传递是物系中一个或几个组分由高浓度区向低浓度区的转移；能量如热量传递是热由高温区向低温区转移；动量传递则是实际物质微观运动构成的流体流动过程中，动量由高速度区向低速度区转移。质量、动量、热量传递过程中人们最关心的是其传递的速率。

　　下面首先介绍现象定律。

　　若物系中存在速度、温度和浓度梯度，也就是各自在量上或者在强度上存在差异，则分别会发生动量、热量和质量传递现象。动量、热量和质量的扩散传递既可以由分子的微观运动引起，也可以由旋涡混合造成流体微团的宏观运动引起。前者称为分子扩散传递，后者称为涡流扩散传递。由分子运动引起的动量传递，可采用牛顿黏性定律描述；由分子运动引起的热量传递，可采用傅立叶定律描述；而由分子运动引起的质量传递称为扩散，则采用斐克定律（Fick's Law）描述，三者都是

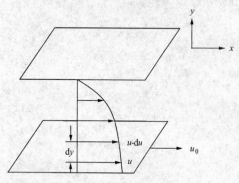

图 5-1　牛顿黏性定律示意图

现象定律。

一、牛顿黏性定律

当黏性流体中存在速度差时，便会产生黏性作用力。如图 5-1 所示，假想在静止的流体中放置两块相互平行的无限大平板，上平板固定不动，下平板则以恒定的速度向右移动，由于流体黏性效应，流体由下而上不同程度地跟随平板运动，并形成沿 y 方向的速度梯度，x 方向的动量由下而上层层传递。如果流速不大，两平板间的流体作层流运动，此时的动量传递量可用两流体层之间的剪应力（单位面积上的剪切力）来表示。实验证明，剪应力与速度梯度成正比，可用式（5-1）表示：

$$\tau = -\mu \frac{du_x}{dy} = -v \frac{d(\rho u_x)}{dy} \tag{5-1}$$

式中 τ——剪应力，即动量通量，N/m^2；

μ——动力黏度，$N/(m^2 \cdot s)$；

$\frac{du_x}{dy}$——速度梯度或剪切速率，s^{-1}；

v——运动黏度或动量扩散系数，m^2/s；

$\frac{d(\rho u_x)}{dy}$——动量浓度梯度，$kg/(m^3 \cdot s)$。

式（5-1）称为牛顿黏性定律，仅适用于层流流动的情况。该式表明，黏性剪切力和速度梯度成正比，比例系数为流体的动力黏度。在一定条件下，速度梯度越大，剪切应力越大，能量损失也越大。当速度梯度为零时，黏性剪切力为零，流体的黏性表现不出来，如流体静止、均匀流动就属于这种情况。剪应力 τ 为作用在垂直 y 方向上单位面积的力，或 x - 动量在 y 方向上的通量。式中负号表示动量通量的方向与速度梯度相反，即动量沿着速度降低的方向传递。

二、傅立叶定律

当物系内存在温度差时，便发生热量由高温向低温的传递，其中由分子热运动引起的热传导现象可由傅立叶定律来表示，如式（5-2）所示。傅立叶定律是热传导的基本定律，表示传导的热流量和温度梯度以及垂直于热流方向的截面积成正比。

$$q'' = -k \frac{dT}{dy} = -a \frac{d(\rho c_p T)}{dy} \tag{5-2}$$

式中 q''——热流率，即热传导通量，$J/(m^2 \cdot s)$；

k——热传导系数，或导热系数，$J/(m \cdot s \cdot K)$；

$\frac{dT}{dy}$——温度梯度，K/m；

a——热扩散系数，$a = \frac{k}{\rho c_p}$，m^2/s；

$\frac{d(\rho c_p T)}{dy}$——热量浓度梯度，J/m^4。

式（5-2）中，q''为沿 y 方向的热传导通量，即单位面积上的热传导速率。式中负号表示热流方向与温度梯度的方向相反，即热量由高温向低温传递。

三、斐克定律

若混合物中若各组分存在浓度梯度时，则会发生分子扩散。对于两组分系统，组分 A 在组分 B 中由于分子扩散所产生的质量通量，可用式（5-3）描述：

$$j_A = -D_{AB}\frac{d\rho_A}{dy} \tag{5-3}$$

式中　j_A——组分 A 在垂直于扩散方向（即沿 y 方向）单位面积上的质量流量，即质量通量，$kg/(m^2 \cdot s)$；

$\quad\quad D_{AB}$——组分 A 在组分 B 中的扩散系数，m^2/s；

$\quad d\rho_A/dy$——组分 A 的质量浓度（密度）梯度，$kg/(m^3 \cdot m)$。

该式为斐克定律通用表达式。式中负号表示质量通量的方向与浓度梯度的方向相反，即组分 A 总是朝着浓度梯度的反方向，也就是由高浓度向低浓度传递。

在湍流流体中，由于存在着大大小小的旋涡运动，除了分子扩散传递外，还有涡流扩散传递。旋涡的运动和交换会引起流体微团的混合，从而可使动量、热量或质量的传递过程大大加剧。在湍动十分强烈的情况下，涡流传递的强度大大地超过分子扩散传递的强度。在以涡流传递为主的情况下，其传递的各物理量通量亦可采用与分子扩散传递类似的表达式来描述。其中，涡流动量通量可表示为：

$$\tau^e = -\varepsilon\frac{d(\rho u_x)}{dy} \tag{5-4}$$

式中　τ^e——涡流剪应力或雷诺应力，N/m^2；

$\quad\quad \varepsilon$——涡流黏度或涡流动量扩散系数，m^2/s。

涡流热流通量可表示为：

$$q''^e = -\varepsilon_H\frac{d(\rho c_p T)}{dy} \tag{5-5}$$

式中　q''^e——涡流热流通量，$J/(m^2 \cdot s)$；

$\quad\quad \varepsilon_H$——涡流热扩散系数，m^2/s。

组分 A 的涡流质量通量可以写成：

$$j_A^e = -\varepsilon_M\frac{d\rho_A}{dy} \tag{5-6}$$

式中　j_A^e——组分 A 的涡流质量通量，$kg/(m^2 s)$；

$\quad\quad \varepsilon_M$——涡流质量扩散系数，m^2/s。

需要注意的是：分子扩散系数 υ、a 和 D_{AB} 是物质的物理性质参数，它们仅与温度、压力及组成成分有关；但涡流扩散系数 ε、ε_H 和 ε_M 则为非物理性质参数，而与湍动的程度、流道中的位置、壁面的粗糙程度等因素有关。

由以上所述可以看出：

（1）动量、热量与质量传递的通量均可以用一个普遍的表达式来表述，即：

$$（通量）= -（扩散系数）×（浓度梯度）$$

（2）涡流扩散传递通量与分子扩散传递通量具有相同的量纲，即 τ 与 τ^e，q'' 与 q''^e，j_A 与 j_A^e 之间具有相同的量纲；各涡流扩散系数与分子扩散系数的量纲亦相同，即 v、a、D_{AB}、ε、ε_H、ε_M 的量纲均为 m^2/s。

（3）通量为向量，它代表动量、热量和质量传递的方向和量值，通量的方向永远与该量梯度的方向相反，故通量的表达式中有一"负"号。

此外，动量、热量和质量之间还存在某些定量类比关系，这些定量关系可以使三种传递过程的研究得以简化。在两种或三种传递过程都同时存在时，可以使用如下三个无因次数群中的两个或三个来量化不同传递过程之间的关系。这三个无因次数群是普朗特数（Prandtl number）、施密特数（Schmidt number）与刘易斯数（Lewis number），为各种传递过程分子扩散系数的比值。

普朗特数

$$Pr = \frac{v}{\alpha} = \frac{c_p \mu}{k} \tag{5-7}$$

施密特数

$$Sc = \frac{v}{D_{AB}} = \frac{\mu}{\rho D_{AB}} \tag{5-8}$$

刘易斯数

$$Le = \frac{\alpha}{D_{AB}} = \frac{k}{\rho c_p D_{AB}} \tag{5-9}$$

式中　α、k——分别为热扩散系数，m^2/s；导热系数，$W/(m \cdot K)$；

　　　v、μ——分别为运动黏度，m^2/s；动力黏度，$N/(m^2 \cdot s)$；

　　　ρ——密度，kg/m^3；

　　　c_p——定压比热，$kJ/(kg \cdot K)$。

普朗特数 Pr 是动量与热量传递对应的分子扩散系数的比值，表示的是系统中动量传递和热量传递的类比关系；施密特数 Sc 是动量与质量传递对应的分子扩散系数的比值，表示的是动量传递和质量传递之间的类比关系；而刘易斯数 Le 是热量与质量传递对应的分子扩散系数的比值，反映的是热量传递和质量之间的类比关系。当 Pr 或 Sc 或 Le 等于 1 时，表示同时进行的相应的两种传递过程是相当的，这时可以用一类传递过程的结果去预测另一类传递过程。例如，当 $Pr = 1$ 时，表明动量传递与热量传递两过程作用相当，于是可用摩擦系数的数值去估算对流传热系数的数值。

大多数气体的 Pr 接近于 1，但液体的 Pr 范围很宽。对于大多数气体，其 Sc 也接近于 1，但液体的 Sc 值很大。由此可见，气体的动量、热量和质量传递过程的类比性较为明显。

第二节　边界层理论

室内化学污染源多来自于室内建材、家具及装修过程中使用的胶粘剂、涂料和油漆等。化学污染物的散发首先通过这些物质与空气形成的边界层来进行，然后随着室内空气流动而传播。在边界层内具有非常典型的各物理量的传递特征，因而有必要掌握有关边界层理论。本节首先介绍流动（动量）边界层理论，物质组分形成的浓度边界层将在以后介绍。

为研究黏性流体运动，普朗特于1904年提出著名的流动边界层学说。在普朗特提出边界层理论之前，流体力学的发展分成两派：一派是以欧拉（Euler）为首的无黏流体力学；另一派是以纳维与斯托克斯（Navier-Stokes）为首的黏性流体力学派。无黏流体力学认为所有流体流动过程中不存在黏性阻力，即固体壁面不对流体施加黏滞阻力，因而认为流体在壁面与中心区域具有一样的速度分布，无黏流体力学在理论上获得了成功，但与许多实际遇到的问题相差甚远。黏性流体力学则把许多实际流体当成黏性流体，认为壁面与流体之间存在黏滞阻力，提出了著名的描述流体运动的那维尔—斯托克斯方程组，但是该方程组直到目前亦尚未获得过完整的分析解。流体力学的两派理论都无法把理论与实际问题联系起来，直至普朗特提出边界层学说才将两派流体力学建立起联系的桥梁。边界层学说认为许多黏性流体流动都可以分成两个区域，

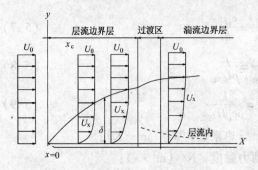

图5-2 平板表面上边界层的形成

如图5-2所示，在均匀来流流体冲刷平板的流动中明显存在不同速度特征的两个区域；一个是附着在固体壁面的非常薄的流体层，即流动边界层，在该区域内沿着垂直于流动方向上的流体流速变化急剧，即流体速度由边界层外的某一速度值迅速递减为壁面上的零值，可以看出固体壁面对流体黏性作用阻力非常明显；另一个是边界层以外的区域，在该区域内流体的黏性作用几乎可以忽略不计，在与流动方向相垂直的方向上的速度变化梯度极小，几乎可以当成无黏流体。

边界层理论在流体力学领域中得到了广泛应用。总的来说，边界层学说可以归结为：对于黏性流体，在固体表面附近存在有一薄层流体，称为边界层，在边界层中，流速较低，但在垂直于流动方向上的速度变化梯度很大，不能忽视流体黏滞力的作用。但是，在边界层之外，则由于速度梯度极小，流体黏性作用不明显，因而可将该区域流体的流动当作无黏理想流体处理。

一、边界层的形成

如图5-2所示，在流体冲刷平板的流动中，流体最初以均匀一致的流速 U_0 流经平面，当它流至表面前沿时，毗邻表面的流体停滞不动，流速为零，从而在垂直于流动的方向上存在速度梯度。根据牛顿黏性定律，与此速度相应的剪应力非常大，从而促使靠近表面的一层流体的流速减慢，开始形成边界层。随着流体向前移动，剪应力对外侧的流体持续作用，促使更多的流层速度减慢，从而使边界层的厚度逐渐增加。边界层厚度与 Re 数值的大小密切相关，Re 越大，即流动速度越大，黏性系数越小，则边界层的厚度越薄。需要注意的是实际边界层的厚度非常薄，图5-2中示意的边界层厚度已经放大。

116

在边界层初始发展阶段，如图5-2所示，边界层厚度较小，边界层内的流动为层流，该区域处的边界层称为层流边界层。随着边界层的发展，在边界层的某临界厚度或距前缘的临界距离 x_c 处，边界层中的流体流动逐渐经过一个过渡区转变为湍流，此后的边界层即为湍流边界层。即使是湍流边界层，但靠近壁面极薄的一层流体中，仍然维持层流，称为层流底层；而在边界层之外为充分发展的湍流区域；在层流底层与湍流中心区之间，流体的流动既非层流，又非完全的湍流，该层称为缓冲层或过渡层。

临界距离 x_c 的长度，与流体接触的平壁表面前缘的形状、粗糙度、流体的性质和流速大小有关。例如，表面越粗糙、前缘越钝，x_c 越短。对于光滑的平板表面，在不存在流体换热的情况下，边界层由层流转变为湍流的位置可由临界雷诺数的数值来确定，如下式所示：

$$Re_{xc} = \frac{x_c u_0 \rho}{\mu} \tag{5-10a}$$

式中　x_c——临界距离，m；

　　　u_0——来流流速，m/s。

对于光滑的平板壁面，边界层由层流转变为湍流的临界雷诺数范围为 $2 \times 10^5 < Re_{xc} < 3 \times 10^6$。在许多问题的分析中，通常可取 $Re_{xc} = 5 \times 10^5$。

二、边界层厚度的定义

当流体以均匀的流速 u_0 流过某一平表面时，由前缘开始形成边界层，且随 x 的增加不断加厚。从这个角度看，边界层即为黏性效应起作用或存在速度梯度的区域。从理论上讲，流体的速度由壁面处的零值变到边界层外缘处的 u_0 值，需经过无限长的 y 向距离，所以严格地讲，边界层的厚度应该为无限大。但实际上流速 u_x 趋近 u_0 时，是以渐进的方式逐渐趋近的。为了使问题的处理方便，实际应用上，我们这样定义边界层厚度：取流速到达核心区域速度的99%处距壁面的垂直距离，即 $u_x/u_0 = 0.99$ 处对应的 y 向距离为边界层厚度。

三、边界层运动控制方程

当把不可压缩流体的纳维—斯托克斯方程组应用于层流边界层时，方程组可以进行一些简化。应该指出的是，下面的简化都是针对 Re 数较大的情况下的层流边界层而言的。

边界层的基本方程可以由纳维—斯托克斯方程导出，也可以根据动量交换守恒的原理导出。在本节中将介绍前一种方法。

为了便于说明问题，以流体流经一壁面上的二维稳态层流为例，如图5-2所示的层流底层，来介绍纳维—斯托克斯方程的简化方法。设流动方向为 x，与壁面相垂直的方向为 y。描述不可压流体运动的那维尔—斯托克斯方程为：

$$\frac{Du_x}{Dt} = u_x \frac{\partial u_x}{\partial x} + u_y \frac{\partial u_x}{\partial y} + u_z \frac{\partial u_x}{\partial z} + \frac{\partial u_x}{\partial t} = X - \frac{1}{\rho} \frac{\partial p}{\partial x} + \upsilon \left(\frac{\partial^2 u_x}{\partial x^2} + \frac{\partial^2 u_x}{\partial y^2} + \frac{\partial^2 u_x}{\partial z^2} \right)$$

$$\tag{5-10b}$$

$$\frac{Du_y}{Dt} = u_x \frac{\partial u_y}{\partial x} + u_y \frac{\partial u_y}{\partial y} + u_z \frac{\partial u_y}{\partial z} + \frac{\partial u_y}{\partial t} = Y - \frac{1}{\rho} \frac{\partial p}{\partial y} + \upsilon \left(\frac{\partial^2 u_y}{\partial x^2} + \frac{\partial^2 u_y}{\partial y^2} + \frac{\partial^2 u_y}{\partial z^2} \right)$$

$$(5\text{-}10c)$$

$$\frac{Du_z}{Dt} = u_x \frac{\partial u_z}{\partial x} + u_y \frac{\partial u_z}{\partial y} + u_z \frac{\partial u_z}{\partial z} + \frac{\partial u_z}{\partial t} = Z - \frac{1}{\rho} \frac{\partial p}{\partial z} + \upsilon \left(\frac{\partial^2 u_z}{\partial x^2} + \frac{\partial^2 u_z}{\partial y^2} + \frac{\partial^2 u_z}{\partial z^2} \right)$$

$$(5\text{-}10d)$$

式中　　　D——全导数符号;

　　　　　t——时间变量,s;

u_x、u_y、u_z——x、y、z方向速度,m/s;

　X、Y、Z——x、y、z方向单位质量流体的体积力,N/kg。

上述三式中,$\partial u_x / \partial t = \partial u_y / \partial t = 0$(对于稳态流动)、$u_z = \partial u_x / \partial z = \partial u_y / \partial z = 0$(二维问题,流速在$z$方向上无变化),同样,$\partial^2 u_x / \partial z^2 = \partial^2 u_y / \partial z^2 = 0$、$X = Y = 0$(不考虑重力等体积作用力的影响),则式(5-10b)、式(5-10c)可初步简化为:

$$u_x \frac{\partial u_x}{\partial x} + u_y \frac{\partial u_x}{\partial y} = -\frac{1}{\rho} \frac{\partial p}{\partial x} + \upsilon \left(\frac{\partial^2 u_x}{\partial x^2} + \frac{\partial^2 u_x}{\partial y^2} \right) \qquad (5\text{-}11a)$$

$$u_x \frac{\partial u_y}{\partial x} + u_y \frac{\partial u_y}{\partial y} = -\frac{1}{\rho} \frac{\partial p}{\partial y} + \upsilon \left(\frac{\partial^2 u_y}{\partial x^2} + \frac{\partial^2 u_y}{\partial y^2} \right) \qquad (5\text{-}11b)$$

由于是二维问题,不可压缩流体(密度为常数)的连续性方程可简化为:

$$\frac{\partial u_x}{\partial x} + \frac{\partial u_y}{\partial y} = 0 \qquad (5\text{-}12)$$

参照图5-2中示出的壁面上边界层流动,普朗特首先发现,当流体流动的Re数较大时,边界层的厚度相当小,也就是说,如令距离壁面前缘x处的边界层厚度为δ,则δ在数值上将远远小于x。根据这个认识,就可以对式(5-11a)、式(5-11b)、式(5-12)中的各项进行数量级分析,通过忽略作用较小的项使式子得以简化。

现在取x为距离的标准数量级,边界层外核心区域流体的流速u_0为流速的标准数量级,令x和u_0的数量级均等于(1),用符号表示时,记为$x = o$(1),$u_0 = o$(1),其中o表示数量级。边界层的厚度δ很小,它的数量级为δ,用符号表示时,记为$\delta = o$(δ)。流速u_x由壁面处的零值变化至边界层外缘处的u_0,可以认为它的数量值为(1),记为:

$$u_x = o \ (1)$$

距离x由壁面前缘处的零值变化至某水平距离,其数量级亦可记为o(1),现近似地将偏导数$\partial u_x / \partial x$用有限差分表示,即:

$$\frac{\partial u_x}{\partial x} \approx \frac{\Delta u_x}{\Delta x} = \frac{(1)}{(1)} = o \ (1)$$

采用同样的方法,可知u_x对x的二阶导数的数量级为:

$$\frac{\partial^2 u_x}{\partial x^2} = \frac{(1)}{(1)\ (1)} = o \ (1)$$

在y方向上,由于在边界层的范围内距离y是由壁面处的零值变化至边界层外缘

处的 δ，故 y 的数量级为 δ，记为：

$$y = o\ (\delta)$$

在连续性方程（5-12）中，由于 $\partial u_x / \partial x = o\ (1)$，故 $\partial u_y / \partial y$ 的数量级亦必为（1），即 $\partial u_y / \partial y = o\ (1)$，又由于 $y = o\ (\delta)$，故 u_y 的数量级亦为 δ，即：

$$u_y = o\ (\delta)$$

据此还可得到式（5-11a）中其他各项中的数量级为：

$$\frac{\partial u_x}{\partial y} = o\left(\frac{1}{\delta}\right) \qquad \frac{\partial^2 u_x}{\partial y^2} = o\left(\frac{1}{\delta^2}\right)$$

根据以上讨论，即可得知式（5-11a）中的各项数量级之间的如下关系：

$$u_x \frac{\partial u_x}{\partial x} + u_y \frac{\partial u_x}{\partial y} = -\frac{1}{\rho}\frac{\partial p}{\partial x} + v\left(\frac{\partial^2 u_x}{\partial x^2} + \frac{\partial^2 u_x}{\partial y^2}\right)$$

数量级：$(1) + (1) = (?) + (?)[(1) + (1/\delta^2)]$

当流体流动的 Re 数较大时，边界层的厚度必然很薄，所以上式右侧括弧中的第一项和第二项相比可以忽略不计。由于括弧中的第二项是式（5-11a）中的已知数量级中唯一大于 1 的一项，而 $v\dfrac{\partial^2 u_x}{\partial y^2}$ 项是用来描述黏性力的作用，上面已经指出，在边界层内黏性力的作用与惯性力相当，故其数量级应该与左侧的项相同，即：$v\dfrac{\partial^2 u_x}{\partial y^2} = o$ (1)，从而得到 $v = \dfrac{\mu}{\rho} = o(\delta^2)$。最后，式（5-11a）中剩下一项 $\dfrac{1}{\rho}\dfrac{\partial p}{\partial x}$，其数量级亦必等于或小于 1，否则非黏性力占主导作用而呈现出边界层的特征。

同样，也可以对式（5-11b）进行数量级分析，得：

$$u_x \frac{\partial u_y}{\partial x} + u_y \frac{\partial u_y}{\partial y} = -\frac{1}{\rho}\frac{\partial p}{\partial y} + v\left(\frac{\partial^2 u_y}{\partial x^2} + \frac{\partial^2 u_y}{\partial y^2}\right)$$

数量级：$(\delta) + (\delta) = (?) + (\delta^2)[(\delta) + (1/\delta)]$

由上式的数量级分析可以看出，除 $\dfrac{1}{\rho}\dfrac{\partial p}{\partial y}$ 一项之外，其余各项的数量级均等于或小于 δ，而 $o\left(-\dfrac{1}{\rho}\dfrac{\partial p}{\partial y}\right) = o\left(-\dfrac{p}{\rho u_0^2}\right) \cdot o\left(\dfrac{u_0^2}{\delta}\right)$ 的数量级为 $o(1/\delta)$ 且 δ 值很小，因此 $-\dfrac{1}{\rho}\dfrac{\partial p}{\partial y} = 0$。由此可知，边界层由壁面直到边界层外缘，压力基本上没有什么变化，也就是说，可以认为沿 y 方向，边界层内的压力近似地等于边界层外流体的压力，$\partial p / \partial y = 0$。

通过上述分析可知，式（5-11a）的数量级为 1，而式（5-11b）的数量级为 δ，两式相比，式（5-11b）可以忽略不计。因此，最终可将那维尔-斯托克斯方程（5-11a）、（5-11b）简化为如下式（5-13）所示的普朗特边界层方程：

$$u_x \frac{\partial u_x}{\partial x} + u_y \frac{\partial u_x}{\partial y} = -\frac{1}{\rho}\frac{\partial p}{\partial x} + \frac{\mu}{\rho}\frac{\partial^2 u_x}{\partial y^2} \tag{5-13}$$

第三节　分子传质与对流传质

分子传质与对流传质是室内化学污染物传播的两种基本方式，下面将介绍两种传递方式的含义与传递速率的计算方法。

一、分子传质

分子传质是一种很普遍的自然现象，VOC、超细颗粒物的扩散也可归属于此类。以气体混合物为例，如果某组分的浓度各处不均匀，则由于气体分子的不规则运动，单位时间内组分由高浓度区迁移至低浓度区的分子数目将多于由低浓度区迁移至高浓

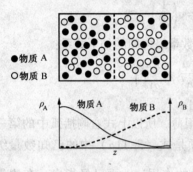

●物质 A
○物质 B

图 5-3　双组分气体扩散示意图

度区的分子数目，造成由高浓度区向低浓度区的分子净流动，而使该组分在两处的浓度逐渐趋于一致。例如，如图 5-3 所示的一密闭气缸内的双组分气体 A 与 B，中间有一隔板将气缸分成两个部分，左侧气缸 A 气体浓度较大而右侧气缸 B 浓度较大，将中间隔板拿走，两种气体分别朝整个空间扩散，直至建立气体浓度的平衡状态。这种不依靠外在流体的宏观运动而由介质分子不规则运动自发导致的传质现象，称为分子扩散。

计算分子扩散通量或速率的基本物理定律为斐克第一定律（Fick's first law），在前面（第一节）已经介绍。

二、对流传质

由于外在流体宏观运动导致的物质传递称为对流传质。对流传质通常发生于运动流体与固体表面之间，或不互溶的两个运动流体之间。对流传质速率不仅与传递的性质因素，而且与流动流体的动力学特征因素等密切相关。

计算对流传质通量的基本方程，可用下式（5-14）表述：

$$N_A = k_c \Delta C_A \tag{5-14}$$

式中　N_A——对流传质的通量，即通过单位面积内的质量流量，$kg/(m^2 \cdot s)$；

ΔC_A——组分 A 在界面处的浓度与流体主体平均浓度之差，kg/m^3；

k_c——对流传质系数，m/s。

该式既适用于流体在层流运动的情况，也适用于流体在湍流运动的情况，它们之间的区别只是反映在 k_c 值不同上。一般而言，k_c 与界面的几何形状、流体的物理性质、流型以及浓度差等因素有关，其中流型的影响最为明显。k_c 的确定方法将在后面作介绍。

传热与传质在许多方面类似，在分析传质问题时，可以参考传热问题来解决，但二者之间在某些方面还是存在明显的区别。例如，在固体的导热过程中，在热传递方向上没有介质的宏观迁移运动，因此在热传递方向上不存在流体的宏观运动问题。而分子传质过程中，介质中的一个或几个组分的分子由高浓度区向低浓度区转移时，会产生组分沿扩散方向上的宏观定向运动，组分移动后所留下的空隙需要流体来填补，于是整个介质也必然处于宏观运动状态，产生由于扩散产生的各个组分及整个混合物的宏观运动现象。

三、混合物组分的表示方法

当质传递牵涉到多种组分的混合物时，必须建立起各种组分的组成表示方法。

在多混合物中，各组分的浓度可采用单位体积所含该组分的数量表示，例如组分的浓度可以表示成为质量浓度 ρ_A、ρ_B…（kg/m^3），摩尔浓度 m_A、m_B…（$kmol/m^3$）等。组分的浓度衡量还可以采用质量分数 a_A、a_B…及摩尔分数 x_A、x_B…表示，即组分浓度的相对值。

例如： $a_A = \rho_A/\rho$ $a_B = \rho_B/\rho$ $a_A + a_B = 1$

及 $x_A = m_A/m$ $x_B = m_B/m$ $x_A + x_B = 1$

密度与摩尔浓度之间的关系为：

$$\rho_A = m_A M_A$$

质量分数与摩尔分数之间的关系为：

$$x_A = (a_A/M_A) / (a_A/M_A + a_B/M_B) \qquad a_A = (x_A M_A) / (x_A M_A + x_B M_B)$$

式中 M_A、M_B——A、B 物质的分子量。

四、扩散速度与平均速度

在多组分系统中，各组分之间进行分子扩散时，由于各组分的扩散性质不同，它们的扩散速率是有所不同的，可以推测，各组分之间会存在相对运动速度。

在双组分混合物中，设组分 A 和组分 B 通过垂直于传递方向上的静止平面的运动速度（速度矢量）分别为 u_A 和 u_B（m/s），则相应的质量通量分别为 $\rho_A u_A$ 和 $\rho_B u_B$ $[kg/(m^2 \cdot s)]$，于是通过静止平面的总质量通量为 $\rho_A u_A + \rho_B u_B$。又由于混合物的总密度为 ρ，设混合物以某一速度 u 通过此静止平面，并令 ρu $[kg/(m^2 \cdot s)]$ 为通过此平面的总质量通量，即：

$$\rho u = \rho_A u_A + \rho_B u_B \ [kg/(m^2 \cdot s)] \qquad \text{或} \qquad u = (\rho_A u_A + \rho_B u_B)/\rho \ (m/s)$$

则 u 即为上述双组分混合物的质量平均速度。

上述计量单位也可以采用摩尔通量和摩尔平均速度。

五、扩散通量与主体流动通量

斐克第一定律仅适用于表述由于组分浓度梯度所引起的分子传质的通量。但一般在进行分子扩散的同时，各组分的分子微团（或质点）都处于运动状态，而存在相对运动问题。为了更加全面地描述分子扩散，必须考虑各组分之间在存在相对运动速度情况下的扩散通量。

对于双组分混合物，斐克定律可以写为式（5-15a）所示：

$$j_A = -D_{AB} \frac{d\rho_A}{dz} \tag{5-15a}$$

而一般情况下，混合物的总密度 ρ 不一定为常量，上式表示成一般形式，如式（5-15b）所示：

$$j_A = -\rho D_{AB}\frac{da_A}{dz} \qquad (5\text{-}15b)$$

其中 a_A 为 A 组分的质量分数，在双组分混合物中，如扩散方向上的质量平均速度 u 或摩尔平均速度 u_m 恒定，组分 A 的扩散通量亦可采用浓度与相应的扩散速度的乘积表示。

摩尔扩散通量可表示为式（5-16a）所示：

$$J_A = m_A(u_A - u_M) \qquad (5\text{-}16a)$$

式中　J_A——A 物质的摩尔扩散通量，kmol/（m^2·s）。

质量扩散通量可表示为式（5-16b）所示：

$$j_A = \rho_A(u_A - u) \qquad (5\text{-}16b)$$

由此可以得到式（5-17）：

$$j_A = \rho_A(u_A - u) = -\rho D_{AB}\frac{da_A}{dz} \qquad (5\text{-}17)$$

变换为：
$$\rho_A u_A = -\rho D_{AB}\frac{da_A}{dz} + \rho_A u$$

将式：$u = (\rho_A u_A + \rho_B u_B)/\rho$ 两边同乘 ρ_A，得：$\rho_A u = (\rho_A u_A + \rho_B u_B)a_A$

由上两式可得：

$$\rho_A u_A = -\rho D_{AB}\frac{da_A}{dz} + (\rho_A u_A + \rho_B u_B)a_A \qquad (5\text{-}18)$$

由质量扩散速度的含义可知，j_A 是以质量平均速度 u 为基准的扩散通量。而在工程实际中，经常需要运用相对于静止坐标的通量。例如流体通过容器进行传质时，就应该以器壁为基准来考虑传质通量，而不能以流体主体流动速度为基准来考虑通量。由于 u_A 和 u_B 为组分 A、B 相对于静止坐标的速度，故相对于静止坐标的质量通量应定义为：

$$n_A = \rho_A u_A \qquad\qquad n_B = \rho_B u_B$$

混合物的总质量通量为：

$$n = \rho_A u_A + \rho_B u_B$$

由此可以导出相对于静止坐标的双组分混合物中组分 A 的质量通量 n_A 为：

$$n_A = -\rho D_{AB}\frac{da_A}{dz} + (n_A + n_B)a_A \qquad (5\text{-}19a)$$

从上式可以看出：组分 A 相对于静止坐标的通量由两部分组成，一部分以质量平均速度为基准的扩散通量 j_A，另一部分为由于流体主体流动所引起的通量 na_A。

同理，可以推出相对于静止坐标摩尔浓度通量为：

$$Mo_A = -MD_{AB}\frac{dx_A}{dz} + (Mo_A + Mo_B)x_A \qquad (5\text{-}19b)$$

式中　Mo_A、Mo_B——分别为组分 A、B 相对于静止坐标的摩尔通量，kmol/（m^2·s）；

M——物质的总摩尔浓度，kmol/m^3。

对于上述各通量，具体使用应视具体情况而定。

在工程实际中多采用静止坐标，故应采用 n_A 和 Mo_A 表示通量。而在测定扩散系数时，则应采用 j_A 和 J_A 表示通量。

第四节　质量传递微分方程

当流体作多维流动，并在非稳态和有化学反应的条件下进行传质时，必须采用质量传递微分方程才能全面描述此情况下的传质过程。类似于能量守恒方程，质量传递微分方程是描述物质传递过程中的质量守恒方程。

一、方程的推导

对于单组分的质量传递微分方程，可以直接借用流体力学中的连续性方程：

$$\frac{\partial \rho}{\partial t} + \nabla \cdot (\rho u) = 0 \tag{5-20}$$

式中　ρ——质量浓度或密度，kg/m^3；

　　　∇——拉普拉斯算子；

　　　t——时间，s。

而对于室内常见的化学气体，在我们研究的环境条件下，可以认为是不可压缩流体，即认为密度 ρ 不随时间及空间而发生变化，因此连续性方程（5-20）可以简化为式（5-21）：

$$\frac{\partial u_x}{\partial x} + \frac{\partial u_y}{\partial y} + \frac{\partial u_z}{\partial z} = 0 \tag{5-21}$$

多组分系统的质量传递微分方程系中的每一组分都应遵循质量守恒定律，仅以双组分系统为例推导。

假定 A 与 B 双组分物质混合物处于流动状态，传质过程一方面是由于在流动方向上存在浓度梯度而引起的，即分子传质，另一方面由于流体宏观运动时的主体流动所引起，即对流传质。如果在进行传质过程的同时发生化学反应，还需要考虑由于化学反应引起的物质生成（或消耗）问题。

以混合物中组分 A 的质量传递为例，图 5-4 中流体微元 dV，其边长分别为 dx、dy、dz，令速度 u（质量平均速度）在直角坐标系中的分量为 u_x、u_y、u_z，则在三个坐标方向上流体中 A 的质量通量为 $\rho_A u_x$、$\rho_A u_y$、$\rho_A u_z$。令 A 的扩散质量通量为 j_{Ax}、j_{Ay}、j_{Az}。

由此，可得组分 A 沿 x 方向由流体微元左侧平面输入流体微元的总质量流率为：

$$(\rho_A u_x + j_{Ax}) \, dydz$$

而由流体微元右侧平面输出的总质量流率为：

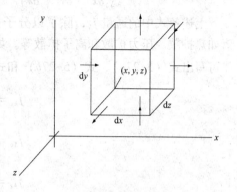

图 5-4　微元运动示意图

$$\left[(\rho_A u_x + j_{Ax}) + \frac{\partial (\rho_A u_x + j_{Ax})}{\partial x}\right]dydz$$

于是可得组分 A 沿 x 方向输出与输入流体微元的质量流率差为：

$$\left[(\rho_A u_x + j_{Ax}) + \frac{\partial (\rho_A u_x + j_{Ax})}{\partial x}\right]dydz - (\rho_A u_x + j_{Ax})dydz = \left[\frac{\partial (\rho_A u_x)}{\partial x} + \frac{\partial j_{Ax}}{\partial x}\right]dxdydz$$

同理，可得组分 A 沿 y、z 方向输出与输入流体微元的质量流率差分别为：

$$\left[\frac{\partial (\rho_A u_y)}{\partial y} + \frac{\partial j_{Ay}}{\partial y}\right]dxdydz, \left[\frac{\partial (\rho_A u_z)}{\partial z} + \frac{\partial j_{Az}}{\partial z}\right]dxdydz \tag{5-22}$$

又组分 A 在流体微元中累积的质量速率为：

$$\frac{\partial \rho_A}{\partial t}dxdydz$$

此外，由于化学反应的发生，组分 A 或为生成物或为反应物。为此，令单位体积中生成组分 A 的质量速率为 r_A [kg/ (m^3 · s)]，这样，当 A 为生成物时，r_A 为正，当 A 为反应物，r_A 则为负。由此，可得微元体内由于化学反应生成的组分的质量速率为 $r_A dxdydz$。

综合上述公式，可以得到组分 A 的微分质量守恒方程：

$$\frac{\partial (\rho_A u_x)}{\partial x} + \frac{\partial (\rho_A u_y)}{\partial y} + \frac{\partial (\rho_A u_z)}{\partial z} + \frac{\partial \rho_A}{\partial t} + \frac{\partial j_{Ax}}{\partial x} + \frac{\partial j_{Ay}}{\partial y} + \frac{\partial j_{Az}}{\partial z} - r_A = 0 \tag{5-23}$$

将上式前三项展开，可得式 (5-24)：

$$\rho_A \left(\frac{\partial u_x}{\partial x} + \frac{\partial u_y}{\partial y} + \frac{\partial u_z}{\partial z}\right) + u_x \frac{\partial \rho_A}{\partial x} + u_y \frac{\partial \rho_A}{\partial y} + u_z \frac{\partial \rho_A}{\partial z} + \frac{\partial \rho_A}{\partial t} + \frac{\partial j_{Ax}}{\partial x} + \frac{\partial j_{Ay}}{\partial y} + \frac{\partial j_{Az}}{\partial z} - r_A = 0$$

$$\tag{5-24}$$

又由于 ρ_A 的全导数表达式为：

$$\frac{D\rho_A}{Dt} = \frac{\partial \rho_A}{\partial t} + u_x \frac{\partial \rho_A}{\partial x} + u_y \frac{\partial \rho_A}{\partial y} + u_z \frac{\partial \rho_A}{\partial z} \tag{5-25}$$

将上两式合并，可得式 (5-26)：

$$\rho_A \left(\frac{\partial u_x}{\partial x} + \frac{\partial u_y}{\partial y} + \frac{\partial u_z}{\partial z}\right) + \frac{D\rho_A}{Dt} + \frac{\partial j_{Ax}}{\partial x} + \frac{\partial j_{Ay}}{\partial y} + \frac{\partial j_{Az}}{\partial z} - r_A = 0 \tag{5-26}$$

上述各式中的通量 j_A，除了以分子扩散的形式出现外，还可以以其他形式出现，诸如热扩散、压力扩散和离子扩散等。如只有两组分的分子扩散时，根据斐克第一定律可写出式 (5-27a)、式 (5-27b) 和式 (5-27c)：

$$j_{Ax} = -D_{AB} \frac{\partial \rho_A}{\partial x} \tag{5-27a}$$

$$j_{Ay} = -D_{AB} \frac{\partial \rho_A}{\partial y} \tag{5-27b}$$

$$j_{Az} = -D_{AB} \frac{\partial \rho_A}{\partial z} \tag{5-27c}$$

将以上三式分别对 x、y、z 求导，得：

$$\frac{\partial j_{Ax}}{\partial x} = -D_{AB}\frac{\partial^2 \rho_A}{\partial x^2}$$

$$\frac{\partial j_{Ay}}{\partial y} = -D_{AB}\frac{\partial^2 \rho_A}{\partial y^2}$$

$$\frac{\partial j_{Az}}{\partial z} = -D_{AB}\frac{\partial^2 \rho_A}{\partial z^2}$$

代入式（5-26），得：

$$\rho_A\left(\frac{\partial u_x}{\partial x} + \frac{\partial u_y}{\partial y} + \frac{\partial u_z}{\partial z}\right) + \frac{D\rho_A}{Dt} = D_{AB}\left(\frac{\partial^2 \rho_A}{\partial x^2} + \frac{\partial^2 \rho_A}{\partial y^2} + \frac{\partial^2 \rho_A}{\partial z^2}\right) + r_A \qquad (5-28)$$

若混合物的总密度 ρ 恒定，则 $\nabla u = 0$，上式又简化为：

$$\frac{D\rho_A}{Dt} = D_{AB}\left(\frac{\partial^2 \rho_A}{\partial x^2} + \frac{\partial^2 \rho_A}{\partial y^2} + \frac{\partial^2 \rho_A}{\partial z^2}\right) + r_A = D_{AB}\nabla^2\rho_A + r_A \qquad (5-29)$$

式（5-29）即为双组分系统的质量传递微分方程或对流扩散方程。该式适用于总密度恒定，同时有化学反应的传递过程。

二、质量传递微分方程的特定形式

在我们讨论的与建筑材料相关的污染物散发问题中时，式（5-29）还可以作进一步简化。

若不存在化学反应时，$r_A = 0$，式（5-29）可简化为：

$$\frac{D\rho_A}{Dt} = D_{AB}\left(\frac{\partial^2 \rho_A}{\partial x^2} + \frac{\partial^2 \rho_A}{\partial y^2} + \frac{\partial^2 \rho_A}{\partial z^2}\right) \qquad (5-30)$$

上式适用于双组分系统总密度恒定、无化学反应、非稳态的传质过程。在我们讨论的室内污染物散发当中一般是不存在化学反应的。

若传质时，介质不存在宏观移动（固体或停滞流体中），即不存在对流传质时，则式（5-30）中的速度为零，且在无反应的情况下，可以简化为：

$$\frac{\partial \rho_A}{\partial t} = D_{AB}\left(\frac{\partial^2 \rho_A}{\partial x^2} + \frac{\partial^2 \rho_A}{\partial y^2} + \frac{\partial^2 \rho_A}{\partial z^2}\right) \qquad (5-31)$$

上式称为斐克扩散第二定律，适用于固体或总密度 ρ 不变的停滞的介质中的分子传质过程。

在稳态条件下，ρ_A 不是时间的函数，于是式（5-31）可以进一步简化为：

$$\frac{\partial^2 \rho_A}{\partial x^2} + \frac{\partial^2 \rho_A}{\partial y^2} + \frac{\partial^2 \rho_A}{\partial z^2} = 0 \qquad (5-32)$$

第五节 分子传质（扩散）问题

本节将分析在不流动介质中，由分子扩散所引起的质量传递问题，比如停滞的气体或液体内部的传质或者固体材料内部的传质。分子传质的机理与导热类似：导热的推动力为温度梯度，而分子传质的推动力则为浓度梯度，二者均为由于分子无规则的微观运动而引起的能量或质量传递。但分子传质又有其本身的特点，虽然整个介质是不流动的，但组分质点则处于运动状态之中，由于它们的扩散性质不同，因而导致分子运动速度的不同，从而出现各组分之间的相对速度。

为将本节中的一些公式和推导应用到不同的场合，下面所有的 N 均表示物质的通量，即可以是质量通量也可以是摩尔通量，C 均表示物质的浓度，也可以是质量浓度或摩尔浓度，除非另外声明，其余符号也不作相应单位说明。

一、稳态分子扩散的通用速率方程

在停滞介质中，稳态的一维分子扩散规律可采用式（5-19a）描述，若混合物的总浓度 C 恒定，则该式可以写成：

$$N_A = -D_{AB}\frac{dc_A}{dz} + (N_A + N_B)\frac{c_A}{C} \tag{5-33}$$

式中　N_A——物质 A 的对流传质通量，$\text{kmol/}(\text{m}^2 \cdot \text{s})$；

　　　N_B——物质 B 的对流传质通量，$\text{kmol/}(\text{m}^2 \cdot \text{s})$；

　　　c_A——物质 A 的浓度，kmol/m^3；

　　　C——混合物的总浓度，kmol/m^3。

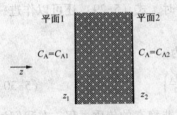

图 5-5　停滞介质中稳态一维分子扩散

假定扩散通过两平行平面，扩散面积不变，如图 5-5 所示，又在稳态恒定扩散速率下，扩散通量 N_A 和 N_B 为常数。于是在边界条件：$z = z_1$ 时，$c_A = c_{A1}$ 及 $z = z_2$ 时，$c_A = c_{A2}$ 条件下积分，式（5-33）成为：

$$\int_{c_{A1}}^{c_{A2}} \frac{-dc_A}{N_A C - c_A(N_A + N_B)} = \frac{1}{CD_{AB}}\int_{z_1}^{z_2}dz \tag{5-34}$$

式中的 $c_{A1} > c_{A2}$，即组分 A 由平面 1 向平面 2 扩散，令扩散距离 $z_2 - z_1 = \Delta z$，于是上式的积分结果为：

$$\frac{1}{N_A + N_B}\ln\frac{N_A C - c_{A2}(N_A + N_B)}{N_A C - c_{A1}(N_A + N_B)} = \frac{\Delta z}{CD_{AB}} \tag{5-35}$$

式（5-35）为双组分系统在停滞（不流动）状态下，扩散面积不变时，沿 z 方向进行稳态扩散时的通用积分式。该式适用于停滞的气体或液体以及遵循斐克定律的固体中的分子扩散。若已知二组分的扩散通量 N_A 与 N_B 之间的关系及有关条件，即可利用该式计算任一组分的扩散速率。下面将以式（5-35）为基础，讨论不同情况下气体、液体和固体中的分子扩散问题。

二、气体中的分子扩散

在组分 A 与 B 的气体混合物中，组分 A 通过不扩散的或停滞的组分 B 进行稳态恒定速率扩散的情况时，其扩散过程中 N_A 和 N_B 的关系为：

$$N_B = 0, \quad N_A = 常数, \quad \frac{N_A}{N_A + N_B} = 1 \tag{5-36}$$

当扩散系统处于低压时，气相可按理想气体混合物处理，于是变成式（5-37）及式（5-38）：

$$\frac{c_A}{C} = \frac{P_A}{P} = y_A \qquad (5\text{-}37)$$

式中　P——气体混合物的总压，Pa；

　　　P_A——组分 A 的分压，Pa。

$$C = \frac{N}{V} = \frac{P}{RT} \qquad (5\text{-}38)$$

式中　V——物质的总体积，m^3；

　　　R——气体常数，$8.134 \times 10^3 N \cdot m /$（$kmol \cdot K$）；

　　　T——物质绝对温度，K。

将式（5-37）、式（5-38）代入式（5-35）中，得：

$$N_A = \frac{D_{AB}P}{\Delta zRT} \ln \frac{1 - p_{A2}/P}{1 - p_{A1}/P} = \frac{D_{AB}P}{\Delta zRT} \ln \frac{P - p_{A2}}{P - p_{A1}} \qquad (5\text{-}39)$$

由于总压 P 保持恒定，故得：

$$P - p_{A2} = p_{B2} \qquad P - p_{A1} = p_{B1}$$

以及

$$p_{B2} - p_{B1} = p_{A1} - p_{A2}$$

于是：

$$N_A = \frac{D_{AB}P}{\Delta zRT}\frac{p_{A1} - p_{A2}}{p_{B2} - p_{B1}}\ln \frac{p_{B2}}{p_{B1}}$$

令

$$p_{BM} = \frac{p_{B2} - p_{B1}}{\ln \dfrac{p_{B2}}{p_{B1}}} \qquad (5\text{-}40)$$

据此，得：

$$N_A = \frac{D_{AB}P}{\Delta zRTp_{BM}}(p_{A1} - p_{A2}) \qquad (5\text{-}41)$$

式（5-41）可以参照图 5-6 加以说明。组分 A 依靠其浓度梯度（$-dp_A/dz$）以扩散速度（$u_A - u_M$）自 z_1 处向 z_2 处扩散，扩散通量为 J_A，相对于静止坐标而言，组分 A 还存在一个主体流动通量 $c_A u_M$，故式（5-41）中的通量 N_A 为 J_A 与 $c_A u_M$ 之和，即为相对于静止坐标的通量。同时组分 B 也会依靠其浓度梯度（$-dp_B/dz$）以扩散速度（$u_B - u_M$）自 z_2 处向 z_1 处扩散，扩散通量为（$-J_B$），而此时，其主体流动通量为 $c_B u_M$，组分 B 的扩散通量与其主体流动通量数值相等而方向相反，即 $-J_B = c_B u_M$，故相对于静止坐标而言，$N_B = -J_B + c_B u_M = 0$，亦即组分 B 停滞不动。

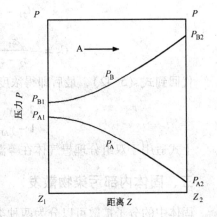

图 5-6　组分 A 通过停滞组分 B 的稳态扩散

由式（5-41）可求出组分 A 通过相对于静止坐标的通量 N_A。为了更加全面地描述上述传质过程的机理，常常要知悉组分浓度分布的表达式。由于扩散为通过相等扩散面积的恒定速率扩散，故：N_A＝常数。N_A 对扩散距离 z 的导数为零，即：$\dfrac{dN_A}{dz}=0$，又 $N_B=0$，将其代入式（5-33）中，并针对气体而言，可写成：

$$N_A = -CD_{AB}\frac{dy_A}{dz} + y_A N_A$$

上式经整理后，得：

$$N_A = -\frac{CD_{AB}}{1-y_A}\frac{dy_A}{dz}$$

由于 $\dfrac{dN_A}{dz}=0$，得：

$$\frac{d}{dz}\left(-\frac{CD_{AB}}{1-y_A}\frac{dy_A}{dz}\right)=0$$

设组分在等温、等压下进行扩散，D_{AB} 及 C 均为常数，于是，上式又可进一步简化为：

$$\frac{d}{dz}\left(-\frac{1}{1-y_A}\frac{dy_A}{dz}\right)=0$$

积分上式得：

$$-\ln\,(1-y_A)\ = C_1 z + C_2 \tag{5-42}$$

式中的 C_1、C_2 为积分常数，可应用边界条件加以确定：

$$z=z_1\ \text{时，}\ y_A=\frac{p_{A1}}{p}=y_{A1} \tag{5-43a}$$

$$z=z_2\ \text{时，}\ y_A=\frac{p_{A2}}{p}=y_{A2} \tag{5-43b}$$

将边界条件式（5-43a）和式（5-43b）代入式（5-42）中，可确定两积分常数，分别为：

$$C_1 = -\frac{1}{z_2-z_1}\ln\frac{1-y_{A2}}{1-y_{A1}}$$

$$C_2 = -\frac{z_1}{z_2-z_1}\ln\frac{1-y_{A2}}{1-y_{A1}} - \ln(1-y_{A1})$$

代回到式（5-42），最后即得浓度分布方程如下：

$$\frac{1-y_A}{1-y_{A1}} = \left(\frac{1-y_{A2}}{1-y_{A1}}\right)^{\left(\frac{z-z_1}{z_2-z_1}\right)} \tag{5-44}$$

上式适用于双组分理想气体在等温、等压下的稳态恒定速率扩散。

三、固体内部污染物散发

固体中的分子扩散可以分为两种类型：一种是与固体内部的结构基本无关的扩散；另一种是与固体内部结构有关的多孔介质中的扩散。

空气中常见的散发污染物，包括比较常见同时危害大的 VOC 气体，其主要来源于室内建材，包括地毯、复合板等，均属于多孔介质扩散。该种类型分子扩散是在固体颗粒之间的毛细孔道内进行的。这里主要分析多孔固体内部与结构有关的扩散现象。

液体或气体在多孔固体中的扩散，与固体内部的结构关系非常密切。扩散机理视固体内部毛细孔道的形状、大小及流体的密度而异。如图 5-7 所示，其中图 5-7（a）表示孔道的直径较大，当液体或密度较大的气体通过孔道时，碰撞主要发生在流体的分子之间，而分子与孔道壁面碰撞的机会较少，此类扩散的规律仍遵循斐克定律，称为斐克型分子扩散。图 5-7（b）表示毛细孔道的直径很小，当密度较小的气体通过孔道时，碰撞主要发生在流体分子与孔道壁面之间，而分子之间的碰撞退居次要地位，此类扩散不遵循斐克定律，称为纽特逊（Kundsen）扩散。图 5-7（c）为介于前两者之间的情况，即毛细孔道直径与流体分子的平均自由程相当，分子之间的碰撞以及分子与孔道壁面之间的碰撞同等重要，这类扩散称为过渡区扩散。另外，若扩散物质为固体表面吸附时，则溶质将沿固体表面扩散进入固体内部，此类扩散称为表面扩散。

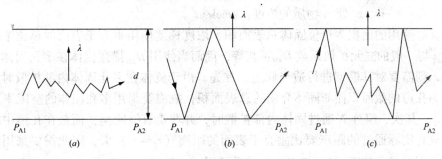

图 5-7　多孔固体中的扩散

1. 斐克型扩散

当固体内部孔道的直径大于流体分子运动的平均自由程时，在多孔内部发生斐克型扩散。为了对孔道的平均直径与分子运动平均自由程的大小进行对比，首先要定义平均自由程 λ，它是气体分子运动时与另一气体分子碰撞以前所走过的平均距离。根据分子运动学说，平均自由程 λ 可用式（5-45）计算：

$$\lambda = \frac{3.2\mu}{P}\left(\frac{RT}{2\pi M}\right)^{\frac{1}{2}} \tag{5-45}$$

式中　λ——分子平均自由程，m；

　　　μ——动力黏度，N·s/m²；

　　　P——压力，N/m²；

　　　T——温度，K；

　　　M——分子量，kg/kmol；

　　　R——气体常数，其值为 8.3143×10^3 N·m/（kmol·K）。

式（5-45）表明，气体在高压下（密度大时），λ 值较小，故密度大的气体在多孔固体中扩散时，碰撞发生于分子之间，一般遵循斐克定律。

若多孔固体内部孔道的平均直径 $d \geqslant 100\lambda$，则扩散时分子之间的碰撞机会远大于分子与壁面之间的碰撞机会。又若固体内部的空隙率比较均匀，在平面之间的孔道可以沟通，如图5-7（a）所示的情况，则液体或气体能完全充满固体内的空隙。例如，假设固体粒子之间的空隙被某种盐类的水溶液充满，当将此固体置于水中时，由于盐在固体内部与表面之间存在浓度梯度，则盐分将从固体内部通过孔道向表面扩散。如果固体外面的水不断更换，保持水分盐分的较低浓度，则固体内部的盐分将最后可完全扩散至水中。在这里，惰性固体本身不会发生扩散作用，而固体中扩散物质的扩散是遵循斐克定律的，因此该类扩散称为斐克型分子扩散。

多孔固体中的液体为稀溶液，而溶质在其中进行稳态扩散时，则此情况下的扩散通量可以利用液体扩散速率方程表述：

$$N_A = \frac{D_{ABP}}{z_2 - z_1}(c_{A1} - c_{A2}) \tag{5-46}$$

式中　D_{ABP}——有效扩散系数，m^2/s；

z_2、z_1——分子运动的距离，m；

c_{A1}、c_{A2}——z_1、z_2处 A 物质的浓度，$kmol/m^3$。

计算时使用的面积为单位固体总表面积，浓度梯度使用垂直于表面的单位浓度梯度。D_{ABP}与一般的二元扩散系数 D_{AB} 不相等，因而当使用 D_{AB} 描述流体在多孔固体内部扩散时，则需要对其模型进行适当修正。首先，由于流体在多孔固体内部扩散时，扩散面积为孔道的截面积而非固体介质的总表面积，故需采用多孔固体的空隙率 ε 来校正 D_{AB}；其次，组分 A 通过固体内部扩散时，并非走直线距离，而是在孔道中曲折穿行，故它实际通过的距离要比垂直于表面的距离（$z_2 - z_1$）大，因此需要采用曲折因数 τ 对距离进行校正。D_{AB} 与 D_{ABP} 的关系可用式（5-47）来表示：

$$D_{ABP} = \frac{\varepsilon D_{AB}}{\tau} \tag{5-47}$$

式中　D_{AB}——二组分混合物中组分的扩散系数，m^2/s；

ε——多孔固体的空隙率或自由截面积，m^2/m^2；

τ——对扩散距离进行校正的因数，称为曲折因数。

曲折因数 τ 的值，不仅与曲折路程长度有关，并且与固体内部毛细孔道的结构有关，其值一般需要实验确定。对于惰性固体的 τ 值大约在 1.5～5 的范围。

若多孔固体的空隙中充满气体，孔道的直径足够大，且气体的压力并不很低时，则发生气体的斐克型扩散，于是综合以上式（5-46）和式（5-47）可得式（5-48）：

$$N_A = \frac{\varepsilon D_{AB}}{\tau (z_2 - z_1)}(c_{A1} - c_{A2}) = \frac{\varepsilon D_{AB}(p_{A1} - p_{A2})}{\tau RT (z_2 - z_1)} \tag{5-48}$$

上式适用于气体在多孔固体内的扩散且气体通过空隙或孔道而不通过固体颗粒内部之时。

2. 物质的纽特逊扩散

当物质在多孔固体内扩散时，若物质构成的系统，比如气体，它的压力较低，且多孔固体内部的毛细孔道很小，其平均直径 d 与分子平均自由程之间的关系为 $\lambda \geqslant 10d$ 时，则物质分子与孔道壁面之间的碰撞机会将多于分子之间的碰撞机会。在此情况下，扩散物质 A 通过孔道扩散的阻力将主要取决于分子与壁的碰撞阻力，而分子之间的碰撞阻力则可忽略不计。此种扩散现象称为纽特逊扩散。很明显，纽特逊扩散不遵循斐克定律。

根据分子运动学说，纽特逊扩散可采用式（5-49）描述：

$$N_A = -\frac{2}{3}\bar{r}\,\bar{u}_A\frac{dc_A}{dz} \tag{5-49}$$

式中　$\bar{r}$——孔道的平均半径，m；

$\bar{u}_A$——组分 A 的均方根速度，m/s。

又根据分子运动学说，均方根速度由式（5-50）计算：

$$\bar{u}_A = \left(\frac{8RT}{\pi M_A}\right)^{\frac{1}{2}} \tag{5-50}$$

式（5-50）称为纽特逊扩散通量方程，表明组分 A 的扩散通量 N_A 正比于其浓度梯度、自由分子速度以及孔道体积与孔道表面积之比。

为了将纽特逊扩散通量方程与斐克定律相对照，可将 $\left(\frac{2}{3}\bar{r}\,\bar{u}_A\right)$ 视为纽特逊扩散系数 D_{KA}，因此上式可写为：

$$N_A = -D_{KA}\frac{dc_A}{dz} \tag{5-51}$$

3. 物质的过渡区扩散

物质在多孔固体内部的毛细管道中扩散时，若分子平均自由程与孔道的平均直径相差不多，则物质分子间的碰撞以及分子与孔道壁面间的碰撞同时存在，既有斐克型扩散，也有纽特逊扩散，此种扩散称为过渡区扩散。过渡区扩散的通量方程就是在考虑分子与孔道壁面之间的碰撞以及分子之间的碰撞而得出的。对于前者，可用纽特逊扩散通量方程式来描述。

第六节　固体边界层 VOC 散发

对流传质是指运动着的流体与界面之间的质量传递问题，可以在单相内发生，也可在两相间发生。流体流过可溶性的固体表面时，溶质在流体中的溶解过程中属于单相内发生；互不溶的两个运动流体相接触时，组分由一流体内部向相界面传递，然后再由相界面向另一流体中的传递过程属于二相间发生。流体强制层流流过界面时的传质称为层流下的质量传递，流体强制湍流流过界面时的传质称为湍流下的质量传递。

一、对流传质系数

对流传质系数是解决传质速率计算的关键，它与多种因素有关，与流动状态的关系十分密切。

在工程实际中，流体与界面之间的对流传质，以湍流传质最为常见。湍流流体流过壁面时，速度边界层最终将发展为湍流边界层。湍流边界层由三部分组成：靠近壁面处为层流内层，离开壁面稍远处为缓冲层，最外层为湍流主体。在湍流边界层中，物质在垂直于壁面的方向上向流体主体传质时，通过上述三层流体的传质机理差别很大。

在层流内层中，流体沿着壁面平行流动，在与流向相垂直的方向上，只有分子无规则的微观运动，故壁面与流体之间的质量传递是通过分子扩散进行的，此情况下的传质速率可用斐克第一定律描述。

在缓冲层中，流体一方面沿壁面方向作层流流动，另一方面又出现一些旋涡运动。故该层内的质量传递既有分子扩散，也有涡流扩散。在接近层流内层的边缘处主要是分子扩散，而接近湍流主体的边缘处主要是涡流扩散或涡流传质。

在湍流主体中，有大量的旋涡存在，这些旋涡运动十分激烈，因此，在该处的质量传递主要为旋涡传递，而分子扩散的影响可以忽略不计。

在湍流边界层中，层流内层一般都很薄，大部分区域为湍流中心。由于湍流中心的旋涡进行强烈的混合，其中浓度梯度必然很小，而在层流内层中，由于没有旋涡存在，而仅依靠分子扩散进行传质，故其中的浓度梯度很大。典型的浓度分布曲线如图5-8所示。

在层流内层中曲线很陡，接近直线，而在湍流主体则较为平坦。图5-8中扩散组分 A 的浓度由壁面处的 c_{As} 降至湍流主体的 c_{Af}。在实际应用上，常常采用主体平均浓度 c_{Ab} 代替 c_{Af}，当流体以主体流速 u_b 通过某一截面与壁面进行传质时，组分 A 的主体平均浓度 c_{Ab} 定义为：

$$c_{Ab} = \frac{1}{u_b A} \iint_A u_z c_A \, dA \tag{5-52}$$

式中　A——流动的截面积，m^2；

　　　u_z、c_A——截面上任一点处的流速和组分 A 的浓度，m/s，$kmol/m^3$。

二、浓度边界层

当流体流过固体壁面进行质量传递时，则质量传递的全部阻力可以看作是局限于固体表面上一层具有浓度梯度的流体层内，此流体层称为浓度边界层。由此可知，流体流过壁面进行传质时，在壁面上会形成两种边界层，即速度边界层与浓度边界层。图5-9为在平面情况下速度和浓度边界层示意图。

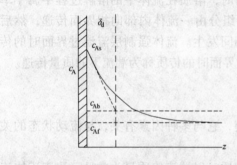

图5-8　湍流边界层内的浓度分布

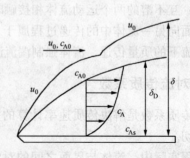

图5-9　浓度边界层

在平板壁面上的浓度边界层中，设 c_{As} 为组分 A 在固体表面处的浓度，c_{A0} 为边界层外主流中的浓度，c_A 为边界层内垂直壁面方向任一处的浓度。浓度边界层厚度 δ_D 的定义为：浓度边界层外缘处流体与壁面的浓度差（$c_{As} - c_A$）达到最大浓度差（$c_{As} - c_{A0}$）的 99% 时的 y 方向距离。事实上，浓度边界层、温度边界层和速度边界层三者的定义是类似的。

在固体壁面与流体之间的传质通量可根据速率方程写成下面的公式：

$$N_A = k_c^0 (c_{As} - c_{A0}) \tag{5-53}$$

式中　k_c^0——对流传质系数。

由于在表面上的质量传递为分子扩散，故此 N_A 又可采用斐克定律表述，如式（5-54）所示：

$$N_A = -D_{AB} \frac{dc_A}{dy} \Big|_{y=0} \tag{5-54}$$

设表面浓度 c_{As} 维持恒定，上式又可写成式（5-55）的形式：

$$N_A = -D_{AB} \frac{d(c_A - c_{As})}{dy} \Big|_{y=0} \tag{5-55}$$

以上两式所表达的 N_A 具有相同的含义，故可写出式（5-56）或式（5-57）：

$$k_c^0 (c_{As} - c_{A0}) = -D_{AB} \frac{d(c_A - c_{As})}{dy} \Big|_{y=0} \tag{5-56}$$

$$\frac{k_c^0}{D_{AB}} = -\frac{\frac{d(c_A - c_{As})}{dy} \Big|_{y=0}}{c_{As} - c_{A0}} \tag{5-57}$$

或写成无因次形式，如下式所示：

$$\frac{k_c^0 L}{D_{AB}} = -\frac{\frac{d(c_A - c_{As})}{dy} \Big|_{y=0}}{(c_{As} - c_{A0})/L} \tag{5-58}$$

上式左侧的无因次数群类似于对流传热中的努赛尔数（$Nu = hL/k$），通常称为修伍德数（Sherwood number），记为 Sh，即：

$$Sh = \frac{k_c^0 L}{D_{AB}} \tag{5-59}$$

三、层流下的质量传递

流体以层流状态流过壁面进行质量传递，在与流向相垂直的方向上无旋涡的运动和混合，故传质方式为分子扩散，但传质速率与流动的速度有关。

1. 壁面上传质的精确解

壁面上层流传质的传质系数可以由式（5-59）导出。对于主流浓度 c_{A0} 及壁面浓度 c_{As} 均保持恒定的情况下，可以化为：

$$k_c^0 = k_c \frac{p_{BM}}{P} = D_{AB} \frac{d(c_A - c_{As})}{dy} \Big|_{y=0} \tag{5-60}$$

由式（5-60）可以看出，采用该式求解传质系数，关键在于壁面浓度梯度的计算，而浓度梯度需根据浓度分布求出，后者又需要求解对流扩散方程才能得到。当求解对流扩散方程时，又出现速度分布的问题，这又需要运用纳维—斯托克斯方程和连续性方程求解速度分布。

显然，欲计算壁面上层流传质时的传质系数需要同时求解连续性方程、运动方程和对流扩散方程。

在壁面边界层内进行稳态的二维动量传递时，不可压缩流体的连续性方程如式（5-12）所示。根据平板壁面边界层的特点，在 x 方向上的压力梯度为零，由此前面介绍的普朗特边界层方程可最终化简为式（5-61）：

$$u_x \frac{\partial u_x}{\partial x} + u_y \frac{\partial u_y}{\partial y} = \nu \frac{\partial^2 u_x}{\partial y^2} \tag{5-61}$$

在温度边界层中，导温系数恒定，不可压缩流体二维热量传递时的能量方程为：

$$u_x \frac{\partial t}{\partial x} + u_y \frac{\partial t}{\partial y} = \alpha \frac{\partial^2 t}{\partial y^2} \tag{5-62}$$

浓度边界层内的对流扩散方程，可由式（5-62）得到。该式中，无化学反应，$r_A = 0$；稳态条件，$\frac{\partial \rho_A}{\partial \theta} = 0$；二维传质 $\frac{\partial \rho_A}{\partial z} = 0$，$\frac{\partial^2 \rho_A}{\partial z^2} = 0$；一般情况下，$y$ 方向上的最大距离为浓度边界层厚度 δ_D，x 方向上的流动长度为 L，而 $\delta_D \ll L$，故 $\frac{\partial^2 \rho_A}{\partial y^2} \gg \frac{\partial^2 \rho_A}{\partial x^2}$。据此可将式（5-62）简化为式（5-63）：

$$u_x \frac{\partial \rho_A}{\partial x} + u_y \frac{\partial \rho_A}{\partial y} = D_{AB} \frac{\partial^2 \rho_A}{\partial y^2} \tag{5-63}$$

式（5-61）、式（5-62）和式（5-63）的边界条件为：

（1）$y = 0$ 时，$\rho_A = \rho_{As}$ 或 $c_A = c_{As}$，$t = t_s$，$u_x = u_{xs} = 0$，$u_y = u_{ys}$；

（2）$y = \infty$ 时，$\rho_A = \rho_{A0}$ 或 $c_A = c_{A0}$，$t = t_0$，$u_x = 0$；

（3）$x = 0$ 时，$\rho_A = \rho_{A0}$ 或 $c_A = c_{A0}$，$t = t_0$，$u_x = 0$。

首先作数量级分析。令在边界层内，u_x 的数量级为 δ。u_y 的数量级可根据对连续性方程的分析后得出：

$$\frac{\partial u_x}{\partial x} + \frac{\partial u_y}{\partial y} = 0$$

以符号"$\approx$"表示数量级关系，则上式可近似地写为：

$$\frac{u_0}{x} + \frac{u_y}{\delta} \approx 0 \tag{5-64}$$

故 u_y 的数量级近似为：

$$u_y \approx \frac{u_0 \delta}{x} \tag{5-65}$$

将 u_y 的数量级代入式（5-61）中，可得如下数量级的近似关系：

$$u_0 \frac{u_0}{x} + \frac{u_0 \delta}{x} \frac{u_0}{\delta} \approx \nu \frac{u_0}{\delta^2} \tag{5-66}$$

由此得 δ 的数量级为:

$$\delta \approx \sqrt{\frac{vx}{u_0}} \tag{5-67}$$

或写成:

$$\frac{\delta}{x} \approx \sqrt{\frac{v}{u_0 x}} = \frac{1}{\sqrt{Re_x}} \tag{5-68}$$

式 (5-65)、式 (5-67)、式 (5-68) 给出了速度 u_y、边界层厚度 δ 的数量级近似关系,它们可作为进一步进行相似变换的依据。

假定在距平板壁面前缘不同的 x 距离处,速度分布形状是相似的,即:

$$\frac{u_x}{u_0} \approx \frac{y}{\delta} \tag{5-69}$$

将式 (5-67) 代入式 (5-69) 中,可知:

$$\frac{u_x}{u_0} \approx y\sqrt{\frac{u_0}{vx}} \tag{5-70}$$

式 (5-70) 中右侧的量为 x 和 y 的函数,可采用 η (x, y) 表示,即:

$$\eta \ (x, \ y) \ = y\sqrt{\frac{u_0}{vx}} \tag{5-71}$$

由式 (5-70) 与式 (5-71) 可知,u_0/u_x 与 η 相似,这种相似关系可采用如下函数形式描述:

$$\frac{u_x}{u_0} = g \ (\eta) \tag{5-72}$$

上述各式中,η (x, y) 为无因次的位置变量,用它可以代替 x 和 y 这两个自变量,这种变换自变量的方法称为变量的"相似变换"。g (η) 代表无因次的速度变量,是一有待求解的函数。

由式 (5-72) 可知:

$$u_x = u_0 g \ (\eta) \tag{5-73}$$

将流函数的定义式:

$$u_x = \frac{\partial \psi}{\partial y}$$

$$u_y = -\frac{\partial \psi}{\partial x} \tag{5-74}$$

代入式 (5-73) 中,得:

$$\frac{\partial \psi}{\partial y} = u_0 g \ (\eta) \tag{5-75}$$

将上式对 y 积分,得:

$$\psi = \int u_0 g(\eta) \mathrm{d}y \tag{5-76}$$

式 (5-71) 对 y 微分,得:

$$\mathrm{d}y = \sqrt{\frac{vx}{u_0}}\mathrm{d}\eta \tag{5-77}$$

将上式代入式（5-76），得：

$$\psi = \int u_0 \sqrt{\frac{vx}{u_0}}g(\eta)\mathrm{d}\eta = \sqrt{u_0 vx}\int g(\eta)\mathrm{d}\eta \tag{5-78}$$

令：

$$f(\eta) = \int g(\eta)\mathrm{d}\eta \tag{5-79}$$

将式（5-79）代入式（5-78）中，得：

$$\psi = \sqrt{u_0 vx}\,f(\eta) \quad \text{或} \quad f(\eta) = \frac{\psi}{\sqrt{u_0 vx}}$$

式中 $f(\eta)$ 为无因次的流函数，用它可代替函数 ψ，即代替 u_x，u_y。故解出 $f(\eta)$ 的表达式，即可求出 u_x、u_y（边界层内的速度分布）。

为了将式（5-59）化为以无因次自变量 η 和函数 $f(\eta)$ 表达的形式，可分别对式中的各项进行如下转化，即：

$$u_x = \frac{\partial \psi}{\partial y} = \frac{\partial \psi}{\partial \eta}\frac{\partial \eta}{\partial y} = \left[\frac{\partial}{\partial \eta}\sqrt{u_0 vx}\,f(\eta)\right]\left[\frac{\partial}{\partial y}\,y\sqrt{\frac{u_0}{vx}}\right]$$

经整理后，得：

$$u_x = u_0\frac{\partial f}{\partial \eta} = u_0 f' \tag{5-80}$$

同样可以得到：

$$u_y = \frac{1}{2}\sqrt{\frac{u_0 v}{x}}(\eta f' - f) \tag{5-81}$$

$$\frac{\partial u_x}{\partial x} = -\frac{u_0}{2x}\eta f'' \tag{5-82}$$

$$\frac{\partial u_x}{\partial y} = u_0\sqrt{\frac{u_0}{vx}}f'' \tag{5-83}$$

$$\frac{\partial^2 u_x}{\partial y^2} = \frac{u_0^2}{vx}f''' \tag{5-84}$$

将式（5-81）~式（5-85）代入式（5-61）中，经化简后，得：

$$ff'' + 2f''' = 0 \tag{5-85}$$

即：

$$f(\eta)\frac{\mathrm{d}^2 f(\eta)}{\mathrm{d}\eta^2} + 2\frac{\mathrm{d}^3 f(\eta)}{\mathrm{d}\eta^3} = 0$$

$$\frac{\mathrm{d}^2 f'}{\mathrm{d}\eta^2} + \frac{1}{2}f\frac{\mathrm{d}f'}{\mathrm{d}\eta} = 0 \tag{5-86}$$

由式（5-81）可知：$f' = u_x/u_0$，代入上式得：

$$\frac{\mathrm{d}^2 (u_x/u_0)}{\mathrm{d}\eta^2} + \frac{1}{2}f\frac{\mathrm{d} (u_x/u_0)}{\mathrm{d}\eta} = 0$$

令：

$$U^* = \frac{u_x}{u_0} \tag{5-87}$$

由此得速度边界层方程的无因次形式为：

$$\frac{d^2 U^*}{d\eta^2} + \frac{1}{2} f \frac{dU^*}{d\eta} = 0 \tag{5-88}$$

同理，将式（5-62）和式（5-63）化为如下无因次形式：

$$\frac{d^2 T^*}{d\eta^2} + \frac{Pr}{2} f \frac{dT^*}{d\eta} = 0 \tag{5-89}$$

$$\frac{d^2 c_A^*}{d\eta^2} + \frac{Sc}{2} f \frac{dc_A^*}{d\eta} = 0 \tag{5-90}$$

式中：

$$T^* = \frac{t_s - t}{t_s - t_0} \tag{5-91}$$

$$c_A^* = \frac{c_{As} - c_A}{c_{As} - c_{A0}} \tag{5-92}$$

式（5-88）、式（5-89）和式（5-90）相应的边界条件为：

（1）$\eta = 0$ 时，$c_A^* = 0$，$T^* = 0$，$U^* = 0$，$u_y = u_{ys}$

（2）$\eta \to \infty$ 时，$c_A^* = 1$，$T^* = 1$，$U^* = 1$

浓度边界层无因次对流扩散方程式（5-88）的解，可根据边界条件及方程式的类似性，与动量传递对比得出。在边界层条件（1）中，u_{ys} 为壁面处由于传质在 y 方向上产生的速度，当溶质 A 的扩散速率不大时，u_{ys} 可近似视为零。但在扩散速度较大的情况下，$u_{ys} \neq 0$。此外，施密特数 Sc 的值除对某些气体外，一般不等于 1，故求解式（5-88）时，可能有如下四种不同情况：

$$Sc = 1, \ u_{ys} = 0$$
$$Sc = 1, \ u_{ys} \neq 0$$
$$Sc \neq 1, \ u_{ys} = 0$$
$$Sc \neq 1, \ u_{ys} \neq 0$$

（1）$Sc = 1$，$u_{ys} = 0$ 时的传质系数

这是在上述四种情况中最简单的一种情况，由于

$$Sc = \frac{v}{D_{AB}} = 1 \quad 或 \quad v = D_{AB} \tag{5-93}$$

即运动黏度与扩散系数相等，于是动量传递过程与质量传递过程类似，式（5-88）与式（5-90）在形式上一致。又由于 $u_{ys} = 0$，故边界条件也类似。由此可以推知，式（5-88）的解亦应为式（5-90）的解。

由表5-1可得：

$$f''(0) = \frac{d(u_x/u_0)}{d\eta}\Big|_{\eta=0} = \frac{dU^*}{d\eta}\Big|_{\eta=0} = 0.332 \tag{5-94}$$

对于传质，同样可得：

$$f''(0) = \frac{dc_A^*}{d\eta}\Big|_{\eta=0} = 0.332 \tag{5-95}$$

或写成

$$\frac{\mathrm{d}\left[\left(c_{As}-c_A\right)/\left(c_{As}-c_{A0}\right)\right]}{\mathrm{d}\left(y\sqrt{\dfrac{u_0}{vx}}\right)}\bigg|_{y=0}=0.332$$

于是得：

$$\frac{\mathrm{d}\left[\left(c_{As}-c_A\right)/\left(c_{As}-c_{A0}\right)\right]}{\mathrm{d}y}\bigg|_{y=0}=0.332\sqrt{\frac{u_0}{vx}}=0.332\frac{Re_x^{1/2}}{x} \tag{5-96}$$

将式（5-96）代入式（5-60），即可求得局部对流传质系数的计算式为：

$$Sh_x=\frac{k_{cx}^0 x}{D_{AB}}=0.332Re_x^{1/2} \tag{5-97}$$

式（5-97）适用于平板壁面上流体作层流流动（层流边界层）、$Sc=1$ 且壁面的传质速率很低时的传质系数的计算。

速度边界层方程的解 表 5-1

$\eta=y\sqrt{\dfrac{u_0}{v_x}}$	f	$f'=\dfrac{u_x}{u_0}$	f''	$\eta=y\sqrt{\dfrac{u_0}{v_x}}$	f	$f'=\dfrac{u_x}{u_0}$	f''
0	0	0	0.33206	4.6	2.88826	0.98229	0.02948
0.2	0.00664	0.06641	0.33199	4.8	3.08534	0.98779	0.02187
0.4	0.02656	0.13277	0.33147	5.0	3.28329	0.99155	0.01591
0.6	0.05974	0.19894	0.33008	5.2	3.48189	0.99425	0.01134
0.8	0.10611	0.26471	0.32739	5.4	3.68094	0.99616	0.00793
1.0	0.16557	0.32979	0.32301	5.6	3.88031	0.99748	0.00543
1.2	0.23795	0.39378	0.31659	5.8	4.07990	0.99838	0.00365
1.4	0.32298	0.45627	0.30787	6.0	4.27964	0.99898	0.00240
1.6	0.42032	0.51676	0.29667	6.2	4.47948	0.99937	0.00155
1.8	0.52952	0.57477	0.28293	6.4	4.67938	0.99961	0.00098
2.0	0.65003	0.62977	0.26675	6.6	4.87931	0.99977	0.00061
2.2	0.78120	0.68132	0.24835	6.8	5.07928	0.99987	0.00037
2.4	0.92230	0.72899	0.22809	7.0	5.27926	0.99992	0.00022
2.6	1.07252	0.77246	0.20646	7.2	5.47925	0.99996	0.00013
2.8	1.23099	0.81152	0.18401	7.4	5.67924	0.99998	0.00007
3.0	1.39682	0.84605	0.16136	7.6	5.87924	0.99999	0.00004
3.2	1.56911	0.87609	0.13913	7.8	6.07923	1.00000	0.00002
3.4	1.74696	0.90177	0.11788	8.0	6.27923	1.00000	0.00001
3.6	1.92954	0.92333	0.09809	8.2	6.47923	1.00000	0.00001
3.8	2.11605	0.94112	0.08013	8.4	6.67923	1.00000	0.00000
4.0	2.30576	0.95552	0.06424	8.6	6.87923	1.00000	0.00000
4.2	2.49806	0.96696	0.05052	8.8	7.07923	1.00000	0.00000
4.4	2.69238	0.97587	0.03897				

（2）$Sc = 1$，$u_{ys} \neq 0$ 时的传质系数

在此情况下，v 仍然与 D_{AB} 相等，速度边界层方程式（5-86）与浓度边界层方程（5-88）类似。但边界条件（1）中，当 $\eta = 0$（或 $y = 0$）时，$u_y = u_{ys} \neq 0$，此时，由于流体在壁面不滑脱，故有：$u_x = 0$ 及 $f' = \dfrac{u_s}{u_0} = 0$，$c_A^* = \dfrac{c_{As} - c_A}{c_{As} - c_{A0}} = 0$。

由式（5-82）可知，在壁面处，即 $\eta = 0$ 或 $y = 0$ 处，$f' = 0$ 及 $u_y = u_{ys}$，故得：

$$f = -2u_{ys}\sqrt{\frac{x}{vu_0}} = -\frac{2u_{ys}}{u_0}Re_x^{1/2}$$

又由于 $f' = 0$，故 f 必为一常数，于是上式变为：

$$-\frac{2u_{ys}}{u_0}Re_x^{1/2} = f_s = \mathrm{con}\,s\,\tan t \tag{5-98}$$

通常，将 $-\dfrac{f_s}{2} = \dfrac{u_{ys}}{u_0}Re_x^{1/2}$ 称为喷出（blowing）或吸入（suction）参数。

在此情况下的边界条件（2），仍然与第一种情况下相同，即：

$$\eta \to \infty \qquad U^* = 1 \qquad c_A^* = 1$$

由于此情况下的边界条件（1）为 $\eta = 0$ 时，$u = u_{ys} \neq 0$，故不能应用布拉修斯解法。由上述可知，此情况下的解必与 $\dfrac{u_{ys}}{u_0}Re_x^{1/2}$ 有关，而其解可由图 5-10 中的点划线表出。图 5-10 中，以 $\dfrac{u_{ys}}{u_0}Re_x^{1/2}$ 为参数，标绘了 η 与 c_A^*、T^* 或 U^* 的关系。随喷出（或吸入）参数值的不同，曲线的位置有较大的差别。

喷出参数 $\dfrac{u_{ys}}{u_0}Re_x^{1/2}$ 的值可正、可负或为零，视 u_{ys} 的值而定。当 u_{ys} 为正值时，则参数亦为正值，表示组分 A 由表面向边界层传递（喷出）。当 u_{ys} 为负值时，参数亦为负值，表示组分 A 由流体向壁面传递（吸入）。当参数值为零，或 u_{ys} 值很小时，表示传质速率很小，参数 $\dfrac{u_{ys}}{u_0}Re_x^{1/2}$ 不再有影响，此

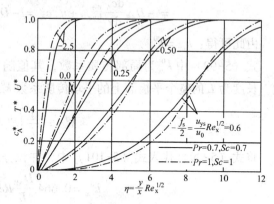

图 5-10　平板壁面上传质时层流边界层的浓度、温度和速度分布

时，可采用布拉修斯解求算浓度分布，亦即利用图 5-10 中 $\dfrac{u_{ys}}{u_0}Re_x^{1/2} = 0$、$Sc = 1$ 的曲线。

浓度分布曲线确定后，即可根据曲线在 $\eta = 0$（或 $y = 0$）处的斜率进一步求解传质系数。

（3）$Sc \neq 1$，$u_{ys} = 0$ 时的传质系数

由于 $Sc \neq 1$，即 $v \neq D_{AB}$，动量传递与质量传递不再类似。考察式（5-89）和式（5-90）可知，由于 Pr 与 Sc 均为描述物性的无因次数群，故两式的形式是相似的，且

由于 $u_{ys}=0$，故边界条件亦类似。在此情况下，质量传递过程与热量传递过程可类比，于是式（5-90）和式（5-89）应该具有相同形式的解，亦应该可以应用波尔豪森的解。

将传质的界面浓度梯度 $\dfrac{dc_A^*}{dy}\Big|_{y=0}$ 的表达式代入式（5-60）中，即得：

$$k_{cx}^0 = \frac{0.332 D_{AB}}{x} Re_x^{1/2} Sc^{1/3} \tag{5-99}$$

亦可表达为下列无因次式形式：

$$Sh_x = \frac{k_{cx}^0 x}{D_{AB}} = 0.332 Re_x^{1/2} Sc^{1/3} \tag{5-100}$$

当 $u_{ys}=0$ 时，等分子反方向扩散（即 $N_A = -N_B$）时，传质系数 k_c^0 与组分 A 通过停滞组分 B 进行扩散（$N_B=0$）时的传质系数 k_c^0 的关系为：

当 $N_A = -N_B$ 时，有：$N_A = k_{cx}^0 (c_{As}-c_{A0}) = -D_{AB}\dfrac{dc_A}{dy}\Big|_{y=0}$

当 $N_B=0$ 时，有：

$$N_A = k_{cx}^0(c_{As}-c_{A0}) = -D_{AB}\frac{dc_A}{dy}\Big|_{y=0} + x_A(N_A+N_B)\big|_{y=0}$$

$$= -D_{AB}\frac{dc_A}{dy}\Big|_{y=0} + u_{My}c_A\big|_{y=0}$$

$$= -D_{AB}\frac{dc_A}{dy}\Big|_{y=0} + u_{ys}c_{As} = -D_{AB}\frac{dc_A}{dy}\Big|_{y=0}$$

由此可得：$k_{cx} = k_{cx}^0$

式（5-99）中 k_{cx}^0 为局部传质系数，其值随 x 而变，在实用上应使用平均传质系数。长度为 L 的整个平板面上的平均传质系数 k_{cm}^0 可由下式求出：

$$k_{cm}^0 = \frac{1}{L}\int_0^L k_{cx}^0 \, dx \tag{5-101}$$

将式（5-99）代入式（5-101）中，并积分，得：

$$k_{cm}^0 = 0.664 \frac{D_{AB}}{L} Re_L^{1/2} Sc^{1/3} \tag{5-102}$$

或

$$Sh_m = \frac{k_{cm}^0 L}{D_{AB}} = 0.664 Re_L^{1/2} Sc^{1/3} \tag{5-103}$$

式（5-102）或式（5-103）适用于 $Sc>0.6$，平板壁面上传质速率很低时的层流传质的情况。

（4）$Sc\neq1$，$u_{ys}\neq0$ 时的传质系数

此情况为最一般的情况。$u_{ys}\neq0$，表示平板壁面上的传质速率较大而不能忽略，例如，易挥发液体在平板壁面上气化或蒸气在壁面上的冷凝，均属于此种情况。$Sc\neq1$ 表示质量传递与动量传递不类似，而不能采用布拉修斯解法求解浓度分布，又 $u_{ys}\neq0$，故也不能应用波尔豪森解。但此情况下的传质系数，也可参照与推导式（5-99）的相

类似的办法得到。在式（5-99）中，系数 0.332 为喷出（或吸入）参数 $\dfrac{u_{ys}}{u_0}Re_x^{1/2}=0$

时，$\dfrac{y}{x}Re_x^{1/2}Sc^{1/3}$ 对 c_A^* 的浓度分布曲线在原点（$y=0$）处的斜率。

2. 平板壁面上层流传质的近似解

对浓度边界层上的传质而言，可以进行近似计算，这样比精确解简单，同时也有足够的精确性。此外，导出的浓度边界层积分传质方程既可用于层流边界层，也适用于湍流边界层。

（1）浓度边界层积分方程的推导

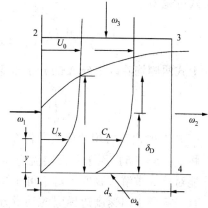

如不可压缩流体在平板壁面上作稳态流动时，在壁面上会同时形成速度边界层和浓度边界层，如图 5-11 所示。在图 5-11 中取 1-2-3-4 范围面所围成的控制体，垂直于纸面方面上的厚度为 1 单位。针对此控制体组分 A 的质量衡算。组分 A 通过 1-2 面输入控制体的质量流率为：

$$\omega_1 = \int_0^1 \rho_A u_x \mathrm{d}y$$

图 5-11　浓度边界层积分传质方程的推导

组分 A 经 3-4 面由控制体输出的质量流率为：

$$\omega_2 = \int_0^1 \rho_A u_x \mathrm{d}y + \left[\frac{\partial}{\partial x}\int_0^1 \rho_A u_x \mathrm{d}y\right]\mathrm{d}x$$

组分 A 经 2-3 面进入控制体的质量流率，可由该面进入所有组分的总质量流率中组分 A 所占的百分率求出。而全组分的总质量流率则为由 3-4 面进入的质量流率之差，即：

$$\int_0^1 \rho u_x \mathrm{d}y + \left[\frac{\partial}{\partial x}\int_0^1 \rho u_x \mathrm{d}y\right]\mathrm{d}x - \int_0^1 \rho u_x \mathrm{d}y = \rho\left[\frac{\partial}{\partial x}\int_0^1 u_x \mathrm{d}y\right]\mathrm{d}x$$

上式乘以组分 A 的质量分数 a_{A0}，即为组分 A 由 2-3 面进入控制体的质量流率，即：

$$\omega_3 = a_{A0}\rho\left[\frac{\partial}{\partial x}\int_0^1 u_x \mathrm{d}y\right]\mathrm{d}x = \rho_{A0}\left[\frac{\partial}{\partial x}\int_0^1 u_x \mathrm{d}y\right]\mathrm{d}x$$

通过 1-4 面输入控制体的组分 A 的质量流率（设扩散速率很小或 $u_{ys}=0$）为：

$$\omega_4 = -D_{AB}\frac{\mathrm{d}\rho_A}{\mathrm{d}y}\Big|_{y=0}\mathrm{d}x$$

组分 A 的质量衡算式为：

$$\omega_1 + \omega_3 + \omega_4 = \omega_2$$

将上式有关各式代入，并加整理，得：

$$\rho_{A0} \frac{\partial}{\partial x}\int_0^1 u_x dy - \frac{\partial}{\partial x}\int_0^1 \rho_A u_x dy = D_{AB}\frac{d\rho_A}{dy}\Big|_{y=0}$$

或

$$\frac{d}{dx}\int_0^1 (\rho_{A0} - \rho_A) u_x dy = D_{AB}\frac{d\rho_A}{dy}\Big|_{y=0} \tag{5-104}$$

将式（5-104）左侧中的积分限化为 $\int_0^1 \rightarrow \int_0^{\delta_D} + \int_{\delta_D}^1$，由于在 $\delta_D \sim 1$ 范围，$\rho_{A0} - \rho_A = 0$，故上式可化为：

$$\frac{d}{dx}\int_0^{\delta_D} (\rho_{A0} - \rho_A) u_x dy = D_{AB}\frac{d\rho_A}{dy}\Big|_{y=0} \tag{5-105}$$

上式两侧均除以组分 A 的分子量 M_A，于是该式即可化为摩尔通量形式：

$$\frac{d}{dx}\int_0^{\delta_D} (c_{A0} - c_A) u_x dy = D_{AB}\frac{dc_A}{dy}\Big|_{y=0} \tag{5-106}$$

（2）浓度边界层积分传质方程在层流情况下的近似解

将式（5-106）用于平板层流边界层时，首先需假设适当的速度分布和浓度分布后才能对该式求解。我们针对不可压缩流体的稳态二维流动进行分析。

首先需要求出速度边界层的动量方程。

根据大量的观察和测量，得知层流边界层的速度侧形与抛物线的形状非常接近，因此可以选用下列方程层流边界层的速度侧形，即 u_x 与 y 的关系方程为：

$$u_x = a + by + cy^2 + dy^3 \tag{5-107}$$

式中的 a、b、c、d 为待定系数，可根据四个边界条件确定。

式（5-106）应满足以下一些边界条件：

首先，在 $y = 0$ 处，$u_x = 0$，于是 $a = 0$。

其次，由于壁面附近流体的流速 u_x 很小，故该处流体所具有的动量也很低，在方向上的动量变化率可以忽略，由此可知，在壁面附近，流体的加速和减速都不是突然的，故该处附近产生的剪应力在 y 方向上应该恒定不变，换言之，$(du_x/dy)_{y=0} = \mathrm{constan}\,t$。

故得 $(d^2u_x/dy^2)_{y=0} = 0$

经过对式（5-107）进行二次微分，可得：

$$\frac{d^2 u_x}{dy^2} = 2c + 6dy \tag{5-108}$$

由于 $y = 0$，$(d^2u_x/dy^2) = 0$，故由上式可得 $c = 0$。

第三，由于边界层外缘处的流速 u_x 与均匀流速 u_0 相同，即在 $y = \delta$ 处 u_x 值已维持不变，故 $(d^2u_x/dy^2)_{y=\delta} = 0$。将上述这些关系代入式（5-107）中，得：

$$u_x = u_0 = a + b\delta + c\delta^2 + d\delta^3 = b\delta + d\delta^3 \tag{5-109}$$

式（5-109）对 y 求导，并在 $y = \delta$ 处求值为：

$$\frac{du_x}{dy}\Big|_{y=\delta} = b + 3d\delta^2 = 0 \tag{5-110}$$

联解式（5-109）与式（5-110），又可得：

$$b = 3u_0/2\delta$$

$$d = -u_0/2\delta^3$$

将获得的 a、b、c、d 系数值均代入式（5-107）中，于是可得层流边界层的速度侧形方程为：

$$\frac{u_x}{u_0} = \frac{3}{2}\left(\frac{y}{\delta}\right) - \frac{1}{2}\left(\frac{y}{\delta}\right)^3 \qquad (5\text{-}111)$$

可以假定浓度分布方程：

$$c_A = a + by + cy^2 + dy^3 \qquad (5\text{-}112)$$

它的边界条件如下：

$$y = 0 \text{ 时}, \quad c_A = c_{As}$$

$$y = \delta_D \text{ 时}, \quad c_A = c_{A0}$$

$$y = \delta_D \text{ 时}, \quad \frac{\partial^2 c_A}{\partial y^2} = 0$$

$$y = 0 \text{ 时}, \quad \frac{\partial^2 c_A}{\partial y^2} = 0$$

由上述的边界条件可进一步导出如下形式的浓度分布方程：

$$\frac{c_A - c_{As}}{c_{A0} - c_{As}} = \frac{3}{2}\frac{y}{\delta_D} - \frac{1}{2}\left(\frac{y}{\delta_D}\right)^3 \qquad (5\text{-}113)$$

将速度分布方程（5-111）及浓度分布方程（5-113）分别代入式（5-106）中，并假设热量传递和质量传递过程都是由平板前缘开始的，于是即可求出局部对流传质系数的表达式如下：

$$k_{cx}^0 = 0.332\frac{D_{AB}}{x}Re_x^{1/2}Sc^{1/3}$$

或写成：

$$Sh_x = \frac{k_{cx}^0 x}{D_{AB}} = 0.332Re_x^{1/2}Sc^{1/3} \qquad (5\text{-}114)$$

离平板前缘距离为 L 段的整个平板壁面上的平均对流传质系数为：

$$k_{cm}^0 = 0.664\frac{D_{AB}}{x}Re_L^{1/2}Sc^{1/3}$$

或写成：

$$Sh_m = \frac{k_{cm}^0 x}{D_{AB}} = 0.664Re_L^{1/2}Sc^{1/3} \qquad (5\text{-}115)$$

四、质量、热量与动量传递之间类似律

在研究质量传递的过程中会不可避免地涉及质量、热量和动量之间的类似问题，主要运用在湍流传质的研究当中。因此，需要对该部分的内容作进一步的阐述，并将类似律引申于湍流传质之中。

类似律可以直接描述对流传质系数 k_c^0、对流传热系数 h 以及曳力系数 C_D 三者之间的关系，以便由一个已知的系数去预测另一个未知系数。三个对流传递系数的定义本

身也是类似的。

对流传质系数的定义式为本章第六节的式（5-53），如下：

$$N_A = k_c^0 \ (c_{As} - c_{A0})$$

对流传热系数的定义式为：$\dfrac{q}{A} = h \ (t_0 - t_s)$

上式亦可写成如下的形式：$\dfrac{q}{A} = \dfrac{h}{\rho c_p} \ (\rho c_p t_0 - \rho c_p t_s)$ (5-116)

摩擦曳力系数的定义式为：$\tau_s = C_D \dfrac{\rho u_0^2}{2}$ (5-117)

上式亦可写成如下形式：

$$\tau_s = \dfrac{C_D}{2} u_0 \ (\rho u_0 - 0)$$ (5-118)

由式（5-53）、式（5-116）和式（5-118）可以看出，对流传递的质量通量、热量通量和动量通量，都等于相应的对流传递系数乘以各量的浓度差，而各式右侧中的浓度差可以表示传递的推动力：$(c_{As} - c_{A0})$ 为摩尔浓度差（单位为 $kmol/m^3$），可表示对流传质推动力；$(\rho c_p t_0 - \rho c_p t_s)$ 为热量浓度差（单位为 J/m^3），可表示为对流传热推动力；$(\rho u_0 - 0)$ 为动量浓度差（单位为 $(kg \cdot m)/m^3$），可表示动量传递的推动力（其中"0"为壁面的动量 ρu_s，而 $u_s = 0$）。各对流传递系数 k_c^0、$h/\rho c_p$、$\dfrac{c_D}{2} u_0$ 三者可以类比，它们的单位都是 m/s。

在层流条件下，描述传热过程和传质过程的微分方程和边界条件类似，且对流传递系数可采用无因次数群表述，计算各类对流传递系数的准数表达式可具有相同的形式。由此可以预料，在湍流条件下的传热和传质过程中，在类似的条件下，各相应的对流传递系数的准数表达式也应该具有相同的形式。为了进一步讨论类似律，下面以对比形式列出传热和传质过程中常见的相应无因次数群：

传热过程　　　　　　　　　　　传质过程

温度差比　$\dfrac{t - t_1}{t_2 - t_1}$　　　　　浓度差比　$\dfrac{c_A - c_{A1}}{c_{A2} - c_{A1}}$

雷诺数　$Re = \dfrac{Lup}{\mu}$　　　　　雷诺数　$Re = \dfrac{Lup}{\mu}$

普朗特数　$Pr = \dfrac{v}{a} = \dfrac{c_p u}{k}$　　　施密特数　$Sc = \dfrac{v}{D_{AB}} = \dfrac{\mu}{\rho D_{AB}}$

努赛尔数　$Nu = \dfrac{hL}{k}$　　　　修伍德数　$Sh = \dfrac{k_c^0 L}{D_{AB}}$

斯坦顿数　$St = \dfrac{Nu}{Re \cdot Pr} = \dfrac{h}{\rho c_p u}$　　传质斯坦顿数　$St' = \dfrac{Sh}{Re \cdot Sc} = \dfrac{k_c^0}{u}$

j 因数　$j_H = St \, Pr^{2/3}$　　　　　j 因数　$j_D = St' Sc^{2/3}$

彼克列数　$Pe = Re \cdot Pr = \dfrac{Lu}{a} = \dfrac{\rho c_{\mathrm{p}} Lu}{k}$　　　　彼克列数　$Pe' = Re \cdot Sc = \dfrac{Lu}{D_{\mathrm{AB}}}$

下面进一步讨论传质过程中的雷诺类似律、普朗特—泰勒类似律、卡门类似律及柯尔本的 j 因数类似法。

1. 雷诺类似律

最早提出的雷诺类似律只应用于热量传递与动量传递之中，近年来，又将此种类似概念推广到质量传递之中。质量传递中雷诺类似律的推导步骤与传热中的基本类似。

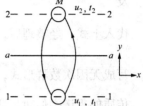

在图 5-12 中，令 1-1 面和 2-2 面上湍流流体的时均浓度分别以时均密度 ρ_{A1} 和 ρ_{A2} 表示时，则该两层流体中，每当有 M 质量的流体混合时，将导致组分 A 的对流质量传递通量为：

$$n_{\mathrm{Ay}}^{\mathrm{e}} = \frac{M}{A\theta\rho}(\rho_{\mathrm{A2}} - \rho_{\mathrm{A1}})$$

图 5-12　雷诺类似律模型图

同时产生的动量变化量为：

$$\tau_{\mathrm{yx}}^{\mathrm{r}} = \frac{M}{A\theta}(u_2 - u_1)$$

于是由以上两式可得：

$$\frac{n_{\mathrm{Ay}}^{\mathrm{e}}}{\tau_{\mathrm{yx}}^{\mathrm{r}}} = \frac{1}{\rho}\frac{\rho_{\mathrm{A2}} - \rho_{\mathrm{A1}}}{u_2 - u_1} = \frac{1}{\rho}\frac{\Delta\rho_{\mathrm{A}}}{\Delta u}$$

假定 1-1 面和 2-2 面相距很近，则上式可改写为：

$$\frac{n_{\mathrm{Ay}}^{\mathrm{e}}}{\tau_{\mathrm{yx}}^{\mathrm{r}}} = \frac{1}{\rho}\frac{\mathrm{d}\rho_{\mathrm{A}}}{\mathrm{d}u} \tag{5-119}$$

在壁面邻近的层流内层中，动量传递与质量传递主要靠分子无规则的运动，它们的传递规律分别遵循牛顿黏性定律与斐克第一定律，即：

$$\tau = \mu\frac{\mathrm{d}u}{\mathrm{d}y} \qquad n_{\mathrm{A}} = D_{\mathrm{AB}}\frac{\mathrm{d}\rho_{\mathrm{A}}}{\mathrm{d}y}$$

于是可得：

$$\frac{n_{\mathrm{A}}}{\tau} = \frac{D_{\mathrm{AB}}}{\mu}\frac{\mathrm{d}\rho_{\mathrm{A}}}{\mathrm{d}u} \tag{5-120}$$

比较式（5-119）和式（5-120），如果 $D_{\mathrm{AB}}/\mu = 1/\rho$，或 $\dfrac{\mu}{\rho D_{\mathrm{AB}}} = \dfrac{v}{D_{\mathrm{AB}}} = Sc = 1$，则可以利用湍流传递的规律去表述层流内层中的质量传递和动量传递，亦即根据雷诺的假设，湍流传递一直可以延伸至壁面。可以看出，雷诺的假设只有对于 $Sc \approx 1$ 的流体才是正确的。

在平板边界层的范围内，对式（5-120）进行积分：

$$\frac{n_{\mathrm{Ay}}^{\mathrm{e}}\rho}{\tau_{\mathrm{yx}}^{\mathrm{r}}}\int_0^{u_0}\mathrm{d}u = \int_{\rho_{\mathrm{As}}}^{\rho_{\mathrm{A0}}}\mathrm{d}\rho_{\mathrm{A}}$$

145

得
$$\frac{n_{Ay}^{e}\rho u_0}{\tau_{yx}^{r}} = (\rho_{A0} - \rho_{As})$$

或
$$\frac{\tau_{yx}^{r}}{\rho u_0} = \frac{n_{Ay}^{e}}{\rho_{A0} - \rho_{As}} = \frac{N_{Ay}^{e}}{c_{A0} - c_{As}}$$

将
$$\tau_{yx}^{r} = \frac{c_D}{2}\rho u_0^2$$

及
$$N_{Ay}^{e} = k_{cx}^{0}(c_{A0} - c_{As})$$

代入上式，经整理后，得：
$$\frac{k_{cx}^{0}}{u_0} = \frac{C_D}{2} \tag{5-121}$$

写成无因次数群形式，得：
$$St' = -\frac{Sh}{Re \cdot Sc} = \frac{k_c^{0}}{u_b} \tag{5-122}$$

传质的雷诺类似律只适用于 $Sc \approx 1$ 的流体，如当 $Pr \approx 1$ 时，则三种传递质量、热量和动量过程完全类似。

2. 普兰德-泰勒类似律

对于 $Sc \neq 1$ 的流体，考虑到湍流边界层中层流内层的影响，并参照对流传热的普朗特—泰勒类似律的推导，对传质过程而言，可以导出如下式子：
$$St'(u_0) = \frac{k_c^{0}}{u_0} = \frac{\tau_s/(\rho u_0^2)}{1 + \frac{u_l}{u_0}(Sc - 1)} \tag{5-123}$$

式中　u_0——边界层外的均匀速度，m/s；

　　　u_l——边界层外缘处的均匀速度，m/s。

该式可化为：
$$St' = \frac{k_{cx}^{0}}{u_0} = \frac{0.0294 Re_x^{-0.2}}{1 + 2.12 Re_x^{-0.1}(Sc - 1)} \tag{5-124}$$

3. 卡门类似律

当流体的 $Sc \approx 1$ 时，考虑到湍流边界层系由湍流主体、缓冲层和层流内层组成，运用通用的速度分布方程，对传质过程而言，可得下式：
$$St'_x = \frac{C_{Dx}/2}{1 + \sqrt{\frac{C_{Dx}}{2}\left[5(Sc - 1) + 5\ln\left(\frac{5Sc + 1}{6}\right)\right]}} \tag{5-125}$$

上式为距离平板前缘 x 处的局部传质斯坦顿数的计算式。

五、平板壁面上湍流传质近似解

湍流边界层内的对流扩散方程原则上可通过下式求解出：
$$\frac{\partial \bar{\rho}}{\partial \theta} + \bar{u}_x\frac{\partial \bar{\rho}_A}{\partial x} + u_y\frac{\partial \bar{\rho}_A}{\partial y} + u_z\frac{\partial \bar{\rho}_A}{\partial z} = D_{AB}\left(\frac{\partial^2 \bar{\rho}_A}{\partial x^2} + \frac{\partial^2 \bar{\rho}_A}{\partial y^2} + \frac{\partial^2 \bar{\rho}_A}{\partial z^2}\right)$$
$$- \left[\frac{\partial}{\partial x}(\overline{u'_x\rho'_A}) + \frac{\partial}{\partial y}(\overline{u'_y\rho'_A}) + \frac{\partial}{\partial z}(\overline{u'_z\rho'_A})\right]$$

但是由于上式中脉动量的复杂性，目前还无法采用分析法对该式进行求解。在此情况下，可以采用对上一节导出的浓度边界层积分传质方程进行近似求解的方法来求得本问题的解。浓度边界层积分传质方程为：

$$\frac{\mathrm{d}}{\mathrm{d}x}\int_0^{\delta_\mathrm{D}}(c_{A0}-c_A)u_x\mathrm{d}y = D_{AB}\frac{\mathrm{d}c_A}{\mathrm{d}y}\Big|_{y=0}$$

如前所述，上式既适用于层流边界层，也适用于湍流边界层。在平板壁面上传质系数的定义式为：

$$N_A = k_{cx}^0(c_{As}-c_{A0}) = -D_{AB}\frac{\mathrm{d}c_A}{\mathrm{d}y}\Big|_{y=0}$$

由上两式可直接写出传质系数与边界层积分传质方程之间的关系为：

$$k_{cx}^0 = \frac{\mathrm{d}}{\mathrm{d}x}\int_0^{\delta_\mathrm{D}}\frac{c_A-c_{A0}}{c_{As}-c_{A0}}u_x\mathrm{d}y \tag{5-126}$$

式（5-126）的解法与平板壁面上湍流边界层热流方程的解法类似，可区分为 $Sc=1$ 及 $Sc\neq1$ 两种情况下求解。

1. $Sc=1$ 时湍流边界层内的传质

在此情况下，速度边界层的厚度与浓度边界层的厚度相等，即 $\delta=\delta_\mathrm{D}$。设速度分布与浓度分布均遵循 1/7 次方定律，即：

$$\frac{u_x}{u_0} = \left(\frac{y}{\delta}\right)^{1/7} \tag{5-127}$$

及

$$\frac{c_{As}-c_A}{c_{As}-c_{A0}} = \left(\frac{y}{\delta_\mathrm{D}}\right)^{1/7} \tag{5-128}$$

或

$$\frac{c_A-c_{A0}}{c_{As}-c_{A0}} = 1-\frac{c_{As}-c_A}{c_{As}-c_{A0}} = 1-\left(\frac{y}{\delta_D}\right)^{1/7}$$

将上述关系式代入式（5-126），即可求得：

$$k_{cx}^0 = 0.0292u_0Re_x^{-1/5} \tag{5-129}$$

或

$$\frac{k_{cx}^0}{u_0} = St'_x = \frac{Sh_x}{Re_xSc} = 0.0292Re_x^{-1/5}$$

故得

$$Sh_x = \frac{k_{cx}^0 x}{D_{AB}} = 0.0292\,Re_x^{0.8} \tag{5-130}$$

就 $x=L$ 的一段平板而言，设湍流边界层由 $x=0$ 开始，于是平均传质系数或修伍德数为：

$$k_{cm}^0 = 0.365\frac{D_{AB}}{L}Re_L^{0.8} \tag{5-131}$$

2. $Sc\neq1$ 时湍流边界层内的传质

在此情况下，$\delta\neq\delta_\mathrm{D}$，但可设 $\delta/\delta_\mathrm{D}=Sc^n$，采用与对流传热时 $Pr\neq1$ 情况下相类似的求解方法，结果为：

$$k_{cx}^0 = 0.292\frac{D_{AB}}{x}Re_x^{0.8}Sc^{1/3} \tag{5-132}$$

$$k_{cm}^0 = 0.365 \frac{D_{AB}}{L} Re_L^{0.8} Sc^{1/3} \tag{5-133}$$

和
$$Sh_m = \frac{k_{cm}^0 L}{D_{AB}} = 0.0365 Re_L^{0.8} Sc^{1/3} \tag{5-134}$$

上面推导平均的对流传质系数或平均修伍德数时，均系假定湍流边界层自平板前缘开始，这一点是与实际不符的。在计算平均传质系数时，必须考虑临界距离 x_c 以前的这一段层流边界层的影响，在此情况下，可应用下式：

$$k_{cm}^0 = \frac{1}{L} \int_0^L k_{cx}^0 dx = \frac{1}{L} \left[\int_0^{xc} k_{cx}^0 (层流) dx + \int_{xc}^L k_{cx} (湍流) dx \right] \tag{5-135}$$

式中：
$$k_{cx}^0 (层流) = 0.332 \frac{D_{AB}}{x} Re_x^{1/2} Sc^{1/3})$$

$$k_{cx}^0 (湍流) = 0.0292 \frac{D_{AB}}{x} Re_x^{0.8} Sc^{1/3}$$

将式（5-114）和式（5-132）代入式（5-135）中积分，结果为：

$$k_{cm}^0 = 0.0365 \frac{D_{AB}}{L} \left[Re_L^{0.8} - 18.19 Re_{cx}^{1/2} \right] Sc^{1/3} = 0.0365 \frac{D_{AB}}{L} \left[Re_L^{0.8} - A \right] Sc^{1/3} \tag{5-136}$$

式中的 A 值与临界雷诺数有关。如将式（5-136）应用于平板壁面上传质速率很低的情况，有：

$$k_{cm}^0 = k_{cm} \tag{5-137}$$

第七节 建筑材料中 VOCs 散发机理

本节首先对现有的研究进行简单回顾，然后结合质传递理论进行适当的模型建立，该模型考虑了材料内部的质扩散过程、室内空气中以对流扩散以及吸附材料表面以表面扩散为主的三大过程，同时揭示室内多孔建筑材料内部污染物散发、湿材料内污染物散发、墙壁等不同表面作用对室内空气污染物浓度贡献情况以及相互之间的影响。

一、建筑材料中 VOCs 散发研究回顾

1. 现有对材料污染物散发研究简单分析

近十年来，国外对 VOCs 的散发模型研究已经广泛地开展了，可以从基于环境舱实验的经验模型和基于质传递的理论模型两个方面认识，我国目前该方面的研究还不足。

室内材料中 VOCs 的散发特性受很多因素的影响，可以分为内因和外因。内因包括：材料类型、VOCs 种类、材料使用年龄等。外因即环境参数，例如温度、风速、湿度、紊流程度、VOCs 浓度等，同时由于建筑材料本身种类繁多，VOCs 在材料中的存在机理也各不相同，分析起来有化学、物理和机械的等多种可能，如表 5-2 所示，因

此要完全掌握和分析其散发规律是比较困难的。

建筑材料（多孔材料）中保留 VOCs 的分类　　　　　　表 5-2

项目	化学附着的 （化学当量）		物理附着的 （非化学当量）				机械附着的 （非化学当量）		
键能 等级	离子的	分子的	吸附的		渗透的	结构的	微毛细管	大毛细管	未受束缚的
	5000	3000					≥100	≤100	0
键形成 的条件	化合	结晶	溶解	物理化学 吸附	渗透 吸入	溶解于 胶质中	毛细管冷凝		表面 冷凝
键构成的 原因	静电场		分子力场		渗透 压力	包括在 胶化中	毛细管中 呈弯月形		表面 附着
	离子间	分子间	全部 分子	外部/内 部表面 ／ 内部 表面					
扰动键 的条件	化学 反应	焙烤	蒸发	解吸 ／ 解吸 附	增浓包围 的溶液	蒸发或 机械脱附	从毛细管蒸发到 浓度低的空气中		表面蒸发 到浓度低 的空气中
固体骨 架和 VOC 特性变化	新化合 物形成	新晶体 形成	类似 溶解	保留在 胶束间 细孔中 ／ 保留 在分 子层 内	物理状态和性质 有较大的变化		性质很少变化，固 体骨架几乎无变化		

对材料中 VOCs 散发经验模型的研究开展较早，也比较成熟。其建立过程主要基于对精确控制的环境舱内材料及目标污染物的观察和数据分析得出，可以很好地再现实验过程、描述室内材料中 VOCs 的散发，并且简单易用。对于大多湿材料，包括油漆、涂料等，都适用经验模型，大多研究表明湿材料的内部扩散系数非常难测量，而且其表面挥发在整个污染物释放过程中占主体地位，因此研究集中于 VOCs 在空气中的传输和扩散上。对部分干多孔材料，模型也有运用。但该类模型存在一些不足，主要是模型中的各种参数均为经验参数，不能准确说明其物理意义，也不能将源参数和环境参数对散发率的影响分开进行描述。得到的数据能否从环境舱直接运用到室内情况也存在问题。

环境舱研究室内材料中 VOCs 的散发过程从四个部分对系统进行考虑：散发源、室内空气、出口和吸附物，可以用图 5-13 表示。

其中 k_i 均为待定常数。根据材料和 VOCs 的特性差别，同时考虑某些主要的控制因素，忽略其他次要因素影响，进行简化建模。

目前可以提供的模型有：

吸附效应模型：主要用于研究室内各种材料的吸附效应，考虑系数 k_3、k_4，同时假设吸附过程符合 Langmuir 吸附等温线。

双指数模型：根据大多数室内材料中 VOCs 散发率曲线，通过数据回归分析确定双指数曲线级

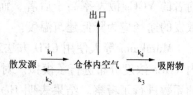

图 5-13　环境舱系统图示

参数。

其余各类经验模型还有：单纯挥发模型、稀释模型、蒸汽压模型和综合效应模型等，模型的种类因研究的对象和重点的不同而不同。

理论模型能够较好地克服经验模型存在的一些不足，目前的理论模型基本都是基于质传递理论基础上的，对于室内材料的 VOCs 的散发过程从三个方面加以考虑：（1）VOC 在材料内部的扩散，由浓度梯度和扩散系数控制，遵守 Fick 第二定律；（2）材料表面到空气边界层的界面，其质量传递为分子扩散；（3）空气层对流扩散。如图 5-14 所示。

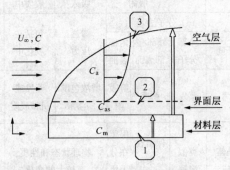

图 5-14　VOCs 散发示意图

其中以材料内部阶段最为复杂，而且研究最多，VOCs 分子在建材内部的扩散可能包括物理扩散和化学扩散。在物理吸收中，固分子（被材料表面吸收）由于范德华力或电子吸引力的作用被约束。而化学吸附则是由于吸收相和吸收质之间化学反应产生化学键的结果。通常认为物理吸附占主导地位。由于多孔材料内部的复杂性，并非所有机理都已经可以进行模拟。

理论模型建立在质量传递理论基础之上，能够将各类影响因素直观反映出来，容易理解。对于不同材料，如何将各种内外因素对各类参数的影响反映到模型中来，将最终决定模型的运用。另外，根据室内材料及其应用形式的不同，可以得到研究对象的不同模型，因此该类模型近年来得到了广泛运用。

Yang 等人对实验装置中不同温度下地毯的短期和长期 VOCs 散发进行了预测。对地毯进行不同温度下短期实验数据拟合（使用 CFD 软件进行模拟），获得 D_m、$C_{m,0}$、AGE 值；在进行长期散发预测时仅考虑地毯内 VOCs 一维扩散方程。结果表明：温度对 VOCs 散发影响较大，温度高，对应高的初始散发率，衰减也快，尽管如此，在 40℃和 30℃的温度条件下，地毯内的 VOCs 散发可以持续 3~4 年，在初始的 20 个月，前者的 VOCs 散发率高于后者，而 30℃的在两年内比 23℃的高，因此认为减少 VOCs 散发的途径应为降低建筑温度。

Murakami 等人使用 CFD 方法对房间内地毯/地毯+活性炭吸附墙壁两种情况的室内 VOCs 浓度分布进行了模拟。对后者分别采用了 Henry、Langmuir 模型，相应取不同的系数进行了考察。结果表明 Henry 数与墙体吸收量正相关，但当室内 VOCs 浓度高的情况下，Henry 模型高估了吸收量而不适用。材料内 VOCs 饱和浓度 $C_{md,0}$ 和 Langmuir

数越大，吸收材料的吸收量越大。

Yang 等人将材料、材料空气界面及空气侧的控制方程联立，对干材料进行了 CFD 模拟，同时也研究了材料内部初始浓度 $C_{m,0}$、扩散系数 D_m、分隔系数 k_{ma} 对室内空气中 VOCs 浓度的影响。对环境舱内不同空气流动状态下湿涂层材料的 VOCs 散发作了短期数值模拟。模型整合了材料膜（湿材料）、基层（干材料）、材料空气界面、空气层控制方程。湿材料扩散系数与 VOCs 浓度的关系采用下式计算：

$$D_m = D_{m,0} \left(\frac{C_m}{C_{m,0}} \right) \tag{5-138}$$

由于空气层的流动可能是层流，也可能是紊流，其紊流模型可采用重调整 $k\text{-}\varepsilon$ 模型（renomalized group）。

Lee 等人对干/湿组合建筑材料的 VOCs 散发进行了模型建立与参数研究，假设相界面干/湿材料的气相 VOCs 散发率均相同，外界空气 VOCs 浓度相同，湿材料衰减率恒定，湿材料厚度可忽略。结合斐克第二扩散定律的推论，其边界条件的建立为空气/干材料/湿材料，湿材料采用经验简化的一次衰减方程得到模型。

$$-\frac{D_m}{1+k_{ma}} \frac{\partial C_m}{\partial x} = R_0 e^{-kt} \tag{5-139}$$

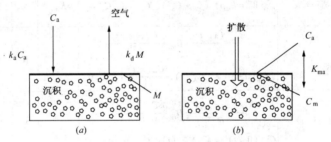

图 5-15　不同模型散发示意

其中 k 为湿材料的衰减常数，R_0，k_{ma} 需要从实验中测得。湿材料的厚度没有考虑，通过综合变换法分析模型。同时讨论了干材料分隔系数、扩散系数对 VOCs 散发的影响。减少扩散系数相当于增加质扩散阻力，可减少最大散发率，并使波峰延迟，衰减率降低；增大干材料的吸收能力（即增大干湿材料的分隔系数），可减少散发率，波峰滞后，同时衰减率降低。

Kumar 等人使用干材料模型研究了在材料上添加阻力层以降低污染物散发速率的可能性，结果表明使用薄材料可以降低散发率，并讨论了该类材料厚度和传质特性对阻力的影响。尽管如此，结果也证明，材料的总体散发量不能得到减少，而是与材料的初始浓度有关。

图 5-15 示意了经验模型和理论模型所侧重考虑的散发情况。

作为参考，表 5-3 还归纳和比较了一些典型的模型，并给出了控制方程、主要假设、模型参数确定以及室内空气品质预测情况等。

典型模型简表 表 5-3

模 型	控 制 方 程	参数	①	②	③	④	⑤
线性	$\mathrm{d}M/\mathrm{d}t = k_a C_a - k_d M$	k_a, k_d	N	Y	N	C-F	Y
双沉积模型	$\mathrm{d}W_1/\mathrm{d}t = k_3 V C_a - k_4 W_1$ $\mathrm{d}W_2/\mathrm{d}t = k_5 V C_a - k_6 W_2$	k_3, k_4 k_5, k_6	N	Y	N	C-F	Y
K 扩散模型	$\dfrac{\partial C_m(x,t)}{\partial t} = D_m \dfrac{\partial^2 C_m(x,t)}{\partial x^2}$ $C_m(0,t) = C_a(t)$	D_m	N	N	Y	C-F	Y
沉积扩散混合模型	$\dfrac{\partial C_m(x,t)}{\partial t} = D_m \dfrac{\partial^2 C_m(x,t)}{\partial x^2}$ $\dfrac{\mathrm{d}W(t)}{\mathrm{d}t} = k_3 V C_a(t)$ $+ A D_m \dfrac{\partial C_m(x,t)}{\partial x}\Big|_{x=+0} - k_4 W(t)$ $C_m(+0,t) = \dfrac{W(t)}{A}$	D_m k_a, k_d	N	Y	Y	C-F	Y
边界层扩散模型	$W_s = h_m \rho A (C_a - C_a^*)$、$C_m = K_{ma} C_a^*$	K_{ma}	Y	Y	N	M	Y
扩散为主的沉积模型	$\dfrac{\partial C_m(x,t)}{\partial t} = D_m \dfrac{\partial^2 C_m(x,t)}{\partial x^2}$ $C_m(0,t) = K_{ma} C_A^*(t)$、$\dfrac{\partial C_m(x,t)}{\partial x}\Big|_{x=L} = 0$	D_m K_{ma}	N	Y	Y	M	Y
数字模型	$\dfrac{\partial C_m(x,t)}{\partial t} = D_m \dfrac{\partial^2 C_m(x,t)}{\partial x^2}$ $C_m(0,t) = K_{ma} C_A^*(t)$、$C_m(L,t) = 0$	D_m K_{ma}	Y	Y	Y	M	Y

① 是否考虑 VOCs 在空气中的扩散
② 是否考虑表面沉积
③ 是否考虑材料内部 VOCs 的扩散
④ 模型参数的确定
⑤ 是否使用 CFD 方法

表中主要参数：M—VOCs 在单位面积上的沉积量；k_a、k_d—吸附系数、解吸系数；C_a、C_m、C_a^*—空气主体中污染物浓度、材料主体中污染物浓度、界面上空气中污染物浓度；k_3、k_5、k_4、k_6—吸附系数、解吸系数；D_m—扩散系数；V—测试舱体积；W—VOCs 吸附量；h_m—表面平均传质系数；ρ—密度；t—时间；L—材料厚度；x—距离。

2. 建材污染物扩散系数获取分析

根据前面论述的质量传递理论和研究分析，在室内多孔建筑材料内部 VOCs 或其他污染物的建模研究过程中必然要用到一些材料的相关物理参数，包括材料内部污染物浓度、扩散系数、传质系数等，这些参数不仅跟材料本身特性有关，而且与污染物的物性、空气状态参数等有关。一个有效的模型能否真正模拟和运用到实际当中去，和参数的准确性、有效性密切相关。目前这类参数还没有完全的数据库可以提供，在建筑材料污染物散发研究中，有时候还需要实地、实测数据，根据实验数据分析得到。

根据前面的传质理论，以及一些必要的数学变换求解、简化方法，我们可以用下面阐述的方法进行扩散系数 D_m 的求取。

设定如图 5-16 的实验装置，材料厚度为 l。

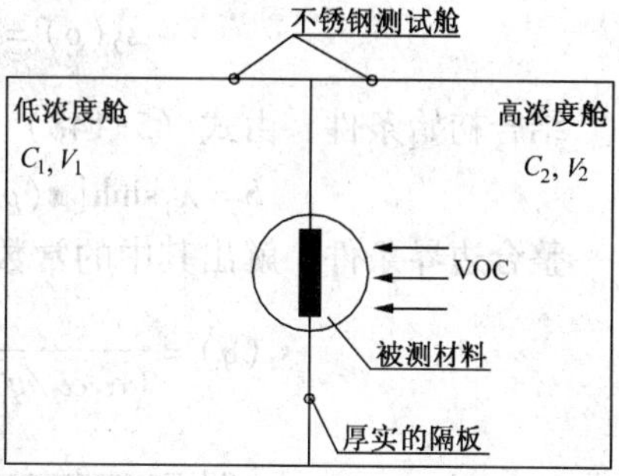

根据质传递理论，干性多孔材料内部的 VOCs 扩散可以用经典的斐克定律描述（考虑一维情况）：

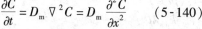

图 5-16 材料扩散参数测试装置示意图

$$\frac{\partial C}{\partial t} = D_m \nabla^2 C = D_m \frac{\partial^2 C}{\partial x^2} \tag{5-140}$$

式中 C——材料内部污染物浓度，$kmol/m^3$；

D_m——材料扩散系数，m^2/s。

如果已知或能够测出材料左右两表面的浓度，就可以通过理论分析和物理试验的方法得到相关参数。

假定有以下边界条件：

$$x = 0 \qquad C = k_{ma}c_1 \tag{5-141}$$

$$x = l \qquad C = k_{ma}c_2 \tag{5-142}$$

结合初始条件：

$$t = 0, \ 0 \leqslant x \leqslant l, \ C = 0$$

假定初始值： $\qquad c_1 = 0, \ c_2 = c_0$

则时刻 t 后，材料两侧空气中的浓度为：

$$c_1 = (D_m A/V_1) \int_0^l \left(\frac{\partial C}{\partial x} \right)_{x=0} \mathrm{d}t \tag{5-143}$$

$$c_2 = c_0 - (D_m A/V_2) \int_0^l \left(\frac{\partial C}{\partial x} \right)_{x=l} \mathrm{d}t \tag{5-144}$$

式中 A——被测材料的表面积，m^2；

V_1、V_2——测试舱 1、2 的体积，m^3。

设 S，s_1，s_2 分别为 C，c_1，c_2 对应的拉普拉斯变换，则有：

$$S(x,p) = l\{C(x,t)\} = p\int_0^\infty C(x,t)\exp(-pt)\mathrm{d}t \tag{5-145}$$

$$s_1(x,p) = l\{c_1(x,t)\} = p\int_0^\infty c_1(t)\exp(-pt)\mathrm{d}t \tag{5-146}$$

$$s_2(x,p) = l\{c_2(x,t)\} = p\int_0^\infty c_2(t)\exp(-pt)\mathrm{d}t \tag{5-147}$$

$$D\frac{\mathrm{d}^2 S}{\mathrm{d}x^2} = p\{S - C(x,0)\} \tag{5-148}$$

相应的有： $$s_1(p) = (DA/V_1 p)\left(\frac{\mathrm{d}S}{\mathrm{d}x} \right)_{x=0} \tag{5-149}$$

$$s_2(p) = c_0 - (DA/V_2p)\left(\frac{\mathrm{d}S}{\mathrm{d}x}\right)_{x=1} \tag{5-150}$$

结合初始条件，由式（5-148）可以解得：

$$S = \lambda_1 \sinh\left[x(p/D)^{0.5}\right] + \lambda_2 \cosh\left[x(p/D)^{0.5}\right] \tag{5-151}$$

整合边界条件，解出其中的常数 λ_1、λ_2，则有：

$$s_1(q) = \frac{\alpha_1 c_0}{(\alpha_1\alpha_2/q^2 - 1)\sin(q) + (\alpha_1 + \alpha_2)\cos(q)} \tag{5-152}$$

$$s_2(q) = \frac{(\alpha_1\cos(q) - q\sin(q))c_0}{(\alpha_1\alpha_2/q^2 - 1)\sin(q) + (\alpha_1 + \alpha_2)\cos(q)} \tag{5-153}$$

其中，

$$q = l\ (p/D)^{0.5} \tag{5-154}$$

$$\alpha_1 = \frac{k_{\mathrm{ma}}Al}{V_1} \tag{5-155}$$

$$\alpha_2 = \frac{k_{\mathrm{ma}}Al}{V_2} \tag{5-156}$$

如果 V_1、V_2 相等，则特性等式 $\tan(q) = \dfrac{(\alpha_1 + \alpha_2)q_i}{(q_i^2 - \alpha_1\alpha_2)}$ 算子中 $(\alpha_1 + \alpha_2)$ 为 2α、$\alpha_1\alpha_2$ 为 α^2。

式（5-155）、式（5-156）合并为下式：

$$\alpha = \frac{k_{\mathrm{ma}}Al}{V} \tag{5-157}$$

根据海维斯德一般定律，对式（5-152）和式（5-153）进行反变换，得到可测参数 c_1、c_2 的关系式：

$$\frac{c_2 - c_1}{c_0} = \sum_{i=1}^{\infty} 4\alpha \left[q_i^2 + \alpha\ (2 + \alpha)\right]^{-1} \exp\left\{-q_i^2 Dt/l^2\right\} \tag{5-158}$$

其中 q_i 为特征方程的正根：

$$\tan\ (q) = \frac{2\alpha q_i}{(q_i^2 - \alpha^2)} \tag{5-159}$$

无穷级数式（5-158）收敛速度很快，因此对于足够大的时间量 t，级数的第一项 q_1 已经够了，即为：

$$\frac{c_2 - c_1}{c_0} = \frac{4\alpha}{q_1^2 + \alpha(2 + \alpha)}\exp\left(\frac{-q_1^2 Dt}{l^2}\right) \tag{5-160}$$

对等式两边分别取自然对数，则：

$$\ln\frac{c_2 - c_1}{c_0} = \ln\left\{\frac{4\alpha}{q_1^2 + \alpha(2 + \alpha)}\right\} - \frac{q_1^2 Dt}{l^2} \tag{5-161}$$

由此，从式（5-161）知，因变量 $y = \ln\left[(c_2 - c_1)/c_0\right]$ 对自变量 t 就是一条直线。

其斜率为：

$$r = \frac{-q_1^2 D}{l^2} \tag{5-162}$$

截距为：

$$u = \ln\left\{\frac{4\alpha}{q_1^2 + \alpha\ (2 + \alpha)}\right\} \tag{5-163}$$

为解式（5-159）、式（5-162）、式（5-163），我们需要知道参数 q_1、D、α，而这些值可以从实验确定的 r 和 u 来计算。分隔系数 k_{ma} 可以从式（5-157）中得到。

具体的计算步骤如下：

（1）从测试得到的参数 t、$\ln[(c_2-c_1)/c_0]$，可以确定出一条直线，并以曲线拟合的方法（例如：最小二乘法）得到参数 r、u；

（2）特征方程根 q 可以对于选定的 α 值使用二分法计算得到，当然到目前为止，正确合用的 q、α 值并未得到；

（3）从式（5-163），q_1 可以通过给定的 u 值和 α 值计算出来；

（4）结合式（5-159）、式（5-163），可以确定正确的 q_1、α 值；

最终，扩散系数和分隔系数可以通过前面的关系式计算得到。

到目前为止，已有近 40 种 VOCs 在不同材料上的一些参数数据，表 5-4 列举了部分使用 Langmuir 模型得到的测试参数。表 5-5 为文献提供的分隔系数和扩散系数。

Langmuir 模型得到的 VOCs 测试部分参数　　表 5-4

材　料	VOCs	吸附系数 k_d（h^{-1}）	解吸系数 k_d（h^{-1}）	平衡系数 k_e（m）
地毯	过氯乙烯	0.13	0.13	0.97
地毯	乙苯	0.08	0.08	0.95
墙纸	过氯乙烯	0.21	1.5	0.14
墙纸	乙苯	0.45	1.5	0.3
顶棚	过氯乙烯	0.1	0.61	0.16
顶棚	乙苯	0.24	0.59	0.41
乙烯地板	乙苯	0.26	2.74	0.095
乙烯地板	环已酮	0.19	1.19	0.16
乙烯地板	1，4-对氯苯	0.25	0.83	0.3
乙烯地板	苯醛	0.14	0.56	0.25
乙烯地板	十二烷	0.11	0.129	0.85
油漆后的墙面	乙苯	0.25	5.43	0.046
油漆后的墙面	环已酮	0.076	0.238	0.32
油漆后的墙面	1，4-对氯苯	0.32	0.283	1.13
油漆后的墙面	苯醛	0.18	0.144	1.25
油漆后的墙面	十二烷	0.076	0.026	2.93
顶棚	乙苯	1.13	3.65	0.31
顶棚	环已酮	1.23	1.12	1.1
顶棚	1，4-对氯苯	1.4	0.92	1.53
顶棚	苯醛	1.08	0.783	1.38

材　　料	VOCs	吸附系数 k_a （h^{-1}）	解吸系数 k_d （h^{-1}）	平衡系数 k_e （m）
顶棚	十二烷	0.97	0.191	5.07
地毯	乙苯	0.67	0.638	1.05
地毯	环己酮	0.44	0.205	2.15
地毯	1，4-对氯苯	0.6	0.158	3.79
地毯	苯醛	0.57	0.092	6.22
地毯	环己酮	0.42	0.019	22.2
地毯	甲基-tert-丁基醚	0.76	4.9	0.156
地毯	环己酮	0.39	1.7	0.0229
地毯	异-丙醇	0.75	1.1	0.682
地毯	甲苯	0.49	0.29	1.69
地毯	Tetra-氯乙烷	0.44	0.25	1.76
地毯	0-对氯苯	0.6	0.08	7.5
地毯	1，2，4-间氯苯	1.5	0.46	3.26
油漆后的石膏板	甲基-tert-丁基醚	0.07	0.12	0.58
油漆后的石膏板	环己酮	0.01	0.18	0.056
油漆后的石膏板	异-丙醇	0.08	0.24	0.33
油漆后的石膏板	甲苯	0.1	0.6	0.167
油漆后的石膏板	Tetra-氯乙烷	0.06	0.45	0.133
油漆后的石膏板	0-对氯苯	0.26	0.25	1.04
油漆后的石膏板	1，2，4-间氯苯	0.5	0.29	1.72

部分文献提供的 VOCs 扩散系数及分隔系数　　　　　表 5-5

材　　料	VOCs	分隔系数 K_{ma}	扩散系数 D_m （10^{-11}m^2/s）
地毯衬料	庚烷	708.55	5.5
地毯衬料	辛烷	6171.31	4.31
地毯衬料	壬烷	6216.05	2.83
地毯衬料	癸烷	14617.24	0.542
地毯衬料	十一烷	24255.9	0.279
乙烯地板	庚烷	408.21	0.235
乙烯地板	辛烷	1421.95	1.5
乙烯地板	壬烷	4821.88	0.722

续表

材　　料	VOCs	分隔系数 K_{ma}	扩散系数 D_m（$10^{-11} m^2/s$）
乙烯地板	癸烷	16072	0.274
乙烯地板	十一烷	61250	0.201
OSB	庚烷	472.47	23.4
OSB	辛烷	998.94	11.2
OSB	壬烷	2369.11	4.51
OSB	癸烷	12027.74	1.07
OSB	十一烷	25931.86	0.724
石膏板	苯	416	14.2
石膏板	甲苯	941	6.38
石膏板	乙苯	1360	2.77
石膏板	对乙苯	4562	1.41
石膏板	丁基苯	14031	0.705
乙烯地板	苯	310	10.6
乙烯地板	甲苯	539	5.42
乙烯地板	乙苯	1522	2.02
乙烯地板	对乙苯	4520	0.803
乙烯地板	丁基苯	13356	0.464
复合板	苯	184	2.08
复合板	甲苯	358	1.75
复合板	乙苯	2476	5.53
复合板	对乙苯	3249	2.16
复合板	丁基苯	11918	0.755
粒子板	苯	266	73.3
粒子板	甲苯	968	26.8
粒子板	乙苯	1237	10.5
粒子板	对乙苯	4388	3.42
粒子板	丁基苯	18042	0.897
乙烯地板	n-癸烷	3000	0.045
乙烯地板	n-十二烷	17000	0.034
乙烯地板	n-十四烷	120000	0.012
乙烯地板	n-十五烷	420000	0.0067

二、建筑材料中 VOCs 散发模型的建立及其应用

1. 模型的建立

（1）主要考虑因素

1）污染物散发源为室内干性多孔材料，包括地毯、聚乙烯地板、人造板等，散发出来的各类有机挥发性气体 VOCs，该类干性材料内部污染物的传递主要受质扩散控制，并在材料内部污染物的释放过程及其时间中占主导地位，扩散阻力也主要由其扩散系数决定。该模型不同于 CFD 模型，CFD 模型将大量的时间和精力用在了污染物在室内的运动和分布情况上，这通常并不是我们非常关心的。对于实际运用，我们主要想知道室内污染物的大体浓度，比如是否超标，以及污染物散发持续的时间等情况。

2）室内污染物吸收源为墙体、窗帘。大量研究表明，在室内，由于其具有较大表面积，污染物在该类物体表面的沉降和吸附不能忽略，它们对污染物的吞吐效应会对室内污染物浓度产生影响。

3）所建模型还做以下基本假设：

①干性多孔材料内部材质均匀，污染物的初始浓度相同；

②材料内部污染物散发过程为纯物理现象，没有化学反应；

③材料内部污染物单一（包括 TVOC），或者至少扩散过程不相互干扰；

④材料内部扩散为一维扩散，传递动力为浓度差，并完全遵循斐克定律；

⑤污染物扩散系数、材料表面分隔系数不随浓度变化而变化，并可以真实反映材料整个散发过程；

⑥空气和材料交界面始终保持平衡状态，动态平衡很快建立；

⑦污染物的吞吐只发生在吸附材料表面，并遵循 Langmuir 等温吸附线；

⑧室内污染物分布均匀，或者很快达到均匀一致；

⑨材料底部没有污染物扩散穿透表面。

（2）模型及控制方程的建立

1）控制方程

①污染源内部

对于干性多孔材料，同时满足上述假设条件，其控制方程为（斐克定律）：

$$\frac{\partial C_{m,i}}{\partial t} = D_{m,i} \frac{\partial^2 C_{m,i}}{\partial y^2} \tag{5-164}$$

式中　$C_{m,i}$——i 材料内部污染物浓度，$\mu g/m^3$；

　　　$D_{m,i}$——i 材料内部污染物扩散系数，m^2/s；

　　　t——时间变量，s；

　　　y——扩散一维方向上空间变量，m。

②材料表面

在污染源材料表面，污染物的散发和吸附应该是同时存在的，并保持动态平衡，在常温常压条件下，符合 Langmuir 等温线，控制方程为：

$$C_{\mathrm{m}}\big|_{y=bi} = k_{\mathrm{ma},i} C_{\mathrm{as},i} \tag{5-165}$$

式中　$C_{\mathrm{m}}\big|_{y=bi}$——$i$ 材料表面（仍在固相）污染物浓度，$\mu\mathrm{g/m^3}$；

　　　　$k_{\mathrm{ma},i}$——i 材料表面分隔系数；

　　　　$C_{\mathrm{as},i}$——i 材料表面空气中污染物浓度，$\mu\mathrm{g/m^3}$。

③边界层质扩散

在材料表面存在一层浓度边界层，其中的污染物传递过程同时受扩散和对流影响，气相传质速率为（斐克第二定律）：

$$R_i = h_i (C_{\mathrm{as},i} - C_{\mathrm{a}}) \tag{5-166}$$

式中　R_i——气相传质速率，$\mu\mathrm{g/(m^2 \cdot s)}$；

　　　h_i——传质系数，$\mathrm{m/s}$；

　　　C_{a}——空气中污染物浓度，$\mu\mathrm{g/m^3}$。

④墙体表面吸附沉积效应，控制方程为：

$$\frac{\mathrm{d}M_i}{\mathrm{d}t} = k_{3,i} C_{\mathrm{a}} - k_{4,i} M_i \tag{5-167}$$

式中　M_i——第 i 块材料单位面积的吸附量，$\mu\mathrm{g/m^2}$；

　$k_{3,i}$、$k_{4,i}$——第 i 块材料的吸附/解吸系数，$\mathrm{m/s}$、$\mathrm{m/s}$。

⑤湿性材料（涂料）的污染物散发率为：

$$R_{\mathrm{s}} = R_{0\mathrm{s}} e^{-k_1 t} \tag{5-168}$$

式中　$R_{0\mathrm{s}}$——湿材料的初始散发率，$\mu\mathrm{g/(m^2 \cdot s)}$；

　　　R_{s}——湿材料的散发率，$\mu\mathrm{g/(m^2 \cdot s)}$；

　　　k_1——衰减系数，$\mathrm{s^{-1}}$；

　　　t——时间，s。

⑥控制体内（房间）污染物质量平衡方程：

$$\frac{\partial C_{\mathrm{a}}}{\partial \tau} = NC_{\mathrm{in}} - NC_{\mathrm{a}} - \sum_i L_i D_{\mathrm{m},i} \frac{\partial C_{\mathrm{m},i}}{\partial y}\bigg|_{y=bi} - \sum_i k_3 L_i C_{\mathrm{a}} + \sum_i k_4 L_i M_i + \sum_i L_i R_{0\mathrm{s}} e^{-k_1 t} \tag{5-169}$$

式中　C_{a}——空气中污染物浓度，$\mu\mathrm{g/m^3}$；

　　　N——换气次数，次/s；

　　　L_i——第 i 块材料特性面积，$\mathrm{/m^{-1}}$。

2）初始及边界条件

①初始条件

污染源材料 i 内部：

$$C_{\mathrm{m},i}(y, t=0) = C_{0,i} \tag{5-170}$$

吸附/解析材料 i 表面吸附量：　　　$M_i(0) = M_{0,i} \tag{5-171}$

空气中污染物：　　　$C_{\mathrm{a}}(0) = C_{\mathrm{a}0} \tag{5-172}$

②边界条件

材料底部（固固界面）：　　　$-D_{\mathrm{m},i} \dfrac{\partial C_{\mathrm{m},i}}{\partial y}\bigg|_{y=0} = 0 \tag{5-173}$

材料空气界面： $\qquad -D_{m,i}\dfrac{\partial C_m}{\partial y}\Big|_{y=b}=h_i\left(C_{asi}-C_a\right)$ （5-174）

③部分参数问题

空气中污染物传质系数：

在现有传质理论当中，已经对该系数进行了较深入的研究，并得出以下关系式：

（a）层流状态下（$Re<500000$）：

$$Sh=0.664\,Sc^{1/3}Re^{1/2}$$ （5-175）

（b）紊流状态下（$Re>500000$）：

$$Sh=0.037\,Sc^{1/3}Re^{4/5}$$

（c）混合流状态下（$Re<10^7$，$Re_{tr}=500000$）：

$$Sh=(0.037\,Re^{4/5}-8700)Sc^{1/3}$$

式中　Sh——修伍德数，$Sh=\dfrac{hd}{D_a}$；

$\quad Sc$——施密特数，$Sc=\dfrac{\nu}{D_a}$；

$\quad Re$——材料表面雷诺数，$Re=\dfrac{ud}{\nu}$；

$\quad u$——材料表面空气的平均流速，m/s；

$\quad D_a$——空气中污染物扩散系数，m²/s；

$\quad \nu$——空气运动黏度，m²/s；

$\quad d$——材料特性长度，m；

$\quad h$——传质系数，m/s。

（d）空气中污染物的扩散系数：

该系数与系统的温度、压力以及物质的性质有关。在一定条件下，可以通过实验方法测定。对于空气当中单一污染物（含 TVOC 研究）情况，可以视为双组分系统，其计算根据分子运动学说推导得到：

$$D_a=\frac{nT^{3/2}\left(\dfrac{1}{M_a}+\dfrac{1}{M_{air}}\right)^{1/2}}{PS_{av}}$$ （5-176）

式中　T——绝对温度，K；

M_a、M_{air}——污染物，空气的分子量；

$\quad P$——总压，atm；

$\quad S_{av}$——污染物和空气的分子平均截面积，m²；

$\quad n$——实验确定常数。

如需更加精确严谨的求算气体扩散系数，可采用下式（赫虚范特法）：

$$D_a=\frac{1.8583\times10^{-7}}{P\sigma^2\Omega_D}\left(\frac{1}{M_a}+\frac{1}{M_{air}}\right)^{1/2}$$ （5-177）

式中　σ——平均碰撞直径（勒奈特-琼斯参数），m；

Ω_D——分子扩散的碰撞积分，为波尔兹曼常数（1.3806×10^{-6} erg/K）的无因次函数。

以上公式中都需要较多的实验数据，对于我们研究的对象系统，大多采用半经验公式进行计算（福勒法）：

$$D_a = \frac{1.00 \times 10^{-7} T^{1.75} \left(\frac{1}{M_a} + \frac{1}{M_{air}} \right)^{1/2}}{P \left[\left(\sum v_a \right)^{1/3} + \left(\sum v_{air} \right)^{1/3} \right]^2} \quad (5\text{-}178)$$

式中　$\sum v_a$、$\sum v_{air}$——污染物和空气的分子扩散体积，cm^3/mol。

由于我们研究的污染物浓度相对较低，边界层上浓度变化也小，认为上述公式对于我们研究的系统有效。

举例如下：计算常压、温度为 298K 条件下，苯（C_6H_6）在空气中的扩散系数。

$\sigma_a = 5.349, \sigma_{air} = 3.711, \sigma_{a,air} = 4.53, M_a = 78, M_{air} = 23, \varepsilon_a/k = 412.3, \varepsilon_{air}/k = 78.6,$ $\Omega_D = f(kT/\varepsilon_{a,air}) = 1.153$，代入式（5-178）中，计算得到 $D_a = 96.2 \times 10^{-7} m^2/s$。

对于 TVOC，由于内部成分复杂，采用 Sparks 等推荐的 23℃ 条件下 $D_a = 5.938 \times 10^{-6}$ m^2/s，并按下式进行不同温度下该值的调整：

$$D_a(T) = 5.938 \times 10^{-6} \left(\frac{T}{296} \right)^{1.5} \quad (5\text{-}179)$$

（e）材料内部扩散系数 $D_{m,i}$、分隔系数 $k_{ma,i}$、吸附/解析系数 $k_{3,i}/k_{4,i}$：

对于该类系数，是必须通过实验方法加以确定的，属于材料的物理特性，已经有大量的文献提供该类数据。

到此为止，我们已经建立了一整套包含质扩散理论和经验模型结合的新型通用数字模型，可以用来研究常规的室内污染状况，并进行必要的分析。

（3）方程离散与求解

对于污染源材料内部污染物扩散方程，使用有限差分方法，在空间和时间上将问题离散为差分方程，然后，以初始条件为出发点，按时间逐层推进计算，示意图如图 5-17 所示。

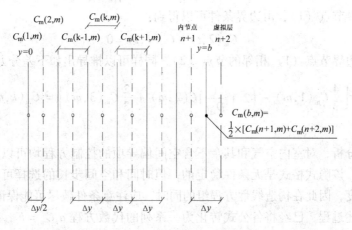

图 5-17　干材料差分示意图

浓度在空间上的变化采用区域离散化方法的内节点法，也即所谓的方法 B，每个子区域就是一个控制容积，划分子区域的线族就是界面线，每个控制容积的中心线位置为节点。对于边界位置（$y=b$），为保证计算结果的二阶精度，在边界层外取一虚拟层（$n+2$），使用（$n+1$）和（$n+2$）节点的平均插值代替边界层 $y=b$ 处的值。

m 时刻从第（$k-1$）层中心到第（k）层中心部位和从第（k）层中心到第（$k+1$）层中心部位的污染物浓度梯度，可以分别表示为：

$$\frac{C_m(k,m)-C_m(k-1,m)}{\frac{1}{2}(\Delta y_{k-1}+\Delta y_k)} \quad 和 \quad \frac{C_m(k+1,m)-C_m(k,m)}{\frac{1}{2}(\Delta y_k+\Delta y_{k+1})}$$

控制方程右端浓度对空间的二阶导数可以差分为以下形式：

$$\frac{\partial^2 C_m(y,t)}{\partial y^2} \approx \frac{1}{\Delta y_k}\left[\frac{C_m(k+1,m)-C_m(k,m)}{1/2(\Delta y_k+\Delta y_{k+1})}-\frac{C_m(k,m)-C_m(k-1,m)}{1/2(\Delta y_{k-1}+\Delta y_k)}\right]$$

$$(5-180)$$

方程左侧对时间的偏导可以采用隐式差分格式，得到差分方程为：

$$\frac{\partial C_m(y,t)}{\partial \tau} \approx \frac{C_m(y,m)-C_m(y,m-1)}{\Delta \tau} \tag{5-181}$$

利用上述差分公式就可以将材料内部污染物扩散微分控制方程转换为差分形式的浓度扩散方程：

$$\frac{C_m(y,m)-C_m(y,m-1)}{\Delta \tau}=\frac{D_m}{\Delta y_k}\left[\frac{C_m(k+1,m)-C_m(k,m)}{1/2(\Delta y_k+\Delta y_{k+1})}-\frac{C_m(k,m)-C_m(k-1,m)}{1/2(\Delta y_{k-1}+\Delta y_k)}\right]$$

$$(5-182)$$

假定层次划分均匀，同时令 $r=\dfrac{\Delta \tau}{\Delta y^2}$，上面的方程可以整理为：

$$-D_m r\left[C_m(k-1,m)-\left(2+\frac{1}{D_m r}\right)C(k,m)+C_m(k+1,m)\right]=C_m(k,m-1)$$

$$(5-183)$$

对于边界节点（1），由边界条件可以得到：

$$C_m(2,t)-C_m(1,t)=0 \tag{5-184}$$

对于与边界节点（1）相邻的节点（2），同样可以推导出如下差分方程：

$$-D_m r\left[\frac{4}{3}C_m(1,m)-\left(2+\frac{1}{D_m r}\right)C(2,m)+\frac{2}{3}C_m(3,m)\right]=C_m(k,m-1)$$

$$(5-185)$$

同上面分析，对室内空气和其余不含空间偏导项的控制方程均可以用隐式差分格式加以离散。该隐式格式是无条件稳定的，但时间和空间步长的选择可能会影响计算结果的准确度，因此在构造线性方程组的同时，应注意条件数尽可能保证"良态"。

通过上述过程，已经将各公式转化为一系列的代数方程 $a_i C_m=b_i$，接下来求解这系数矩阵 A 为对角占优的三对角方程组。运用直接求解的高斯消元（追赶法）。

追赶法分为正消和反代过程：$Ax = f$，$A = LU$；$Ly = f$，求 y；$Ux = y$，求出结果 x。详细过程为（各符号仅为示意，与上节给出的各符号无关）：

$$A = \begin{bmatrix} b_1 & c_1 & & & \\ a_2 & b_2 & c_2 & & \\ & & & & \\ & & & & c_{n+1} \\ & & & a_{n+2} & b_{n+2} \end{bmatrix} = \begin{bmatrix} \alpha_1 & & & & \\ r_2 & \alpha_2 & & & \\ & & & & \\ & & & & \\ & & & r_{n+2} & \alpha_{n+2} \end{bmatrix} \begin{bmatrix} 1 & \beta_1 & & & \\ & 1 & \beta_2 & & \\ & & & & \\ & & & & \beta_{n+1} \\ & & & & 1 \end{bmatrix}$$

其中 α_i、β_i、r_i 为待定系数。比较方程两边得到：

$b_1 = \alpha_1, c_1 = \alpha_1\beta_1$；$a_i = r_i, b_i = r_i\beta_{i-1} + \alpha_i (i = 2, \cdots, n+2)$；$c_i = \alpha_i\beta_i (i = 2, \cdots, n+1)$；
$\alpha_i = b_i - a_i\beta_{i-1}$ （$i = 2, \cdots, n+2$）；$\beta_i = c_i / (b_i - a_i\beta_{i-1})$

迭代计算步骤为：

1）算 β_i 的递推公式

$\beta_1 = c_1/b_1$，$\beta_i = c_i / (b_i - a_i\beta_{i-1})$　　　（$i = 2, \cdots, n+1$）；

2）解 $Ly = f$

$y_1 = f_1/b_1$，$y = (f_i - a_i y_{i-1}) / (b_i - a_i\beta_{i-1})$（$i = 2, \cdots, n+2$）；

3）解 $Ux = y$

$x_{n+2} = y_{n+2}$，$x_i = y_i - \beta_i x_{i+1}$　　　（$i = n, \cdots, 1$）

使用该直接求解方法，为保证结果的准确性，应注意计算和调整系数矩阵 A 的条件数 cond（A）不宜过大。

以上对室内污染物的从物理问题到数字问题的过程可以用图 5-18 加以描述。确定好编程语言和基本的方程、算法之后，应该书写程序流程图，便于在程序编制过程中对整个程序进行掌握和调整。

2. 模型验证

为验证该模型，在同等环境、污染条件下进行污染状况模拟计算，并与文献［26］的 CFD 方法计算结果进行对比。文献［26］中实验是在 $0.5 \times 0.4 \times 0.25\ m^3$ 的小环境舱进行的。

各条件为：温度 $23 \pm 0.5℃$，相对湿度 $50\% \pm 0.5\%$，换气次数 $1.0 \pm 0.05 h^{-1}$，特性面积为 $0.729 m^2/m^3$，测试材料 $0.212 \times 0.212 \times 0.0159$ 粒子板。材料参数如表 5-6 所示。

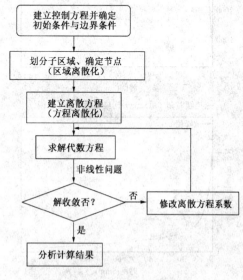

图 5-18　物理问题数值计算的步骤

材料参数表 表5-6

污染物		TVOC	己醛	α 蒎烯
	D_m （m²/s）	7.65×10^{-11}	7.65×10^{-11}	1.2×10^{-10}
PB1	C_0 （μg/m³）	5.28×10^7	1.15×10^7	9.86×10^6
	k_{ma}	3289	3289	5602
	D_m （m²/s）	7.65×10^{-11}	7.65×10^{-11}	1.2×10^{-10}
PB2	C_0 （μg/m³）	9.86×10^7	2.96×10^7	7.89×10^6
	k_{ma}	3289	3289	5602

对 TVOC 情况 1，由于文献没有给传质系数，根据 $T = 23 + 273 = 296K$，$P = 1atm$，$\rho = 1.205 kg/m^3$，$\mu = 18.3 \times 10^{-6}$，$\nu = 15.34 \times 10^{-6} m^2/s$，$u = 0.02 m/s$，以及 $D_a = 5.938 \times 10^{-6}$ 的条件进行计算：

$$Re = \frac{ud}{\nu} = \frac{0.02 \times 0.212}{15.34 \times 10^{-6}} = 276.4$$

$$Sc = \frac{\nu}{D_a} = \frac{15.34 \times 10^{-6}}{5.938 \times 10^{-6}} = 2.58$$

$$h = 0.664 Sc^{1/3} Re^{1/2} \frac{D_a}{d} = 0.664 \times 2.58^{1/3} \times 276.4^{1/2} \times \frac{5.938 \times 10^{-6}}{0.212} = 0.000424$$

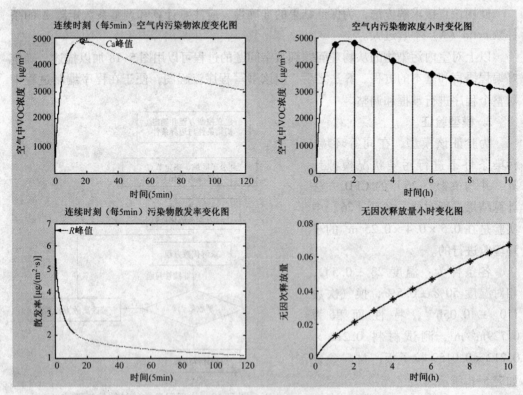

图 5-19 情况 1 中 TVOC 10h 计算结果可视化图形

从图 5-19 的计算结果看，该情况下，散发率初始条件下最大，约为 6.74μg/ (m² · s)，并且衰减速度相当之快，前半小时内已经降到 2.75μg/ (m² · s)，从图 5-19 左下图也可看出，散发率高峰期大概出现在前 17 × 5 = 85min，随后变化相对比较平缓，但速率仍然较大，在这 10h 内一直维持在 1μg/ (m² · s) 以上的高速度。

室内浓度上升时间最快的时期也正是散发率变化最大的时期，到第 85min 左右达到最大值 4.89 × 10³μg/m³，然后逐步下降，变化趋平缓。尽管如此，从图 5-19 右下图，我们可以知道在这 10h 内，由污染源散发出来的污染物总量尽管上升很快，但已经开始有减缓趋势，而这个时候的散发量和污染源内部总量相比还不到 10%，可以预见，在这种状态参数条件下，包括换气条件、负荷率、材料内污染物散发参数，以及室内空气物理状态情况，要使室内污染物浓度达到可接受标准 TVOC < 600μg/m³ 还需要很长一段时间。从下面的程序运行结果得到，该时间大约为：311.9h，大约 13d，此时散发率为 2.28 × 10⁻¹ (μg/m³)，已经相当低，尽管如此，散发总量还是只占污染源内部总量的 58.27%。要使该污染物源内部的 99% 污染物散发出来需要 1813.5h，大约为两个半月。这也说明材料内部污染物的散发过程的确需要较长时间完成。

图 5-20 所示的等高图进一步详细地给出了 10h 内材料内部各层中污染物的浓度等高线，可以看到，即便是 10h 后，污染源底部的大约 1150 × 0.00001 = 0.0115m 以内的浓度没有发生变化，可见在给定传质系数和分隔系数等主导因素条件下，污染物散发的阻力主要来自材料本身。

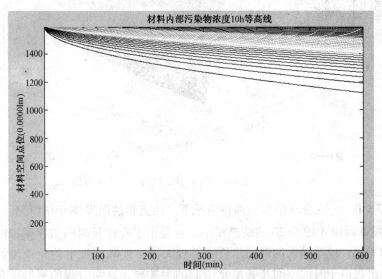

图 5-20　情况 1 中 TVOC 10h 材料内各点浓度等高图

图 5-21 形象地给出了 10h 以内，材料各层内部污染物浓度每分钟变化状况，靠近空气界面的层面污染物浓度下降趋势与其与空气界面的距离呈正相关，距离越小，浓度衰减速度越快。

为进一步验证该模型，将使用该模型对表 5-6 给出的各状况进行长时间计算，并与文献提供的实验结果和 CFD 结果一一进行对比，输出可视化结果如图 5-22 ~ 图 5-

27所示。其中图5-22计算和输出的是情况1条件（第一块粒子板）下，实验舱空气中TVOC、己醛和α蒎烯浓度随时间变化的情况的曲线。计算结果和实验值吻合得较好，变化趋势也基本一致。但和CFD模型一样，该模型计算结果在最初的时段与实测结果有一些出入，比如浓度峰值大小以及出现的时间等，这可能是因为测量本身在被测材料放入的初始时段不能完全理想化，存在一定的波动和部分混合等现象造成的。而在随后的很长时间内，模型计算结果可以跟实验测量值很好的吻合。图5-25计算和输出的是情况2条件（第二块粒子板）下，实验舱空气中TVOC、己醛和α蒎烯浓度随时间变化情况的曲线。实验时间比较长，在800h左右，使用该模型进行预测得到的结果和实验测量值基本一致，时间越长，这种效果越明显。从图5-23和图5-26的污染物浓度曲线和文献中CFD结果比较来看，两者也能够较好的吻合。由此可见，本数学模型合理可行，离散化处理方法恰当。

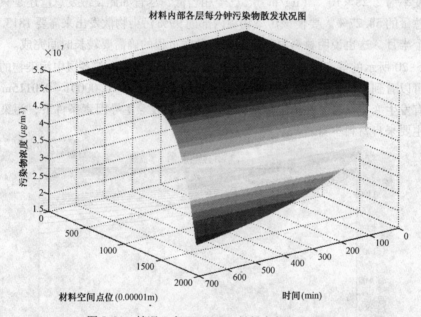

材料内部各层每分钟污染物散发状况图

图5-21　情况1中TVOC 10h材料内各点浓度图

　　图5-23、图5-26分别是实验两种情况下，污染物的散发率变化情况。图5-23的TVOC的散发率峰值比图5-26的结果稍小，这是由于在作长时间数字模拟时，为节省计算时间的考虑，模型输入的时间步长取得较大，导致峰值被平均化淹没的结果。但总体上没有出现由于时间空间步长变化引起的大差异，说明方程的离散化合理，系数矩阵的条件数控制妥当，结果可信。

　　从图5-22、图5-25，图5-23、图5-26的TVOC和己醛的浓度和散发率曲线来看，两者除初始浓度不同外，其他条件完全一致，而空气中时刻浓度值、散发率在整个计算时间段内也基本保持这种比例。说明污染源内部污染物的初始浓度对污染物散发是起到很大影响的，在使用前降低污染源内污染物浓度可以在很大程度上减轻其造成的室内污染。而图5-24、图5-27的无因次散发量的完全重叠也印证了这一点。

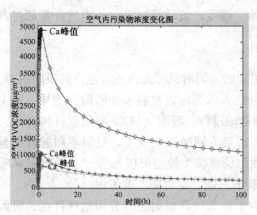

图 5-22 情况 1 各污染物浓度变化图

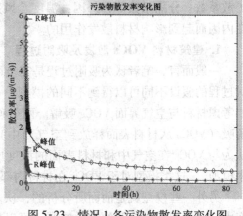

图 5-23 情况 1 各污染物散发率变化图

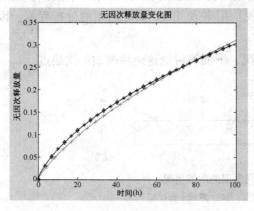

图 5-24 情况 1 污染物无因次释放量变化图

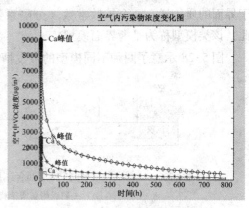

图 5-25 情况 2 各污染物浓度变化图

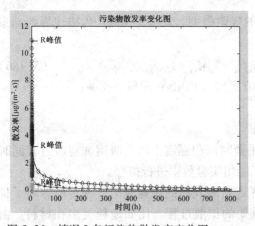

图 5-26 情况 2 各污染物散发率变化图

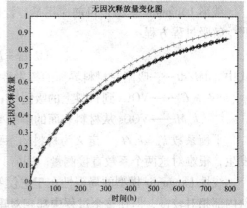

图 5-27 情况 2 污染物无因次释放量变化图

三、建筑材料中 VOCs 散发及其影响因素分析

大量资料表明，尽管干性多孔材料污染物散发也是一种过渡性散发，但其散发时间通常持续时间较长，而且由于室内使用量大等缘故，其成为室内主要污染源之一。干性多孔材料内部污染物的散发影响因素很多，包括内因：材料内污染物初始浓度、

扩散系数、分隔系数等；外因：温度、风速、湿度、流动状况等。外因通常是通过改变内因而起到影响材料散发作用的。

1. 建筑材料 VOCs 散发及吸附过程

一般而言，笔者认为吸附过程是完全可逆的，同时只考虑占主导地位的吸附机理。对过程的假设不同可以得到不同的模型。一些人认为应以材料表面吸附为主导，即主要考虑材料与空气界面 VOCs 吸解。两个独立的过程，吸附（VOCs 吸附到材料表面）、解吸（VOCs 从材料表面释放到空气当中）假定为同时独立发生。吸附率和解吸率被认为与 VOCs 在空气中和材料表面的浓度成比例，该类模型可以称为"一阶吸附解吸率模型"。这类模型对于 VOCs 在材料内部扩散可能，也可能不被考虑。

另外一些模型就是前面所分析的，认为平衡条件在材料空气界面始终存在，吸附率由材料内部相对较低的扩散控制，可以用基于斐克定律的质扩散原理来模拟。而对于界面的质传递，一个扩散常数（分隔系数）用来表征 VOCs 在两相的分布程度。因此，该类模型称为平衡界面模型。

图 5-28 示意了两种不同模型的散发情况，下面将讨论这两种模型的优缺点。

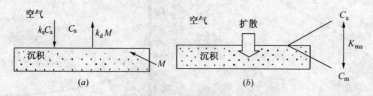

图 5-28　两种不同模型的散发情况
（a）一阶吸附解吸率模型；（b）界面平衡模型

（1）一阶吸附解吸率模型

线形 Langmuir 模型是目前应用最广泛的吸附模型。式（5-186）为描述界面动态吸附解吸过程方程：

$$dM/dt = k_a C_a - k_d M \qquad (5-186)$$

式中　dM/dt——吸附在材料界面的挥发性有机物（VOCs）质量变化率；

　　　　$k_a C_a$——VOCs 到材料上的吸附率；

　　　　$k_d M$——VOCs 从材料表面的解吸率。

平衡系数 $k_e = k_a / k_d$，定义为材料动态平衡时沉积强度。因为吸附和解吸过程同时发生，很难对这两个系数直接测量。通常只能用实验数据进行拟合。

线性 Langmuir 模型的局限性在于它仅考虑材料表面的快速吸附过程，而忽略了材料内部相对较慢、但在整个过程中却相对重要的扩散过程，比如地毯类多孔材料。由此又有经验模型来克服这个问题。比如双沉积模型假定材料由快速沉积（k_3、k_4）和缓慢沉积（k_5、k_6）代表。由于考虑了缓慢沉积，该模型适用于长期吸附数据拟合。类似于双沉积模型，有人又提出了 K 扩散模型和吸附扩散混合模型。这两种模型的区别在于前者仅考虑材料内部扩散，而后者同时考虑了材料表面吸附和内部扩散。但这同时也增加了待定系数的个数。

使用一阶吸附模型的一个主要问题在于其参数的确定需要大量的实测数据，模型参数的初始值选定不同很可能导致最后拟合出来的参数相差很大。甚至可能相差上百倍。因此该类模型参数不可靠。

（2）界面平衡模型

界面平衡模型认为与材料内部扩散达到平衡的时间跨度相比，材料空气界面的吸附过程达到平衡的时间跨度很小。因此，认为在界面上总是达到平衡的。考虑到室内 VOCs 浓度一般不高，使用 Henry 定律可以用于表述：

$$C_m = K_{ma} C_a^*$$（5-187）

Axley 提出了最简单的界面平衡模型，假定 VOCs 在室内和材料内部都是均匀一致的。该模型仅用一个参数 K_{ma}，但由于其假定条件不太符合实际情况，该模型还太粗略。为改进该模型，Axley 又进一步提出边界层扩散模型，考虑材料表面空气界面的 VOCs 传递。质传递系数可以用本章第六节提到的公式加以计算：

$$Sh_m = \frac{k_{cm}^0 L}{D_{AB}} = 0.664\, Re_L^{1/2} Sc^{1/3} \quad （Re_L < 500000）$$

$$Sh_m = \frac{k_{cm}^0 L}{D_{AB}} = 0.037\, Re_L^{4/5} Sc^{1/3} \quad （Re_L > 500000）$$

然而，VOCs 在材料内部的扩散有时的确是比其在界面上的传递更为重要。因此，有人提出扩散控制沉积模型，考虑了材料内部的扩散。该模型整合了界面平衡吸附和 Fick 定律描述的内部扩散。

对比一阶吸附模型，界面平衡模型中参数的物理意义更为直接，而且可以独立测量。这样就可能用来确定模型的实用性、可靠性，因为其中的参数不需用同一实验数据拟合得到，这点很重要。另一方面，目前很多材料的物性参数还没有，而且界面平衡模型相对复杂，其适用性仍有待于进一步考察。

（3）实验方法

为评价不同吸附模型，可能会使用不同的实验方法，下面再讨论一下实验方法问题。建筑材料的沉积效应可以通过实验来加以验证。实验数据同时也可以用于进一步提出新模型或验证模型的有效性。因此，实验方法的提出与吸附模型有很大关系。下面我们就讨论一下广泛使用的小舱体测试方法，另外讨论一下其他用于直接测量分隔系数和扩散系数的方法。

1）环境舱测试方法

环境舱使用不锈钢或者是玻璃作为舱体，可以用于测量样本材料的吸附效果，而且通常使用一个比较固定的室内空气物理条件（温度，湿度和通风率）。实验分为两个阶段：动态吸附阶段和动态解吸阶段。如图 5-29 所示。

在吸附阶段，VOCs 由调节好的洁净空气 B 从释放源 C 中吹到舱体中，然后吸附到材料表面。舱体内的 VOCs 浓度可以在出口 E 测试。当系统内的 VOCs 浓度不再发生变化时，停止 VOCs 释放，解吸阶段开始。

如果舱体内没有沉积，VOCs 浓度可用式（5-188）描述：

$$V\frac{dC_a}{dt} = Q\,（C_{in} - C_a）$$（5-188）

然而，由于材料的沉积效应，舱体内的 VOCs 浓度与上式描述的不同，图 5-30 显示出了这种差异。

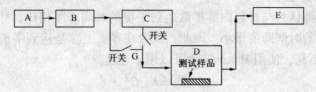

图5-29 环境测试舱流程图

A——清洁空气供给系统；B——风速、温度和湿度控制单元；

C——温度控制含 VOC 渗透管的 VOC 发生器；D——测试舱；

E——测试舱空气样品释放系统

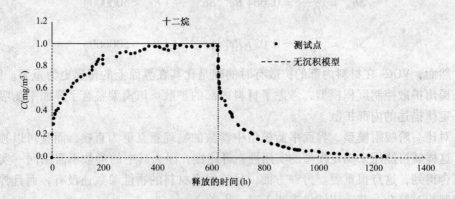

图5-30 材料的沉积效应导致舱内 VOCs 浓度差异图

除了上面的动态吸附测试，我们也使用静态测试。在这类测试中，往密闭舱体内释放确定量的 VOCs，然后通过测量舱体内 VOCs 浓度的变化，可以确定出材料的沉积效应。环境舱测试的原理事实上很简单，但并没有区分包含表面吸附和内部扩散在内的物理过程，不能提供界面平衡模型需要的参数。

2）测试材料的分隔系数和扩散系数的方法

有的研究人员使用了所谓的"填充柱"法，其原理是让 VOCs 通过含测试样品的填充柱，延迟时间与分隔系数直接相关。因此，通过测量特定 VOCs 和材料的延迟时间，可以得到分隔系数。该方法的局限性在于材料需要切割成小块放入填充柱，这样可能极大地改变材料的结构。另有人提出了计算材料内部扩散系数和分隔系数的方法。该方法由高低浓度（其中一个初始为 0）两个不锈钢环境舱组成，中间用厚度为 'l' 的样本隔开，人为干预材料两个表面的 VOCs 浓度，确定边界条件。根据前面介绍的干材料一维扩散方程，进行拉普拉斯卡松变换求解，获得线性关系式。同时研究二者与 VOCs 特性的关系：扩散系数与分子量成比例，分隔系数与气压成比例。扩散与分隔系数与材料的物理化学特性有关如分子量、气压和极性等。整理出来的关系式如下：

$$D_m = a / M_w^{n1} \qquad (5-189)$$

$$k_{ma} = b/P^{n2} \qquad (5-190)$$

式中 a, $n1$, b, $n2$——待定常数；

          M_w——分子量；

          P——蒸发压力，Pa。

    研究者还使用了电子天平测试的方法，材料样品放在小舱体内的天平上，VOCs 和材料之间的吸附解吸量可以由材料重量的变化来表述。其优点是无需取样测试，没有该类测试误差，同时测试费用低。但由于天平的要求，VOCs 浓度要求比室内空气中的高很多，否则测量不到重量的变化，而且测试材料必须很薄，以达到天平的要求。

    除上述方法外，还有人提出了更加简单的测试方法："量杯方法"和"CLIMPAQ方法"。在"量杯方法"中，量杯内含饱和 VOCs 液体和蒸汽，上面覆盖测试材料，让 VOCs 在恒定浓度梯度条件下通过材料。通过测量杯内 VOCs 的重量损失，由 Fick 定律获得扩散系数。但该方法没有考虑分隔系数。"CLIMPAQ 方法"与该法类似，不同之处在于使用了两个 CLIMPAQ 舱，以保证材料两面的浓度差恒定。

    上面讨论了不同的测试方法，使用这些方法发现许多 VOCs 在建筑材料表面有沉积现象，并且影响参数众多。

2. 影响因素分析

下面再进一步讨论参数影响的研究。

（1）VOCs 化学特性的影响

可逆物理吸附被认为是表面吸附中的主要成分，物理吸附的范德华力包括：

1）极化分子间力；

2）极化分子和非极化分子间的力；

3）非极化分子间力。

这类作用力由 1）到 3）依次递减。用来描述分子间作用力的化合物极性在分析吸附解吸过程中很重要的。因此，在分析室内环境中的沉积效应时通常都考虑这种分子极性。但我们其实并不知道力的大小，而用蒸发压力或化合物的沸点来代替。极性化合物的沸点相对高，蒸发压相对低。

图 5-31 比较了沉积强度大小和上述蒸发压力、沸点的关系。通常研究表明 k_e 的斜率与蒸发压的斜率呈反方向变化，但也有例外的情况。

（2）建材的物理特性

材料表面的粗糙度对其吸附能力有很强的影响作用。"特性面积"（SA），定义为材料的有效面积（m²/g），用于衡量表

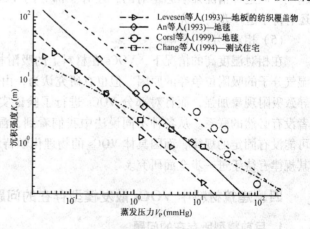

图 5-31 沉积强度与蒸发压力、沸点的关系图

面粗糙度。通常特性面积越大，平衡系数越大。但对墙纸的实验数据没有表现出这种趋势。但特性面积值仅代表表面积方面的特性，还有一些材料物理特性，比如空隙率、孔径、质量、厚度等也可能极大的影响材料的吸附能力，却没有得到体现，因此，又有人提出了"等效面积"：

$$等效面积（E_qA） = 特性面积（SA） \times 样品重量$$

该概念与测试数据能更好地吻合，如表 5-7 所示。

建筑材料粗糙度特性　　　　　　　　　　　　　　　　表 5-7

	地　毯	墙　纸	石　膏	吸 声 砖
K_a	0.45 ~ 0.57	0.44	1.16	1.29
SA	0.28	1.19	1.8	2.3
E_qA	192 ~ 205	106	7200	4140

除上述的两个物性参数外，测试舱内"材料负荷"（定义为：材料表面积和舱体体积的比值）也被认为会对沉积效应产生影响。然而，其影响程度事实上是体现在材料表面积和舱体内表面积上。为减小"材料负荷"对测试结果的影响，建议提高"材料负荷"。

（3）空气中 VOCs 浓度的影响

有人对不同浓度下不同建筑装饰材料对特定 VOCs 的吸附情况进行了研究，发现平衡系数 k_e 与测试舱内 VOCs 浓度无关。

（4）空气温度的影响

有研究发现温度高的情况下，地毯的 VOCs 吸附及解吸率都比温度低时高。然而，当温度升高时，由于吸附率比解吸率上升的速度快，最后的平衡系数是下降的。还有人研究发现，M/C_0（基本与 k_e 成比例）对于大多数的化合物而言，温度越高，其值越小。但这种情况并不总是对的，还有一部分的 VOCs 没有表现出类似的趋势，对此还有待于进一步的研究。

（5）相对湿度的影响

在相对湿度高的情况下，VOCs 在材料上的吸附相对小，可能是由于 VOCs 分子和湿气分子的吸附位争夺的原因。但也有研究认为，由于湿度高，VOCs 和湿气分子结合导致吸附现象加强，而且对部分 VOCs 进行了验证实验。还有一部分研究则发现，二者没有必然的联系。从各种不同说法中我们看到，湿度对于 VOCs 沉积效应的影响很可能没有固定的规律，而因具体 VOCs 的物理化学特性不同而产生这样或那样的作用，其规律有待于进一步全面研究。

四、建筑材料中 VOCs 散发模型存在的问题及其展望

1. 目前模型所存在的问题

（1）模型中的各种参数均为经验参数，不能准确说明其物理意义，也不能将源参

数和环境参数对散发率的影响分开进行描述；根据经验模型得到的数据能否直接从环境舱应用到室内的情况也还存在着很大的问题。

（2）材料内部 VOCs 散发机理的研究没有深入；一些研究仅停留在对不同材料的组合上；模型的适用性单一，固定了温湿度等条件，因此限制了使用。

（3）绝大部分研究没有考虑内外影响因素，对模型进行了较大的简化。

（4）基于 CFD 的模型应用比较复杂，模拟只在实验条件下验证，其结果能否直接运用到实际房间还存在着较大的问题。

（5）如何更好地准确地获得各类模型中使用的物性参数等问题都还有待于进一步深入研究解决。

2. 将来主要研究方向

（1）参数的测量和使用

所建立的模型能否真正模拟室内真实情况，还依赖于现有和试验获得的材料特性参数，而参数本身的准确性和可利用形式存在一些问题，其主要原因有：

1）材料本身多种多样，相同材料再生产和使用过程中内部的物理结构存在差异，致使一个实验结果不能完全运用到其他情况下。

2）材料内部污染物种类繁多，测试手段有限。到目前为止，建筑材料释放出来的 VOCs 污染物已达几百种之多，还有些并未完全认识和测量到，加上现有测试和研究手段、经费的限制，无法建立一个可信的实验数据库，相同的实验条件，不同的测试方法、仪器、试验者都可能得到不同的实验结果，特定材料通常还需要进行特定实验。

3）实验条件和实际条件存在的差异。大部分材料和污染物的数据都是在特定条件下测试获得的，对室内空气的温湿度也限制在特定值，而实际情况的温度、风速、湿度是多样的，这种外在因素对实验数据、材料物性参数的影响如何加以修正还没有准确答案。

（2）各污染物散发之间的影响

现有对室内材料污染物散发研究，通常是对特定材料、特定污染物进行的，对多种 VOC 并存时也可能仅考虑 TVOC，而实际上 TVOC 本身含有多种不同物理化学性质的污染物，对于实际应用研究可能不会存在什么问题，但对于理论研究则过于笼统。空气中的湿份与材料中的 VOCs 相互之间又存在什么影响？是否有定性关系？我们前面没有分析空气湿度变化对材料污染物释放的影响，就是由于这个问题研究还不透彻，比较复杂。从目前已有的文献来看，相对湿度高的情况下，VOCs 在材料上的吸附相对小，可能是由于 VOCs 分子和湿气分子的吸附位争夺的原因。但也有研究认为，由于湿度高，VOCs 和湿气分子结合导致吸附现象加强，而且对部分的 VOC 进行了验证实验。还有一部分研究则发现，二者没有必然的联系。从各种不同说法中我们看到，湿度对于 VOCs 沉积效应的影响很可能没有固定的规律，而因具体 VOCs 的物理化学特性不同而产生这样或那样的作用，其规律有待于进一步全面研究。应该肯定，污染物散发之间对于扩散系数这一重要参数是相互有影响的，出现交叉项扩散系数，这也还需要进一步研究。

（3）材料内部污染物的存在形式

我们已经讨论了 VOCs 在多孔材料内部会有机械、物理和化学三种机理存在，同时应该指出 VOCs 也会以气液固三态存在。一些污染物常温常压下可以有三态同存，如何对此加以深入研究。气态条件下的扩散是研究最多的，液态的传递由于可能出现的毛细滞后现象又会深化该问题，而固态形式，即以表面扩散本身机理也比较复杂。三态同存，可以真实反映多孔介质内污染物的扩散迁移，但扩散系数的测量和分离也是一大问题。

（4）其余问题

还有一些问题值得研究，比如材料内部污染物的浓度变化对扩散系数的影响，或者说扩散系数是浓度的函数，那么第四章中干材料内部扩散控制方程进一步改进为：

$$\frac{\partial C}{\partial t} = \mathrm{div}[D(C)\,\mathrm{grad}C]$$

这就加大了困难。目前由于理论上的原因，扩散过程中扩散系数随时间或扩散物质的量的变化仍然无法测定。还有热质传递共存的研究、材料本身特性和污染物散发特性参数之间的关系等，都还有待于深化。

思考题

1. 牛顿黏性应力适用于什么场合，其大小与哪些因素相关？

2. 傅立叶定律用于什么场合，哪些因素影响其大小？

3. 斐克定律的定义是什么？适用于什么场合？在湍流流体传质过程，其传质过程应如何进行分析？

4. 边界层对于黏性流体流动过程中作用是什么？边界层的厚度的确定方法是什么？哪些因素影响边界层的厚度？普朗特边界层流动方程的简化方程的特性是什么？

5. 在静止的模式下，质量通量由哪几部分组成？

6. 利用第四节中式（5-29）的推导过程，试写出固体内部没有反应，但表面有反应的控制方程。

7. 在停滞的气体或液体以及遵循斐克定律的固体中的分子扩散的方程式（5-41）以及等温、等压下的稳态恒定速率扩散方程式（5-44）之间的关联性是什么？

8. 斐克型扩散与纽特逊扩散的适用条件有什么区别？各自的扩散通量主要影响因素是什么？

9. 试论述浓度边界层积分传质方程在层流情况下，局部对流传质系数以及平均对流传质系数的近似解。湍流边界层内的传质时，对流传质系数的近似解。

10. 建筑材料（多孔材料）中保留 VOCs 分类是什么，各自具备什么样的特点？

11. 对于室内材料的 VOC 的散发过程应该从哪三个方面加以考虑，主要受到什么因素的影响，主要的实验方法有哪些？

12. 干建材内污染物扩散方程的离散化及其求解过程是什么？

13. 建筑材料中 VOC 散发模型存在的问题是什么，以后的发展方向是什么？

参考文献

[1] Bird, R. B., Stewart, W. E., Lightfoot, E. N. Transport Phenomena [M]. Revised 2nd Edition.

New York：John Wiley & Sons，2007.

［2］王涛，朴香兰，朱慎林．高等传递过程原理［M］．北京：化学工业出版社，2005.

［3］Prandtl, L. Fluid mtion with very small friction（in German）［M］. Proceedings of the 3rd International Congress on Mathematics, Heidelberg, 1904.

［4］Fox, R. W., McDonald, A. T., Pritchard, P. J. Introduction to Fluid Mechanics, 6th Edition［M］. New York：John Wiley & Sons，2004.

［5］Panton, R. L. Incompressible Flow, 2nd Edition［M］. John Wiley & Sons，1996.

［6］Incropera, F. P., Dewitt, D. P. Fundamentals of Heat and Mass Transfer, 5th Edition［M］. John Wiley & Sons, 2002.

［7］张国强，宋春玲，陈建隆，Haghighat Faribor. 挥发性有机化合物对室内空气品质影响研究进展［J］．暖通空调，2001，31（6）：71-78.

［8］Zhang GQ, Yu YB & Zhou Y. Research And Development of Indoor Air Quality in China［M］. Proceedings of Indoor Air'2002. USA. Vol 2：1014-1019.

［9］Axley, J. W. Adsorption Modeling for Building Contaminant Dispersal Analysis［J］. Indoor Air, 1991, 1（2）：147-171.

［10］Murakami. S, Kato. S, et al. Distribution of chemical pollutants in a room based on CFD simulation coupled with emission/sorption analysis［J］. ASHRAE Transactions, 2001, 107（Part I）：812-820.

［11］章燕豪．吸附作用［M］．上海：上海科学技术文献出版社，1987.

［12］R. B. Keey. Drying Principles and Practice［M］. Pergamon Press, 1986.

［13］中村胜物，张兆祥，陆华．表面物理［M］．北京：学术书刊出版社，1989.

［14］严继民，张启元，高敬宗．吸附与冷凝-固体的表面与孔 第 2 版［M］．北京：科学出版社，1986.

［15］Tichenor, B. A., Guo, Z. and Sparks, L. E. Fundamental Mass Transfer Model for Indoor Air Emissions From Surface Coatings［J］. Indoor Air, 1993, 3（4）：263-268.

［16］Spark, L. E., Tichenor, B. A., John C. S. Chang, et al. Gas-phase Mass Transfer Model for Predicting VOC Emission Rates from Indoor Pollutant Sources［J］. Indoor Air, 1996, 6（1）：31-40.

［17］Dumn JE. Models and Statistical Methods for Gaseous Emission Testing of Finite Sources in Well-mixed Chambers［J］. Atmospheric Environment, 1987, 21（2）：425-431.

［18］Tichenor BA, Guo Z, Dumn JE, et al. The Interaction of Vapor Phase Organic Compounds with Indoor Sinks［J］. Indoor Air, 1991, 1（1）：23-28.

［19］徐东群，韩克勤，崔九思．室内材料中挥发性有机物释放模式的研究进展［J］．卫生研究，1998，27（3）：167-172.

［20］Columbo A, Bortoli MD, Pecchio E, et al. Chamber Testing of Organic Emission From Building and Furnishing Materials［J］. Science of the total environment, 1990, 91（1）：237-243.

［21］戴树桂，张林等．室内空气中苯物的测定与模拟研究［J］．中国环境科学，1997，17（6）：485-488.

［22］韩克勤．室内用品中挥发性有机物的挥发模式［J］．卫生研究，1998，27（6）：391-393.

［23］D. Won, C. Y. Shaw, et al. Sorption coefficients for interactions between volatile organic compounds and indoor surface materials from small-scale, large-scale, and field tests［M］. Proceedings of the 4th international conference on IAQVEC in building, 2001, Vol. 1：367-374.

［24］J. S. Zhang, G. Nong, et al. Measurements of VOC emissions from wood stains using an electronic balance [J]. ASHRAE Transactions, 1999, Vol. 105, 279-288.

[25] X. D. Yang, Q. Y. Chen, et al. Prediction of short-term and long-term VOC emissions from SBR bitumen-backed carpet under different temperatures [J]. ASHRAE Transactions, 1998, 104 (2): 1297-1308.

[26] X. Yang, Q. Chen, et al. Numerical simulation of VOC emissions from dry materials [J]. Building and Environment, 2001, 36 (10): 1099-1107.

[27] X. D. Yang, Q. Y. Chen, et al. Effects of airflow on VOC emissions from "wet" coating materials: experimental measurements and numerical simulation [J]. ASHRAE Transactions, 2001, 107 (1): 801-811.

[28] P. Chen, C. T. Pei. A mathematical model of drying processes [J]. International Journal of Heat and Mass Transfer, 1989, 32 (2): 297-310.

[29] C. S. Lee, W. Ghaly, et al. The VOC emissions from solid/wet building material assembly: model development and parametric study [J]. Proceedings of the 4th IAQVEC, 2001, Vol. 1: 389-396.

[30] D Kumar & JC Little. Barriers to Reduce Emission Rates From Diffusion-Controlled Materials [M]. Proceedings of Indoor Air'2002: 570-575.

[31] A. Bodalal. J. S. Zhang, E. G. Plett. A Method for Measuring Internal Diffusion And Equilibrium Partition Coefficient of VOCs for Building Materials [J]. Building & Environment, 2000, 35 (2): 101-110.

[32] Abramowitz. M. Stegan. IA. Handbook of Mathematical Functions With Formulas [M]. Graphs and Mathematical Tables. New York: Dover Publication, 1970.

[33] An, Y., J. S. Zhang & C. Y. Shaw. Measurements of VOC Adsorption/Desorption Characteristics of Typical Interior Building Surfaces [J]. International Journal of HVAC&R Reasearch, 1999, 5 (4): 297-316.

[34] Corsi, R. L., D. Won, M. Rynes. The Interaction of VOCs And Indoor Materials: An Experimental Evaluation of Adsorptive Sinks And Influencing Factors [J]. Proceedings of Indoor air, 1999, Vol. 1: 390-395.

[35] Cox, S. S., D. Y. Zhao, J. C. Little. Measuring Partition And Diffusion Coefficients For Volatile Organic Compounds in Vinyl Flooring [J]. Atmospheric Environment, 2001, 35 (22): 3823-3830.

[36] 王绍亭, 陈涛. 动量、热量与质量传递 [M]. 天津: 天津科学技术出版社, 1986.

[37] 江体乾. 近代传递过程原理 [M]. 北京: 化学工业出版社, 2001.

[38] Skelland, A. H. P. Diffusion Mass Transfer [M]. New York: John Wiley & Sons, 1974.

[39] 南京大学数学系计算数学专业. 偏微分方程数值解法 [M]. 北京: 科学出版社, 1979.

[40] 彦启森, 赵庆珠, 陈在康. 建筑热过程 [M]. 北京: 中国建筑工业出版社, 1986.

[41] 李庆杨, 王能超, 易大义. 数值分析 第3版 [M]. 武汉: 华中理工大学出版社, 1996.

[42] 陶文铨, 陈在康. 计算流体力学与传热学 [M]. 北京: 中国建筑工业出版社, 1991.

[43] Edward B. Magrab, S. Azarm, B. Balachandran, et al. An Engineer's Guide to MATLAB [M]. Prentice Hall, 2000.

[44] 张智星. MATLAB 程序设计与应用 [M]. 北京: 清华大学出版社, 2002.

[45] Prandtl, L. Fluid mtion with very small friction (in German) [M]. Proceedings of the 3rd International Congress on Mathematics, Heidelberg, 1904.

[46] Fox, R. W., McDonald, A. T., Pritchard, P. J. Introduction to Fluid Mechanics, 6th Edition

[M]. New York：John Wiley & Sons，2004.

[47] Panton，R. L. Incompressible Flow，2nd Edition [M]. John Wiley & Sons，1996.

[48] Incropera，F. P.，Dewitt，D. P. Fundamentals of Heat and Mass Transfer，5th Edition [M].John Wiley & Sons，2002.

[49] Bird，R. B.，Stewart，W. E.，Lightfoot，E. N. Transport Phenomena，Revised 2nd Edition [M]. New York：John Wiley & Sons，2007.

第六章 颗粒物、微生物的散发及传播机理

第一节 室外大气中颗粒物污染源散发传播机理模型

在一个地区或一个城市里，即使从污染源排向大气的污染物量并没有很大变化，但不同时段对周围环境造成的污染效应却有很大不同。这是由于在不同气象条件下，大气具有不同的扩散稀释能力。影响室外大气中颗粒物污染源散发传播的因素主要有：风、湍流、大气层结和大气稳定度。

一、风

图 6-1 风向的表示方法

1. 风的定义及表示方法

风是指水平方向的空气运动，垂直方向的空气运动称为升降气流。风是矢量，具有方向和大小。风向的表示方法有：（1）方位表示法，一般把圆周分为 16 个方位，两相邻风向方位夹角 22.5°；（2）角度表示法，以正北为 0°，将圆周分为 360°，沿顺时针方向增加，如图 6-1 所示。

2. 大气边界层中风速随高度的变化

从地面向上约 2000m 的大气层，因直接受到地面的影响，称之为大气边界层。在边界层之上的大气，由于受地面的影响甚微，称之为自由大气。近地的空气污染物的扩散主要发生在大气边界层。

（1）大气边界层中风速随高度的变化

不同下垫面的粗糙度下风速随高度变化特征如图 6-2 所示。从图中可以看出，城市地区的粗糙度比郊区和平坦乡村大得多，在同一高度上风速比郊区和乡村要小，风速梯度也小，因而城市上空的大气污染物混合得快，移动得慢。

（2）大气边界层中风向随高度的变化

根据湍流运动方程可以导出边界层中风矢量的公式，根据这个公式可以计算出不同高度上的风矢量，把它们投影到一平面上，再把风矢量的顶端连接起来，就是所谓的爱克曼螺线，如图 6-3 所示。从图中可以看出，随着高度的增加，风速是增大的，风向向右偏转，到达边界层顶时，风的大小、方向完全与地转风（自由大气中的风）一致。

178

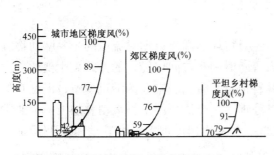

图 6-2　不同下垫面风速随高度的变化

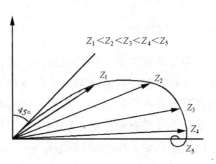

图 6-3　爱克曼螺线

3. 局地风

风对排入大气的污染物有两种作用：一种是输送作用，即把污染物输送到较远的地方，从而决定了污染区的方位总是在污染源的下风向；另一种是对污染物的冲淡稀释作用，风速越大，单位时间内混入废气的清洁空气越多，从而废气的稀释效果越好。然而在某些局部地区，由于受下垫面的强烈影响，形成了与一般情况下截然不同的风场，风的这两种作用也产生了完全不同的效果，因而有必要对局地风场进行讨论。局地风按其成因可分为由地形引起的和由热力引起的局部循环。实际上这两者互相结合在一起，很难截然分开。

（1）山谷风

由于热力原因，在山地和平地之间发展起来的固有风系称为山谷风。由谷地吹向山坡的风称为谷风，由山坡吹向谷地的风称为山风。白天，地面吸收太阳辐射而增热，山坡上的空气比山谷中部同高度的空气增热快，因而在水平方向形成温度差，温差引起密度差，即山坡上的空气比同一高度处山谷上空的空气密度低，进而使谷底空气沿山坡上升，形成"谷风"。夜晚，地面冷却放热，紧贴山坡的空气比山谷中部同高度上的空气冷却快，故因密度差而使冷而重的山坡空气沿山坡滑向谷底，形成"山风"。当低层出现山风（或谷风）时，由于补偿作用，在上层大气中将会出现反山风（或反谷风），从而在铅直方向组成闭合的环流。在山谷风转换期，风向来回摆动极不稳定，因而污染物不易向外输送，在山沟中停留时间长，有可能造成严重污染。

（2）海陆风

白天风从海洋吹向陆地，夜晚风从陆地吹向海洋，这种风叫海陆风。其成因和山谷风类似，主要是由于海洋和陆地的热力性质差异而引起的。这种环流的形成，使夜间吹向海面的污染物在白天又吹了回来，从而造成严重的大气污染。

（3）城市热岛效应

工业的发展、人口的集中，使城市热源和地面覆盖物与郊区形成显著的差异，从而导致城市中心区域比周围地区热的现象，称之为城市热岛效应。由于城市温度经常比农村高（特别是夜间），气压较低，在晴朗平稳的天气下可以形成一种从周围农村吹向城市的特殊局地风，称为城市风。这种风在市区产生上升气流，周围地区的风则向城市中心汇合，这就使城郊工业区的污染物在夜晚向城市中心输送，从而导致市区的严重污染，特别是当上空有逆温层存在时更为突出。

二、湍流

湍流是流体的一种特有运动方式，主要特征是湍流运动时流体的主要脉动物理属性，如脉动速度、脉动温度、脉动压力等随时间和空间以随机的方式发生变化。大气湍流是一种不规则运动，其流场的各种特征量是时间和空间的随机变量，但是它的统计平均值还是有规律的。湍流运动可以处理为一个简单的平均运动叠加上一个非常复杂的涡旋运动。即把瞬时速度 V 看成是一个平均速度加上一个脉动速度 V' 组成 $V = \bar{V} + V'$。边界层内最大的涡尺度大约和边界层的厚度相当，最小涡尺度只有毫米量级。大涡的能量来自于平均运动场，小涡的能量来自于大涡，小涡把能量向更小的涡传递，最终，由于空气分子的黏性作用被转化成热能。能量是从大涡向小涡传递，最终在分子尺度上被耗散的过程常被称为能量串级过程。

大气污染物的扩散主要是靠大气湍流的作用。如果大气层中没有湍流，那么烟团被排入大气后，它的扩散过程是非常缓慢的，因为此时主要是分子扩散起作用，烟团将较长时间地保持原来的形状。实际大气中，由于湍流的存在，使烟团的扩散进行得非常迅速，从而使得烟团周界逐渐扩张。在湍流扩散过程中，各种不同尺度的涡，在扩散的不同阶段起着不同的作用（见图6-4）。例如烟囱排放了一团烟气，刚开始的时候烟团的扩散主要靠小尺度涡，使它相对缓慢的变大，边缘不断与周围空气混合，浓度逐渐降低。如果在这个阶段烟团碰到尺度大的涡，它也只是被大涡夹带输送，自身尺度并没有明显变化，但是等小涡将烟团逐渐扩散变大之后，大涡就可以将烟团进一步扩散，并更迅速地使它变大，也更剧烈地与周围空气混合，使浓度迅速降低。在这个阶段，观察起来烟团被撕开、变形，进行得更迅速。图6-4 (a) 是烟团受小尺度涡的搅动，烟团缓慢地扩散；图6-4 (b) 是烟团被大尺度涡夹带，烟团本身截面变化不大；图6-4 (c) 是烟团同时受到大、中、小三种尺度的涡作用，扩散过程进行较快。

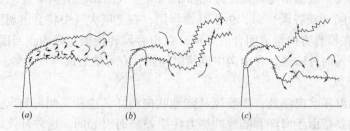

图6-4　大气湍流作用下的烟云扩散
(a) 小尺度湍流作用下的烟云扩散；(b) 大尺度湍流作用下的烟云扩散；
(c) 复合尺度湍流作用下的烟云扩散

从上述分析可以看出，大气污染物的稀释是大气湍流和分子扩散的直接结果。通常湍流扩散速率较分子扩散速率快 $10^5 \sim 10^6$ 倍，因而分子扩散效应在大气扩散中可忽略不计，研究大气扩散规律主要就是研究大气湍流随气象条件和地形条件的变化规律。近地层大气湍流在理论上有两种形式：一种由热力因子产生，叫热力湍流；另一种由动力因子产生，叫机械湍流。大气湍流的强弱取决于热力和动力两因子。在气温垂直分布呈强递减时，热力因子起主要作用，而在中性层结情况下，动力因子往往起主要作用。热力湍流主要与大气稳定度有关，机械湍流主要与垂直方向上风速梯度和地面粗糙度有关。

三、大气的温度层结

如前所述，污染物在大气中的扩散主要受边界层中湍流的影响，而大气湍流在很大程度上取决于近地层的温度垂直分布。因此了解大气的温度垂直分布是很有必要的。

1. 气温垂直递减率

在大气中，某一气团（气块）因某种原因作上升或下降运动，在运动过程中不与周围大气热量交换，这种过程称为绝热上升或绝热下降。干空气块在大气中绝热上升或下降时的温度变化可由下式确定：

$$\frac{T}{T_0} = \left(\frac{P}{P_0}\right)^{R/C_P} \tag{6-1}$$

式中　T_0、T——气块移动前、后的温度，K；

　　　P_0、P——气块移动前、后的压力，Pa。

干空气块绝热上升或下降100m时，温度降低或升高的值，称为干绝热直减率，用 γ_d 表示，并且定义为：

$$\gamma_d = -(dT_i/dz)_d \tag{6-2}$$

式中　T_i——气块温度，K；

下标 d 表示干空气。

根据热力学第一定律和气体状态方程可以得出 $\gamma_d \approx g/C_p \approx 0.98℃/100m$。真实大气的气温随高度的变化称为气温垂直递减率，用 γ 表示，其定义式为：

$$\gamma = -(dT/dz) \tag{6-3}$$

2. 气温的垂直分布

污染物的迁移、扩散和转化主要发生在离地10km 以内的对流层。在对流层中，气温垂直分布总的情况是气温随高度的增加而降低，整个对流层的气温垂直递减率平均为 $0.65℃/100m$。实际上，在对流层内各高度的气温垂直递减率是因时、因地而不同的。气温的垂直分布也可用坐标曲线来表示，如图6-5 所示（图中虚线是干绝热 γ_d 线），这个曲线称为温度层结曲线，简称温度层结。

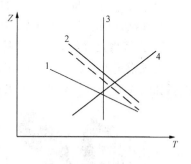

图6-5　温度层结曲线

从图6-5 中可以看出，大气中的温度层结有四种类型：

（1）$\gamma > \gamma_d$，递减或超绝热；

（2）$\gamma \approx \gamma_d$，中性；

（3）$\gamma = 0$，等温；

（4）$\gamma < 0$，气温逆转，简称逆温。

一般情况下，温度层结是通过探空仪或其他测温仪器实测得到。

四、大气稳定度

大气稳定度是指大气在铅直方向上稳定的程度，它直接表征了大气垂直运动的趋势，从而和污染物在大气中的扩散有着密切的关系。

1. 大气稳定度的判别

大气就整体而言，是经常处于静力平衡状态的，但是个别气块由于各种因素往往偏离这种状态，产生上升或下降的铅直运动。这种运动能否发展，就要看当时大气的气温直减率 γ。

单位体积的空气块在大气中受到两种力的作用，即自身的重力 $-\rho_i g$ 和四周大气对它的浮力 $-\rho g$。在二力作用下空气块的加速度为：

$$\frac{\mathrm{d}w}{\mathrm{d}t} = \frac{\rho - \rho_i}{\rho_i} g \tag{6-4}$$

利用状态方程可得：

$$\frac{\mathrm{d}w}{\mathrm{d}t} = \frac{T_i - T}{T} g \tag{6-5}$$

当空气块上升 Δz 时，$T_i = T_{i0} - \gamma_i \Delta z$，$T = T_0 - \gamma \Delta z$，而初始温度二者相当，即 $T_{i0} = T_0$，则：

$$\frac{\mathrm{d}w}{\mathrm{d}t} = g \frac{\gamma - \gamma_d}{T} \Delta z \tag{6-6}$$

由式（6-6）可以看出，$\gamma - \gamma_d$ 决定了 $\mathrm{d}w/\mathrm{d}t$ 和 Δz 的方向是否一致，即决定了大气的稳定程度，所以可以把 γ 和 γ_d 的大小比较作为大气稳定度的判据。

当 $\gamma > \gamma_d$ 时、$\mathrm{d}w/\mathrm{d}t$ 和 Δz 的方向一致，开始的运动将加速进行，大气是不稳定的；

当 $\gamma < \gamma_d$ 时、$\mathrm{d}w/\mathrm{d}t$ 和 Δz 的方向相反，开始的运动将受到抑制，大气是稳定的；

当 $\gamma \approx \gamma_d$ 时、$\mathrm{d}w/\mathrm{d}t = 0$，大气是中性的。

2. 大气稳定度与烟流扩散的关系

大气稳定度是影响污染物在大气中扩散的重要因素。典型的烟流扩散和稳定度的关系如图 6-6 所示。从图中可以看出，尾气流可以分为五种类型。

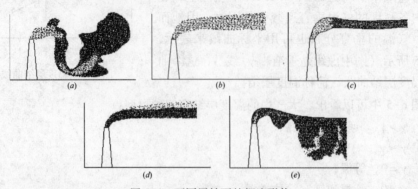

图 6-6　不同层结下的烟流形状

（a）波浪形；（b）圆锥形；（c）扇形；（d）屋脊形；（e）熏烟形

（1）波浪形

$\gamma > \gamma_d$，存在较大尺度的湍流，烟流曲折呈环链状，由连续及孤立片段组成，烟流各部分的运动速度和方向不规则。由于烟流沿水平和垂直方向摆动剧烈，主体易于分裂，因而消散迅速。此种情况多出现在夏季太阳光较强的晴朗中午，并可持续较长时间，由于低层大气多为超绝热递减率状况，气层很不稳定，湍流活动剧烈，所以烟流消散快，处于地面的污染源形成的地面污染物浓度往往较低。如果是高架源，由于热力引起的大湍流涡的垂直运动，烟流容易被带到近处的地面，下风距源近处的地面浓度往往很高，然而随着距离的增大，平均浓度迅速降低。

（2）圆锥形

$\gamma \approx \gamma_d$，大气处于中性或弱稳定状态，烟流的扩散在水平、垂直方向大致相同，烟气沿风向越扩越大形成锥形。尾气流在离烟囱很远的地方与地面接触，这种烟型多发生在阴天的中午或冬季夜间。

（3）扇形

$\gamma < 0$，大气处于强稳定状态，温度层结为逆温，烟流的扩散在铅直方向受抑制，在水平方向扩展成扇形。在此情况下在扇形烟流内部污染物的浓度是很高的，在其上下则浓度很快降低。如果是地面源，地面污染将会是严重的；如果是高架源，烟流主体需在较远处才能落地，地面浓度则往往不是很高；但若遇到山地、丘陵或高层建筑物，则可发生下沉作用，在该地造成严重污染。因而在一般稳定的条件下，大气的稀释扩散能力虽然很弱，但是实际的环境污染影响，并不一定处于很不利状况；只有当逆温层抑制湍流扩散或发生逆温层封闭的情况下，地面层排放的污染物积聚才会造成十分不利的地面污染状况。这种烟型在晴天从夜间到早上常见。

（4）屋脊形

上层 $\gamma > \gamma_d$，下层 $\gamma < \gamma_d$，上层大气为不稳定状态，下层为稳定状态。烟流受逆温层的阻挡不向下扩散，只向上扩散呈屋脊型。形成烟流下缘浓密清晰，上部稀松或有碎块。如尾气流不与建筑物或丘陵相遇，不会造成地面的严重污染，这种情况常见于日落前后。

（5）熏烟形

下层 $\gamma > \gamma_d$，上层 $\gamma < 0$，上层大气处于稳定状态，而下层为不稳定状态。烟流向上的扩散受抑制，能在近地面附近扩散，往往在下风向造成比其他形式严重得多的地面污染，许多烟雾事件就是在此条件下形成的。这种情况多发生在冬季日出前后。

3. 逆温

由以上分析可以看出，$\gamma < 0$ 的大气层结即逆温层的存在，就像一个"盖子"一样，阻碍大气的铅直运动，不利于污染物的扩散稀释。根据逆温层出现的高度不同，逆温可分为接地逆温和不接地逆温。逆温层的下限称为逆温高度；下限温差称为逆温强度；上下限的高度差称为逆温厚度。逆温存在的高度、强度和厚度的不同对污染扩散的影响也不相同。若逆温处于近地层，则从污染源排出的污染物质不易向上传送而聚积在近地面，导致地面的高浓度污染；若逆温存在于几千米的高空，则可以认为对污染物扩散几乎不产生影响。

第二节 室外颗粒物向室内的渗透传播模型

室外颗粒物沿着缝隙穿透进入室内也是影响室内颗粒物浓度的一个重要原因，因此围护结构缝隙也就成为了研究的重点之一。一个典型建筑中可能存在的缝隙如图6-7所示。我国民用建筑一般没有装设机械通风装置。在夏天和冬天，当所有的门窗都关闭时，空气在室内外压差的作用下沿着缝隙渗透进入室内。这时，室外污染物也就成为室内空气恶化的重要原因。

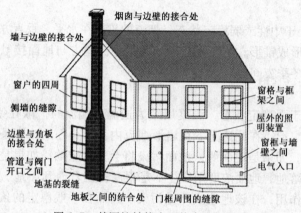

图6-7 某围护结构中可能存在的缝隙

一、围护结构缝隙的特征

建筑中有三种代表性的缝隙：直缝、L形缝和双折形缝，如图6-8（a）所示。在三维示意图中比缝高大很多的被称为是缝宽，用 W 表示。缝的最小尺寸一般被认为是缝高 d；与气流流向一致的被称为缝长 z；其三维示意图如图6-8（b）所示。现实中不规则墙缝的示意图如图6-9所示。

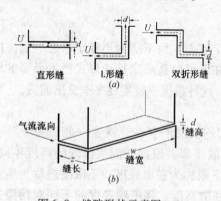

图6-8 缝隙形状示意图
（a）围护结构三种理想缝隙的形状示意图；
（b）直条缝的三维示意图

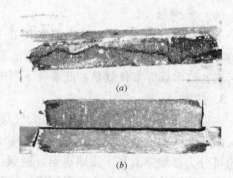

图6-9 自然形成的墙缝照片图
（a）不规则缝隙的侧视图；（b）内墙
的内部视图

二、穿透因子的影响因素及其评价

1. 穿透因子的定义及穿透机理

颗粒物对建筑围护结构的穿透作用通常用穿透因子 P 表示，定义为渗透风穿过建筑围护结构后的颗粒物浓度与穿透前的浓度比值。颗粒物对建筑围护结构的穿透因子主要有三种影响：布朗扩散、重力沉降和惯性撞击。在空气通过建筑物围护结构缝隙时，由于惯性碰撞、重力沉降和布朗扩散机理等作用，空气中的部分颗粒物会沉积在缝隙表面，使进入室内的颗粒物减少，即使穿透因子变小了。

（1）重力沉降

假设建筑围护结构缝隙的内表面光滑，通过围护结构缝隙的气流均匀稳定，且开口处颗粒物浓度分别与室内外空气中的颗粒物浓度相等。则颗粒物通过围护结构缝隙时，重力沉降作用导致的穿透效率 p_g 为：

$$p_g = 1 - \frac{v_s z}{dU} \tag{6-7}$$

式（6-7）在 $0 \leqslant p_g \leqslant 1$ 时有效。

式中　v_s——颗粒物的最终沉降速度，m/s；

　　　U——空气通过缝隙的平均流速，m/s。

其中，

$$U = Q / (dw) \tag{6-8}$$

式中　Q——气体流量，m^3/s。

当 $v_s z \geqslant dU$ 时，假设 $P_g = 0$，表明没有颗粒物穿透围护结构。

（2）布朗扩散

在范德华力（van der waals）的作用下，较小的颗粒物会扩散到缝的墙壁上，并吸附在墙的表面上。颗粒物通过平行通道时，由于布朗扩散引起的穿透效率可表示为：

$$p_d = 0.915\exp(-1.885\phi) + 0.0592\exp(-22.3\phi) + 0.026\exp(-152\phi)$$

$$\tag{6-9}$$

式中，$\phi = \frac{4Dz}{d^2 U}$；D 为颗粒物的扩散系数。

式（6-9）假设在水平对流和布朗扩散的作用下，颗粒物和完全发展流体一起流动，适用于颗粒物粒径小于 0.3μm 的颗粒物。

（3）惯性碰撞

惯性碰撞作用引起的颗粒物的沉积量是斯托克斯数（St）的函数，斯托克斯数越大，颗粒物在缝隙的弯角处沉积的可能性就越大。由惯性碰撞引起的颗粒物穿透效率用 P_i 表示。但在颗粒物对建筑围护结构的穿透过程中，气流处于层流状态，黏滞阻力起主导作用，因此惯性碰撞不是颗粒物的重要沉积机理，任何由于惯性碰撞而沉积的颗粒物，都能够在重力作用下沉降下来。

2. 穿透因子的影响因素

（1）缝的几何尺寸和形状

随着通风和节能研究的发展，激发了人们对建筑缝隙特点的研究兴趣。这些研究主要集中在衡量整个建筑缝的有效面积或某个建筑部分缝的有效面积。由于大部分都是对缝的有效面积进行研究，很少有人对缝的大小进行研究。然而，污染物穿透进入缝隙对缝高是非常敏感的。有调查显示，当气流通过一密闭窗户周围的缝隙时，缝高 d 小于 2.5mm；另一报告指出建筑内缝隙的高 d 普遍在 0.5 ~ 7.5mm 之间。

假设围护结构内所有的缝都有相同的缝高和缝长，那么总的缝宽近似于缝的面积与缝高的比：

$$W = \frac{A}{d} = \frac{Q}{dC_D(d)\sqrt{2\Delta P/\rho}} \tag{6-10}$$

式中 A——缝隙的面积，m^2；

$C_D(d)$——流量系数。

（2）颗粒物的物理特性和形状特性

对于不同的两相流动，悬浮颗粒具有不同的化学组成和性质。如工业气体和环境中的悬浮颗粒有飞灰、矿物尘、道路扬尘、烟和雾，含铝推进剂燃烧气体中有 Al 和 Al_2O_3 颗粒。许多颗粒相的物理特性可在手册中找到，表 6-1 列出了某些含金属推进剂燃烧生成的金属氧化物的密度 ρ_p、黏性系数 μ、表面张力 σ、熔解热和汽化热等若干物理特性。表中所列固态特性是常温下的，液态特性是熔点温度下的。

某些氧化物的物理特性 表 6-1

氧化物	分子量	熔点 T_M (K)	密度（kg/m³）		系　数		溶解热 kJ/kg	沸点 K	汽化热 kJ/kg
			固体	液体	μ (Pa·s)	σ (N/m)			
Al_2O_3	101.96	2318	3960	3060	0.06	0.70	1149.7	3800	12.44
BeO	25.031	2483	3010	2560	—	0.3	2845.3	4530	34.89
MgO	40.31	3075	3580	—	—	—	1920.8	3350	5.06
B_2O_3	69.64	723.15	1820	1700	0.5 (2100k)	0.11 (2100k)	330.63	2520	—
Li_2O	29.980	1700	2013	—	—	—	1639.3	2300	19.46

在两相流动中，由于颗粒温度的变化，颗粒相的物理特性也发生变化。当颗粒物质熔点很高时，测量高于熔点的颗粒的物理特性是困难的。实验表明，某些颗粒物质密度随温度变化接近线性函数关系，即：

$$\rho_P = \rho_{Pr}[1 - a_p(T_p - T_r)] \tag{6-11}$$

式中 T_r——参考温度，K；

ρ_{Pr}——参考温度下的颗粒物质密度，kg/m^3；

a_p——常系数；

T_p——颗粒温度，K。

颗粒的形状与颗粒的形成过程密切相关，例如结晶形成的固体颗粒（例如雪花、食盐等），由雾化法产生的1mm以下的玻璃颗粒及小液滴；由于表面张力的作用，基本上呈球形，但当重力影响很大时，悬浮液滴（例如下落的雨滴）将趋于最小阻力形状。

在实际的两相流动中，遇到的颗粒形状基本上是非球形的。为了便于计算，通常用"当量球"来描述非球体颗粒，"当量球"尺寸对于不同的具体问题有不同的计算方法。有的基于颗粒阻力，当非球体颗粒与某球体颗粒的阻力相同时，该球体尺寸就是该非球体颗粒的当量球尺寸；也有基于表面积和体积的。基于体积的当量球半径为：

$$r_P = \left(\frac{3V}{4\pi}\right)^{\frac{1}{2}} \tag{6-12}$$

基于表面积的当量球半径为：

$$r_P = \left(\frac{S}{4\pi}\right)^{\frac{1}{2}} \tag{6-13}$$

式中 V、S——非球体颗粒的体积和表面积，m^3，m^2。

通常当两颗粒物在集中类型控制设备中行为完全相同时，它们具有相同的空气动力学行为。正因如此，又定义一个新的特性，颗粒物空气动力学直径：

$$D_a = D_p (\rho_P C_c)^{\frac{1}{2}} \tag{6-14}$$

$$C_c = 1 + \frac{2\lambda}{D_p}(1.257 + 0.4e^{-(1.1D_p/2\lambda)}) \tag{6-15}$$

式中 C_c——坎宁汉修正因子（对于 $1\mu m$ 以上的粒子，C_c 可以简单地取为1）；

D_P——颗粒物直径，m；

λ——气体分子平均自由程，m。

（3）室内外气体的压差 ΔP

气流能够穿透进入室内主要是因为受到室内外压差 ΔP 的作用。通常，建筑围护结构两侧内外压差 ΔP 一般小于10Pa。压差是由风、室内外温差，或者是风机造成的。空气流量 Q 和 ΔP 压差之间的关系，可用如下方程表示：

$$\Delta P = \frac{12\mu z}{wd^3}Q + \frac{\rho C_n}{2d^2w^2}Q^2 \tag{6-16}$$

式中 μ——空气黏度系数，$Pa \cdot s$；

ρ——为气体密度，kg/m^3；

$C_n = 1.5 + n_b$，其中 n_b 表示隙缝中弯角的数目。

如果围护结构表面隙缝既长且细，黏滞阻力起主要作用，空气流量与 ΔP 直接成比例，即只考虑式（6-15）右边第一项；当隙缝短且高时，与空气密度相关的惯性阻力起主要作用，流量与 $\Delta P^{0.5}$ 成比例。

（4）气流参数

气流参数包括密度、气体速度等。密度受温度的影响很大，其不同温度下的密度可从很多手册上查的。缝隙入口气流速度可由下式求出：

$$U = \frac{Q_m}{\rho wd} \tag{6-17}$$

式中 Q_m——气体质量流量，kg/s。

（5）扩散系数 D

根据斐克定律，物质 A 向介质 B 中扩散时，任一点处物质 A 的扩散通量与该位置上 A 的浓度梯度成正比，即：

$$J_A = -D_{AB}\frac{dC_A}{dy} \tag{6-18}$$

式中　J_A——物质 A 在 y 方向的质量流量，kg/（m² · s）；

　　　C_A——物质 A 的质量浓度，kg/m³；

　　　D_{AB}——物质 A 在介质 B 中的分子扩散系数，m²/s。

单个粒子通过固定介质的扩散系数 D_{PM}，可用下式求出：

$$D_{PM} = \frac{kTv}{R} \tag{6-19}$$

式中　k——波尔兹曼常数，等于 1.38×10^{-6} g · cm²/（s² · K）；

　　　T——绝对温度，K。

把式（6-12）代入式（6-18），得到校正的斯托克斯-爱因斯坦方程：

$$D_{PM} = \frac{K_m kT}{3\pi\mu d_p} \tag{6-20}$$

标准状况下的 D_{PM} 数值如表 6-2 所示。

标准状态下颗粒物的扩散系数　　　　　　　　　　　　　　表 6-2

颗粒的直径（μm）	0.01	0.05	0.10	0.50	1.00	1.60
D_{PM}（$\times 10^{-11}$ m²/s）	5300	238	68.4	6.31	2.75	1.61

（6）悬浮颗粒物的沉降速度 V_s

当流体阻力与重力相等时，颗粒物的沉降速度达到最大，即最终沉降速度，并以最终沉降速度向下运动。在层流范围内（$Re_p \leqslant 2$），可得：

$$v_s = g\left(\frac{K_m\rho_p D_p^2}{18\mu}\right) = g \cdot \tau \tag{6-21}$$

式中　v_s——斯托克斯（层流）范围内的最终沉降速度，m/s；

　　　τ——松弛时间，s；

　　　g——重力加速度，m/s²

　　　ρ_p——尘粒密度，kg/m³

　　　D_p——尘粒直径，m；

　　　μ——空气动力黏度，Pa · s。

如果尘粒不是处于静止空气中，而是处于流速等于沉降速度的上升气流中，尘粒将处于悬浮状态，这一上升气流的速度称为悬浮速度。沉降速度和悬浮速度在数值上相等，但意义不同，前者是指尘粒作等速沉降时的速度或尘粒下落时所能达到的最大速度；后者是指上升气流使尘粒处于悬浮状态所必需的最小速度。在通风与防尘技术中，沉降速度和悬浮速度都有明确的含义和应用场合，例如在重力沉降室的计算和粉尘分散度测定等方面就要用到。

（7）斯托克斯数 St

球形颗粒物在沉降的过程中受到重力、浮力和阻力作用。阻力随着速度的增加而增大，当速度为零时阻力也为零。如果颗粒物从静止开始运动，它的初始速度为零，因此颗粒物的阻力开始时为零。颗粒物迅速加速，在加速过程中，阻力随着速度的增加而增加，直至等于重力与浮力之差。达到终端沉降速度时，继续以恒定的速度运动。

为了求得这一速度，令颗粒物沉降过程中速度达到终端沉降速度时受到的合力为0，则有：

$$F_d = \frac{\pi}{6}d_p^3 g(\rho_p - \rho) \tag{6-22}$$

式中 F_d——颗粒物所受到的阻力。

得到颗粒在运动时所受到的流体阻力，斯托克斯（Stokes）假设：1）流体是连续的；2）流动是层流状的（黏度符合牛顿定律）；3）在方程中涉及速度平方的项可以忽略。由此得到的阻力计算式为：

$$F_d = 3\pi\mu d_p v_s \tag{6-23}$$

斯托克斯数或惯性系数可用以下方程表示：

$$St = \tau\frac{v_0}{D} = \frac{K_m\rho_P d_p^2 v_0}{18\mu D} \tag{6-24}$$

悬浮颗粒物在流过某种障碍物（如圆球、圆柱、平板等）时，粒子在惯性力的作用下，将产生与流线不同的运动轨迹。斯托克斯数越大，粒子的惯性越大，脱离流线越明显，冲撞到障碍物的机会也越大。

（8）其他影响因素

气流的温度和湿度对穿透因子也有影响，但影响不是很大。当颗粒与流体的温度不同时，它们之间存在热量传递，而且以对流传热为主。

三、穿透模型的建立

直接从描写流体与粒子运动的耦合方程组来求解颗粒物通过围护结构缝隙的穿透是不可能的，首要原因即非线性的流体相方程无法直接求解，而粒子动力学方程又需要流场信息才能够得解。因此，有关这一问题的求解目前主要依赖数值模拟的方法，以下简要介绍这一方法。

1. 两相流

目前有关两相流的模型已有大量的研究，从刻画的尺度及属性上区分，主要有3大类：

（1）连续介质模型（continuum model）。此类模型将颗粒相看成是拟流体，这是目前在两相流研究领域中使用最为广泛的一种方法。如果颗粒相只被处理成一相的话，常常又被称为双流体模型（two-fluid model）。这类模型对颗粒和流体均采用欧拉坐标。

（2）离散颗粒模型（discrete particle model）。此类模型只将颗粒看作是离散相，而气相仍然被视为连续相，它对每个颗粒与气体以及颗粒与颗粒间的作用都作详细考虑。由于此模型可以跟踪所有颗粒的运动轨迹，也常常被称为颗粒轨道模型（particle-trajectory model）。这类模型对颗粒相采用拉格朗日坐标，而对流体采用欧拉坐标。

（3）流体拟颗粒模型（pseudo particle model）。这类模型从刻画单颗粒尺度上的运动行为入手，不仅将宏观离散的颗粒当成离散相处理，还将宏观连续的流体也采用"拟颗粒"性质的流体微团来处理。这类模型对流体和颗粒都采用拉格朗日坐标描述。颗粒轨道模型物理意义简明，方程形式简单（颗粒方程是常微分方程），但是计算很复杂（颗粒运动方程数目和颗粒数目相同）。流体拟颗粒模型可以从单颗粒准确地描述颗粒、流体的相互作用；无需对相间的传递引入模型封闭，原则上可以对真实的两相流动微观结构给出描述。但该模型目前还不能模拟真实条件下的情况，且计算能力是该模型发展的重要限制（"拟颗粒"越小，计算量就越大）。将颗粒处理成连续相会给研究带来很多方便：模型方程的形式统一，颗粒相方程采用"场"来描述，便于应用微积分这一工具。另外，由于两相的方程形式往往都与单相流动形式差别不大，从而可以应用计算流体力学的成果。

两相流的研究和单相流的主要差别在于两相流模拟要考虑两相间的相互作用，即耦合作用。如果颗粒载荷较低，颗粒的存在对流体速度场的影响只是流体流动决定着颗粒的轨道和参数的变化，即为单向耦合（one-way-coupling）。这样对流体相的模拟就直接采用纯流体相模型，而不需作任何修改。但当颗粒载荷比较高时，不仅要考虑流体相对颗粒的影响，还要考虑颗粒对流体相的影响，即双向耦合（two-way-coupling）。根据研究结果表明：在颗粒体积分数小于 6.5% 时，可以采用单向耦合模型，而当颗粒体积分数大于 6.5% 时，固体对气体的作用强烈，两相间的相互作用不能忽略。室内悬浮颗粒的体积分数很小，约为 10^{-10} 量级，因而我们关心的重点是流场对颗粒的影响。

2. Lagrange 法

Lagrange 法在 Euler 坐标系中处理连续的流体相，进而在 Lagrange 坐标系下处理单个的颗粒相，对大量颗粒轨道进行统计分析就能得到颗粒群运动的概貌。由于 Lagrange 方法逐一计算单个颗粒的运动轨迹，计算量极大，因此比较适用于颗粒相稀疏的稀疏气-固两相体系。此方法通过颗粒作用力微分方程来求解离散相颗粒（液滴或气泡）的轨道。颗粒的作用力平衡方程（颗粒惯性 = 作用在颗粒上的各种力）在笛卡尔坐标系下的形式（x 方向）为：

$$\frac{du_p}{dt} = F_D \ (u - u_p) \ + \frac{g_x \ (\rho_p - \rho)}{\rho_p} + F_x \tag{6-25}$$

式中　$F_D \ (u - u_p)$——颗粒的单位质量曳力，N，其中：

$$F_D = \frac{18\mu}{\rho_p d_p^2} \frac{C_D Re}{24} \tag{6-26}$$

式中　u——流体相速度，m/s；

　　　u_p——颗粒速度，m/s；

　　　μ——流体动力黏度，Pa·s；

　　　ρ——流体密度，kg/m³；

ρ_p——颗粒密度（骨架密度 d_p 为颗粒直径）kg/m^3；

Re——相对雷诺数（颗粒雷诺数），其定义为：

$$Re = \frac{\rho d_p |u_p - u|}{\mu} \tag{6-27}$$

F_i 是在 i 方向所有施加于颗粒的单位质量力（m/s^2），F_i 可写作：

$$F_i = \frac{18\mu}{\rho_p d_p^2} \frac{C_D Re}{24}(u_i - u_{pi}) + g_i\left(1 - \frac{\rho}{\rho_p}\right) + F_{ai} \tag{6-28}$$

式中 u_{pi}——颗粒在 i 方向的速度，m/s。

曳力系数 C_D 可采用如下的表达式：

$$C_D = a_1 + \frac{a_2}{Re} + \frac{a_3}{Re^2} \tag{6-29}$$

对于球形颗粒，在一定的雷诺数范围内，上式中的 a_1，a_2，a_3 是常数。C_D 也可采用如下的表达式：

$$C_D = \frac{24}{Re}(1 + b_1 Re^{b_2}) + \frac{b_3 Re}{b_4 + Re} \tag{6-30}$$

其中：$b_1 = \exp(2.3288 - 6.4581\varphi + 2.4486\varphi^2)$；

$b_2 = 0.0964 + 0.5565\varphi$；

$b_3 = \exp(4.905 - 13.8944\varphi + 18.4222\varphi^2 - 10.2599\varphi^3)$

$b_4 = \exp(1.4681 + 12.2584\varphi - 20.7322\varphi^2 + 15.8855\varphi^3)$

上式中形状系数 φ 的定义如下：

$$\varphi = \frac{s}{S} \tag{6-31}$$

其中，s 为与实际颗粒有相同体积的球形颗粒的表面积，S 为实际颗粒的表面积。对于微米尺度粒子（直径 = 1 ~ 10μm），Stokes 曳力公式是适用的。这种情况下阻力 F_D 定义为：

$$F_D = \frac{18\mu}{d_p^2 \rho_p C_c} \tag{6-32}$$

式（6-25）右边第二项是单位质量颗粒所受的重力和浮力，当室内颗粒（如粉尘，油烟等）所受重力远远大于其所受浮力（$\rho_p \gg \rho$）时，可忽略其所受浮力，该项可简化为 g_i。

式（6-25）右边第三项是单位颗粒质量所受的其他外力，与流场条件和颗粒属性有关。这些力包括压力梯度力（pressure gradient force），由于非稳定流动引起的巴赛特（Basset）力、虚拟质量力（virtual mass force），以及布朗（Brownian）力和萨夫曼升力（Saffman's life force）等。

（1）视质量力

这些"其他"作用力中的最重要的一项是所谓的"视质量力"（附加质量力）。它是由于要使颗粒周围流体加速而引起的附加作用力，视质量力的表达为：

$$F_x = \frac{1}{2}\frac{\rho}{\rho_p}\frac{d}{dt}(u - u_p) \tag{6-33}$$

191

当 $\rho \geqslant \rho_p$ 时，视质量力不容忽视。流场中存在的流体压力梯度引起的附加作用力为：

$$F_x = \left(\frac{\rho}{\rho_p}\right) u_p \frac{\partial u}{\partial x} \tag{6-34}$$

（2）热泳力（热致迁移力或辐射力）

对于悬浮在具有温度梯度的气体流场中的颗粒，受到一个与温度梯度相反的作用力，这种现象被称为热泳。颗粒平衡方程(6-25) 中的其他作用力可包含这种热泳力：

$$F_x = - D_{T,P} \frac{1}{m_p T} \frac{\partial T}{\partial x} \tag{6-35}$$

其中，$D_{T,P}$ 为热泳力系数，可以定义为常数、多项表达式或用户定义函数，也可以用 Talbot 得到的表达式：

$$F_x = - \frac{6\pi d_p \mu^2 C_s (K + C_t K_n)}{\rho(1 + 3C_m K_n)(1 + 2K + 2C_t K_n)} \frac{1}{m_p T} \frac{\partial T}{\partial x} \tag{6-36}$$

式中　K_n—— knudsen 数 $= 2\lambda / d_p$；

　　λ——气体平均分子自由程，m；

　　$K = k/k_p$；

　　k——基于气体平动动能的气体热导热率，它等于 $(15/4)$ μR；

　　k_p——颗粒导热率；

$$C_s = 1.17, \quad C_t = 2.18, \quad C_m = 1.14；$$

　　m_p——颗粒质量，kg；

　　T——当地流体温度，K；

　　μ——气体动力黏度，Pa·s。

上面的公式均假定颗粒为球形，气体为理想气体。

（3）布朗力

对于亚观粒子，附加作用力可包括布朗力。布朗力的分量可由高斯白噪声过程来模拟，其谱密度 $S_{n,ij}$ 由下式给出：

$$S_{n,ij} = S_0 \delta_{ij} \tag{6-37}$$

其中 δ_{ij} 为克罗内克尔（符号）δ 函数。

$$S_0 = \frac{216\nu\sigma T}{\pi^2 \rho d_p^5 (\rho_p/\rho)^2 C_c} \tag{6-38}$$

式中　T——气体的绝对温度，K；

　　ν——气体的运动黏度，m²/s。

　　σ——Stefan-Boltzmann 常数，它等于 5.67×10^{-8} W/ (m²·K⁴)。

布朗力分量幅值为：

$$F_{bi} = \zeta_i \sqrt{\frac{\pi S_0}{\Delta t}} \tag{6-39}$$

其中，ζ_i 是期望为 0、方差为 1 的独立高斯概率分布（正态分布）随机数。在每一个时间步，布朗力分量幅值都要重新进行计算。为考虑布朗力的影响，必须要激活能量方程选项。只有选择了非湍流模型才能激活布朗力选项。

（4）Saffman 升力

在附加力中也可以考虑由于横向速度梯度（剪切层流动）引致的 Saffman 升力。这里使用的表达式是由 Li 和 Ahmadi 提出的，Saffman 给出了这种升力的一般表达式：

$$F = \frac{2K\nu^{1/2}\rho d_{ij}}{\rho_p d_p (d_k d_{k1})^{1/4}}(u - u_p) \tag{6-40}$$

式中 $K = 2.594$；

d_{ij}——流体变形速率张量。

这个升力表达式仅对较小的颗粒雷诺数流动适用。并且，基于颗粒—流体速度差的颗粒雷诺数必须要小于基于剪切层（厚度）的颗粒雷诺数的平方根：

$$Re \equiv \frac{\rho d_p |u - u_p|}{\mu} < \sqrt{Re_p} \equiv \sqrt{\frac{\rho l |u - u_p|}{\mu}} \tag{6-41}$$

由于这种条件仅对亚观颗粒才有效，所以，建议只在处理亚观尺寸颗粒的问题时考虑 Saffman 升力。

随着颗粒属性以及流场特征的不同，这些力的大小有所不同，从而可以根据其大小忽略一些足够小的能力而简化轨道模型。对室内颗粒受力可以进行简化分析，通常流体曳力、布朗（Brownian）力和萨夫曼升力（Saffman's life force）对于可吸入颗粒物最为重要，应考虑之。简化后的计算结果和实验数据吻合较好，因此这种简化可以认为是合理的。

3. 颗粒的轨道方程

颗粒轨道方程以及描述颗粒质量/热量传递的附加方程都是在离散的时间步长上逐步进行积分运算求解的。对式（6-25）积分就得到了颗粒轨道上每一个位置上的颗粒速度。颗粒轨道通过下式可以得到：

$$\frac{\mathrm{d}x}{\mathrm{d}t} = u_p \tag{6-42}$$

这个方程与式（6-25）相似，沿着每个坐标方向求解此方程就得到了离散相的轨迹。假设在每一个小的时间间隔内，包含体力在内的各项均保持为常量，颗粒的轨道方程可以简写为：

$$\frac{\mathrm{d}u_p}{\mathrm{d}t} = \frac{1}{\tau_p}(u - u_p) \tag{6-43}$$

其中，τ_p 为颗粒松弛时间。FLUENT 应用梯形差分格式对式（6-43）积分，得：

$$\frac{u_p^{n+1} - u_p^n}{\Delta t} = \frac{1}{\tau}(u^* - u_p^{p+1}) + \cdots \tag{6-44}$$

其中，n 代表第 n 次迭代步，并且有

$$u^* = \frac{1}{2}(u^n + u^{n+1}) \tag{6-45}$$

$$u^{n+1} = u^n + \Delta t u_p^n \cdot \nabla u^n \tag{6-46}$$

在一个给定的时刻，同时求解式（6-45）和式（6-46）以确定颗粒的速度与位置。

第三节 室内颗粒污染物散发传播机理模型

一、通风管道内颗粒物的迁移沉降

1. 通风管道内颗粒物的沉降机理

（1）无量纲沉积速度与无量纲松弛时间

颗粒物沉积到管道表面的沉积速度 V_d（m/s）如式（6-47）所示，沉积速度还与粒径、沉积表面方位和沉积表面粗糙度有关。

$$V_d = \frac{J}{C_{ave}} \tag{6-47}$$

式中 J——单位表面上的粒子沉积通量，粒/（$m^2 \cdot s$）；

C_{ave}——管道中时间平均颗粒物浓度，粒/m^3。

无量纲颗粒物沉积速度 V_d^+ 被定义为：

$$V_d^+ = \frac{V_d}{u^*} \tag{6-48}$$

式中 u^*——摩擦速度，m/s，是湍流强弱的量度。

管流湍流的摩擦速度可被定义为：

$$u^* = U_{ave} \sqrt{f/2} \tag{6-49}$$

式中 U_{ave}——轴向空气平均速度，m/s；

f——摩擦系数。

在充分发展段湍流，f 能被计算为：

$$f = \frac{\Delta P}{\Delta L} \frac{D_h}{2\rho_a U_{ave}^2} \tag{6-50}$$

式中 $\Delta P/\Delta L$——单位管长的压降，$kg \cdot m^2/s^2$；

ρ_a——空气密度，kg/m^3；

D_h——管道的水利直径，m。

如果已知空气速度和管的水利直径，再测量沿管的压降运用式（6-49）、式（6-50）就可用实验的方法得出摩擦速度。在光滑管内的摩擦速度大约是平均速度的 5%。在粗糙管内，摩擦速度大约跟平均速度成比例。在通风管道中摩擦速度的范围大约在 0.1～1.0m/s。

在研究颗粒物从湍流中沉积时，经常要研究颗粒物无量纲沉积速度和无量纲松弛时间之间的关系。粒子的松弛时间 τ，是粒子反应局部空气速度变化的特征时间，对在 Stokes 流中球形粒子的无量纲松弛时间被定义为：

$$\tau^+ = \frac{\tau_p}{\tau_e} = \frac{C_c \rho_p d_p^2 u^{*2}}{18\mu\nu} \tag{6-51}$$

式中 ρ_p——颗粒物密度，kg/m^3；

d_p——颗粒物直径，m；

μ——空气动力黏度，Pa·s；

ν——空气运动黏度，m/s^2。

滑移修正系数 C_c 可由下式计算：

$$C_c = 1 + \frac{\lambda}{d_p}\left[2.514 + 0.8 \times \exp\left(-0.55\frac{d_p}{\lambda}\right)\right] \tag{6-52}$$

其中：λ 是空气分子平均自由程，其值在20℃、一个大气压时大约为0.066μm。

一般来说，颗粒物运动只受旋涡影响，它的影响时间至少跟颗粒物的松弛时间（在量级上）一样长。Liu & Agarwal（1974）实验和 Guha（1997）模拟得出的无量纲沉积速度 V_d^+ 对无量纲松弛时间 τ^+ 图呈 S 形分布，如图6-10所示。根据曲线的走势可把整个沉积区域分为3个区：

当 $\tau^+ < 0.1$ 时，为湍流扩散区，表示颗粒物有足够的时间反应甚至是很小的旋涡。在这种情况下，认为颗粒物跟随所有的湍流空气波动。

当 $0.1 < \tau^+ < 10$ 时，为湍流扩散挤压区，颗粒物运动松弛时间与近壁面的涡旋的生命期差不多，所以在该段深受这些涡影响（在该区，颗粒物跟随着湍流空气波动具有较大的不确定性，在近壁面可能超前或落后涡旋，这存在颗粒物惯性和湍流的相互作用）。

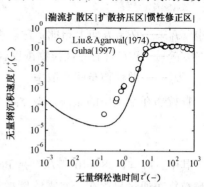

图6-10　粒子沉积曲线图

当 $\tau^+ > 10$ 时，为惯性修正区（该区颗粒物太大，对近壁面速度波动和湍流扩散反应慢，颗粒物没有足够的时间来对这短暂存在的涡作出反应。只受远壁面大涡的影响）。

在矩形空调风管中，u^* 大约在 $0.1\sim1$m/s 之间，粒径在 $0.003\sim30$μm 范围内的颗粒物，τ^+ 的变化范围很大，在低湍流态中 0.003μm 颗粒物为 10^{-6}，而在高湍流态中 30μm 颗粒物为 100。

（2）颗粒物的受力分析

颗粒物在通风空调风管内的迁移沉降除与空气的动力学特性有关外，还受到各种外场作用（布朗扩散、曳力、重力、剪切引起的升力、热泳、电场力、湍流扩散、湍泳等）、空调工况（温度、湿度、速度等）和管道体积表面比等因素的影响。这一节讨论当通风空调管道中的气流流态为湍流时，影响颗粒物运动的力和相应的机制。一般的沉积机制都影响颗粒物在气流中的沉降，但是只有在湍流中才考虑湍流扩散和湍泳这两种沉积机制。以下公式中涉及的坐标参数如图6-11所示。

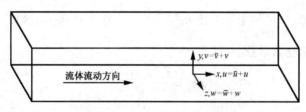

图6-11　管流中的坐标方向

在模型和模拟中通常需要用到的假设如下：

1）忽略颗粒物间、颗粒物与流体间的热质传递；

2）当颗粒物颗粒接触到固体壁面时，都被壁面捕集，无反弹；

3）在颗粒物的迁移沉降过程中无颗粒物颗粒的集聚；

4）所有的颗粒物的形状均为刚性、球形。

1）布朗扩散

布朗运动一般看作是颗粒物和空气分子无规则的相互作用的结果。由布朗扩散引起的颗粒物通量由扩散 Fick's 定律计算，对于一维的通量可写为：

$$J_B = -D_B \frac{\partial C}{\partial y} \tag{6-53}$$

式中　J_B——在 y 方向上布朗扩散颗粒物通量；

　　$\partial C/\partial y$——y 方向上的颗粒物浓度梯度；

　　D_B——颗粒物布朗扩散率。

颗粒物在空气中的布朗扩散率用 Stokes-Einstein 关系计算，滑移修正：

$$D_B = \frac{C_c k_B T}{3\pi d_p \mu} \tag{6-54}$$

其中，$k_B = 1.38 \times 10^{-23} JK^{-1}$ 是 Boltzmann's 常数，T 为绝对温度。由布朗扩散产生的颗粒物净通量只存在于非零浓度梯度场。对很小的颗粒物经过很小的距离，这时布朗扩散成为主导的机制，但是对大于 $0.1\mu m$ 颗粒物，该机制变为一个很弱的传输机制。

2）曳力

当颗粒物和周围的空气有相对运动时，空气给颗粒物一个阻力，该力试图减少它们之间的相对运动。在一般的情况下，颗粒物上的阻力可由下式计算：

$$F_d = \frac{\pi d_p^2 \rho_a |u_a - v_p| (u_a - v_p) C_d}{8C_c} \tag{6-55}$$

式中　u_a——局部空气速度，m/s；

　　v_p——颗粒物速度，m/s；

　　C_d——阻力系数。

该力由空气和颗粒物的速度差决定。球形颗粒物的阻力系数可由下式计算：

$$C_d = \frac{24}{Re_p} \qquad\qquad Re_p \leqslant 0.3 \tag{6-56}$$

$$C_d = \frac{24}{Re_p}(1 + 0.15 Re_p^{0.687}) \qquad 0.3 < Re_p < 800 \tag{6-57}$$

式中　Re_p——颗粒物雷诺数。

$$Re_p = \frac{d_p |v_p - u_a|}{\nu} \tag{6-58}$$

3）重力

地球上的物体都会受到地心的吸引力。如果忽略浮力，颗粒物受到的重力为：

$$F_g = \frac{\pi}{6} d_p^3 \rho_p g \qquad (6\text{-}59)$$

空气阻力和重力相平衡导出了颗粒物重力沉积速度表达式：

$$u_g = \tau_p g \qquad (6\text{-}60)$$

重力沉积随颗粒物尺寸的增加而越加重要。但对粒径小于 $0.1\mu m$ 颗粒物它不是主导机制。

4）剪切引起的升力

在剪切流场中的颗粒物可能受到一个垂直于主流方向的升力。在远离壁面的常剪切流场中的颗粒物受到的升力首先由 Saffman（1965，1968）计算得出：

$$F_t = \frac{1.62\mu d_p^2 \ (du/dy)}{\sqrt{\nu \,|\, du/dy \,|}} \ (u - u_{px}) \qquad (6\text{-}61)$$

式中　du/dy——垂直于壁面的空气速度梯度，s^{-1}；

　　　u_{px}——轴向的颗粒物速度，m/s。

升力的方向由颗粒物和空气在 x 方向的相对速度决定。在壁面附近，颗粒物处于的速度梯度场 du/dy 为正，当颗粒物的轴向速度比空气速度大时，颗粒物将受到负的升力，方向朝向壁面。在轴向上，颗粒物滞后于空气流将产生一个背离壁面的升力。

由 Saffman 得出的式（6-61）有如下限制条件：

$$\frac{d_p^2 \,|\, du/dy \,|}{\nu} < 1 \ , \qquad Re_p < \frac{d_p^2 \,|\, du/dy \,|}{\nu} \qquad (6\text{-}62)$$

Mclaughlin（1991）升力的理论分析得出，第二个条件不是严格要求的，还发现了升力小于或等于（式6-61）。随后 Mclaughlin（1993）和 Cherukat& Mclaughlin（1994）考虑有壁面的情况来修正 Saffman 的表达式，结果表明当考虑壁面时，升力将会减小。当用修正降低雷诺数的限制和考虑有壁面的情况，Wang et al.（1997）对升力使用了"最恰当的升力"这个单词，本书也采用该说法。升力由颗粒物惯性产生，它对大颗粒物尤为重要。从拉格朗日模型分析得出，升力在近壁面很重要（$y^+ < 20$），在该区速度梯度很大，所以颗粒物和流体的速度差也最大。

5）湍流扩散

在湍流中，湍流速度波动能够传输动力，以同样的方式，湍流波动也能够产生颗粒物扩散通量。像湍流速度一样，瞬时颗粒物浓度也能够表示成平均浓度和波动浓度之和：

$$C = \overline{C} + C' \qquad (6\text{-}63)$$

式中　C——瞬时浓度，粒$/m^3$；

　　　$\overline{C}$——时间平均颗粒物浓度，粒$/m^3$；

　　　C'——波动浓度，粒$/m^3$。

对于管流和雷诺平均模型，把式（6-63）代入颗粒物质量守恒方程，可以导出总的颗粒物扩散通量（在垂直于壁面的方向）：

$$J_{diff} = -D_B \frac{d\overline{C}}{dy} - \overline{v'C'} \qquad (6\text{-}64)$$

式中　J_{diff}——总的颗粒物扩散通量，粒/（$m^2 \cdot s$）；

$\overline{v'C'}$——湍流波动产生的总扩散通量，粒/（$m^2 \cdot s$）。

和湍流动力传输类比，$\overline{v'C'}$ 一般用来对各向同性的湍流进行模拟。

$$\overline{v'C'} = \xi_P \frac{d\overline{C}}{dy} \tag{6-65}$$

因此总的扩散通量可写为：

$$J_{diff} = -(D_B + \xi_P)\frac{d\overline{C}}{dy} \tag{6-66}$$

式中，ξ_p 是颗粒物的涡旋扩散率，它通常假设与空气的涡旋黏性 ε_a 相等。这个假设意味着颗粒物和空气之间无滑移速度，但这在很多情况下是不真实的。然而，在各向同性的湍流中，对大颗粒物而言，ξ_p 与 ε_a 相等是正确的，这时 ε_a 为常数（Hinze，1975）。像布朗扩散一样，如果没有浓度梯度，也没有湍流扩散产生的净颗粒物通量。

6）湍泳

湍流是各相异性的，湍流速度波动梯度产生湍泳，湍泳的传输机制与湍流扩散机制不同。因为湍流速度梯度在壁面减小到零，近壁面湍流是高度各向异性的，湍流强度梯度是离壁面距离的函数。一个颗粒物具有速度，那么它就会有足够的惯性，而且因为颗粒物的反应具有滞后性（由松弛时间决定），所以能够减弱局部空气速度。当存在湍流梯度时，一个具有惯性的颗粒物被挤压到近壁面湍流强度低的区域，该运动比从壁面返回的颗粒物要多。这两种运动的不对称性导致了朝着壁面方向有净迁移。Caporaloni et al.（1975）首先认识到这种现象并且计算出湍泳速度：

$$v_t = -\tau_P \frac{d(\overline{v'_{py}})^2}{dy} \tag{6-67}$$

假设阻力和湍泳力平衡，通过计算，净湍流力可表达为：

$$F_t = \frac{\pi}{6}\rho_P d_P^3 \frac{d(\overline{v'_{py}})^2}{dy} \tag{6-68}$$

在文献中没有明确的认识到湍泳，即使它被证明是近壁面惯性颗粒物运动的主要机制。与湍流扩散相比，即使在没有浓度梯度的情况下，湍泳也会产生颗粒物通量。

7）传输机制的综合

在颗粒物沉积模型中，颗粒物传输机制通常都是相加的。这种假设看起来对大多数颗粒物都是对的。但是，有些时候这些机制不是相互独立而是相互影响的，这需要我们进一步考虑。

2. 通风管道内颗粒物的沉降模型

空调管道中的流动是由气体与颗粒物组成的稀薄的气固两相流、多相流。从颗粒物的粒径特征上看，目前研究颗粒物在通风管道中沉积率有四种基本的方法：经验方程、欧拉模型、亚层模型和拉格朗日模型法。

（1）经验公式法

颗粒物在湍流管道中沉积，由于缺乏可靠的通用实验结果和严格的理论预测模型，所以常有人提出用经验公式来预测颗粒物在通风管道内的沉积。经验公式建立在吻合实验数据的基础上，所以使用简单，与实测和拉格朗日模拟所得的结果比较吻合。但是，经验公式的主要缺点是这些方程不能很好地说明颗粒物的行为；不能通过该方程来研究颗粒物沉积机制；当它们运用到不同的条件下时，其正确性受到质疑；除此之外，它也不可能考虑管道内表面粗糙的影响。尽管有这些缺点，但经验方程能快速地估计出颗粒物的沉积速度，在三个沉积区内，颗粒物沉积到垂直面最恰当的经验方程形式如下：

扩散区（$\tau^+ \leqslant 0.1$）： $\qquad V_d^+ = k_1 Sc^{-2/3}$ （6-69）

扩散挤压区（$0.1 \leqslant \tau^+ \leqslant 10$）： $\qquad V_d^+ = k_2 \tau^{+2}$ （6-70）

惯性修正区（$\tau^+ \geqslant 10$）： $\qquad V_d^+ = k_3$ （6-71）

其中，k_1、k_2、k_3 是经验常数，在扩散区，颗粒物 Schmidt 数定义为：

$$S_C = \frac{\nu}{D_B}$$ （6-72）

式中 D_B——粒子扩散系数，m^2/s。

（2）欧拉模型

预测颗粒物沉积的欧拉模型主要有三种：自由模型、梯度扩散模型和湍泳模型，下面主要介绍湍泳模型。

Guha（1997）以充分发展、垂直向下流为研究对象提出了湍泳欧拉模型。他的主要成就是在前人连续性方程的基础上提出了动量方程。

连续性方程为：$V_d^+ = -\left(\frac{D_B + \xi_P}{\nu}\right)\frac{\partial C^+}{\partial y^+} + V_{pcy}^+ C^+ - C^+ \frac{D_T}{\nu}\frac{\partial(\ln T)}{\partial y^+}$ （6-73）

式中 V_{pcy}^+——y 方向上的无量纲颗粒物对流速度；

D_T——温度梯度决定的扩散常数；

ξ_p——颗粒物的旋涡扩散率。

式（6-73）的右边第 1 项考虑了布朗扩散和湍流扩散的作用；颗粒物对流速度在式（6-73）右边的第 2 项，它考虑了颗粒物速度和局部流体速度的不同，对流速度可能来源于湍泳，也可能来源于剪切导致的升力或者电场力；式（6-73）右边的第 3 项考虑了颗粒物在热泳作用下的输运。

X 方向的无量纲动量方程： $\qquad V_{pcy}^+ \frac{\partial V_{px}^+}{\partial y^+} = \frac{1}{\tau^+}(V_{fx}^+ - V_{px}^+) + g^+$ （6-74）

Y 方向无量纲动量方程： $\qquad V_{pcy}^+ \frac{\partial V_{pcy}^+}{\partial y^+} + \frac{V_{pcy}^+}{\tau^+} = -\frac{\partial V_{py}^+}{\partial y^+} + F_{sy}^+ + G_{Ey}^+$ （6-75）

式中 V_{fx}^+——无量纲轴心流速；

V_{px}^+——无量纲轴心颗粒物速度；

V_{py}^+——无量纲垂直于壁面的颗粒物速度（等于无量纲颗粒物扩散和对流速度的总和）；

F_{sy}^+——无量纲 Saffman 升力；

G_{Ey}^+——无量纲电场力。

运用该模型要求同时解式（6-73）~式(6-75)来获得无量纲沉积速度与无量纲松弛时间的关系。该模型比较成熟，可以运用到颗粒物沉积的整个区域，而且该模型也能包括各种力，如湍泳力等，该力没有严格地运用到以前的任何欧拉模型中。

Guha（1997）的模型可能是预测颗粒物在通风管道中沉积的最完善的欧拉模型。该模型预测的趋势能与实验数据较好地吻合，因而能合理预测颗粒物沉积率，而且该模型能运用在整个粒径范围内，只有较少的经验成分，因此具有良好的物理基础。该模型能考虑各种力对颗粒物沉积的影响，它与最好的拉氏模型预测得到的沉积速度和浓度场比较吻合，不管在粗糙面还是在光滑面、水平面还是垂直面都显示出良好的预测性能，而且对计算机性能要求较低。但该模型运用到充分发展段湍流时有所限制，并且该模型不能预测由于流动的扰动和表面的不规则引起的沉积率的改变。

（3）亚层模型

亚层模型把近壁面湍流模拟为二维有临界点流，使用拉格朗日方法计算近壁面区域颗粒物的轨迹，进而来预测颗粒物沉积速度。Cleaver&Yates（1975）第一次提出颗粒物沉积到光滑面的亚层模型数学表达式，Fan &Ahmadi（1993）提出的模型在该类模型中具有较好的预测性能。这种模型与纯粹的拉格朗日模型不同，因为纯粹的拉格朗日模型需要计算大量的颗粒物轨迹，但在亚层模型中，只计算在近壁面区撞击到壁面颗粒物的轨迹，基于流体带动颗粒物朝壁面运动的颗粒物百分率来预测颗粒物的沉积速度。该类模型现可以考虑表面粗糙、颗粒物带电和非球形颗粒物等情况。由于其运用较少，计算公式不再详述。

（4）拉格朗日模型

拉格朗日模型通过计算单个颗粒物的运动和受力来预测颗粒物的沉积速度，所以得出的沉积曲线趋势和量级与实测基本一致。Hutchinson et al.（1971）和 Reeks & Skyrme（1976）最早提出了拉格朗日模型，Kallio & Reeks（1989）第一次提出了颗粒物在湍流中沉积的完整的拉格朗日模型。Li &Ahmadi（1993a）运用拉格朗日方法模拟了颗粒物迁移沉降的过程，该模拟中包含布朗扩散、曳力、升力、重力等影响。该模型的一个创新点就是允许颗粒物撞击到壁面后，由颗粒物与壁面撞击时的能量决定颗粒物要么沉积要么反弹、重新悬浮，与此同时他还研究了表面粗糙对颗粒物沉积的影响。

二、室内颗粒物的迁移沉降

1. 颗粒物在室内的沉降机理

重力沉降、惯性碰撞和布朗扩散等作用是颗粒物在室内环境中沉积的主要机理。颗粒物的沉积作用是室内环境中颗粒物浓度降低的重要方式之一。随着颗粒物直径的增大和室内气流速度的增大，惯性沉降作用就越明显；在重力作用下，较大颗粒的轨迹也就偏离了气体流线，从而在物体表面沉降；对于亚微米粒子，由于运动和沉积主要受扩散机理的控制，所以，直径越小，颗粒物的布朗运动越明显。下面简要介绍影响颗粒物上的作用力——布朗扩散力、曳力，其他的重力、升力见式(6-59)、式（6-62）。

（1）布朗扩散作用

颗粒物不受外力影响而以随机运动的方式在室内迁移称之为布朗扩散。粒径小于1μm的颗粒物，即使在静止的空气介质中也是随机地作不规则运动。粒径越小，颗粒物的不规则运动越剧烈。

气体分子以"直线"行进，并频繁发生随机碰撞，分子具有弹性，并在与别的气体分子相碰撞时突然改变速率和方向。相对而言，粒子的质量比气体分子大得多，但是标准状态下的气体中以布朗运动的一个粒子与一个气体分子具有相等的平均动能，所以粒子速度远小于气体分子的平均速度。粒子经气体分子碰撞后方向和速度上只稍受影响，经多次碰撞后方向才能完全改变。

扩散速度除了受到速度梯度和内能影响外，还受浓度、压力、外力、温度等的差或梯度影响。布朗力被定义为：

$$F_{bi} = G_i \sqrt{\frac{\pi S_0}{\Delta t}} \qquad (6\text{-}76)$$

式中　G_i——零平均，单位变化独立高斯自由变量；

　　　Δt——计算时用的时间步长；

　　　S_0——光谱强度。

S_0 定义为：

$$S_0 = \frac{216\nu\sigma T}{\pi\rho d_p^5 (\rho_p/\rho) C_c} \qquad (6\text{-}77)$$

式中　T——流体的绝对温度，K；

　　　ν——空气的运动黏度，m^2/s；

　　　σ——Boltzmann 常数，$\sigma = 5.67 \times 10^{-8} W/(m^2 \cdot K^4)$；

　　　C_c——坎宁安修正系数。

（2）曳力

曳力是颗粒在静止的流体中做匀速运动时流体作用于颗粒上的力。如果来流是完全均匀的，那么颗粒在静止流体中运动所受的曳力和运动着的流体绕球流动作用在静止颗粒上的力是相等的。

由于流体有黏性，在颗粒表面有一黏性附面层，它在颗粒表面的压强和剪应力分布是不对称的。颗粒一方面受到与来流方向一致压差形成的合力，称为压差曳力；另一方面，颗粒表面的摩擦剪应力，其合力也与来流方向一致，称为摩擦曳力。因此，颗粒在黏性流体中运动时，流体作用于球体上的曳力由压差和摩擦曳力组成。

2. 颗粒物在室内的迁移沉降模型

研究室内颗粒物的分布或运动规律的主要目的在于通过研究室内颗粒物的分布，评测 IAQ，控制室内颗粒物数量和为控制室内颗粒物的迁移和沉积寻求理论依据和技术途径，以提高室内空气品质，减少颗粒物的危害。室内空气分布的研究方法主要可分为理论分析和实验研究两类。

理论研究包括集总参数方法和数值模拟的分布参数方法。

（1）集总参数模型

集总参数方法是基于室内空气完全混合、颗粒浓度均匀的假设，从颗粒质量平衡的角度出发，建立室内颗粒浓度的方程。对于图6-12所示的最常见的通风房间而言，可得到如下形式的集总参数模型：

$$V\frac{\mathrm{d}C_i}{\mathrm{d}t} = aPVC_0 + n(1-h)VC_0 - V_{\text{source}} + RL_{fl}A_{fl} - (a+n)VC_i - KVC_i - h_r n_r VC_i$$

$$(6-78)$$

式中　a——渗风量对房间体积的换气次数，h^{-1}；

　　　n——新风量对房间体积的换气次数，h^{-1}；

　　　n_r——回风量对房间体积的换气次数 h^{-1}；

　　　A_{fl}——地板面积，m^2；

　　　C_i——室内颗粒浓度，$\mu\mathrm{g/m}^3$；

　　　C_0——室外颗粒浓度，$\mu\mathrm{g/m}^3$；

　　　K——颗粒沉降率，h^{-1}；

　　　L_{fl}——地板单位面积颗粒质量，$\mu\mathrm{g/m}^2$；

　　　P——颗粒穿透系数；

　　　R——颗粒的二次悬浮率，h^{-1}；

　　　t——时间，h；

　　　V——体积，m^3；

　V_{source}——室内颗粒发生源强度，$\mu\mathrm{g/h}$；

　　　h——送风过滤效率；

　　　h_r——风过滤效率。

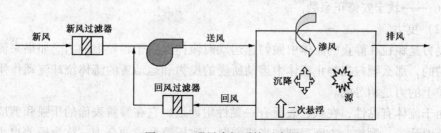

图6-12　通风房间系统示意图

　　集总参数方法基于室内空气完全混合、颗粒物浓度均匀，并认为室内不存在新粒子的生成和粒子凝并过程的假设，从颗粒物质量平衡的角度出发，建立室内颗粒物浓度的方程。集总参数法多用于分析室内外的颗粒浓度比例（I/O ratio）以及粗略评测IAQ，这种模型简单易用，物理意义清晰，便于分析各种因素对室内颗粒浓度的影响。从模拟成本而言，这种方法耗时少，可用于长时间动态分析，在对室内颗粒含量进行初步分析以及了解其动态特性时非常有用。

　　集总参数模型不能考虑室内颗粒的空间分布。因此，不便于详细分析室内的颗粒分布情况。另外，颗粒的穿透率、沉降率以及二次悬浮率与颗粒粒径有着密切的关系，其取值范围在不同的研究条件下有所差别。因此在实际应用这种方法时要注意此点。而且，对于室内颗粒源强度较大以及颗粒物直径较大的情况还可能造成较大的误差。

（2）区域模型

区域模型的基本思想如下：将房间划分为一些有限的宏观子区域，子区域数目相对 CFD 计算的网格而言很少，通常为几个到数十个。认为每个区域内的空气混合均匀，即温度、湿度、污染物（包括颗粒物质）浓度等参数相等；而各区域间存在热质交换，通过建立质量和能量守恒方程并充分考虑区域间压差和流动的关系来研究房间内的温度分布以及流动情况。对于模拟室内颗粒浓度的分布而言，所建立的室内颗粒质量平衡方程为：

$$V_i \frac{dC_i}{dt} = \sum_{nb-i} V_{nb-i} C_{nb-i} - \sum_{nb-i} V_{i-nb} C_i + S_i \qquad (6-79)$$

式中　　t——时间，s；

C_i、C_{nb-i}——区域 i 和其相邻区域的颗粒物质浓度，$\mu g/m^3$；

V_i——区域 i 的体积，m^3；

V_{nb-i}——区域 i 的相邻区域流入区域 i 的空气流量，m^3/s；

V_{i-nb}——区域 i 流入其相邻区域的空气流量，m^3/s；

S_i——区域内颗粒物质的广义源，$\mu g/s$；

广义源包括发生源，如抽烟、取暖、做饭燃烧以及办公设备（复印机、打印机等）形成的发生源；二次悬浮量，即沉降于地面的颗粒再次悬浮到室内的颗粒产生量；而沉降到壁面的颗粒质量是一种汇。

各个区域的源可表示为如下统一形式：

$$S_i = V_{cource-i} + RL_{fl-i} A_{fl-i} - KV_i C_i + C_0 V_{n-i} \qquad (6-80)$$

式中　$V_{cource-i}$——区域 i 内部的颗粒发生源强度，$\mu g/s$；

R——颗粒的二次悬浮系数，h^{-1}；

L_{fl-i}——区域 i 内地面的颗粒质量负荷，$\mu g/m^2$；

A_{fl-i}——区域 i 内地面面积，m^2；

K——颗粒沉降系数，h^{-1}；

C_0——新风所含颗粒浓度，$\mu g/m^3$；

V_{n-i}——送入该区域的新风量，m^3/s。

区域模型的第一步是将被研究房间分为数个子区域，每个区域应具有较小的温度梯度、浓度梯度，从而满足该区域内这些物理量均匀一致的假设。目前区域模型的分区方法多数是基于使用者对流场的估计和事先了解而进行的，具有很强的经验性。而分区的合理与否对区域模型的结果影响很大。为此，提出了一种基于室内空气龄分布的新的分区方法，将室内分成不规则的区域，但更能反映室内相关参数的均匀性。

区域模型模拟得到的实际上是一种相对"精确"的集总结果。每个区域的空气物理量参数为统一值，各区之间各不相同，这样的结果反映的是较 CFD 所得结果粗略的室内分布情况，所得室内空气分布信息不如 CFD 结果那么详尽。但是，区域模型将室内分成几个物理量参数差别较大的区域，每个区域具有一个统一的物理量值，这样能大体上反映室内空气分布的主要特征，比如近风口区、近源区有较大的温度、污染物浓度梯度等。这样避免了 CFD 结果信息太多，以至于有时候难以理解的问题。当然，区域模型模拟所得的是室内几个区域的颗粒浓度，是一种相对"粗略"的颗粒分布信息。因此，当需要详细了解室内颗粒分布情况时，区域模型存在一定的局限。

（3）室内颗粒物再悬浮效应模型

沉积在室内表面上的颗粒物可能会因为人的活动、通风流动等再次悬浮到室内，从而增加室内的颗粒物质含量。颗粒物的二次悬浮与人员活动有着密切的联系，Thatcher 等研究表明，即使轻微的活动也可能对室内粒径大于 5μm 的颗粒物浓度有很大的影响；Karlsson 等研究表明二次悬浮对室内颗粒物含量有重要的影响。

由于影响因素的不确定性，颗粒物的二次悬浮率是个难以确定的量，目前多借助实验手段进行研究。

三、实例分析

1. 颗粒物在通风管道中沉积的例子（拉氏方法例子）

以下给出一个采用 CFD 中的旋涡粒子相互作用模型的例子。模拟追踪较大数量的粒子在风管中的运动与沉积。在模拟中，考虑粒子与流场间的单向耦合。这相当于假定通风管道中的粒子占有较低的质量分数，粒子的出现不改变空气流动的动力学特性。选择一维耦合的拉格朗日旋涡粒子相互作用模型来模拟通风管道中的粒子沉积。分别模拟 10μm、15μm、20μm、30μm、40μm、50μm、70μm、80μm、100μm、120μm、150μm、180μm 和 200μm 的粒子在平均入口流速分别为 7 m/s 和 9 m/s 的情形下，在光滑的方形通风管道中水平和竖直面上的沉积速度，以了解 10 ~ 200μm 粒径的粒子在通风管道中的沉积规律。

（1）拉格朗日模拟方法

在有适当边界条件的任意形状的流动区域内利用有限体积法求解 N-S 方程和连续性方程。通过求解给定粒子的运动方程计算粒子的轨迹，利用一维耦合拉格朗日旋涡粒子相互作用模型研究通风管道中的粒子沉积。

1）通风管道中的湍动空气流模型

应用 CFD 中的雷诺应力传输模型作为空气流的湍动模型，因为它对方形管道中空气流的模拟结果和测量数据有很好的一致性。

采用标准壁函数计算平均速度场和湍动雷诺应力分量。利用有限体积法进行速度分量和雷诺应力湍动分量的收敛，各值均小于 10^{-6}。离散方法是二阶迎风法和 SIMPLE 运算法则。

2）边界条件

由于模拟中考虑的湍动空气流为充分发展流，故周期性边界条件使用在初始的流场计算中，当加入粒子相模型时，速度入口和出流边界条件应用在相同的管道上，但管道的空气流速度轮廓和湍动雷诺应力分量按照周期流边界条件的计算结果来描述，壁面上采用无滑移边界条件。

3）粒子轨迹模型

除了求解连续流的雷诺应力传输模型外，一个离散的轨迹模型也即拉格朗日一维耦合旋涡粒子相互作用模型应用在粒子的轨迹模拟中，这种方法把粒子相分成一系列有代表性的单个分散粒子，然后通过流动区域求解粒子的运动方程来分别追踪这些粒子。追踪粒子时进行了下列假设：

①固体壁面无粒子反弹；

②粒子沉积过程中无粒子凝聚；

③所有粒子是球形的固体粒子。

CFD 通过积分粒子的力平衡（粒子的惯性力和作用在粒子上的力相等）方程来预测粒子轨迹，在笛卡儿坐标的 x 轴方向的速度公式如式（6-25）所示。

一般来说，通风管道中粒子的作用力除了重力、惯性力和曳力外，主要有布朗力、湍动扩散力、剪切升力（Saffman 升力）、静电迁移力。由于粒子粒径大于或等于 $10\mu m$，不发生布朗扩散，布朗力忽略不计，另外对于较大的粒子，静电迁移力也不明显。在计算中，为了考虑湍动扩散对粒子轨迹的影响，对单个粒子的瞬时速度沿着粒子的路径进行积分计算若干次。本书应用的这个随机模型中，脉动速度分量是时间的离散分段常函数，通过给定旋涡的特征生存期在一段时间间隔内随机值保持常量。因此，在粒子轨迹的计算过程中附加力项 F 只包括 Saffman 升力。

4）粒子相的边界和初始条件

假设管道中的粒子浓度足够低而忽略粒子与粒子之间的相互作用，假设粒子一旦和管壁面接触后就不会反弹和分离。粒子到达入口和出口边界后将逃逸。

粒子相的初始条件定义了粒子的开始位置和速度大小。较大数量相同直径的粒子在管道入口均匀分布，粒子的速度等于流体的速度，粒子的密度为 1500 kg/m^3。

（2）研究示例

以充分发展湍流轮廓的光滑的水平和竖直方形管道作为典型通风管道的研究示例，管长为 4.5m，横截面尺寸为 0.3m ×0.3m。管道流的速度轮廓线和湍流线雷诺应力分量按照相同管道的周期性边界条件计算结果描述。因此，这个管道流可认为是完全发展湍流。对直径为 10 ~ 200 μm 的粒子在水平管道和竖直管道中空气流速为 7m/s 和 9m/s 的情况下进行了粒子追踪模拟。

图 6-13（a）和图 6-13（b）显示了这个管道几何体的计算网格，网格采用近壁紧密的非均匀网格，原因在于近壁处的速度梯度较高，必须细致考虑粒子在近壁区域的沉积机理。

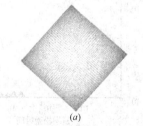
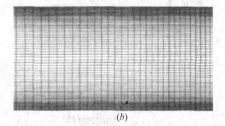

(a)　　　　　　　　　　　　　(b)

图 6-13　水平管道的网格分布

（a）水平方形管道的横截面网格；（b）水平方形管道的流向网格

（3）结果和讨论

1）空气流场

图 6-14 为空气入口平均流速为 7 m/s 时的水平方形管道速度等值线图。从图中可看出，速度等值线向角落处凸出，这说明方形管道中产生了二次流，可能是由雷诺应力的梯度引起的。

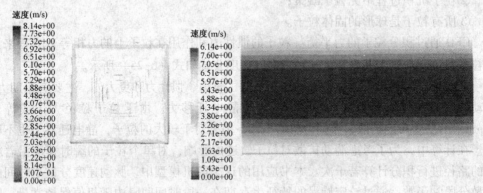

图 6-14　水平方管道速度等值线（空气流速 7m/s）

2）水平方形通风管道中粒子沉积速度

图 6-15 显示了光滑水平方形通风管中底部、垂直壁和顶部的量纲-沉积速度。按照已有研究对沉积区的划分原则：扩散区（τ^+）<0.1；扩散与惯性碰撞并存区（0.1<τ^+<10）；惯性缓冲区（10<τ^+）。现有的模拟结果一部分处于扩散碰撞区，一部分处于惯性缓冲区，但主要在惯性缓冲区。由图 6-15 可以看出，沉积面的方位对粒子的沉积速度影响很大。由于重力的影响，对于 10～20μm 的粒子，到管底的沉积速度高于到管壁和管顶的沉积速度，沉积速度的差别随着空气流速的增加而减小。

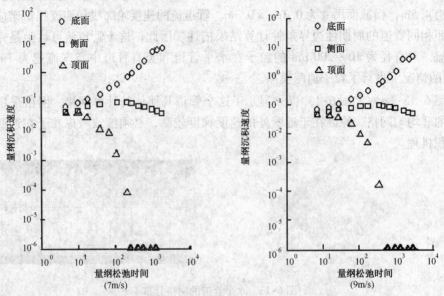

图 6-15　水平方形通风管道粒子量纲沉积速度 V_s 量纲松弛时间图

2. 颗粒物在室内沉积的例子

（1）Lagrange 方法实例

本节算例为研究颗粒在内、外区相邻的两个房间之间的运动规律，图 6-16 为设定的研究颗粒在相邻房间运动规律的示意图。内、外区具有同样的尺寸，即 $L(X) \times H(Y) \times W(Z) = 5.16\mathrm{m} \times 2.43\mathrm{m} \times 3.65\mathrm{m}$。相连的内墙上有一道尺寸为 $H(Y) \times W(Z) = 1.9\mathrm{m} \times 0.8\mathrm{m}$ 的门将两个房间连通。外区房间的外墙上有一个尺寸为 $H(Y) \times W(Z) = 0.3\mathrm{m} \times 0.6\mathrm{m}$ 的外窗。内区房间侧墙下侧有一个排风口。所有开口（门、窗和排风口）都关于 $Z = 1.825\mathrm{m}$（过 XY 平面）的中心线对称。开窗形成的穿堂风从外区房间的窗户吹入，经由门进入内区，最后从排风口排出。假设穿堂风有三种不同的换气次数，并且外区室内的颗粒源具有三个不同位置，工况条件和颗粒相关参数如表 6-3 所示。

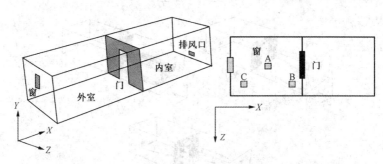

图 6-16　内外区相邻房间以及颗粒初始位置示意图

穿堂风条件下颗粒在相邻房间运动规律计算参数　表 6-3

项　　目	大小或说明
换气次数（ACH）	5、20、50
颗粒起始位置	外区房间中部
	靠近门（靠近内区）
	靠近外窗（远离内区）
颗粒轨道数	160
粒径（μm）	1.0
颗粒密度（kg/m³）	600

注：$1\mathrm{ACH} = 45.76\mathrm{m}^3/\mathrm{h}$。

基于 Lagrange 方法及受力简化分析，可以得出不同工况下的颗粒运动轨迹以及内外区房间的颗粒数目（对应平均颗粒浓度），从而分析不同颗粒源位置和通风量对于外区颗粒进入内区房间的影响。图 6-17 给出在 5 次换气次数下，不同颗粒源位置形成的内外区房间内的颗粒轨道数目随时间变化的趋势。如果颗粒发生位置靠近内区（位置 B），那么内区的颗粒数目最多，内区环境更易收到这种颗粒的污染。而此时（当颗粒发生位置靠近内区时，即位置 B）外区房间内的颗粒数目是最少的，这说明颗粒发生位置越靠近内区，颗粒越容易运动至内区，从而造成内区悬浮颗粒浓度较高而外区悬浮颗粒浓度较低。因此，这种情形下，通风也许会给内区房间带来不良效果。图 6-18 给出了不同换气次数下，外区同一位置处的颗粒运动轨迹，由此可以看到不同换气次数造成同一位置的运动规律不同，从而对内、外区内的颗粒浓度也有不同影响。

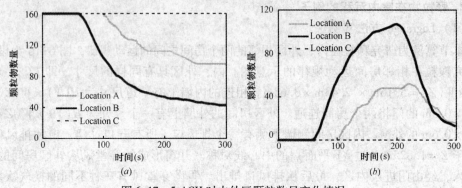

图 6-17　5 ACH 时内外区颗粒数目变化情况

（a）室外；（b）室内

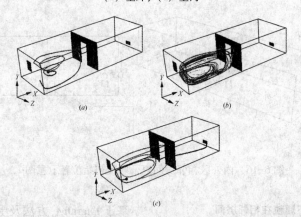

图 6-18　不同换气次数下某点起始的颗粒轨道对比

（a）5ACH（颗粒沉降）；（b）20ACH（颗粒悬浮）；（c）50ACH（颗粒排出）

（2）Euler 方法实例

本节采用上述的滑移通量模型，对置换通风和混合通风（侧上送异侧下回）两种通风形式进行模拟分析，用于比较不同通风室内的颗粒分布情况。模拟的全尺寸小室大小为 L（X）$\times H$（Y）$\times W$（Z）$=5.16m \times 2.43m \times 3.65m$。混合通风采用尺寸为 $0.28m$（Z）$\times 0.18m$（Y）的百叶风口送风，置换通风采用 $0.53m$（Z）$\times 1.1m$（Y）的置换风口送风。两种通风形式所采用的回风口大小相同，均为 $0.43m$（X）$\times 0.43m$（Z）。所有的送、回风口均关于 XY 平面内过房间的中心线对称（$Z=1.825m$）。室内热源设置为灯、人以及计算机等，如图 6-19 所示。表 6-4 和表 6-5 分别给出了室内热源情况以及送、回风等参数。

两种通风工况的热源情况（a 置换、b 混合）　　　　　　　表 6-4

热源种类	强度大小（W）	热源种类	强度大小（W）
人员	75 ×2	灯	34 ×4
计算机	108 + 173（靠近外墙）	外墙传热（东墙）	135[a]，161[b]
合　　计			710[a]，728[b]

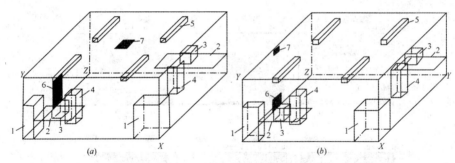

图 6-19 两种通风工况示意图

(a) 置换通风;(b) 混合通风

1—壁橱;2—桌子;3—计算机;4—人;5—灯;

(a):6—置换送风口;7—排风口;(b):6—排风口;7—送风百叶

两种通风工况的送回风参数 表 6-5

通风形式	通风量（ACH）	送风速度（m/s）	送风温度 ℃	回风温度 ℃
置 换	5.0	0.11	13.0	22.2
混 合	5.0	1.26	15.1	24.5

室内监测点位置如图 6-20 所示,计算所得置换通风形式下的不同粒径颗粒分布如图 6-21 所示,由图可见,不同粒径的颗粒运动分布规律有较大差异,仅将其当作完全被动运输的污染物模拟会有较大误差。总体而言,各种粒径均是室内下部浓度较上部为低,这是由于置换通风的向上流型导致的。而且,由于送风从左侧送入,其下部流型主要呈右上方流动,因而最终室内右上方颗粒浓度最高。而很明显的是,10μm 粒径的颗粒在室内的浓度最高。这进一步说明此时置换通风单一向上的流型刚好使得 10μm 粒径的颗粒更多地悬浮于室内而造成室内较高的浓度。而对于 20μm 粒径的颗粒,由于其沉降速度太大,此时置换通风的向上流型不足于使其悬浮,因此大多数都沉降于地面了。图 6-22 还进一步比较了不同通风形式下室内 5 个点的颗粒浓度沿高度的对比,结果表明对于较大颗粒而言,置换通风室内颗粒浓度较高,这是由于置换通风的流型所决定的。

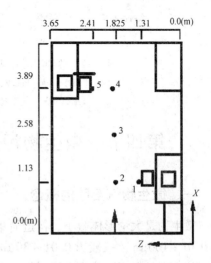

图 6-20 颗粒浓度监测点位置示意图

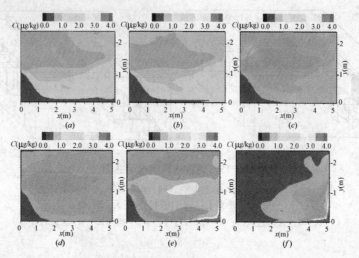

图 6-21　置换通风不同粒径颗粒浓度分布比较（$Z = 1.825$m）

（a）完全被动运输；（b）$d_p = 2.5\mu$m；（c）$d_p = 5\mu$m；

（d）$d_p = 7.5\mu$m；（e）$d_p = 10\mu$m；（f）$d_p = 20\mu$m

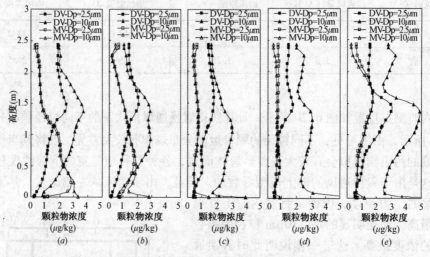

图 6-22　两种不同通风形式下不同粒径颗粒浓度分布比较

（a）Point1；（b）Point2；（c）Point3；（d）Point4；（e）Point5

注："DV"代表置换通风，"MV"代表混合通风。

第四节　微生物污染物散发与传播机理模型

一、微生物气溶胶的概念

微生物是大量形体微小、构造简单的单细胞或接近单细胞的生物粒子。粒子大小为 $0.01 \sim 100\mu$m，一般为 $0.01 \sim 30\mu$m。从学科来分，可分为医学、工业、农业微生物，从生态的角度可分为水微生物、土壤微生物和空气微生物，洁净技术中最常遇到的是空气微生物粒子。

迄今为止，微生物气溶胶没有统一、严格的概念，有的叫"空气微生物"，有的叫"生物雾"，还有的叫"生物云团"等。国际上使用微生物气溶胶的概念描述上述对象，微生物气溶胶是悬浮于空气中微生物所形成的胶体体系，它包括分散相的微生物粒子和连续相的空气介质，它是双相的。

二、微生物气溶胶的特性

微生物气溶胶从形成到造成人（群）体的感染是由它的特性决定的，其主要特性如下：

1. 微生物气溶胶的来源是多种多样的

土壤（固体）不仅是微生物最大的繁殖场所，也是庞大的贮存体及发生源。每克土壤可含100亿个以上的菌，风扬尘过程可将土壤中无数微生物送入大气，包括洁净厂房在内，它所到之处空气中的微生物数量都会大增。即使是病房的地面，微生物的数量比墙表面都多许多倍。它也是空调中微生物的重要来源。

水体（液体）也是微生物气溶胶的重要来源。不论是天然雨、雪、露水，还是人为的自来水、洗刷水等各种各样的污水，都有无数的微生物；在一定能量作用下，也可散发到环境和空气中。空调中的冷凝水还是造成空气传染病的祸首。美国发现的军团菌就是通过它传播的。

大气（气体）是微生物气溶胶又一重要来源。它时刻与洁净空间的空气进行着微生物的交换。

生物体，特别是人体，不仅是微生物极大的贮存体、繁殖体，也是巨大的污染源。1g粪便可含1百～1千亿个菌。据测每人每分钟即使是静止状态下也可向空气散发500～1500个菌，活动时散发的微生物就更多了。在洁净病房中最大也是最难预防的污染源仍然是人体。为什么强调在洁净度监测与验收及手术时要尽量减少室内人数，目的正在于此。其次是动物，不仅普通动物，就是各种各样的实验动物通过便、尿、体液向空气散发的微生物亦不计其数。至于接触医院污物的各种昆虫播散出来的微生物气溶胶就更多了。植物本身的体表可保存多种微生物，当其腐烂时，产生的微生物更多。

总之，土壤、水体、大气、人体、动物、植物是生物洁净技术中时时都要重视的微生物气溶胶的六大来源，当然它们相互之间更可以进行交换，再释放于空气中，这样使问题更加复杂。

2. 微生物气溶胶中微生物种类具有多样性

大气中的自然微生物主要是非病源性的腐生菌，作为使用医学洁净技术最广的病人集中的医院，空气中除了有大气自然微生物外，还有它特有的各种致病菌，如：

（1）细菌类结核杆菌、肺炎双球菌、绿脓杆菌、肠杆菌、沙门氏菌、葡萄球菌、硝酸盐阴性杆菌、弧菌、克雷伯杆菌、变形杆菌等，大约160种。

（2）真菌类球孢子菌、组织孢浆菌、隐球菌、念珠菌、北美芽生菌、弗状菌、青、毛、曲霉等，大约600多种。

（3）病毒类鼻病毒、腺病毒、麻疹、流感、水痘、风疹病毒、委马、柯萨奇、西罗病毒等，大约几百种。

（4）支原体、衣源体、立克次体等。

不同医院空气中致病菌含量及种类亦不同，它与医院患者带菌情况有着直接的关系。除了专性厌氧菌的繁殖体，所有其他微生物都可在一定条件下形成气溶胶，悬浮于空气中。微生物有几十万种，当然由它所形成的气溶胶种类自然不会少。

3. 微生物气溶胶中微生物的活力具有易变性

微生物气溶胶的活性从它形成的那一瞬间开始就处在不稳定的状态。首先是微生物气溶胶的存活受时间的影响很大。由于各种条件促使微生物粒子的活性不断降低。

影响微生物气溶胶存活的因素很多，主要有微生物的种类、气溶胶老化前的悬浮基质、采样技术、在气溶胶老化过程中遇到的环境压力，包括气温、相对湿度、大气中的气体、照射等。

描述微生物气溶胶活力的不稳定的另一个概念是衰减。微生物的衰亡通称为生物衰减（Biological decay），系微生物在悬浮中自身的死亡，微生物气溶胶的总衰减（Total decay）便是物理衰减和生物衰减的总和。微生物气溶胶的生物衰减除外部因素，自身因素也很多，例如种类、存在形式等。物理衰减主要是气溶胶发生后在空气扩散过程中由于重力沉降、凝并、碰撞、静电吸引等引起从大气中消失的单位时间量。

4. 微生物气溶胶传播具有三维性

微生物气溶胶一旦发散后，就按它固有的三维空间播散规律运行。气溶胶的扩散很复杂，受到的影响因素又很多，但在建筑的小环境内，主要受气流影响，其次是重力、静电、布朗运动及各种动量等，使房间内的污染不断和周围空气混合，播散到邻近房间及一切空气可达到的环境。为什么不同的洁净室之间要有压差，生物安全室要用负压，就是根据此原理防止有害微生物气溶胶向四周扩散的。

5. 微生物气溶胶沉积的再生性

微生物气溶胶不像雨、雪水，一旦降下就再也回不到大气中了，而沉积在物表的微生物气溶胶粒子则不然，由于风吹、清扫、振动及各种机械作用，都可使它再扬起，产生再生气溶胶。在一个相对稳定的室内，只要微生物粒子保持活性，这种沉积—悬浮—再沉积—再悬浮的播散运动就不会停止。因此，微生物气溶胶的传播与物表的接触传播有时是统一的，也是无法分开的。William 有句名言"凡能经空气传播的也能经接触传播"，一语讲清了接触与空气传播不可分割的密切关系。空调系统的二次污染实际就是再生气溶胶造成的。实践得知空气微生物气溶胶浓度最能代表房间的洁净度，用空气微生物浓度而不用墙面或地面代表室内洁净度，原因也与此有关。微生物气溶胶的再生性更促使它感染的广泛性。

6. 微生物气溶胶感染的广泛性

微生物气溶胶可以通过黏膜、皮肤损伤、消化及呼吸道侵入机体，但主要是通过呼吸道感染机体。人类一刻也离不开空气，呼吸道的易感性、人类接触微生物气溶胶的密切性与频繁性都决定着感染的广泛性。

三、大气微生物气溶胶的源与形成气溶胶的途径

微生物颗粒释放到空气中即产生生物气溶胶。根据生物源样品类型或释放的规模，

生物颗粒可由样品所处点、线、面释放进入空气中。细菌本身通常不会在空气中产生，但偶尔由于高速气流、雨水冲刷、气泡破裂、动物或机械作用致使细菌释放到空气中，且常以动植物残骸上聚集的细菌团的形式存在于气溶胶。寄生于动、植物和真菌的病毒，与细菌类似，常以成团颗粒存在空气中。其他如孢子、花粉以及低等原生植物动物则采用各自特有的方式释放。

1. 孢子释放

根据作用于真菌孢子的压力，真菌孢子释放分为主动释放和被动释放。主动释放指由真菌内在的压力推动孢子释放；被动释放则是由环境因素的压力迫使孢子释放。不同的孢子，有不同的释放方法。这样真菌孢子有可能被释放到空气中。孢子释放示意图如图 6-23 所示。

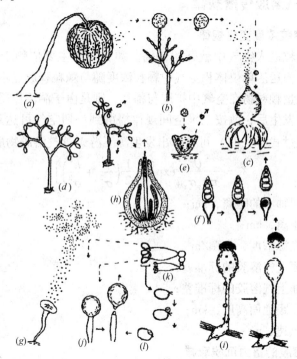

图 6-23　孢子释放示意图

(*a*) 从藻类（Dictydium sp.）释放 ；(*b*) 雾滴带走霉菌（Cladosporium sp.）孢子 ；
(*c*) Geastrium sp. 喷射 ；(*d*) 霜霉菌（Peronospora sp.）吸湿运动 ；(*e*) 白蛋巢菌（Crucibulum vulgare）射杯 ；
(*f*) 香蕉小窦氏霉（Deightoniella torulosa）的水团破裂 ；(*g*) 核盘菌（Sclerotinia sclerotiorum）的水枪作用 ；
(*h*) 粪壳霉菌（Sordaria fimicola）的水枪 ；(*i*) 克莱因水玉霉（Pilobolus kleinii）喷射 ；
(*j*) 虫霉（Entomophthora sp.）细胞膨胀球化 ；(*k*)、(*l*) 拟双环林地蘑菇（Agaricus sp. 掷孢子）

2. 花粉释放

被子植物和裸子植物的花粉，是随着花器部分伸长进入乱流空气中，以及被子植物风媒花花药伸长，花丝进入气流中被动释放的。风媒植物较虫媒植物产生更小的大量花粉粒，以便花粉能到达目标植物。

花粉释放也是季节性的，随种类和地理位置的不同而变化。由于开花习性和时间的不同，某种植物在不同地域产生的花粉量是不同的。如整个英联邦的草开始授粉的时节是不同的。作物产生的花粉也随一天不同时段、不同花期以及天气情况而变化。

3. 其他低等植物动物

海藻可以随海水泡沫和泡沫破裂进入空气中，硅藻通过波浪和水急流（如瀑布）形成气溶胶。有些苔藓如水藓（Sphagnum），孢子释放是爆炸式的。因为随着孢子囊的干燥，囊内部空气压力增加，致使子囊顶部的果盖破裂。蕨类则由于孢子囊上增厚细胞形成的环带使孢子囊弯曲而裂开，以及环带细胞中水分蒸发而弹回时都释放出孢子。马尾（Equisetum）孢子被四条弹丝缠绕，在干燥条件下，弹丝弹开使孢子释放。

原生动物、线虫、螨类和小昆虫，则可以由风对水、土壤作用以及植物作用或者机械作用而进入空气中。

四、微生物气溶胶传播规律

1. 微生物气溶胶浓度变化规律

一旦微生物颗粒进入空气中就开始传播。颗粒传播主要依赖于空气中气团运动，如：湍流和热对流输送。单位体积空气中颗粒浓度随与颗粒释放点距离的增加而减少。通常随风运动的大量颗粒物在空气中扩展与稀释，则是由于湍流作用而致。

微生物气溶胶发生后，就按三维空间规律播散到一切空气可达到的环境中去。知道了相关参数，通过式（6-81）可计算出发生源下游 X 处气溶胶物质的浓度。

$$X = \frac{Q}{\pi\sigma_y\sigma_z\bar{u}}\exp\Big[-\frac{1}{2}\Big(\frac{y^2}{\sigma_y^2} + \frac{h^2}{\sigma_z^2}\Big)\Big] \tag{6-81}$$

式中　y——距云团轴心的距离，km；

X——下风距离，km；

Q——连续点源浓度，个菌/m^3；

σ_y——水平面上气溶胶的标准差；

σ_z——垂直面上气溶胶的标准差；

h——观察点距地面高度，km；

$\bar{u}$——平均风速，m/s。

2. 微生物气溶胶的重力沉积衰减

流体动力学研究结果表明，流体中颗粒物的大小、形状、密度和表面特性等对颗粒传播影响很小，但影响空气动力特性如沉降速度。表面光滑物体的沉降速度主要由它的大小和密度决定。降落伞的打开，尽管重量不变，但与空气相互作用的阻力表面积增加了，致使降落伞沉降速度相应减下来。有些开花植物，如柳兰（*Chamaenerion angustifolium*）、铁线莲（*Clematis vitalba*）、蒲公英（*Taraxacum officinale*）就利用这种特性。它们的种子边缘有冠毛，冠毛增加了空气阻力，减少了沉降速度。有些蜘蛛也采用这种特性，吐长丝作降落伞可以飘很远距离。花粉和孢子形状和表面特性也影响沉降速度。许多种类被子植物花粉有翼，如松花粉外壁有两层气囊，增加花粉在空气中的浮力。

从关于空气颗粒物运动的知识可知，空气动力直径越小的颗粒，空气相对阻力就越大，沉降速度相应越小。由于每种种类的孢子大小自然差异和周围环境空气相对湿度对孢子水合状态的影响，孢子沉降速度常常估计只有正负20%受其自然大小形态的影响。孢子的沉降速度差异很大，从直径约$50\mu m$的花粉粒的$40mm/s$，到直径约$1\mu m$放线菌孢子的$0.4mm/s$。尽管重力对静止空气中的沉降速度起主要作用，但在湍流情况下，流体微团的对流对孢子沉降速度的影响远胜于重力作用。

　　微生物的重力沉降速度与微生物的重量有关，也与微生物因其大小和形状不同而所受的升力有关。许多真菌孢子和花粉近似球形，还有一些则是椭圆形、鞭状、纤维状，甚至更复杂的螺旋状、棍状、放射状，有的孢子以链状或块状释放。为了便于估算某些微生物的沉降速度和传播特性，多用空气动力学直径表示颗粒大小和形状的共同作用（见前节所述几何直径、空气动力学直径与斯托克斯直径）。如大小相等的球状颗粒（部分孢子和花粉，密度与水相同），在空气中有相同的沉降速度。20℃的空气中，微生物颗粒的空气动力学直径d（μm）与沉降速度v_t的关系表示为：

$$d = 18.02\sqrt{v_t} \tag{6-82}$$

式中　v_t——沉降速度，cm/s。

　　空气动力学直径还影响碰撞的效率。对于椭圆和鞭状等简单形状，赋予形状因子并用于估计非球状孢子的沉降速度。即通过形状因子来划分具有同样体积的球形孢子的沉降速度。当流体的速度小于某一速度时，对应尺度与形状的微生物粒子就会逐渐脱离流体主体，产生沉积，最终穿过层流边界层沉降在固体或液体表面。

3. 微生物气溶胶惯性碰撞的衰减作用

　　当流体迹线弯曲时，由于微生物颗粒动量太大而不能改变方向，当其与其他一些轻分子一起流过诸如一片叶或者花柱时，被动着落在叶或花柱表面上，或者由于主动碰撞而粘附在固体或液体表面（碰撞作用）。碰撞作用的一个典型特例是，空气中的微生物由于雨水的碰撞而随着雨水一起降落，导致空气中微生物气溶胶浓度下降。微生物颗粒与正在下落的雨滴表面碰撞时，进入还是停留在水膜表面则取决于颗粒的疏水能力。

4. 微生物自然衰减

　　多种环境因素能损害空气微生物。阳光中致命的紫外线辐射、脱水作用致使大部分微生物失活，但孢子则可以维持很长时间。高温可以使所有的病原体失活，冰冻可以破坏大部分病原体，氧通过氧化作用慢慢杀灭大部分微生物。我们能承受的污染水平，对某些微生物可能是致命的。而发生在所有室内建筑表面的析出或者吸附作用，对微生物减少的影响是很弱的。各个环境因素影响导致的病原群体数减少，都可以用如下方程表示：

$$N = N_0 e^{-kt} \tag{6-83}$$

式中　N——t时刻（分钟）的气溶胶中活病原群体浓度；

　　　N_0——$t=0$时刻气溶胶中活病原群体浓度；

　　　k——每分钟的衰减速率；

　　式（6-83）得到的指数衰减曲线称为死亡曲线。在长时间的暴露下，通常只有0.01%的病原群体能够抵抗所受的化学和物理损害而得以存活下来。

　　除了湿度可以影响某些种类的紫外照射灭菌和热杀的效果外，其他因素对空气微生物的影响呈加性效应。在室外，日光、极限温度和风促使非孢子形式微生物群体迅速降解和扩散，也就几分钟的经历。在室内，由于控制了温度、适度、日射等因素，使人舒适的同时，导致空气微生物存活时间更长，有时甚至可达几天之久。

　　由于咳嗽或打喷嚏喷出的大飞沫，很快就会趋于稳定运动与沉降。一些微米级的飞沫迅速蒸发形成与微生物大小类似的飞沫核，这些微米级的颗粒可以悬浮在空气中更长时间，并可以随气流或扩散作用扩散到周围环境中去。空气微生物经过一定的时间就失去活力。在没有光照时，综合不同研究者的数据，细菌在空气中最容易失活，而病毒其次，孢子则生命最强。

思考题

　　1. 风的定义是什么？风的分类是什么？风对排入大气的污染物的作用有哪些？大气污染物的扩散主要什么气流的作用下完成的？

　　2. 大气稳定度的定义是什么？大气稳定度与烟流扩散的关系有哪几种类型？

　　3. 穿透因子的定义是什么？穿透机理是什么？穿透因子的影响因素有哪些？

　　4. 两相流的模型有哪几种类型？由于 Lagrange 方法适用于什么体系下的颗粒物运动过程？其颗粒物主要受那些力的作用？曳力的定义什么？斯托克斯数的定义是什么？悬浮速度和沉降速度的定义是什么？

　　5. 管道内颗粒物的沉积速度与哪些因素有关？什么是摩擦速度？大小表征什么意义？粒子的松弛时间的定义是什么？受哪些因素的影响？根据松弛时间的大小，颗粒物的运动方式可以分为几种类型？

　　6. 布朗扩散的适用场合是什么？湍泳的传输机制与湍流扩散机制有什么不同？

　　7. 颗粒物在室内的迁移沉降模型主要分为哪两种模型？它们各有什么样的特点？

　　8. 微生物气溶胶的主要来源有哪些？微生物气溶胶的特性是什么？微生物气溶胶传播规律是什么？

参考文献

[1] De‐Ling Liu. Air pollutant penetration through airflow leaks into building [M]. California：University of California, 2002, 1‐57.

[2] De‐Ling Liu, William W. Nazaroff. Modeling pollutant penetration across building envelopes [J]. Atmospheric Environment, 2001, 35 (26)：4451‐4462.

[3] Papavergos, P. G. and Hedley, A. B. Particle deposition behaviour from turbulent flows [J]. Chemical Engineering Research and Design, 1984, (62)：275‐295.

[4] Guha, A. A unified Eulerian theory of turbulent deposition to smooth and rough surfaces [J]. Journal of Aerosol Science, 1997, 28 (8)：1517‐1537.

[5] Cleaver, J. W. and Yates, B. A sublayer model for the deposition of particles from a turbulent flow [J]. Chemical Engineering Science, 1975, 30 (8)：983‐992.

[6] Fan, F‐G. andAhmadi, G. A sublayer model for turbulent deposition of particles in vertical ducts with smooth and rough surfaces [J]. Journal of Aerosol Science, 1993, 24 (1)：45‐64.

［7］ Hutchinson P. , Hewitt, G. F. and Dukler, A. E. Distribution of liquid or solid dispersions from turbulent gas streams: a stochastic model ［J］. Chemical Engineering Science, 1971, 26 (3): 419-439.

［8］ Reeks, M. W. and Skyrme, G. The dependence of particle deposition velocity on particle inertia in turbulent pipe flow ［J］. Journal of Aerosol Science, 1976, 7 (6): 485-495.

［9］ Kallio, G. A. and Reeks, M. W. A numerical simulation of particle deposition in turbulent boundary layers ［J］. International Journal of Multiphase Flow, 1989, 15 (3): 433-446.

［10］ Li, A. and Ahmadi, G. Deposition of aerosols on surfaces in a turbulent channel flow ［J］. International Journal of Engineering Science, 1993, 31 (3): 435-451.

［11］ 朱能，王侃红，田哲. 空调系统在病态建筑中的特征分析 ［J］. 暖通空调, 1999, 29 (2): 11-15.

［12］ Jan Pejtersen. Sensory pollution and microbial contamination of ventilation filters ［J］. Indoor Air, 1996, 6 (4): 239-248.

［13］ VDI 6022 Part 1. Hygienic standards for ventilation and air-conditioning systems offices and assembly rooms ［M］. VDI Guideline, Germany, 1999.

［14］ Ounis H, Ahmadi G, McLaughlin JB. Brownian diusion of submicrometer particles in the viscous sublayer ［J］. Journal of Colloid and Interface Science, 1991, 143 (1): 266-277.

［15］ Morsi SA, Alexander AJ. An investigation of particle trajectories in two-phase ow systems ［J］. Journal of Fluid Mechanics, 1972, 55 (2): 193-208.

［16］ Morsi SA, Alexander AJ. An investigation of particle trajectories in two – phase ow systems ［J］. Journal of Fluid Mechanics, 1972, 55 (2): 193-208.

［17］ 赵彬，陈玖玖，李先庭等. 室内颗粒物的来源、健康效应及分布运动研究进展 ［J］. 环境与健康杂志, 2005, 22 (1): 65-67.

［18］ 赵彬. 室内颗粒运动和分布的模拟方法 ［J］. 建筑热能通风空调, 2006, 25 (5): 51-58.

［19］ Chao CYH, Tung TC. An empirical model for outdoor contaminant transmission into residential Buildings and experimental verification ［J］. Atmospheric Environment, 2001, 35 (9): 1585-1596.

［20］ Leburn J. Exigences physiologiquesetm odalites physiques de laclim atisation par source statique concentree ［D］. Belgium: University of Liege, 1970.

［21］ Zhao B. , Wu P, Song F, etal. Numerical simulation of indoor PM distribution in the whole year by zonal model ［J］. Indoor and Built Environment, 2004, 13 (6): 453-462.

［22］ Ermark Donald L, Nasstrom JS. A Lagrangian stochastic diffusion method for inhomogeneous Turbulence ［J］. Atmospheric Environment, 2000, 34 (7): 1059-1068.

［23］ 周力行. 多相湍流反应流体力学 ［M］. 北京: 国防工业出版社, 2002.

［24］ Murakami, S. , Kato, S. , Nagano, S. etal. Diffusion characteristics of airborne particles with gravitational settling in a convection-dominant indoor flow field ［J］. ASHRAE Transactions, 1992, 98 (1): 82-97.

［25］ Zhao B. and Wu J. Numerical investigation of particle diffusion in clean room ［J］. Indoor and Built Environment, 2005, 14 (6): 469-479.

［26］ Holmberg S. and Chen Q. Airflow and particle control with different ventilation systems in a classroom ［J］. Indoor air, 2003, 13 (2): 200-204.

［27］ Byrne M. A, Goddard A. J. H, Lange C, et al. Stable tracer aerosol deposition measurements in a test chamber ［J］. Journal of Aerosol Science, 1995, 26 (4): 645-653.

［28］ Abadie M，Limam K，Allard F. Indoor particle pollution：effect of wall texture on particle deposition ［J］. Building and Environment，2001，36（7）：821-827.

［29］ Thatcher T. L，Lai A. C. K，Moreno J. R，et al. Effects of room furnishings and air speed on particle deposition rates indoors ［J］. Atmospheric Environmrnt，2002，36（11）：1811-1819.

［30］ Thatcher T. L，Layton D. W. Deposition，resuspension，and penetration of particles within a residence ［J］. Atmospheric Environment，1995，29（13）：1485-1497.

［31］ Karlsson E，Fangmark I，Berglund T. Resuspension of an indoor aerosol ［J］. Journal of Aerosol Science，1996，27（Supl.）：S441-S442.

［32］ 张金萍，李安桂. 方形通风管道中粒子沉积的拉格朗日模拟 ［J］. 暖通空调，2006，36（6）：10-17.

［33］ Wood N B. The mass transfer of particles and acid vapour to cooled surfaces ［J］. Journal of the Institute of Energy，1981，76（1）：76-93.

［34］ Papavergos P G，Hedley A B. Particle deposition behaviour from turbulent flows ［J］. Chemical Engineering Research and Design，1984，62（3）：275-295.

［35］ 于玺华. 空气微生物学及研究进展 ［J］. 洁净与空调技术，2005（4）：29-33.

［36］ Zhao B.，Zhang Y.，Li X. Numerical analysis of the movement of biological particles movement in two adjacent rooms ［J］. ASHRAE Transactions，2004，110（Part2）：370-377.

［37］ Maureen E. Lacey and Jonathan S. West. The air spora ［M］. Springer，2006.

［38］ Committee on Materials and Manufacturing Processes for Advanced Sensors Board on Manufacturing and Engineering Design Division on Engineering and Physical Sciences. Sensor Systems for Biological Agent Attacks：Protecting Buildings and Military Bases ［M］. The National Academy of Sciences，2005：71-83.

［39］ G. Guyot. Physics of the Environment and Climate ［M］. New York：John Wiley & Sons，1998.

［40］ J. Ho，P. Hairston，and M. Spence. Biological Detector Performance with a 402 nm Laser Diode ［M］. DRES TR 2000-190，2001.

［41］ V. Butalov，M. Fischer，and I. Schecter. Aerosol analysis by cavity-ring-down laser spectroscopy ［M］. Analytica Chimica Acta 466：1-9. 2002.

第七章 室内污染物的检测方法

室内空气污染物的种类繁多，成分复杂，影响严重，对人体健康危害大，其危害程度需要检测才能进行评估。据美国环保署对各种建筑物室内空气连续 5 年的检测结果表明，迄今为止已发现室内空气中存在数千种化学物质，其中某些有毒化学物质含量比室外绿化区高 20 多倍，对人体健康造成严重威胁。本章主要探讨室内空气污染物检测的常用方法，常用的检测设备、软件及空气污染物采样方法。

第一节 气体污染物常用检测方法与设备

一、甲醛

检测甲醛的主要方法有滴定分析法、分光光度法、气相色谱法和电化学分析法。因室内甲醛的浓度很低，一般常用分光光度法和气相色谱法。《室内空气质量标准》GB/T 18883—2002 规定了 AHMT 分光光度法、酚试剂分光光度法、气相色谱法和乙酰丙酮分光光度法四种检测室内甲醛的方法，下面介绍酚试剂比色法。

1. 酚试剂比色法

（1）测定范围

该方法检出浓度限为 $0.1\mu g/ml$（按与吸光度 0.02 相对应的甲醛含量计），当采样体积为 10L 时，最低检出浓度为 $0.01mg/m^3$。

（2）原理

甲醛与酚试剂反应生成嗪，在高铁离子存在下，嗪再与酚试剂的氧化产物反应生成蓝色化合物，根据颜色深浅，用分光光度法测定。

（3）所需仪器

1）大型气泡吸收管 10ml；

2）空气采样器，流量范围 0~2L；

3）具塞比色管 10ml；

4）分光光度计。

（4）所需试剂

1）吸收液：称量 0.1g 酚试剂（简称 MHTH）溶于水中，稀释至 100ml 即为吸收原液，贮存于棕色瓶中，在冰箱内可以稳定 3 天。采样时取 5.0ml 原液，并加入 95ml 水，即为吸收液。

2）1% 标准硫酸铁铵溶液：称取 1.0g 硫酸铁铵，用 0.10mol/L 盐酸溶液溶解，并稀释至 100ml。

3）甲醛标准溶液：量取 2.8ml 含量为 36%～38% 的甲醛溶液，放入 1L 容量瓶中加蒸馏水稀释至刻度，其准确浓度用碘量法标定，这就是甲醛标准贮备溶液。临用时，将甲醛标准贮备溶液用蒸馏水稀释成 1.00ml 含 10μg 甲醛，立即再取此溶液 10.00ml加入 100ml 容量瓶中，加入 5ml 吸收原液，用水定容至 100ml。此溶液 1.00ml 含1.00μg 甲醛，放置 30min 后，用于配制标准色列管。

4）标定方法：吸取 5.00ml 甲醛溶液于 250ml 碘量瓶中，加入 40.00ml $C_{(1/2I_2)}=$0.1mol/L 的碘溶液，立即逐滴加 30% 的氢氧化钠溶液，至颜色褪至淡黄色为止；放置10min。用 5.00ml（1+5）盐酸溶液酸化（空白滴定时需多加 2ml），置暗处放 10min，加 100～150ml 水，用 0.1mol/L 硫代硫酸钠标准溶液滴定至淡黄色，加 1.0ml 新配制的 5% 淀粉指示剂，继续滴定至蓝色刚刚褪去为止。另取 5ml 水同上法进行空白滴定。

按下式计算甲醛溶液浓度：

$$甲醛溶液浓度（mg/ml）= \frac{(v_0 - v) \times C \times 15.0}{5.00} \qquad (7-1)$$

式中　v——滴定空白溶液所消耗硫代硫酸钠标准溶液体积，ml；

　　　v_0——滴定甲醛溶液所消耗硫代硫酸钠标准溶液体积，ml；

　　　C——硫代硫酸钠标准溶液浓度，mol/L。

（5）采样

1）用一个内装 5.0ml 吸收液的气泡吸收管，以 0.5L/min 流量，采气 10L 并记录采样点的温度和大气压力。

2）标准曲线的绘制：取 8 支 10ml 比色管，按表 7-1 配制标准色列；然后向各管中加 1% 硫酸铁铵溶液 0.40ml 摇匀。在室温下显色 20min，在波长 630nm 处，用 1cm比色皿，以水为参比，测定各管溶液的吸光度，以测定的吸光度值对甲醛含量（μg）绘制标准曲线。

甲醛标准色列　　　　　　　　　　　　　　　　　　　表 7-1

管　号	0	1	2	3	4	5	6	7
甲醛标准溶液（ml）	0	0.10	0.20	0.40	0.60	0.80	1.00	1.50
吸收液（ml）	5.00	4.90	4.80	4.60	4.40	4.20	4.00	3.50
甲醛含量（μg）	0	0.10	0.20	0.40	0.60	0.80	1.00	1.50

3）样品测定：采样后，将样品溶液全部移入比色皿中，用少量吸收液洗涤吸收管，洗涤液并入比色管，使总体积为 5.0ml，室温下放置 80min，以下操作同标准曲线的绘制。

（6）空气中甲醛浓度按下式计算：

$$C = \frac{(A - A_0) \times B_g}{V_0} \qquad (7-2)$$

式中　C——空气中甲醛浓度，mg/m³；

　　　A——样品溶液的吸光度；

　　　A_0——空白溶液的吸光度；

B_g——标准曲线斜率倒数，μg/吸光度；

V_0——换算成标准状态下的采样体积，L。

（7）说明

1）绘制标准曲线时样品测定时温差应不超过2℃。

2）标定甲醛时，在摇动下逐滴加入氢氧化钠溶液，至颜色明显减褪，再摇片刻，待褪成淡黄色，放置后应褪至无色。若碱量加入过多，则5ml（1＋5）盐酸溶液不足以使溶液酸化。

3）当与二氧化硫共存时，会使结果偏低，二氧化硫产生的干扰，可以在采样时，使气体先通过装有硫酸锰滤纸的过滤器，即可排除干扰。

2. 甲醛气体检测仪

常用的甲醛气体检测仪有4160型甲醛分析仪和ES300甲醛检测仪。

（1）4160型便携式甲醛分析仪

4160型便携式甲醛分析仪（见图7-1）是专门用于检测空气中甲醛含量的数字直读式仪器。仪器由内置采样泵、电化学传感器、电路、显示器等部分组成。操作时采用泵吸入方式，样气进入传感器，以直读方式将甲醛含量显示出来（显示单位为ppm），该仪器重量轻，重量仅为2kg。

1）应用：装修后环境检测、公共场所检测、医院环境检测、林业加工厂检测等。

2）特点：高可靠性、电池供电、重量轻、坚固耐用。

3）技术指标：

检测范围：0～19.99ppm；

分辨率：0.01ppm；

准确度：≤±0.02ppm；

显示方式：液晶数字显示。

（2）ES300手持式甲醛检测仪

ES300手持式甲醛检测仪（见图7-2），分辨率为0.01ppm，适用于监测室内空气中的甲醛浓度，以及需要使用甲醛的工作环境空气中的甲醛浓度。

图7-1　4160型甲醛分析仪　　　　图7-2　ES300手持式甲醛检测仪

该仪器具有单点测试和连续测试两种工作模式。连续模式下，可设定测试周期为0～480min的任意时间，LCD显示器每隔10s更新一次读数，测试周期结束后，自动停止测试。测试过程中随时可查看整个测试时间内的平均值及第一个测量值。

ES300 甲醛检测仪，采用独特的过滤器技术，可消除室内空气中常见的多种气体对甲醛测量的干扰，提高了测量的精度及可靠性。其技术参数如表 7-2 所示。

ES300 甲醛检测仪技术参数　　　　　　　　表 7-2

传感器	电化学传感器，寿命 >2 年	零点漂移	<0.002 ppm/min
典型量程	0 ~ 30 ppm	重复性	1%
最大量程	100 ppm	灵敏度损耗	<5%/年
分辨率	0.01 ppm	工作温度	0 ~ 40℃
精度	±5%	相对湿度	15% ~ 90% RH，无凝露
预热时间	3min（正常状态）	大气压力	10% Atm.
响应时间	<60s（90%峰值）	电源	9V 碱性电池，240h
报警	声音报警，80dB	尺寸	120×63.5×38mm

二、苯、甲苯和二甲苯

室内空气中苯、甲苯、二甲苯的测定方法常用毛细管气相色谱法，其主要依据为国家标准 GB11737《居住区大气中苯、甲苯和二甲苯卫生检验标准方法-气相色谱法》。

1. 气相色谱法

（1）原理

空气中苯、甲苯、二甲苯用活性炭管采集，然后用二硫化碳提取出来。用氢火焰离子化检测器的气相色谱仪分析，以保留时间定性，峰高（峰面积）定量。

（2）测定范围

采样量为 20L 时，用 1ml 二硫化碳提取，进样 1μl，苯的测定范围为 0.025 ~ 20 mg/m³，甲苯为 0.05 ~ 20 mg/m³，二甲苯为 0.1 ~ 20 mg/m³。

（3）主要试剂和材料

1）苯：色谱纯；

2）甲苯：色谱纯；

3）二甲苯：色谱纯；

4）二硫化碳：分析纯，需经纯化处理，保证色谱分析无杂峰；

5）椰子壳活性炭：20 ~ 40 目，用于装活性炭采样管；

6）纯氮：99.99%。

（4）主要仪器和设备

1）活性炭采样管：用长度为 150mm、内径为 3.5 ~ 4.0 mm 的玻璃管，装入 100mg 椰子壳活性炭，两端用少量玻璃棉固定。装好管后再用纯氮气于 300 ~ 350℃的温度条件下，吹 5 ~ 10 min，然后套上塑料帽，封紧管的两端；

2）空气采样器：经校正；

3）注射器：1ml，经校正；

4）微量注射器：1μl，10μl，经校正；

5）具塞刻度试管：2ml；

6）气相色谱仪：附氢火焰离子化检测器；

7）色谱柱：非极性石英毛细管柱。

（5）采样和样品保存

在采样地点打开活性炭管，两端孔径至少2mm，与空气采样器入气口垂直连接，以0.5L/min的速度，抽取25L空气。采样后，将管的两端套上塑料帽，并记录采样时的温度和大气压力，样品可保存5d。

（6）分析步骤

1）色谱分析条件：由于色谱分析条件常因实验条件不同而有差异，所以应根据所用气相色谱仪的型号和性能，制定能分析苯、甲苯、二甲苯的最佳色谱分析条件。

2）绘制标准曲线和测定计算因子：在与样品分析的相同条件下，绘制标准曲线和测定计算因子。于5.0ml容量瓶中，先加入少量二硫化碳，用1μl微量注射器准确取一定量的苯、甲苯和二甲苯（20℃时，1μl苯重0.8787mg，甲苯重0.8669mg，邻、间、对二甲苯分别重0.8802mg、0.8642mg、0.8611mg）分别注入容量瓶中，加二硫化碳至刻度，配成一定浓度的储备液。临用前取一定量的储备液用二硫化碳逐级稀释成苯、甲苯、二甲苯含量分别为：0.5μg/ml、1.0μg/ml、2.0μg/ml、4μg/ml的标准液；取1μl标准液进样，测量保留时间及峰高（峰面积）；每个浓度重复3次，取峰高（峰面积）的平均值；分别以苯、甲苯和二甲苯的含量（μg/ml）为横坐标（μg），平均峰高（峰面积）为纵坐标，绘制标准曲线。并计算回归线的斜率，以斜率的倒数Bs（μg/mm）作样品测定的计算因子。

3）样品分析：将采样管中的活性炭倒入具塞刻度试管中，加1.0ml二硫化碳，塞紧管塞，放置1h，并不时振摇。取1μl进样，用保留时间定性，峰高（峰面积）定量。每个样品作三次分析，求峰高（峰面积）的平均值。同时，取一个未经采样的活性炭管按样品管同时操作，测量空白管的平均峰高（峰面积）。

（7）结果计算

1）将采样体积按式（7-3）换算成标准状态下的采样体积：

$$V_0 = V \frac{T_0}{T} \cdot \frac{P}{P_0} \tag{7-3}$$

式中　V_0——换算成标准状态下的采样体积，L；

　　　V——采样体积，L；

　　　T_0——标准状态的绝对温度，273K；

　　　T——采样时采样点现场的温度t与标准状态的绝对温度之和，（$t+273$），K；

　　　P_0——标准状态下的大气压力，101.3kPa；

　　　P——采样时采样点的大气压力，kPa。

2）空气中苯浓度按式（7-4）计算：

$$c = \frac{(h-h') \cdot B_s}{V_0 \cdot E_s} \tag{7-4}$$

式中 c——空气中苯或甲苯、二甲苯的浓度，mg/m^3；

　　h——样品峰高的平均值，mm；

　　h'——空白管的峰高，mm；

　　B_s——计算因子，$\mu g/mm$；

　　E_s——由实验确定的二硫化碳提取的效率；

　　V_0——标准状况下采样体积，L。

（8）方法特性

1）检测下限：采样量为10L时，用1ml二硫化碳提取，进样$1\mu l$，苯、甲苯和二甲苯检测下限分别为0.025 mg/m^3、0.05 mg/m^3 和0.1 mg/m^3。

2）线性范围：10^6。

3）精密度：苯的浓度为8.78和21.9$\mu g/ml$ 的液体样品，重复测定的相对标准偏差为7%和5%，甲苯浓度为17.3$\mu g/ml$ 和43.3$\mu g/ml$ 的液体样品，重复测定的相对标准偏差分别为5%和4%，二甲苯浓度为35.2$\mu g/ml$ 和87.9$\mu g/ml$ 的液体样品，重复测定的相对标准偏差为5%和7%。

4）准确度：对苯含量为0.5μg、21.1μg 和200μg 的回收率分别为95%、94%和91%，甲苯含量为0.5μg、41.6μg 和500μg 的回收率分别为99%、99%和93%，二甲苯含量为0.5μg、34.4μg 和500μg 的回收率分别为101%、100%和90%。

2. 常用的检测仪器

XK-Y2/3型室内空气检测仪（见图7-3）也可检测苯类气体，下面对XK-Y2/3型室内空气检测仪进行简介。

（1）适用范围

适合于监理机构、监测机构、治理公司、装修装饰公司、建筑公司、车间厂矿，也可用于科研、教学、实验室。

（2）适用场所

居室、办公室、宾馆、饭店、商场等场所，该仪器外型美观，携带方便，适合现场使用。

图7-3　XK-Y2/3型室内空气检测仪

（3）主要技术参数

1）电压220V；

2）频率50/60hz；

3）功率$5\times2.5W$；

4）流量$6\times1.5L/min$；

5）重量3kg；

6）工作电流5A。

三、TVOC

目前，测量挥发性有机物的方法有多种，《室内空气质量标准》GB/T 18883—2002规定用热解吸/毛细管气相色谱法。

1. 热解吸/毛细管气相色谱法

（1）适用范围

该方法适用于浓度范围为 0.5～100mg/m³ 之间的空气中 VOCs 的测定，主要用于测定室内、环境和工作场所空气，也适用于评价小型或大型测试舱室内材料的释放。

（2）原理

选择合适的吸附剂（Tenax GC 或 Tenax TA），用吸附管采集一定体积的空气样品，空气流中的挥发性有机化合物保留在吸附管中。采样后，将吸附管加热，解吸挥发性有机化合物，待测样品随惰性载气进入毛细管气相色谱仪。用保留时间定性，峰高或峰面积定量。

（3）试剂和材料

分析过程中使用的试剂应为色谱纯，如果为分析纯，需经纯化处理，以保证色谱分析无杂峰。主要试剂和材料如下：

1）VOCs：为了校正浓度，需用 VOCs 作为基准试剂，配成所需浓度的标准溶液或标准气体；然后采用液体外标法或气体外标法将其定量注入吸附管。

2）稀释溶剂：液体外标法所用的稀释溶剂应为色谱纯，在色谱流出曲线中应与待测化合物分离。

3）吸附剂：粒径为 0.18～0.25mm（60～80 目），所用吸附剂在装管前，都应在其最高使用温度下，用惰性气体高温加热、活化处理。

4）纯氮：99.99%。

（4）主要仪器和设备

1）吸附管：是外径 6.3mm、内径 5mm、长 90mm 内壁抛光的不锈钢管，吸附管的采样入口一端有标记。吸附管可以装填一种或多种吸附剂，应使吸附层处于解吸仪的加热区。根据吸附剂的密度，吸附管中可装填 200～1000mg 的吸附剂，管的两端用不锈钢网或玻璃纤维毛堵住。如果在一支吸附管中使用多种吸附剂，吸附剂应按吸附能力增加的顺序排列，并用玻璃纤维毛隔开，吸附能力最弱的装填在吸附管的采样入口端。

2）注射器：可精确读出 0.1 μl 的 10 μl 液体注射器；可精确读出 0.1 μl 的 10 μl 气体注射器；可精确读出 0.01ml 的 1ml 气体注射器。

3）采样泵：恒流空气个体采样泵，流量范围为 0.02～0.5L/min，流量稳定。使用时用皂膜流量计校准采样系统在采样前和采样后的流量。流量误差应小于 5%。

4）气相色谱仪：配备氢火焰离子化检测器、质谱检测器或其他合适的检测器。

5）色谱柱：非极性（极性指数小于 10）石英毛细管柱。

6）热解吸仪：能对吸附管进行二次热解吸，并将解吸气用惰性气体载带进入气相色谱仪。解吸温度、时间和载气流速是可调的，冷阱可将解吸样品进行浓缩。

7）液体外标法制备标准系列的注射装置：常规气相色谱进样口，可以在线使用也可以独立装配，保留进样口载气连线，进样口下端可与吸附管相连。

（5）采样和样品保存

将吸附管与采样泵用塑料或硅橡胶管连接。个体采样时，采样管垂直安装在呼吸带；固定位置采样时，选择合适的采样位置。打开采样泵，调节流量，以保证在适当的时间内获得所需的采样体积（1~10L）。如果总样品量超过1mg，采样体积应相应减少。记录采样开始和结束时的时间、采样流量、温度和大气压力。采样后将管取下，密封管的两端或将其放入可密封的金属或玻璃管中。样品可保存5天。

（6）数据分析

将吸附管安装在热解吸仪上，加热，使有机蒸气从吸附剂上解吸下来，并被载气流带入冷阱，进行预浓缩，载气流的方向与采样时的方向相反。然后以低流速快速解吸，经传输线进入毛细管气相色谱仪。传输线的温度应足够高，以防止待测成分凝结。然后进行标准曲线的绘制，有如下内容：

1）气体外标法：用泵准确抽取 100 μg/m³ 的标准气体 100ml、200ml、400ml、1L、2L、4L、10L 通过吸附管，制备标准系列。

2）液体外标法：利用进样装置分别取 1~5 μl 浓度为 100 μg/ml 和 10 μg/ml 的标准溶液注入吸附管，同时用 100ml/min 的惰性气体通过吸附管，5min 后取下吸附管密封，制备标准系列。

3）用热解吸气相色谱法分析吸附管标准系列，以扣除空白后峰面积的对数为纵坐标，以待测物质量的对数为横坐标，绘制标准曲线。

（7）结果计算

1）首先将采样体积按式（7-5）换算成标准状态下的采样体积

$$V_0 = V \frac{T_0}{T} \cdot \frac{P}{P_0} \tag{7-5}$$

式中　V_0——换算成标准状态下的采样体积，L；

　　　V——采样体积，L；

　　　T_0——标准状态的绝对温度，273K；

　　　T——采样时采样点现场的温度 t 与标准状态的绝对温度之和，$(t+273)$，K；

　　　P_0——标准状态下的大气压力，101.3kPa；

　　　P——采样时采样点的大气压力，kPa。

2）TVOC 的计算：空气样品中待测组分的浓度按（7-6）式计算：

$$C = \frac{F - B}{V_0} \cdot 1000 \tag{7-6}$$

式中　C——空气样品中待测组分的浓度，μg/m³；

　　　F——样品管中组分的质量，μg；

　　　B——空白管中组分的质量，μg；

　　　V_0——标准状态下的采样体积，L。

2. 常用的 VOCs 检测仪器

VOC Pro 总挥发性有机物检测仪如图 7-4 所示，采用光离子化检测技术探测总挥发性有机物 TVOC。采用标准 10.6eV 紫外灯光源，可选配 11.7eV 光源用于电离氯化物。紫外灯便于维护和清洁。大屏幕显示便于读数。内置泵实现快速采样响应。检测量程为 0.1~2000ppm，通过稀释探头可扩展至 20000ppm，应用广泛。该仪器可以在很宽的温度和湿度范围内工作。

人机工学设计，带织纹质地的握把和大按键，即使戴着防护手套，VOC Pro 光离子化检测仪也很容易携带和使用。

对于 VOCs 进行检测的常用仪器还有 PID 挥发性有机气体检测仪（见图 7-5），这种挥发性有机气体装置适用于查找和监测挥发性有机化合物气体的泄露：丙酮、辛烷、苯、异丁烯、苯乙烯、甲苯等。

图 7-4　VOC Pro 检测仪　　　　　图 7-5　PID 挥发性有机气体检测仪

四、二氧化碳

测量二氧化碳的方法有多种，《室内空气质量标准》16GB/T 18883—2002 规定了不分光红外线气体分析法、气相色谱法和容量滴定法三种检测方法。下面简单介绍目前国内外使用最普遍的不分光红外线气体分析法（Non-dispersed Infrared Gas）。

1. 不分光红外线气体分析法

（1）原理

二氧化碳对红外线具有选择性的吸收。在一定范围内，吸收值与二氧化碳浓度呈线性关系。根据吸收值确定样品中二氧化碳的浓度。

（2）试剂和材料

1）变色硅胶：于 120℃下干燥 2h；

2）无水氯化钙：分析纯；

3）高纯氮气：纯度 99.99%；

4）烧碱石棉：分析纯；

5）塑料铝箔复合薄膜采气袋 0.5L 或 1.0L；

6）二氧化碳标准气体（0.5%）：贮于铝合金钢瓶中。

（3）仪器和设备

1）二氧化碳不分光红外线气体分析仪；

2）记录仪 0～10mV。

（4）采样

用塑料铝箔复合薄膜采气袋，抽取现场空气冲洗 3～4 次，采气 0.5L 或 0.1L，密封进气口，带回实验室分析。也可以将仪器带到现场间歇进样，或连续进样测定空气中二氧化碳浓度。

（5）分析步骤

仪器接通电源后，稳定 0.5 ~ 1h，将高纯氮气或空气经干燥管和烧碱石棉过滤管后，进行零点校准，将内装空气样品的塑料铝箔复合薄膜采气袋，接在装有变色硅胶或无水氯化钙的过滤器和仪器的进气口相连接，样品被自动抽到气室中，表头指出二氧化碳的浓度（%）。如果将仪器带到现场，可间歇进样测定。仪器接上记录仪表，可长期监测空气中二氧化碳浓度。

（6）结果计算

仪器的刻度指示经过标准气体校准过的，样品中二氧化碳的浓度由表头直接读出。

图 7-6　7001 红外线 CO_2
和温度检测仪

2. 检测二氧化碳的常用仪器

主要的常用检测仪器有 SensorLynk IAQ Lynk、Model 7001 红外线 CO_2 和温度检测仪（见图 7-6）、T18-535 二氧化碳测量仪和 GXH-010E 型便携式红外线二氧化碳分析仪，下面对 Model 7001 红外线 CO_2 和温度检测仪做简单介绍。

7001 红外线 CO_2 和温度检测仪其主要性能能参数如下：

（1）精确红外线 CO_2 探头显示 CO_2 浓度、温度和通风速率（单位为 cfm/人）；

（2）CO_2 浓度测量范围：0 ~ 10000 ppm，精度 50ppm；

（3）AA 电池可工作 70h，同时提供 120VAC 电源适配器；

（4）可计算机采集数据，处理数据。

五、一氧化碳

测量 CO 的方法有多种，《室内空气质量标准》GB/T 18883—2002 规定了四种检测方法：非分散红外法；不分光红外线气体分析法；气相色谱法；汞置换法。

1. 不分光红外线气体分析法

（1）原理

一氧化碳对不分光红外线具有选择性的吸收。在一定范围内，吸收值与一氧化碳浓度呈线性关系。根据吸收值确定样品中一氧化碳的浓度。

（2）主要试剂和材料

1）变色硅胶：于 120℃下干燥 2h；

2）无水氯钙：分析纯；

3）高纯氮气：纯度 99.99%；

4）霍加拉特（Hopcalite）氧化剂：10 ~ 20 目颗粒。霍加拉特氧化剂主要成分为氧化锰和氧化铜，它的作用是将空气中的一氧化碳氧化成二氧化碳，用于仪器调零。此氧化剂在 100℃以下的氧化效率应该达到 100%；

5）一氧化碳标准气体：贮于铝合金瓶中。

（3）采样

用聚乙烯薄膜采气袋，抽取现场空气冲洗 3 ~ 4 次，采气 0.5L 或 1.0L，密封进气口，带回实验室分析。也可以将仪器带到现场间歇进样，或连续测定空气中一氧化碳浓度。

（4）分析步骤

1）仪器的启动和校准：仪器接通电源稳定 0.5～1h 后，用高纯氮气或空气经霍加拉特氧化管和干燥管进入仪器进气口，进行零点校准；然后用一氧化碳标准气（如 30ppm）进入仪器进样口，进行终点刻度校准零点与终点校准 2～3 次，使仪器处于正常工作状态。

2）样品测定：将空气样品的聚乙烯薄采气袋接在装有变色硅胶或无水氯化钙的过滤器和仪器的进气口相连接，样品被自动抽到气室中，表头指出一氧化碳的浓度（ppm）。如果仪器带到现场使用，可直接测定现场空气中一氧化碳的浓度。仪器接上记录仪表，可长期监测空气中一氧化碳浓度。

（5）结果计算

一氧化碳体积浓度（ppm），可按式（7-7）换算成标准状态下质量浓度（mg/m³）。

$$mg / m^3 = ppm / B \times 28 \tag{7-7}$$

式中 B——标准状态下的气体摩尔体积，当 0℃（101kPa）时，$B = 22.41$；当 25℃（101kPa）时，$B = 24.46$；

28—— 一氧化碳分子量。

2. 检测一氧化碳的常用仪器

常用的检测仪器为 GXH-3011A 型便携式红外线一氧化碳分析仪（见图 7-7）。

其主要性能参数如下：（1）测量范围：0～50ppm；0～1000ppm 两档；

（2）准确度：1000ppm CO ≤ ±1% F.S；

（3）零点漂移：≤2%/h；

（4）跨度漂移：≤ ±2%/3h；

（5）线性度：≤ ±2%F.S；

图 7-7 GXH-3011A 型便携式红外线
一氧化碳分析仪

（6）重复度：≤ ±1%F。

六、二氧化硫

空气中的二氧化硫含量的测定一般说来有两种方法：盐酸副玫瑰苯胺分光光度法和紫外荧光法。《室内空气质量标准》GB/T 18883-2002 规定了用甲醛吸收—副玫瑰苯胺分光光度法作为标准的检测方法。

1. 甲醛吸收—副玫瑰苯胺分光光度法

（1）原理

二氧化硫被甲醛缓冲溶液吸收后，生成稳定的羟甲基磺酸加成化合物。在样品溶液中加入氢氧化钠使加成化合物分解，释放出二氧化硫与副玫瑰苯胺、甲醛作用，生成紫红色化合物，用分光光度计在 577nm 处进行测定。

（2）试剂

除非另有说明，分析时均使用符合国家标准的分析纯试剂和蒸馏水或同等纯度的水。主要药品试剂有：

1）氢氧化钠溶液：C（NaOH）$=1.5mol/L$；

2）环已二胺四乙酸二钠溶液：C（CDTA－2Na）$=0.05mol/L$，称取1.82g反式1，2-环已二胺四乙酸［（trans-1，2-cyclohexylen edinitrilo）tetra-acetic acid，简称CDTA］，加入氢氧化钠溶液6.5ml，用水稀释至100ml；

3）甲醛缓冲吸收液贮备液：吸取36%～38%的甲醛溶液5.5ml，CDTA-2Na溶液20.00ml；称取2.04g邻苯二甲酸氢钾，溶于少量水中，将三种溶液合并，再用水稀释至100ml，贮于冰箱可保存1年；

4）甲醛缓冲吸收液：用水将甲醛缓冲吸收液贮备液稀释100倍而成，临用现配；

5）氨磺酸钠溶液：0.60g/100ml，称取0.60g氨磺酸（H_2NSO_3H）置于100ml容量瓶中，加入4.0ml氢氧化钠溶液，用水稀释至标线，摇匀，溶液密封保存可用10d；

6）硫代硫酸钠标准溶液：C（$Na_2S_2O_3$）$=0.0500mol/L$，可购买标准试剂配制；

7）乙二胺四乙酸二钠盐（EDTA）溶液：0.05g/100ml；

8）二氧化硫标准溶液：称取0.200g亚硫酸钠（Na_2SO_3），溶于200mlEDTA溶液中，缓缓摇匀以防充氧，使其溶解。放置2～3h后标定。此溶液每毫升相当于320～400μg二氧化硫；

9）副玫瑰苯胺（pararosaniline，简称PRA，即副品红，对品红）贮备液：0.20g/100ml；

10）PRA溶液：0.05g/100ml，吸取25.00mlPRA贮备液于100ml容量瓶中，加30ml85%的浓磷酸，12ml浓盐酸，用水稀释至标线，摇匀，放置过夜后使用。避光密封保存。

（3）主要仪器设备

1）分光光度计（可见光波长380～780nm）；

2）多孔玻板吸收管10ml，用于短时间采样；

3）多孔玻板吸收瓶50ml，用于24h连续采样；

4）恒温水浴：广口冷藏瓶内放置圆形比色管架，插一支长约150mm、0～40℃的酒精温度计，其误差应不大于0.5℃；

5）具塞比色管：10ml；

6）空气采样器：流量范围0～1L/min。

（4）采样及样品保存

1）短时间采样：根据空气中二氧化硫浓度的高低，采用内装10ml吸收液的U形多孔玻板吸收管，以0.5L/min的流量采样45～60min，吸收液温度保持在23～29℃范围。

2）24h连续采样：用内装50ml吸收液的多孔玻板吸收瓶，以0.2～0.3L/min的流量连续采样24h。吸收液温度均须保持在23～29℃范围。

3）放置在室内的24h连续采样器，进气口应连接符合要求的空气质量集中采样管路系统，以减少二氧化硫气样进入吸收器前的损失。

4）样品运输和储存过程中，应避光保存。

（5）分析步骤

1）取14支10ml具塞比色管，分为A、B两组，每组7支，分别对应编号。A组试管按表7-3配制校准溶液系列，B组各管加入1.00ml的PRA溶液，A组各管分别加入0.5ml氨磺酸钠溶液和0.5ml氢氧化钠溶液，混匀。再逐管迅速将溶液全部倒入对应编号并盛有PRA溶液的B管中，立即具塞混匀后放入恒温水浴中显色。显色温度与室温之差应不超过3℃，根据不同季节和环境条件按表7-4选择显色温度与显色时间。

2）在波长557nm处，用10mm比色皿，以水为参比，测定吸光度。用最小二乘法计算校准曲线的回归方程式（7-8）：

$$Y = bX + a \qquad (7-8)$$

式中　Y——（$A - A_0$）校准溶液吸光度A与试剂空白吸光度A_0之差；

X——二氧化硫含量，μg；

b——回归方程的斜率；

a——回归方程的截距（一般要求小于0.005）。

校准溶液系列表　　　　　　　　　　　　　　　表7-3

管　　号	0	1	2	3	4	5	6
二氧化硫标准溶液（ml）	0	0.50	1.00	2.00	5.00	8.00	10.00
甲醛缓冲吸收液（ml）	10.00	9.50	9.00	8.00	5.00	2.00	0
二氧化硫含量（μg）	0	0.50	1.00	2.00	5.00	8.00	10.00

显色温度与显色时间对照表　　　　　　　　　　表7-4

显色温度（℃）	10	15	20	25	30
显色时间（min）	40	25	20	15	5
稳定时间（min）	35	25	20	15	10
试剂空白吸收光度A_0	0.03	0.035	0.04	0.05	0.06

该标准的校准曲线斜率为0.044±0.002，试剂空白吸光度为A。在显色规定条件下波动范围内超过±15%。

3）样品测定。采样后，如果样品溶液中如有浑浊物，则应离心分离除去。对于短时间样品，可以直接将吸管中样品溶液移入25ml比色管，用2ml吸收液分两次洗吸收管，合并洗液于比色管中，用水将吸收液体积补至10ml，放置20min，使臭氧完全分解，再进行分析；而对于24h连续采样，需将样品用水补足至50ml，混匀后，取10ml于25ml比色管中，放置20min后进行分析。

（6）结果表示

计算空气中二氧化硫的浓度按式（7-9）计算：

$$C(SO_2, mg/m^3) = \frac{A - A_0 - a}{bV_s} \times \frac{V_t}{V_a} \qquad (7-9)$$

式中　A——样品溶液的吸光度；

$\quad A_0$——试剂空白溶液的吸光度；

$\quad b$——回归方程斜率，ml 吸光度/μg；

$\quad a$——回归方程截距；

$\quad V_t$——样品溶液总体积，ml；

$\quad V_a$——测定时所取样品溶液体积，ml；

$\quad V_s$——换算成标准状况下（0℃，101.325kPa）的采样体积，L。

二氧化硫浓度计算结果应精确到小数点后第三位。

2. SO₂ 的常用检测仪器

SO_2 的常用检测仪器有 QL1-3020D 型烟气 SO_2 自动测定仪（见图 7-8）、D1-150CS 便携式多功能 SO_2 测试仪（见图 7-9）和 4000 系列型（SO_2）数字气体分析仪（见图 7-10）。下面简单介绍一下 4000 系列型二氧化硫数字气体分析仪。

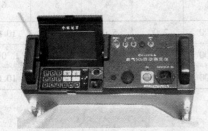

图 7-8　QL1-3020D 型烟气 SO_2 自动测定仪　　　图 7-9　D1-150CS 便携式多功能 SO_2 测试仪

图 7-10　4000 系列型 SO_2 气体分析仪

4000 系列型（见图 7-8）数字气体分析仪，是专门用于检测空气中二氧化硫气体含量的数字直读式仪器。仪器内置采样泵、电化学传感器、电路、显示器部分组成。具有检测元件寿命长，可靠性高的特点。该仪器为便携式，可用于现场测量，仪器重量为 2kg。操作时采用泵吸入方式，样气进入传感器，以直读方式将臭氧含量显示出来（单位为 ppm）。

（1）测量范围：0～19.99ppm 或 0～199.0ppm 或 0～1999ppm 两档；

（2）准确度：≤ ±0.02ppm 或 ≤ ±0.2ppm 或 ≤ ±2ppm；

（3）灵敏度：0.01ppm 或 0.1ppm 或 1ppm。

七、氮氧化物 NOₓ

氮氧化物的测定可采用化学发光法（NIEA A417.10T）和改进的 Saltzaman 法，《室内空气质量标准》GB/T 18883—2002 规定 NO_2 的检测采用改进的 Saltzaman 法。

1. Saltzaman 法

（1）原理

空气中的 NO_x，经氧化管后，以二氧化氮形式存在，在采样吸收过程中生成亚硝酸，再与对氨基苯磺酰胺进行重氮化反应，然后与 N-（1-萘基）-乙二胺盐酸盐作用生成玫瑰红色的偶氮染料，根据其颜色的深浅比色定量。检测限为 0.02 $\mu g NO_2/ml$。

（2）试剂

所有试剂均需用不含亚硝酸根（NO_2^-）的纯水配制。

1）吸收液：称取 4.0g 对氨基本磺酰胺、10g 酒石酸和 100mg 乙二胺四乙酸二钠盐溶于 400ml 热水中，冷却后，移入 1L 容量瓶中，加入 100ml N-（1-萘基）-乙二胺盐酸盐溶解后，用纯水稀释到刻度。

2）显色液：称取 4.0g 对氨基苯磺酰胺、10g 酒石酸和 100mg 乙二胺四乙酸二钠盐溶于 400ml 热水中，冷却至室温，移入 500ml 容量瓶中，再加入 90mg N-（1-萘基）-乙二胺盐酸盐，溶解后用纯水稀释到刻度。

3）氧化剂：称取 5g 三氧化铬，用少量水调成糊状，与 95g 海沙相混，然后在 105℃烘干，装瓶备用。

4）亚硝酸钠标准贮备液：精确称量 375.0mg 干燥的一级亚硝酸钠和 0.2g 氢氧化钠，溶于水中移入 1L 容量瓶中，并用水稀释到刻度。此标准溶液的浓度为 1.00ml 含 250 μg NO_2^-，保存在暗处，可稳定 3 个月。

5）亚硝酸钠标准工作液：精确量取亚硝酸钠标准储备液 10.00ml，于 1L 容量瓶中，用水稀释到刻度，此标准溶液 1.00ml 含 2.5μg NO_2^-。此溶液应在临用前配制。

（3）常用仪器

1）气泡式吸收管；

2）空气采样器：流量范围为 0～1L/min；

3）具塞比色管：25ml；

4）氧化管；

5）分光光度计。

（4）采样

用内装 10ml 吸收液的普通型气泡吸收管，进气口接上一个氧化管，并使管略微向下倾斜，以免潮湿空气将氧化管弄湿，污染后面的吸收管。以 0.3～0.6L/min（视氮氧化物含量而定）的流速，避光采气 10～25L（可根据吸收液呈现玫瑰红色的程度而定采样体积）。记录采样时的温度和大气压力。

（5）分析步骤

1）标准曲线的绘制：用亚硝酸钠标准溶液制备曲线，取 6 个 25ml 容量瓶，按表 7-5 制备标准色。

各瓶中，加入 12.5ml 显色液，再加纯水至刻度、摇匀，放置 15min，用 10mm 比色皿，以水作参比，在波长 540nm 下测定吸光值。以 NO_2^- 含量（$\mu g/ml$）为横坐标，吸光值为纵坐标，绘制标准曲线。

2）样品测定：采样后，用水补充到采样前的吸收液体积，放置 15min。用 10mm

比色皿，以水作参比，在波长 540nm 下，测定样品溶液的吸光值。在每批样品测定的同时，用未采过样的吸收液，按相同的操作步骤作试剂空白测定。若样品溶液吸光值超过测定范围，应用吸收液稀释后再测定，计算浓度时，要乘以样品溶液和稀释倍数。

制备标准色溶液表   表 7-5

瓶 号	0	1	2	3	4	5
标准溶液（ml）	0	0.70	1.00	3.00	5.00	7.00
NO_2 浓度（$\mu g/ml$）	0	0.07	0.1	0.3	0.5	0.7

（6）计算

用亚硝酸钠标准溶液制备标准曲线时，空气中氮氧化物浓度用式（7-10）计算：

$$\rho_{(NO_2)} = MV_1 D / (V_0 K) \tag{7-10}$$

式中 $\rho_{(NO_2)}$——空气中氮氧化物（以二氧化氮计）质量浓度，mg/m^3；

M——从标准曲线上查得空气中氮氧化物的浓度，$\mu g/ml$；

V_1——采样用吸收液的体积，ml；

V_0——换算成标准状况下采样体积，L；

D——分析时样品溶液和稀释倍数；

K——$NO_2 \rightarrow NO_2^-$ 的经验转系数，0.89。

2. NO_x 常用检测仪器

NO_x 的研究涉及从大气、烟道废气到生物，乃至人体等方方面面。该检测器可以为以上各种各样的 NO_x 问题提供研究协助。仪器含有大量的分析模式以及广阔的检测范围。根据对分析稳定性的要求，设备采用了流路斩波（Flow Chopping）式分析方法，将连续式分析应用到早响应分析中，可以进行相应分析。$NO/NO_2/NO_x$ 自动监测器如图 7-11 所示。

该仪器可以实现 $NO/NO_2/NO_x$ 成分的连续测定，由于 NO_x 或 NO 的流路固定，因此仪器的相应速度快，可以检测过渡现象的中浓度变化，仪器采用了减压化学发光法进行检测，几乎不受 CO_2 的影响，可以实现由 50ppb 的极低浓度到 200ppm 的高浓度的大范围的测试，标配中含有自动校正装置，可以实现长期的无人连续检测。

图 7-11 ECL-880US 实验室用
$NO/NO_2/NO_x$ 自动监测器

八、氨

《室内空气质量标准》GB/T 18883—2002 规定了四种检测方法：靛酚蓝分光光度法；纳氏试剂分光光度法；离子选择电极法；次氯酸钠-水杨酸分光光度

法。下面简单介绍一下靛酚蓝分光光度法。

1. 靛酚蓝分光光度法

（1）原理

用稀硫酸吸收空气中氨，在亚硝基铁氰化钠及次氯酸钠存在下，与水杨酸生成蓝绿色的靛酚蓝染料，根据着色深浅，比色定量。

（2）试剂和材料

该方法所用的试剂均为分析纯，水为无氨蒸馏水，主要有：

1）吸收液 $c（H_2SO_4）=0.005mol/L$；

2）水杨酸溶液 50g/L；

3）亚硝基铁氰化钠溶液 10g/L；

4）次氯酸钠溶液 0.05mol/L；

5）氨标准溶液。

（3）主要仪器

1）大型气泡吸收管；

2）空气采样器：流量范围为 0~2L/min，流量稳定，误差应小于 ±5%；

3）具塞比色管：10ml；

4）分光光度计：可测波长为 697.5nm，狭缝小于 20nm。

（4）采样

用一个内装 10ml 吸收液的大型气泡吸收管，以 0.5L/min 的流量，采气 5L，及时记录采样点的温度及大气压力。采样后，样品在室温下保存，于 24h 内分析。

（5）分析步骤

1）标准曲线的绘制：取 10ml 具塞比色管 7 支，按表 7-6 制备标准系列管，在各管中加入 0.50ml 水杨酸溶液，再加入 0.10ml 亚硝基铁氰化钠溶液和 0.10ml 次氯酸钠溶液，混匀，室温下放置 1h。用 1cm 比色皿，于波长 697.5nm 处，以水作参比，测定各管溶液的吸光度。以氨含量（μg）作横坐标，吸光度为纵坐标，绘制标准曲线，并用最小二乘法计算校准曲线的斜率、截距及回归方程：

氨标准系列　　　　　　　　　　　　　　表 7-6

管　　号	0	1	2	3	4	5	6
标准工作液（ml）	0	0.50	1.00	3.00	5.00	7.00	10.00
吸收液（ml）	10.00	9.50	9.00	7.00	5.00	3.00	0
氨含量（μg）	0	0.50	1.00	3.00	5.00	7.00	10.00

$$Y = bX + a \tag{7-11}$$

式中　Y——标准溶液的吸光度；

　　　X——氨含量，μg；

　　　a——回归方程式的截距；

b——回归方程式斜率，吸光度/μg。

标准曲线斜率 *b* 应为 0.081 ±0.003 吸光度/μg 氨。以斜率的倒数作为样品测定时的计算因子（*Bs*）。

2）样品测定：将样品溶液转入具塞比色管中，用少量的水洗吸收管，合并，使总体积为 10ml。再按制备标准曲线的操作步骤 1）测定样品的吸光度。在每批样品测定的同时，用 10ml 未采样的吸收液作试剂空白测定。如果样品溶液吸光度超过标准曲线范围，则可用试剂空白稀释样品显色液后再分析。计算样品浓度时，要考虑样品溶液的稀释倍数。

3）结果计算：将采样体积按式（7-12）换算成标准状态下的采样体积；

$$V_0 = V \frac{T_0}{T} \cdot \frac{P}{P_0} \qquad (7-12)$$

式中　V_0——标准状态下的采样体积，L；

V——采样体积，L；

T_0——标准状态下的绝对温度，273K；

P_0——标准状态下的大气压力，101.3kPa；

P——采样时采样点的大气压力，kPa；

T——采样时采样点现场的绝对温度，K。

空气中氨浓度按式（7-13）计算：

$$C(NH_3) = (A - A_0)B_s \cdot D/V_0 \qquad (7-13)$$

式中　C——空气中氨浓度，mg/m³；

A——样品溶液的吸光度；

A_0——空白溶液的吸光度；

B_s——计算因子，μg/吸光度；

V_0——标准状态下的采样体积，L；

D——分析时样品溶液的稀释倍数。

2. 检测氨的常用仪器

常用仪器有 GDYA-301S 现场氨测定仪（见图 7-12），它是一种全新的便携式现场

图 7-12　GDYA-301S 现场氨测定仪

氨定量测定仪器，广泛应用于居住区、居室空气、室内空气，养殖厂、肥料制造厂、垃圾处理厂、烫发场所、公共场所，原料、样品、工艺过程及生产车间和生活场所中氨的现场定量测定。便携式现场氨测定仪的原理是基于被测样品中氨与显色剂反应生成黄色化合物对可见光有选择性吸收而建立的比色分析法。仪器由硅光光源、比色瓶、集成光电传感器和微处理器构成，可直接在液晶屏上显示出被测样品中氨的含量。

其主要技术指标如下：

（1）测定下限：0. 10mg/m³（气体样品，采样体积为 10L）；

（2）测量范围：0. 00 ~ 7. 00mg/m³（气体样品，采样体积为 10L）；

（3）测量精度：≤5%；

（4）测量方法：采用国标纳氏试剂方法，氨与纳氏试剂反应生成黄色化合物；

（5）光源：LED 硅光二极管，波长 420nm；

（6）工作环境温度：5 ~ 40℃；

（7）铝合金携带箱：470mm × 370mm × 100。

九、臭氧

臭氧的检测方法很多，常用靛蓝二磺酸钠化学比色法、紫外光度法和化学发光法。《室内空气质量标准》GB/T18883—2002 规定靛蓝二磺酸钠化学比色法、紫外光度法作为室内臭氧检验的推荐方法，靛蓝二磺酸比色法现已被推荐为我国公共场所公共卫生检验标准方法（GB/T18204. 27—2000）。下面简单介绍一下靛蓝二磺酸钠化学比色法。

1. 靛蓝二磺酸钠化学比色法

（1）原理

空气中的臭氧使吸收液中蓝色的靛蓝二磺酸钠褪色，生成靛红二磺酸钠。根据颜色减弱的程度比色定量。

（2）试剂

该方法中所用试剂除特别说明外均为分析纯，实验用水为重蒸水。重蒸水的制备方法：在第一次蒸馏水中加高锰酸钾至淡红色，再用氢氧化钡碱化后，进行重蒸馏。主要试剂有：

1）吸收液（靛蓝二磺酸钠溶液）；

2）淀粉指示剂（2. 0g/L）：临用现配；

3）硫代硫酸钠标准贮备溶液：c（Na$_2$S$_2$O$_3$）= 0. 1000mol/L；

4）溴酸钾标准贮备溶液：c（1/6KBrO$_3$）= 0. 1000mol/L；

5）溴酸钾 - 溴化钾标准溶液：c（1/6KBrO$_3$）= 0. 0100mol/L；

6）硫酸溶液（1 + 6）；

7）磷酸盐缓冲溶液（pH = 6. 8）；

8）靛蓝二磺酸钠（简称 IDS）；

9）靛蓝二磺酸钠标准贮备液；

10）靛蓝二磺酸钠标准使用液。

（3）主要仪器

1）多孔玻板吸收管；

2）空气采样器流量范围为 0. 2 ~ 1. 0L/min，流量稳定，误差应小于 5%；

3）具塞比色管 10ml；

4）恒温水浴；

5）水银温度计精度为 ± 0. 5℃；

6）分光光度计用 20mm 比色皿，在波长为 610nm 处测吸光度。

（4）采样

用硅橡胶管连扫两个内装 9.00ml 吸收液的多孔玻板吸收管，配有黑色避光套，以 0.3L/min 的流量采气 5 ~ 20L。当第一支管中的吸收液颜色明显减退时立即停止采样。如不褪色，采气最少应不小于 20L。采样后的样品在 20℃ 以下暗处存放至少可稳定一周。记录采样时的温度和大气压力。

（5）分析步骤

取 10ml 具塞比色管 6 支，按表 7-7 制备标准色列管，各管摇匀，用 20mm 比色皿，以水作参比，在波长 610mm 下测定吸光度。以标准系列中零浓度与各标准管吸光度之差为纵坐标，臭氧含量（μg）为横坐标，绘制标准曲线，并计算加归线的斜率。以斜率的倒数作为样品测定的计算因子 B_s（μg/ml）。

采样后，将前后两支吸收管中的样品分别移入比色管中，用少量水洗吸收管，使总体积分别为 10.0ml。按上述分析步骤方法操作，测定样品吸光度。

同时另取未采样的吸收液，作试剂空白测定。

（6）结果计算如式（7-14）所示：

$$C = [(A_0 - A_1) + (A_0 - A_2)] \times B_s / V_0 \tag{7-14}$$

式中　C——空气中臭氧浓度，mg/m³；

　　　A_0——度剂空白溶液的吸光度；

　　　A_1——第一支样品管溶液的吸光度；

　　　A_2——第二支样品管溶液的吸光度；

　　　B_s——用标准溶液绘制标准曲线得到的计算因子，μg/ml；

　　　V_0——换算成标准状况下的采样体积，L。

标准色列管　　　　　　　　　　　　　　表 7-7

试　　管	1	2	3	4	5	6
IDS 标准溶液（ml）	10.00	8.00	6.00	4.00	2.00	0
磷酸盐缓冲溶液（ml）	0	2.00	4.00	6.00	8.00	10.00
臭氧含量（μg/ml）	0	0.20	0.40	0.60	0.80	1.00

2. 用于检测臭氧的专门的仪器

用于检测臭氧的专门的仪器，其测量的精度可达到 PPM 级，常用的仪器有美国 EPA 专用臭氧检测仪（见图 7-13）和 PHOENIX-1010 快速 COD 在线检测仪（见图 7-14）。美国 EPA 专用臭氧检测仪的性能参数如下：

（1）能准确检测臭氧的浓度；

（2）可每 6 个月进行一次刻度校核；

（3）测量范围为 0.01 ~ 10ppm；

（4）数字模拟信号自动转换；

（5）用 120VAC 电源供电；

（6）传感器使用寿命为 3 年。

图 7-13 美国 EPA 专
用臭氧检测仪

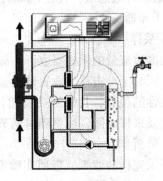

图 7-14 PHOENIX-1010
快速 COD 在线检测仪

第二节 固体污染物的常用检测方法

室内环境中的大气悬浮颗粒物是空气环境对人类健康影响的最重要因素之一。本节主要研究室内固体污染物的检测方法及常用检测仪器，分析悬浮颗粒物浓度、粒径分布和化学组成，预测室内环境中的颗粒物污染状况，并制定及时合理的控制策略，减少人们在室内环境中的健康风险。

一、悬浮颗粒物

空气中悬浮着大量的固体或液体的颗粒称为悬浮颗粒物或气挟物。常用的可吸入颗粒物的检测方法有两种：一是大量采集空气样本后称重法，该方法由于采样时间长，仪器噪声大，在公共场所具体困难较多，不便普遍推广；另一种方法是使用粒子计数器，以粒子数多少来评价空气卫生质量的高低。当粒子数 < 100 个/cm^3 时，为清洁空气，当粒子数 > 500 个/cm^3 时，为污染空气。《室内空气质量标准》GB/T 18883—2002 对可吸入性颗粒 PM$_{10}$ 的检测规定用撞击式称重法测量。

1. 撞击式称重法测量

（1）原理

利用两段可吸入颗粒物采样器（$D50 = 10\mu m$，& = 1.5），以 3L/min 的流量分别将粒径 $\geqslant 10\mu m$ 的颗粒采集在冲击板的玻璃纤维滤纸上，粒径 $\leqslant 10\mu m$ 的颗粒采集在预先恒重的玻璃纤维纸上，取下再称其重量，以采样标准体积除以粒径 $10\mu m$ 颗粒物的量，即得出可吸入颗粒物的浓度。检测下限为 0.05mg。

（2）主要仪器

1）可吸入颗粒物采样器：$D50 \leqslant 10\mu m \pm 1\mu m$，几何标准差 & = 1.5 ± 0.1；

239

2）天平：1/10000 或 1/100000；

3）皂膜流量计；

4）秒表；

5）玻璃纤维滤纸：直径50mm，内周直径53mm、内周直径40mm 两种；

6）干燥器。

（3）采样

将校准过流量的采样器取下，旋开采样头，将已称重过的 φ50mm 的滤纸安放于冲击环下，同时于冲击环上放置环形滤纸，再将采样头旋紧，装上采样头入口，放于室内有代表性的位置，打开开关旋钮计时，将流量调至 13L/min，采样 24h 记录室内温度、压力及采样时间，注意随时调节流量，使其保持在 13L/min。

（4）分析步骤

取下采完样的滤纸，带回实验室，在与采样前相同的环境下放置24h，称量至恒重（mg），以此重量减去空白滤重得出可吸入颗粒的重量（mg）。将滤纸保存好，以备成分分析用。

（5）计算式

$$C = W/V_0 \qquad (7\text{-}15)$$

$$V_s = 13 \times T \qquad (7\text{-}16)$$

式中　C——可吸入颗粒物浓度，mg/m^3；

　　　W——颗粒物的重量，mg；

　　　V_0——换算成标准状况下的体积，m^3；

　　　V_s——采样体积，L；

　　　13——流量，L/min；

　　　T——采样时间，min。

2. 常用的粉尘检测仪

常用的粉尘检测仪有国产 LD-1 袖珍式激光粉尘仪（见图7-15）。LD-1 型袖珍式

图7-15　LD-1 袖珍式激光
粉尘仪

激光粉尘仪是最新引进日本柴田公司的全套检测技术、设备及整机。以激光管为光源，采用前向光散射原理设计，具有国际先进水平的最新型粉尘仪，符合卫生部标准《公共场所空气中可吸入颗粒物（PM10）测定方法——光散射法》。该仪器适用公共场所可吸入颗粒物（PM_{10}）浓度的快速测定以及环境保护、劳动卫生等方面粉尘浓度检测、工矿企业生产现场粉尘浓度的监测；还可用于空气净化效率评价。

二、烟草烟雾

环境中烟草烟雾的主要测量法为重量法，次方法为采用乙二醇水溶液做收集液的湿法采样，用重量法测定环境空气中烟草烟雾的降尘，下面对其进行简单介绍。

1. 重量法

（1）原理

空气中可沉降的颗粒物，沉降在装有乙二醇水溶液做收集液的集尘缸内，经蒸发、干燥、称重后，计算降尘量。

（2）试剂

该标准所用试剂除另有说明外，均为公认的分析纯试剂和蒸馏水或同等纯度的水、或乙二醇（$C_2H_6O_2$）。

（3）主要仪器

1）集尘缸，内径 $15 \pm 0.5cm$，高 30cm 的圆筒形玻璃缸；

2）100ml 瓷坩埚；

3）电热板，2000W；

4）搪瓷盘；

5）分析天平，感量 0.1mg。

（4）采样点的设置和样品的收集

首先要选好采样点，一般注意以下几点：1）选择采样点时，应先考虑集尘缸不易损坏的地方，还要考虑操作者易于更换集尘缸。2）采样点附近不应有高大建筑物。3）集尘缸放置高度应距离地面 $5 \sim 12m$，以避免平台扬尘的影响。4）集尘缸的支架应该稳定并很坚固，以防止被风吹倒或摇摆。5）在清洁区设置对照点。

集尘缸在放到采样点之前，加入乙二醇 $60 \sim 80ml$，以占满缸底为准，加水量视当地的气候情况而定。加好后，罩上塑料袋，开始收集样品，记录放缸地点、缸号、时间（年、月、日、时）。按月定期更换集尘缸一次（$30 \pm 2d$）。

取缸时应核对地点、缸号，并记录取缸时间（月、日、时），罩上塑料袋，带回实验室。取换缸的时间规定为月底 5d 内完成。在夏季多雨季节，应注意缸内积水情况，为防水满溢出，及时更换新缸，采集的样品合并后测定。

（5）分析步骤

1）将 100ml 的瓷坩埚洗净、编号，在 $105 \pm 5℃$ 下，烘箱内烘 3h，取出放入干燥器内，冷却 50min，在分析天平上称量，再烘 50min，冷却 50min，再称量，直至恒重（两次重量之差小于 0.4mg），此值为 W_0。然后将其在 600℃ 灼烧 2h，待炉内温度降至 300℃ 以下时取出，放入干燥器中，冷却 50min，称重。再在 600℃ 下灼烧 1h，冷却，称量，直至恒重，此值为 W_b。

2）然后用尺子测量集尘缸的内径（按不同方向至少测定 3 处，取其算术平均值），用光洁的镊子将落入缸内的树叶、昆虫等异物取出，并用水将附着在上面的细小尘粒冲洗下来后扔掉，用淀帚把缸壁擦洗干净，将缸内溶液和尘粒全部转入 500ml 烧杯中，在电热板上蒸发，使体积浓缩到 $10 \sim 20ml$，冷却后用水冲洗杯壁，并用淀帚，把杯壁上的尘粒擦洗干净，将溶液和尘粒全部转移到已恒重的 100ml 瓷坩埚中，放在搪瓷盘里，在电热板上小心蒸发至干（溶液少时注意不要喷溅），然后放入烘箱于 $105 \pm 5℃$ 烘干，按上述方法称量至恒重，此值为 W_1。

3）将上述已测降尘总量的瓷坩埚放入马弗炉中，在 600℃ 灼烧 3h，待炉内温度降至 300℃ 以下时取出，放入干燥器中，冷却 50min，称重。再在 600℃ 下灼烧 1h，冷却，称量，直至恒重，此值为 W_2。

4）将与采样操作等量的乙二醇水溶液，放入500ml的烧杯中，在电热板上蒸发浓缩至10~20ml，然后将其转移至已恒重的瓷坩埚内，将瓷坩埚放在搪瓷盘中，再放在电热板上蒸发至干，于105±5℃烘干，按1）条称量至恒重，减去瓷坩埚的重量 W_0，即为 W_c。然后放入马弗炉中在600℃灼烧，按1）条称量至恒重，减去瓷坩埚的重量 W_b，即为 W_d。测定 W_c、W_d 时所用乙二醇水溶液与加入集尘缸的乙二醇水溶液应是同一批溶液。

（6）结果的表示

降尘量为单位面积上单位时间内从大气中沉降的颗粒物的质量，其计量单位为每月每平方千米的面积上沉降的颗粒物的吨数，即 $t/（km^2·30d）$。

降尘总量按式（7-17）计算：

$$M = \frac{W_l - W_0 - W_c}{s \times n} \times 30 \times 10^4 \tag{7-17}$$

式中　M——降尘总量，$t/（km^2·30d）$；

　　　W_l——降尘、瓷坩埚和乙二醇水溶液蒸发至干并在105±5℃恒重后的重量，g；

　　　W_0——在105±5℃烘干的瓷坩埚重量，g；

　　　W_c——与采样操作等量的乙二醇水溶液蒸发至干并在105±5℃恒重后的重量，g；

　　　s——集尘缸缸口面积，cm^2；

　　　n——采样天数，（准确到0.1d）。

降尘中可燃物按式（7-18）计算：

$$M = \frac{(W_1 - W_0 - W_c) - (W_2 - W_b - W_d)}{s \times n} \times 30 \times 10^4 \tag{7-18}$$

式中　M——可燃物量，$t/（km^2·30d）$；

　　　W_b——瓷坩埚于600℃灼烧后的重量，g；

　　　W_2——降尘、瓷坩埚及乙二醇水溶液蒸发残渣于600℃灼烧后的重量，g；

　　　W_d——与采样操作等量的乙二醇水镕液蒸发残渣于600℃灼烧后的重量，g；

　　　s——集尘缸缸口面积，cm^2；

　　　n——采样天数，（准确到0.1d）。

2. 常用的烟草烟雾测量仪器

常用的烟草烟雾测量仪器有 HB2-TH-600 系列智能烟气采样器，如图7-16所示。

HB2-TH-600 系列智能烟气采样器的主要技术指标如表7-8所示，其主要特点如下：

（1）稳定性好：采用直流电机抽气泵，运行平稳、噪声低、抗负载大。

（2）操作简便：大屏幕全中文界面，人机对话操作。

（3）测量准确：采样管采用直流36V电压恒温加热系统，样品采集完全实现微机全自动控制，减少人为误差。

图7-16　HB2-TH-600 系列智能烟气采样器

（4）适应性强：手动、自动采样双操作系统任意设置，可在 0~9999s 内任意定时采样。

HB2-TH-600 系列智能烟气采样器的主要技术指标　　　　　表 7-8

项　目	测量范围	准确度
SO_2	$100~15000mg/m^3$	≤±5%
计前温度	0~50℃	≤±0.1
流量范围	0.4~1.0L/min	≤±2.5%
计前压力	-30~30kPa	≤±2.5%
噪声	≤65dB	
抽气负载	≥1.2L/min，阻力在20kPa时	

（5）SO_2 浓度测量：根据 SO_2 与 I^- 和淀粉显色反应特征，仪器采用碘量法，光电感应自动指示终点，直接由微电脑处理和显示测量结果。

（6）人体功能学外观：仪器按照人体功能学原理进行外观设计，采用卧式操作面板，符合工作人员的健康操作姿势。

三、石棉

要准确地评价石棉的危害存在较大的困难，因为石棉颗粒很小，用光学显微镜很难观察到，只有用电子显微镜才能准确的分析石棉微粒。下面简单介绍一种建筑制品中石棉的检验方法。

1. 石棉检测方法

（1）主要仪器

1）偏光光学显微镜：放大倍数为 50~1000x；

2）折光率测定仪：测定折光率范围 $N=1.400~1.700$。

（2）主要试剂

1）液体石蜡：折光率 $N=1.470$（20℃）；

2）氯代萘：折光率 $N=1.634$（20℃）；

3）浸油（用液体石蜡和氯代萘按不同重量比配置成折光率在 1.490~1.570 范围内的若干种浸油，并用折光率测定仪测定其折光率）。

（3）步骤

在建筑制品的不同部位取下样品若干块，切片制成薄片或粉料。粉料经粗磨后缩分取样约 20g，再细磨至通过小于 0.08mm 的方孔筛（4900 孔），制成粉末样品。

（4）分析方法

制造建筑制品所用的石棉主要是温石棉，它是一种含有富硅酸镁的纤维状矿物，其结构分子式为 $Mg_6(OH)_6 \cdot (Si_4O_{11})H_2O$；另一类石棉为角闪石石棉，它是一种含有富硅酸盐的纤维状矿物。对石棉的检测方法如下：

1）薄片分析法：将制备的薄片样品放置于显微镜载物台上，用不同倍数的物镜观察样品，如若有与上述石棉矿物光学性质相吻合的矿物，即断定该矿物为石棉矿物。若观察的几个样品中均未见石棉矿物，可断定该材料中不含石棉矿物。

2）粉末分析法：取少量样品放在载玻片上，滴入所配的浸油（最接近石棉矿物折光率的一种浸油）于样品上，盖上盖玻片，放在显微镜物镜下观察。若有与石棉矿物光学性质相吻合的矿物，即断定该矿物为石棉矿物。若观察的几个样品中均未见石棉矿物，可断定该材料中不含石棉矿物。

2. 常用的石棉检测仪器

常用的石棉检测仪器有 SPM4210 气体悬浮物浓度测试仪、MW1‑EDC‑A 型静电式粉尘浓度计和 LD‑1 型袖珍式激光粉尘仪。下面对 HBD3—SPM4210 气体悬浮物浓度测试仪进行简单介绍，其主要性能参数如下：

（1）专业光学散射粒子浓度测试技术；

（2）配用智能仪表，可以满足各种测试要求；

（3）体积小，重量轻，携带方便；

（4）测量快速准确，数字显示，灵敏度高，性能稳定；

（5）量程：0～10100010000 mg/m^3；

（6）适用于工矿企业劳动部门防尘监测、卫生检疫检测、环境环保检测、污染源调查等；

（7）市政监烟、科学研究、滤料性能试验等方面快速测试，现场粉尘浓度测定，排气口粉尘浓度测定；

（8）粉尘浓度监测，烟尘测试。

第三节　放射性污染物常用检测方法

一、氡

氡的测量可通过把氡的子体从使用的样品中带走，并可通过过滤和静电沉降法来实现，因为氡的子体都附着在颗粒上或确保含氡子体产品与氡相同并保持一个适当的比例。早期的平衡测量方法是利用 Lucas 进行取样，这种装置是一个小型舱，带有一个硫化锌闪烁器和一个透明窗底，舱内空气通过动力泵进行取样或当舱内空气被抽空时可进行被动式取样，取样后舱内氡及氡子体浓度可达到平衡，并可通过在舱内放置一个光电倍增管得到浓度数值。由于在读数前没有预先浓度值作参考，所以这种技术对于低浓度测量不够敏感，但仍在许多室内空气品质检测中运用。一种实地便携式闪烁计数器以及相关的电子产品已被用于连续性氡检测。

1. 分光镜分析方法

分光镜分析方法是根据单个氡子体的能量差异，提供测量工作区氡水平的精确分析方法。硅表面栅栏检测器能提供足够的解决办法来分离不同 alpha 粒子衰变物，能够获得几乎 0.01pCi/l（0.37Bq/m³）单个氡子体浓度。用 alpha 分光镜来测量氡衰变产物的一个显著不足之处在于需要昂贵的设备和大量的人力，但技术精度不高。

在进行氡浓度测量时，要注意一些事项：在测试之前的 12h 以及测试期间要保持门和窗处于关闭状态。EPA 建议在测量时尽量选用一些居室中比较低的地方进行测量，如首选测量的地方是地下室，也可以选一楼进行测试，不要选用厨房和浴室。

图 7-17　RAD-7 测氡仪

测量有短期和长期之分：短期测量是一种快速的测量方法，能在最短的时间内知道室内氡的浓度。测试设备在室内测量的时间一般为 2~90d，为了测量的准确性，可同时使用两套设备来进行测量，所得数据进行算术平均即为所测的最终结果。长期测量方法所花时间较长，一般为 90d 到一年的时间。它能告诉你一年内室内平均氡浓度的变化关系。

2. 氡浓度检测器

现在最常用的测氡仪是 RAD-7，如图 7-17 所示，可测量空气、土壤和水中的氡，其存储功能有 1000 个浓度值及关联数据，可由 LCD 读出，下载到 PC 或由 HP 红外打印机打印；运行摘要显示高、低、平均值和示值偏差。其图谱读出功能强大，α 发射脉冲幅度图谱鉴别氡/钍，还可显示出 RAD-7 工作是否正常。精确确定 α 粒子能量，建立氡的特征图，用以鉴别氡和钍及其他同位素的 α 粒子。为全自动模式，该模式开始以嗅探模式运行，3h 后转换到标准模式，不需等待平衡，提供快速响应和统计精度。其技术参数如表 7-9 所示。

RAD-7 测氡仪技术参数　　　　　　　　　　　　　　　　表 7-9

灵敏度	监测模式：0.5 counts/min/pCi/l
	嗅探模式：0.25 counts/min/pCi/l
测量范围	0.1~20000 pCi/l
工作原理	静电收集 α 粒子后进行光谱分析
内置抽气泵	标准 1L/分流量，入口空气过滤器，进出空气连接器
LCD 显示	2 行×16 个字符数字显示
声音计数	提示氡和钍的存在及其强度，可根据需要打开或关闭此功能
电　源	AC/电池（5Ah 6V）供电，接通 AC 后电池自动充电
打印机	HP 82240B 型红外打印机
通信接口	RS-232
工作环境	0~40℃；0~100% RH，无凝露
尺寸重量	241×190×267（mm），5kg

二、电磁辐射

随着现代科技的高速发展，一种看不见、摸不着的污染源日益受到各界的关注，这就是被人们称为"隐形杀手"的电磁辐射。对于人体这一良导体，电磁波不可避免地会构成一定程度的危害，由此产生的健康问题已引起国内外有关专家的关注。电磁辐射危害人体的机理主要是热效应、非热效应和累积效应等三个方面。

多种频率的电磁波，特别是高频波和较强的电磁场作用于人体的直接后果是在不知不觉中导致人的精力和体力减退，容易产生白内障、白血病、脑肿瘤，心血管疾病、大脑机能障碍以及妇女流产和不孕等，甚至导致人类免疫机能的低下，从而引起癌症等病变。权威统计数字表明：经常在显示器前工作的人群中，上述疾病的发病率明显高于普通人群，而电磁辐射是主要原因之一。

1. 限值标准

测试人员在对辐射源周围环境进行电磁辐射测试之后，应将电磁测试结果与相应的国家标准做对照，我国已经颁布的电磁兼容方面的环境标准及法规有数十项，应根据现场的情况，采用适合此环境的国标或行业标准。最常用的电磁方面的标准是《电磁辐射防护规定》GB8702—88、《环境电磁波卫生标准》GB9175—88、《工业、科学、医疗射频设备无线电干扰辐射允许值》GB4824.1—84，各标准限值如表7-10和表7-11 所示。

公众导出限值（GB8702—88）　　　　　　　　　　表7-10

频率范围（MHz）	电场强度（V/m）	磁场强度（A/m）	功率密度（W/m²）
0.1 ~ 3	40	0.1	40
3 ~ 30	$67/\sqrt{f}$	$0.17/\sqrt{f}$	$12/f$
30 ~ 3000	12	0.032	0.4
3000 ~ 15000	$0.22/\sqrt{f}$	$0.001/\sqrt{f}$	$F/7500$
15000 ~ 30000	27	0.073	2

环境电磁波容许辐射强度分级标准（GB9175—88）　　　　表7-11

波　长	单　位	容　许　场　强	
		一级（安全区）	二级（中间区）
长、中、短波	V/m	< 10	<25
超短波	V/m	<5	< 12
微波	μW/cm²	< 10	<40
混合	V/m	按主要波段场强；若各波段场强分散，则按复合场强加权确定	

在对一般环境的电磁辐射分析中，应主要选用《环境电磁波卫生标准》GB9175—88，根据辐射源的主要辐射频率，参照表7-11，找到其辐射强度限值。注意掌握三个标准限值，一般我们把居民居住的环境按一级安全区处理，则其标准限值为：在长、

246

中、短波波段，电场强度应小于 10V/m；在超短波段，电场强度应小于 5V/m；在微波波段，其辐射功率密度应小于 10 μW/cm²。考虑到对在电磁辐射环境内工作人员的保护，建议在职业安全卫生领域采用《电磁辐射防护规定》GB8702—88 的相应限值。将测试结果与国家标准对照后，如果发现测试结果超过国家标准限值，应考虑采取防护措施。首先应该考虑在辐射源的设备上采取措施，尽可能将其辐射值降低至国家标准限值之下。如果因为条件所限，无法降低辐射源周围的电磁场强度，而作业人员又必须在此环境下工作，或其他人员必须在此环境下生活，则对这些人员应该采取个体防护措施。

2. 电磁辐射测量仪器

常用的检测仪器为低频电磁辐射分析仪 EFA-300，如图 7-18 所示，适用于低频电磁场测量，如高压输电线、变电站、配电室、感应炉、地铁、电车等作业场所或公共场所，能进行设备低频电磁辐射研究和进行环境低频电磁辐射测量或研究，其特点如下：

图 7-18　EFA-300
电磁辐射分析仪

（1）可选频宽带场强测量：在许多实际运用方面，例如对高压线和变电站，如果由某一单一频率构成测试场，在带宽模式测量中可显示出测量点的主要辐射源频率。用户根据显示频率可进一步针对该频点进行选频测量，5~32kHz 频率范围。

（2）RMS 值和峰值测量方法。

（3）STD 模式评估求值：无论在任何复杂的信号场中，STD（Shaped Time Domain）测量模式提供了简单的测量方法，并可选择 6 种不同的国际标准曲线设置计算总曝露量。

（4）FFT 频谱模式（可选）：FFT 窄带频谱分析，可进行选频测量。

（5）谐波分析：16 个谐波测量显示，快速方便的便携式谐波分析仪。

（6）电磁辐射实时测量。

（7）带有三维测量探头的电磁场测量。

（8）按照可选个人安全导则的场强曝露测量。

（9）大动态范围，内部数据存储；可通过计算机进行远程控制；光学界面数据结果传输；自动调零的高精确度测量；防水、防尘、防振；可使用干电池及充电电池。

第四节　空气微生物检测方法及测试平台

一、空气微生物检测方法

空气微生物的存在及其危害性，要经现场采样检验和流行病学调查确认。在公共场所卫生监测中常以空气中细菌总数表征其清洁程度，目前国内仍多沿用平皿暴露沉降法采集空气细菌样本，其监测误差较大。近年来又有各种微生物采样器上市，其中以撞击式采样器为多见，监测精度有所提高。《室内空气质量标准》GB/T 18883—2002 规定了用撞击法测量菌落总数。

1. 撞击法

（1）原理

撞击法（Impacting Method）是采用撞击式空气微生物采样器采样，通过抽气动力作用，使空气通过狭缝或小孔而产生高速气流，使悬浮在空气中的带菌粒子撞击到营养琼脂平板上，经37℃、48h 培养后，计算出每立方米空气中所含的细菌菌落数的采样测定方法。

（2）主要仪器设备、试剂

1）高压蒸汽灭菌器；

2）干热灭菌器；

3）恒温培养箱；

4）冰箱；

5）平皿（直径9cm）；

6）制备培养基用一般设备：量筒，三角烧瓶，pH 计或精密 pH 试纸等；

7）撞击式空气微生物采样器；

8）营养琼脂培养基。

（3）操作步骤

首先选择有代表性的房间和位置设置采样点。将采样器消毒，按仪器操作使用说明进行采样。样品采完后，将带菌营养琼脂平板置于36±1℃恒温箱中，培养48h，计数菌落数并根据采样器的流量和采样时间，换算成每立方米空气中的菌落数。以 cfu/m³ 报告结果，其换算公式为：

$$C = C'_N \times \frac{1000}{L\tau} \tag{7-19}$$

式中　C——每立方米空气中所含的细菌菌落总数，个；

　　C'_N——滤膜上生长的菌落总数，个；

　　L——采样流量，L/min；

　　τ——采样时间，min。

2. 空气微生物的主要检测仪器

空气微生物的主要检测仪器有多功能显微镜，如 ZISS 公司的 Axiopian 检测仪（见图7-19）和 BIO-RAD 公司的低压柱层析装置（见图7-20）。

图7-19　Axiopian 检测仪

图7-20　BIO-RAD 检测仪

BIO-RAD 公司的低压柱层析装置 ES-1 性能参数如下：

(1) 包括 UV 检测器、梯度检测器、缓冲液选择器、分部收集器及自动记录仪；

(2) 比例梯度监测；

(3) 自动峰值检测；

(4) 自动分流收集；

(5) 最多可同时编程控制 5 种缓冲液。

二、生物污染散发过程的检测方法

生物污染物从释放源点散发出来后，由于污染物传播，距离释放点越远，其浓度越来越低，甚至达到难以检测的浓度水平，所以在释放源点及其附近，当污染物释放时是污染物最佳检测的时期。检测方法有释放源点检测（point detection）方法和远距检测（Standoff detection）方法。释放源点检测时，即在生物污染释放点及其附近检测，且生物颗粒物必须通过检测系统；而远距检测则是检测生物制剂，检测系统与检测目标之间有一定距离（千米）。

(1) 微生物释放源点检测颗粒大小检测依据气流中颗粒的本身行为。小颗粒的加速比大颗粒快。利用双激光系统，可以确定每个颗粒的飞行时间，然后用飞行时间与已知浓度和大小的颗粒飞行时间比较，即可推出颗粒大小。通过利用被多层强化固态列阵（solid-state arrays）收集正向和背向散射光，可以确定被测颗粒的形状。只要光的波长小于颗粒的直径，这些散射光就会提供有用的信息。

生物颗粒的种类则可以通过其光吸收和发射荧光特性进行鉴别。利用含共轭双键的氨基酸（酪氨酸、色氨酸、苯丙氨酸）在 260nm 和 280nm 光吸收特性，区分是否含有蛋白质。其中由于色氨酸吸光率是其他两种氨基酸的 5 倍，所以它决定了蛋白质在此波长的光吸收和发射主要性质。

烟酰胺和核黄素在较长波段吸收荧光。可以利用烟酰胺腺嘌呤二核苷酸磷酸还原型与其氧化型吸收波长的不同来区别细菌是活的还是失活的状态。当细菌死亡时，转变为氧化型。所以，还原型与其氧化型差异可以表示细菌存活的情况。

(2) 微生物远距检测技术依赖于穿过大气的可检测到的能量以及微生物成分与其他污染物不同。大气主要由大气分子(氧气和氮气)和气溶胶颗粒组成。气溶胶颗粒的浓度是不断变化的。激光遥感,也即光学定向和测距已经成功地用于检测和测量大气中气体和颗粒物的特性。遥感的主要制约因素是大气透明度的易变性而传递不同波长的光。

当大气中存在花粉、真菌、原生动物、细菌、病毒、粒状物、植物化学物质、土壤、农田活动以及人类和动物活动、工业污染和内燃机污染时，透明度将可能降低。空气生物污染物可以与臭氧产生反应产生新物种，新物种在短波紫外光照射下可激发 $300 \sim 800$nm 的荧光。

天然气溶胶的浓度和成分随地理位置、季节、气象条件、太阳辐射、时间等的不同而不断变化。特别是空气中可培养的细菌数存在日和年周期变化，有人在城市内测量室外空气生物含量，发现一天中不同时间，在每升空气中有 101～104 个生物变动。不是所有的空气细菌都能培养，有人估计只有少于 10% 的细菌能培养。这些可培养的细菌，28% 的细菌是不能鉴别的，31% 是芽孢杆菌属细菌。

光照射到所有的气溶胶颗粒，由于其吸收光能和散射光能，随之而来的光能量都减少。减弱过程或者消减测量与沿光学途径上的减弱相关。空气中分子散射称为 Rayleigh 散射，而气溶胶颗粒的散射为 Mie 散射，散射是分子或颗粒直径与随后光波长比例的函数。所有气溶胶颗粒可以散射光，但光吸收只在吸收物能发生电子转变的特定波长才发生。

远距检测系统用激光照射生物气溶胶云，随之而来的激光脉冲经历静态 Mie 散射，部分能量回射到激光接收器，产生所谓的静态回射激光，静态回射雷达在红外区（1～10μm）操作。这样放大的返回信号与存在的气溶胶颗粒数成比例关系，返回信号对最初激光脉冲的时间延误可以算出距云层的距离。当激光脉冲波长与气溶胶吸收波段相符时，部分激光能被吸收并以不同的波长重发射，这种特性可以确定气溶胶化学组成。

三、生物污染散发过程的相关测试台

非特异光谱检测台由一个颗粒收集、浓缩系统，一个激光光源和能确定气溶胶颗粒大小、形状和特殊特性的电子系统组成。气溶胶收集和浓缩系统在快速的颗粒检测中非常重要。为了用激光定性空气颗粒，颗粒必须穿过激光。这一步有时用多层虚拟冲击器（multistage virtual impactor）浓缩颗粒。虚拟冲击器产生希望颗粒大小的浓缩颗粒气流。在测试过程中，气流速度不变。对约 1μm 的颗粒，该系统也可以确定其形态信息。目前，该系统每秒能检测到 5000～10000 个颗粒。

麻省理工学院的林肯实验室的研究者开发了一种生物制剂预警感应系统图（the Biological Agent Warning Sensor，BAWS），如图 7-21 所示。BAWS III 利用脉冲紫外激光，包括三种测量方法：紫外能吸收和荧光法、可见光吸收法、弹性散射紫外光法。该系统可以区别灰尘、细菌和花粉，也可以检测包含有蛋白质的颗粒。

FLAPS（Fluorescence aerodynamic particle sizing）由 TSI 公司和加拿大国防研究和发展合作研发。该系统与 BAWS 类似，对由三层虚拟冲击器集中的每个颗粒进行特性分析，根据颗粒大小和荧光强度来判断生物制剂。利用双激光，根据加速率的差别来确定颗粒大小；利用近紫外激光激发荧光，而不是远紫外激光，是希望改善信噪比。

英国国防部发展了一种荧光形态分析系统。该系统利用双激光，另外增加了能分析不对称性的因子来进一步确定生物颗粒。通过荧光对颗粒形状的对数函数分析得到的散射函数能区分生物制剂和其他干扰分析的多种分子。英国国防部有一种生物颗粒系统的检测系统，该系统利用正交检测技术区分生物和非生物颗粒，以及区

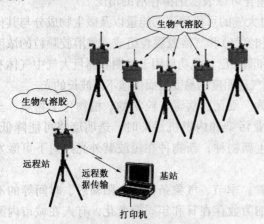

图 7-21　生物制剂预警感应系统

分细菌和花粉。根据高角度特殊光散射特性进行辨别，不同形状的颗粒产生特有的散射模式，这些颗粒由气旋空气采样器收集到液体培养基，颗粒辨别和收集系统接有连续气流的发光计，发光计采用不同的抽提方法来辨别花粉和细菌。当强提取时，细菌和非细菌细胞都释放 ATP；当弱提取时，只有非细菌细胞释放 ATP。两种测量结果的差异就表示样品中细菌浓度。

第五节　室内装饰装修材料散发污染物检测方法

室内装饰装修材料种类繁多，常用的有人造板材、涂料、胶黏剂、聚氯乙烯卷材地板、家具、地毯、地毯衬垫、地毯胶黏剂、壁纸和混凝土外加剂等，它们含有并会散放出多种有害物质，是造成室内空气污染的主要来源。为此国家和相关部门颁布了一系列的标准和规范。2001 年 9 月，卫生部颁布了《室内空气质量卫生规范》、《木质板材中甲醛卫生规范》和《室内用涂料卫生规范》；同年 11 月，建设部和国家质检总局联合颁布了《民用建筑工程室内环境污染控制规范》GB50325—2001；12 月国家质检总局颁布了 GB18580 ~ 18588—2001 及 GB6566—2001 等 10 项《室内装饰装修材料中有害物质限量》标准；2002 年 11 月，国家质检总局、卫生部和国家环境保护总局联合颁布了《室内空气质量标准》GB/T18883—2002；2004 年 12 月，国家环境保护总局颁布了行业标准《室内环境空气质量监测技术规范》HJ/T167—2004。以上标准和规范对控制和检测室内空气污染物提供了依据和方法。本节主要介绍常用室内装饰装修材料散发污染物特征的测试和相关检测方法。

一、环境试验舱

测量装饰装修材料中挥发物和研究释放特征是研究室内空气污染和追踪污染物来源的必要手段。测量室内装饰装修材料散发污染物的方法普遍采用环境试验舱装置。

1. 环境试验舱的结构

环境试验舱是由化学惰性材料制成的密闭舱体、温湿度控制和测量系统、清洁空气供给系统、流量控制与测量系统、标准气体加入口和流出气体采样测量系统组成，原理示意图如图 7-22 所示。

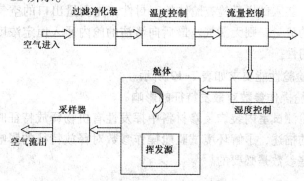

图 7-22　环境试验舱系统示意图

（1）舱体

舱体一般用玻璃或不锈钢等惰性材料制造，这类材料本身不释放也不吸收吸附挥发性有机物，更不会与这些有机物发生化学反应。舱体容积从几十升到几十立方米，GB50325—2001 规定舱容积为 $1 \sim 40m^3$。舱体形状以圆柱形为好，便于空气在舱内混合均匀。舱体上有密封良好的舱门，密封材料也要选用惰性材料。舱体有进气口和出气口，两口的位置要设在舱体的对侧，以避免气流短路，使舱内空气充分混合。舱内配有试样支架，使测试样品在舱内均匀分布。

（2）温度控制和测量系统

为了控制挥发性有机物从被测材料表面的释放速度，保证挥发性有机物在样品表面与舱内空气的平衡，同时防止舱壁上出现冷凝，环境试验舱内空气必须维持恒定而均匀的温度，常用的温度是 $23 \pm 1℃$。温度测量和控制采用高精度温度传感器，显示在数字仪表上，实现稳定的温度测量和控制。

（3）湿度控制和测量系统

对于吸湿性试样和水溶性挥发物，必须维持环境试验舱内空气湿度的均匀恒定，常用的湿度要求是 $45\% \pm 5\%$。湿度控制方法可以通过湿度传感器来控制加湿除湿装置，近年来采用露点温度控湿法控制湿度。舱内湿度显示在数字仪表上。

（4）清洁空气供给和流量控制系统

供给的清洁空气通过过滤净化器除去空气中的水分、微量有机化合物和其他杂质，再用流量计调节供给空气的流量。流量按要求的换气次数设定。清洁空气在进入试验舱之前要预热，以减少舱内温度的波动。

（5）舱内气体混合

为了保证舱内气体浓度均匀以及试样表面与舱内空气的平衡，要求舱内空气必须充分混合，所以在舱内装有低速小风扇，保证试样表面的气流速度和充分混合舱内气体。

2. 环境试验舱性能要求和测试前的准备

（1）测试前的准备和维护

先用碱性清洁剂擦洗舱内表面，再用自来水冲洗，然后用蒸馏水冲洗。清洗后将舱内通入清洁干燥的空气，然后测量舱内本底值。过滤净化器中的干燥吸附剂使用一段时间后要更换。装入试样后检查舱体的密封性，先测量出口的空气流量，如果该流量等于入口给定的流量，则无漏气。最后向清洁的舱内通入恒定浓度的示踪气体检查舱内气体混合均匀性。

（2）环境试验舱性能要求如表 7-12 所示。

3. 环境试验舱操作参数对散发特征的影响

用环境试验舱测试室内装饰装修材料中挥发性有机物释放特征时，测试参数将直接影响释放特征的描述，了解环境试验舱操作参数对释放特征的影响，并且在实验过程中合理控制这些参数是必要的。

（1）温湿度

温度将影响挥发性有机物的蒸汽压、扩散系数及浓度的平衡，因此，它不仅影响挥发性有机物在材料内部的扩散，也影响从材料表面向空气层的迁移。温度升高将引起挥发性有机物释放速率增大。实验时要保证舱内温度均匀，波动小。湿度会影响吸湿性材料和水溶性气体的释放特征，因为水对这些物质可以起到迁移媒体的作用。

环境试验舱性能要求   表 7-12

参 数	性 能 要 求
舱体材料	玻璃或不锈钢
容 积	几十升到几十立方米
温 度	$18 \sim 35℃$，常用 $23 \pm 1℃$
湿 度	$20\% \sim 80\%$，常用 $45\% \pm 5\%$
换气次数	$0.5 \sim 3h^{-1}$
试样表面风速	$0.1 \sim 0.3 m/s$
舱内气体状态	不漏气，混合均匀
进 气 口	进气经过预热，进气口为多孔分散
出气采样口	出口管路保温；出口流量等于进口流量；采样流量约为出口流量的一半
试样装填率	$0.4 \sim 2.0 m^2/m^3$，常用 $1.0 m^2/m^3$

（2）换气次数

环境试验舱的换气次数指通过试验舱的清洁空气流量除以舱容积。它直接影响舱内挥发性有机物的浓度，换气次数越大，舱内挥发性有机物的浓度越低。

（3）试样表面风速

试样表面空气流动有助于挥发物扩散，如果试样表面空气处于静止状态，试样与空气界面层的浓度将会升高，从而影响试样内部挥发物的迁移，使试样中挥发性有机物的释放速率减小。当表面风速高于一定数值时，挥发物在边界层的迁移阻力降到最小。

（4）试样装填率

试样装填率是指试样的面积除以舱容积。在实验中，试样装填率是模拟室内实际应用状况的装填率。提高试样装填率使舱内浓度的上升速度增加。在环境试验舱试验中，换气次数与试样装填率的比值是试验设计的一个重要参数。

二、室内装饰装修干材料散发污染物特征的测试

干材料指用于室内装饰装修的用品和材料，如人造板材、壁纸、地毯、塑料用品和装饰品。

1. 试样准备

现场采集样品时要记录采样时间、生产时间、样品存放环境及现场温湿度等有关信息。在现场用铝箔袋将样品密封包装直到测试时再打开，然后根据实际使用量确定试样装填率来确定试样的面积。从固体样品中间部分截取试样，分成几块，均匀放在舱内。如果试样较厚，要把截断面用铝箔贴封，以消除截断面释放带来的误差。

2. 测试方案的确定

实验前要根据测试要求确定一个完整的测试方案，包括实验参数的选定、样品处理方法、空气采样和分析方法等。实验时首先将环境试验舱环境参数调节到选定的参数，一般是温度23℃，湿度45%，换气次数$1h^{-1}$，预热$2\sim3h$。待舱内环境参数稳定后，将制备好的试样挂在舱内，立即关闭舱门。按照方案确定的空气采样方法在一定的时间间隔内采集流出空气，作为下一步要分析的空气样品。

3. 舱内空气采样和分析

由于待测材料品种很多，各种材料中挥发性有机物的种类和释放量相差很大，很难用一套固定的采样方法满足各种材料的要求。所以在实验前要确定挥发性有机物的种类和含量范围，然后再确定采样吸附剂、采样时间和分析方法。常见挥发性有机物的采样和分析方法都有相应的国标具体要求。

三、室内装饰装修湿式材料散发污染物特征的测试

湿式材料指涂料、胶粘剂等，它们含有大量的挥发性有机物，有时高达60%～70%。使用时一般涂在物体表面形成薄膜，随着挥发有机物的迅速挥发，液体薄膜固化。

1. 试样准备

湿式材料本身没有固定的形状，不能直接放入环境试验舱内进行测量，需要把这种材料涂在支持板上，形成厚度均匀的薄膜，再将支持板挂在舱内进行测试。从现场采样时直接从库房按照抽样规则抽取，并记录采样时间、生产时间、包装情况等。样品从现场采来后，应该保持原包装存放直到测试时再打开。测试前打开包装检查样品材料是否有沉淀、结块等现象，并作记录。将样品材料搅拌混合均匀，避免产生气泡。根据试样装填率要求选择一定面积的玻璃板、不锈钢或其他板材做支持板，将试样均匀涂在支持板的一侧，涂抹厚度在$0.1\sim0.2mm$。涂好后立即放入试验舱内。

2. 测试方案的确定

湿式材料开始时释放速率很大，并且衰减很快，释放的挥发性有机物浓度随时间变化曲线在试样放入$1\sim2h$内达到一个很大峰值，随之迅速降低，在实验开始阶段必须采集瞬时样品才能真实表示舱内挥发物浓度的变化，所以用玻璃注射器采样比较合适，也可以用自动测定仪连续测量。根据舱内空气中待测挥发性有机物的浓度变化追踪测量，直到浓度低于检测限为止。用测量的浓度随时间变化的数据拟合相关的挥发模型。

四、人造板材中有害物质的检测

室内装饰中常用的人造板材有胶合板、细木工板、中密度纤维板和刨花板等。甲醛具有较强的粘合性及加强板材硬度和防虫、防腐功能，所以目前生产人造板材大多使用以甲醛为主要成分的脲醛树脂胶粘剂，人造板材中残留的甲醛会逐渐向周围环境释放，它是一个持续的过程，释放量在开始短时间内急速上升并达到最大值，然后逐渐衰减直到趋于稳定，人造板材中甲醛的释放周期较长。

根据《室内装饰装修材料人造板及其制品中甲醛释放限量》GB18580—2001中的

相关规定，按照甲醛的含量释放量将人造板材分为 E1 和 E2 两级，其中 E1 级可直接用于室内，E2 级必须饰面处理后才能允许用于室内。具体的检测方法和限量值如表 7-13 所示。《木质板材中甲醛卫生规范》中规定将木质人造板材中甲醛释放限量分为 3 级：A 级 <0.12mg/（$m^2 \cdot h$），B 级 <2.8 mg/（$m^2 \cdot h$），C 级 ≥2.8 mg/（$m^2 \cdot h$）。其中 A 级可直接用于制作家具和室内装修；B 级不适用于直接用于制作家具和室内装修，但经过适当处理后，达到 A 级标准后可用于制作家具和室内装修；C 级不可用于制作家具和室内装修。

人造板及其制品中甲醛含量释放量检测方法及限量值　　　　　　　　表 7-13

产品名称	检测方法	限量值	使用范围	限量标志
中、高密度纤维板，刨花板等	穿孔萃取法	≤9mg/100g	可直接用于室内	E1
		≤30mg/100g	必须饰面处理后才允许用于室内	E2
胶合板，装饰单板贴面胶合板，细木工板等	干燥器法	≤1.5mg/L	可直接用于室内	E1
		≤5.0mg/L	必须饰面处理后可允许用于室内	E2
饰面人造板（包括浸渍纸层压木质地板、实木复合地板、竹地板等）	气候箱法（仲裁方法）	≤0.12mg/m^3	可直接用于室内	E1
	干燥器法	≤1.5mg/L		

对人造板材产品可采取三种不同方法检测甲醛含量，不同的检测方法对应不同的限量值。由于这三种方法的测定原理、结果表述和影响测定结果的因素有很大差异，测定结果之间的相关性也不密切，所以在方法应用时，应根据板材种类和性质选用合适的检测方法，并根据相对应的限量指标对板材进行评价。

1. 甲醛含量测定——穿孔萃取法

穿孔萃取法是 GB18580—2001 中推荐作为中、高密度纤维板，刨花板等中甲醛含量的测定方法，该方法操作简便、测定时间短、结果重复性好、不受环境参数影响，广泛用于人造板材工业生产的产品检验。穿孔萃取法原理是：将溶剂甲苯与样板共热，通过液-固萃取使甲醛从板材中溶解出来，然后将溶有甲醛的甲苯通过穿孔器与水进行液-液萃取，再把甲醛转溶于水中。水溶液中甲醛含量用乙酰丙酮比色法测定，结果用 100g 干的样板中被萃取出的甲醛量（mg）表示。具体操作和要求应符合《人造板及饰面人造板理化性能试验方法》GB/T 17657—1999 的规定。

由于胶合板密度差异很大，即使胶粘剂和生产工艺完全相同的胶合板因密度不同，100g 样品的测定值可能存在 1～2 倍的差异，另外密度低的胶合板浮在溶剂甲苯上，影响固液萃取，因此胶合板的甲醛释放量测定采用干燥器法比较合理。

2. 甲醛释放量测定——干燥器法

干燥器法是 GB18580—2001 中推荐测定胶合板、装饰单板贴面胶合板、细木工板和各种饰面人造板（包括浸渍纸层压木质地板、实木复合地板、竹地板等）中甲醛释放量的方法。该方法的原理是：在干燥器底部放置盛有蒸馏水的结晶皿，在其上方固定的金属支架上放置样板，释放出的甲醛被蒸馏水吸收后作为样品溶液。用乙酰丙酮比色法测定样品溶液中甲醛浓度（mg/L）。具体操作和要求应符合《人造板及饰面人造板理化性能试验方法》GB/T 17657—1999 的规定。

容积为 9～11L 的干燥器结晶器皿直径为 120mm，深度为 60mm，适用于测定胶合板、装饰单板贴面胶合板、细木工板等甲醛释放量；容积为 40L 的干燥器结晶器皿直径为 57mm，深度为 50～60mm，适用于测定各种饰面人造板甲醛释放量。

3. 甲醛释放量测定——环境试验舱法

环境试验舱是目前欧美国家普遍采用的一种测试设备，主要是在模拟室内温度、湿度和换气次数的条件下，用于测试室内装饰装修材料和室内用品释放的有机污染物，如木质板材、地毯、壁纸等的甲醛释放量测试，可以直接提供甲醛释放量数据。通常舱的容积在 1～40m³ 之间。试验舱必须采用化学性质不活泼的惰性材料，而且不吸附或解吸被测物质，多采用不锈钢制成。环境试验舱法的检测结果最接近于实际使用状况下的甲醛释放，所以标准规定本方法作为仲裁方法。具体操作和要求按《民用建筑工程室内环境污染控制规范》GB50325—2001 附录 A、《室内环境空气质量监测技术规范》HJ/T167—2004 附录 H 的规定进行。

五、室内涂料中有害物质的检测

室内涂料包括溶剂型的木器涂料如硝基漆、聚氨酯漆等和水性的内墙涂料。根据《室内装饰装修材料内墙涂料中有害物质限量》GB18582—2001 的规定，室内装饰装修用墙面涂料产品有害物质限量值应符合表 7-14 的要求。

室内装饰装修用墙面涂料产品有害物质限量值　　　　　　　　　表 7-14

有 害 物 质		限 量 值
挥发性有机物（VOCs）		≤200（g/L）
游离甲醛		≤0.1（g/kg）
重金属	可溶性铅	≤90（mg/kg）
	可溶性镉	≤75（mg/kg）
	可溶性铬	≤60（mg/kg）
	可溶性汞	≤60（mg/kg）

根据《民用建筑工程室内环境污染控制规范》GB50325—2001 的规定，室内装饰装修用溶剂型涂料，按其规定的最大稀释比例混合后，挥发性有机物（VOCs）和苯的含量限值应符合表 7-15 的要求。

室内用溶剂型涂料中挥发性有机物（VOCs）和苯限量值　　　　表 7-15

涂料名称	挥发性有机物（g/L）	苯（g/kg）	涂料名称	挥发性有机物（g/L）	苯（g/kg）
醇酸漆	≤550	≤5	酚醛磁漆	≤380	≤5
硝基清漆	≤750	≤5	酚醛防锈漆	≤270	≤5
聚氨酯漆	≤700	≤5	其他溶剂型涂料	≤600	≤5
酚醛清漆	≤500	≤5			

1. 挥发性有机物含量测定——重量法

检查涂料样品，打开包装记录样品形状，使用玻璃棒搅动样品，使用规定的取样器吸取一定量的样品，在规定的加热温度和时间烘烤涂料样品，称量烘烤前后质量，计算失重和残留物样品的百分数（水性涂料还需减去水量），通过测定密度，换算出每升样品中含有的挥发物含量。该方法的主要依据为《室内装饰装修材料　溶剂型木器涂料中有害物质限量》GB18581—2001 中 4.2，《室内装饰装修材料　内墙涂料中有害物质限量》GB18582—2001 附录 A，《漆料挥发物和不挥发物的测定》GB6740—1986，《色漆和清漆挥发物和不挥发物的测定》GB6751—1986，《涂料产品的取样》GB3186—1982，《色漆和清漆密度的测定》GB6750F—1986 以及《室内用涂料卫生规范》附录1。该方法适用于涂料中挥发物和不挥发物含量的测定，但不包括异氰酸酯和不饱和聚酯等反应性树脂。

2. 苯、甲苯、二甲苯含量测定——气相色谱法

溶剂型涂料一般以甲苯、二甲苯作为稀释剂，苯是禁用的，但是在溶剂杂质中常含有苯成分，所以苯、甲苯、二甲苯是涂料必测的项目。测定方法用气相色谱法。其原理是：同重量法的方法取样，将样品稀释后，在色谱柱中将苯、甲苯、二甲苯与其他组分分离，用氢火焰离子化检测器检测，以保留时间定性，以内标法定量。该方法的主要依据为《室内装饰装修材料　溶剂型木器涂料中有害物质限量》GB18581—2001 附录 A 和《室内用涂料卫生规范》附录2。

3. 游离甲醛的测定——乙酰丙酮分光光度法

甲醛常见于水溶性涂料中，《室内装饰装修材料　内墙涂料中有害物质限量》GB18582—2001 中推荐使用乙酰丙酮分光光度法测定，其原理是：取一定量的样品，经过蒸馏，取得的馏分按一定比例稀释后，用乙酰丙酮显色，显色后的溶液用分光光度计比色测定甲醛含量。该方法适用于游离甲醛含量为 0.005 ~ 0.5g/kg 的涂料，超过此含量的涂料经适量稀释后按此方法测定。具体要求见《室内装饰装修材料　内墙涂料中有害物质限量》GB18582—2001 附录 B 和《室内用涂料卫生规范》附录3。

4. 可溶性重金属铅、镉、铬、汞的测定——原子吸收分光光度法

室内涂料的重金属主要来源于着色颜料，如红丹、铅铬黄、铅白等。此外，由于无机颜料通常是从天然矿物中提炼，并通过一系列化学物理反应制成的，因此会夹带微量重金属杂质。涂料中可溶性重金属是将样品经刷膜处理后，再用稀酸浸提，用原子吸收分光光度法测定。其原理是：将涂刷于玻璃板上的涂料按规定方法养护成膜干燥后，研磨过筛，用规定的稀酸进行浸提，将浸提液过滤，用原子吸收分光光度法测定，汞用原子荧光光度法或冷原子吸收法测定。具体要求见《室内装饰装修材料　内墙涂料中有害物质限量》GB18582—2001 附录 C。

六、室内用胶粘剂中有害物质的检测

室内用胶粘剂分为溶剂型胶粘剂和水基型胶粘剂，前者包括橡胶胶粘剂、聚氨酯胶粘剂等，后者有缩甲醛类胶粘剂、聚乙酸乙烯酯胶粘剂、橡胶类胶粘剂、聚氨酯类胶粘剂等，广泛用于地砖、地板、人造板材、瓷砖、地毯、壁纸和天花板的粘贴。根据

《室内装饰装修材料　胶粘剂中有害物质限量》GB18583—2001 的规定，溶剂型胶粘剂和水基型胶粘剂中有害物质限量值应符合表 7-16 和表 7-17 的规定。

室内用溶剂型胶粘剂中有害物质限量值　　　　　　　　表 7-16

有　害　物　质	指　　标		
	橡胶胶粘剂	聚氨酯胶粘剂	其他胶粘剂
游离甲醛（g/kg）	≤0.5	—	—
苯（g/kg）	≤5		
甲苯＋二甲苯（g/kg）	≤200		
甲苯二异氰酸酯（g/kg）	—	≤10	—
挥发性有机物（g/L）	≤750		

注：苯不能作为溶剂使用，作为杂质其最高含量不得大于本表中的规定。

室内用水基型胶粘剂中有害物质限量值　　　　　　　　表 7-17

有害物质	指　　标				
	缩甲醛类胶粘剂	聚乙酸乙烯酯胶粘剂	橡胶类胶粘剂	聚氨酯类胶粘剂	其他胶粘剂
游离甲醛（g/kg）	≤1	≤1	≤1	—	≤1
苯（g/kg）	≤0.2				
甲苯＋二甲苯（g/kg）	≤10				
挥发性有机物（g/L）	≤50				

1. 游离甲醛

甲醛是许多胶粘剂生产过程中添加的原料之一，如聚乙烯缩甲醛类胶粘剂，因此甲醛含量是检查此类胶粘剂污染程度的重要指标。《室内装饰装修材料　胶粘剂中有害物质限量》GB18583—2001 附录 A 规定的检测方法是乙酰丙酮分光光度法，具体要求同检测涂料中游离甲醛的方法。

2. 苯、甲苯、二甲苯

胶粘剂常用的溶剂是甲苯、二甲苯，苯是禁用的，但是在溶剂中的杂质常含有苯成分，所以苯、甲苯、二甲苯是胶粘剂必测的项目。测定方法用气相色谱法。其原理是：苯的样品用 N，N-二甲基甲酰胺稀释，甲苯、二甲苯的样品用乙酸乙酯稀释，然后分次用微量注射器直接将稀释后的样品注入气相色谱柱中进行分离，用氢火焰离子化检测器检测，以保留时间定性，以外标法定量。具体要求按《室内装饰装修材料　胶黏剂中有害物质限量》GB18583—2001 附录 B 和附录 C 的规定。

3. 游离甲苯二异氰酸酯

检测方法为气相色谱法，原理是：试样用适当的溶剂稀释后，用微量注射器注入进样装置，并被载气带入色谱柱，在色谱柱内被分离成相应的组分，用氢火焰离子化检测器检测并记录色谱图，以保留时间定性，以内标法定量。具体要求按《室内装饰

装修材料 胶黏剂中有害物质限量》GB18583—2001 附录 D 的规定进行。

4. 总挥发性有机物

胶粘剂中总挥发性有机物含量测定方法是：称量胶粘剂的样品置于恒定温度（105℃±1℃）的鼓风干燥箱中，在规定时间内（3h）的失重和用 Karl Fischer 法测定样品的水分含量相减就得结果。其中总挥发性有机物含量测定按照《胶粘剂中不挥发物含量测定方法》GB/T2793—1995，胶粘剂中水分含量的测定按照《化学试剂—水分测定通用方法（卡尔费休法）》GB/T606—1988，密度的测定按照《液态胶粘剂密度的测定方法——重量杯法》GB/T13754—1992 进行。具体要求按《室内装饰装修材料胶粘剂中有害物质限量》GB18583—2001 附录 E 的规定。

七、木家具中有害物质的检测

木家具因材料和生产工艺的不同所释放的污染物的种类和数量也有所不同,但主要以甲醛及苯、甲苯、乙醇、氯仿等挥发性有机物(VOCs)为主。根据《室内装饰装修材料木家具中有害物质限量》GB18584—2001,制作家具的人造板材中甲醛释放量的检测用干燥器法,甲醛释放量限量也是≤1.5mg/L;家具表面色漆涂层中可溶性重金属含量的检测用原子吸收分光光度法,限量同室内涂料中的重金属限量。家具整体甲醛和 VOCs 的释放量的可用大型环境测试舱法检测,其原理是使用容积不小于 $20m^3$ 的大型环境测试舱,模拟室内环境,将家具放入大型环境测试舱中,并考虑影响家具中甲醛、VOCs 释放的各种因素,包括温度、湿度、空气流速和换气次数,然后测定测定舱内空气中的甲醛、VOCs 的平衡浓度(mg/m^3),并推算出家具中甲醛和 VOCs 的释放量[$mg/(m^2 \cdot h)$]。

八、壁纸中有害物质的检测

壁纸中可能存在的有害物质主要有：重金属及其他元素、氯乙烯单体和甲醛。《室内装饰装修材料 壁纸中有害物质限量》GB18585—2001 规定壁纸中有害物质限量值应符合表 7-18 的规定。

壁纸中的有害物质限量 表 7-18

有害物质		限量值
重金属及其他元素（mg/kg）	钡	≤1000
	镉	≤25
	铬	≤60
	铅	≤90
	砷	≤8
	汞	≤20
	硒	≤165
	锑	≤20
氯乙烯单体（mg/kg）		≤1.0
甲醛（mg/kg）		≤120

1. 重金属及其他元素

以同一品种、同一配方、同一工艺的壁纸为一批，以批为单位随机抽样，在规定的条件下，用盐酸溶液将壁纸试样中的可溶性有害物质萃取出来，然后用原子吸收分光光度法或电感耦合等离子体发射光谱仪测定萃取液中重金属或其他元素的含量。

2. 氯乙烯单体

将壁纸试样溶解在 N，N-二甲基乙酰胺中，平衡后，用气相色谱法测定氯乙烯的含量，具体按《聚氯乙烯树脂中残留氯乙烯单体含量测定方法》GB/T4615—1984 的规定进行。

3. 甲醛

将一定量的壁纸试样，悬挂于装有 40℃蒸馏水的密封容器中，从壁纸中释放出来的甲醛，经过 24h 被水吸收，用乙酰丙酮分光光度法测定蒸馏水中的甲醛含量，并计算在 24h 内壁纸中甲醛的释放量（mg/kg）。

九、室内用聚氯乙烯卷材地板中有害物质的检测

聚氯乙烯卷材地板是以聚氯乙烯树脂为主要原料，加入定量的助剂，用涂敷、延压、复合工艺生产的发泡或不发泡的基材。在生产中使用的原料和辅料有害物质有氯乙烯单体、铅盐、镉盐类化合物、挥发物，可造成室内空气污染。《室内装饰装修材料　聚氯乙烯卷材地板中有害物质限量》GB18586—2001 对卷材地板中以上污染物的限量作了明确规定：

（1）氯乙烯单体含量≤5mg/kg；

（2）卷材地板中不得使用铅盐助剂，作为杂质，卷材地板中可溶性铅含量≤20mg/m²，可溶性镉含量≤20mg/m²；

（3）挥发物含量限制如表 7-19 所示。

卷材地板中挥发物的限量　　　　　　　　　　　表 7-19

发泡类卷材地板中挥发物的限量（g/m²）		非发泡类卷材地板中挥发物的限量（g/m²）	
玻璃纤维基材	其他基材	玻璃纤维基材	其他基材
≤75	≤35	≤40	≤10

1. 氯乙烯单体

检测方法采用气相色谱法，原理是：将试样溶解在合适的溶剂中，取试样液于顶空瓶内，在一定温度下，残留的氯乙烯单体在气液两相之间达到动态平衡，此时氯乙烯在气相中的浓度和在液相中的浓度成正比。取顶空瓶中气体进样，用氢火焰离子化检测器检测并记录色谱图，以保留时间定性，以外标法定量。具体要求依据《室内装饰装修材料 聚氯乙烯卷材地板中有害物质限量》GB18586—2001 和《聚氯乙烯树脂中残留氯乙烯单体含量测定方法》GB/T 4615—1984。

2. 可溶性重金属（铅、镉）

通常，在卷材地板中加入铅、镉等重金属盐类作为稳定剂，使用过程中，随着磨损，铅、镉等重金属不断向表面迁移，在空气中形成气溶胶，污染室内空气。检测方法依据《室内装饰装修材料　聚氯乙烯卷材地板中有害物质限量》GB18586—2001，采用原子吸收分光光度法，先将按一定规格裁减的卷材小地板用指定的稀酸浸提，浸提液过滤后，用原子吸收分光光度计检测铅、镉的含量。

3. 挥发物

室温下卷材地板中挥发物的主要成分为降粘剂、稀释剂的残留物，增塑剂、稳定剂中易挥发性物质，油墨中混合溶剂在印刷层的少量残留物。卷材地板散发的气味主

要是由这些物质释放造成的。挥发物含量的检测方法为重量法，原理是在规定的加热温度和时间烘烤样品，称量烘烤前后质量，计算失重，结果以 g/m^2 表示。

十、地毯、地毯衬垫、地毯胶粘剂中有害物质的检测

根据《室内装饰装修材料　地毯、地毯衬垫及地毯胶粘剂中有害物质限量》GB18587—2001 的规定，地毯、地毯衬垫和地毯胶粘剂有害物质释放限量应分别符合表 7-20、表 7-21、表 7-22 的规定。其中，A 级为环保产品，B 级为有害物质释放量合格产品。

地毯中有害物质释放限量　　　　　　　　　　　表 7-20

有　害　物　质	限　量 $[mg/(m^2 \cdot h)]$	
	A 级	B 级
总挥发性有机物（TVOC）	≤0.500	≤0.600
甲　醛	≤0.050	≤0.050
苯乙烯	≤0.400	≤0.500
4 - 苯基环已烯	≤0.050	≤0.050

地毯衬垫中有害物质释放限量　　　　　　　　　表 7-21

有　害　物　质	限　量 $[mg/(m^2 \cdot h)]$	
	A 级	B 级
总挥发性有机物（TVOC）	≤1.000	≤1.200
甲　醛	≤0.050	≤0.050
丁基羟基甲苯	≤0.030	≤0.030
4 - 苯基环已烯	≤0.050	≤0.050

地毯胶粘剂中有害物质释放限量　　　　　　　　表 7-22

有　害　物　质	限　量 $[mg/(m^2 \cdot h)]$	
	A 级	B 级
总挥发性有机物（TVOC）	≤10.000	≤12.000
甲　醛	≤0.050	≤0.050
2-乙基已醇	≤3.000	≤3.500

根据《室内装饰装修材料地毯、地毯衬垫及地毯胶粘剂中有害物质限量》GB18587—2001 附录 11 的规定，地毯、地毯衬垫和地毯胶粘剂中的有害物质均可采用

小型环境试验舱和气相色谱法检测，其原理是：将一定面积地毯、地毯衬垫及涂铺在惰性支撑板上的地毯胶粘剂样品，放在小型环境试验舱中，在规定的舱内试验条件下，用气相色谱法测定舱流出气体中 TVOC、苯乙烯、4-苯基环已烯、丁基羟基甲苯、2-乙基已醇的浓度，其中甲醛的浓度可用乙酰丙酮分光光度法或其他方法测出，然后根据各有害气体的浓度（mg/m^3）、流过舱空气流量（m^3/h）和试样面积（m^2），计算样品中有害物质的释放量［$mg/(m^2 \cdot h)$］。

十一、混凝土外加剂中释放氨的检测

混凝土外加剂是在拌制混凝土过程中掺入，用来改善混凝土性能的物质。随着混凝土外加剂在住宅和公共建筑物中的广泛使用，外加剂中的有害物质会逐渐释放出来，造成室内空气污染。如在冬季施工中在混凝土中加入尿素作为防冻剂，尿素在碱性条件下会释放出氨气，而且尿素引起的氨气释放周期很长，造成室内空气中氨的污染。《室内装饰装修材料混凝土外加剂中释放氨的限量》GB18588—2001 中规定混凝土外加剂中释放氨的限量为≤0.10%（质量分数），检测方法是蒸馏后滴定法，其原理是：混凝土外加剂试样样品在碱性溶液中蒸馏出氨，用过量硫酸标准溶液吸收，以甲基红-亚甲基蓝混合指示剂为指示剂，用氢氧化钠标准溶液滴定过量硫酸，根据滴定结果，计算试样释放出的氨含量。具体按《室内装饰装修材料混凝土外加剂中释放氨的限量》GB18588—2001 附录 A 的要求进行。

第六节　室内空气的采集方法

室内空气污染物具有种类繁多、组成复杂、浓度低、受环境条件影响变化大等特点，目前能直接测定污染物浓度的专用仪器较少，大多数污染物需要将空气样品收集起来，再用一定的分析方法测定其含污染物浓度。采集室内空气的气体样品是测定室内空气污染物的第一步，它直接关系到测定结果的可靠性。根据气体污染物的存在状态、浓度、物理化学性质及监测方法不同，要求选用不同的采样方法和仪器。在采集气体样品时，也要选取一些有代表性的采样点，才能代表整个室内的污染物浓度水平。

一、室内采样点的选取与布置

（1）采样环境对污染物浓度的影响

1）温度、湿度和大气压力。对于大多数气体污染物而言，当温度较高、湿度较低的时候更容易挥发，容易造成室内该项污染物浓度升高。大气压力会影响气体的体积，从而影响其浓度。

2）室外空气的质量。室内空气污染不仅来源于室内，也会由室外渗入。因此当室外环境中存在污染源时，室内相应污染物的浓度有可能较高。

3）门、窗的开关。在室外空气质量较好的情况下，如果室内长期处于封闭状态下，没有与外界进行空气流通，则室内空气污染物的浓度会较高；反之，则会偏低。

（2）采样布点原则

采样点的设置将直接影响室内污染物检测结果能否真实反映室内空气污染水平。采样点的选择应遵循以下三个原则：

1）代表性：代表性应根据检测目的与对象而定，不同的检测目的应选择各自不同的典型代表。

2）可比性：为了便于对检测结果进行比较，各个采样点的各种条件，应尽可能选择类似的，对所采用的采样器材及采样方法，应作具体规定。

3）可行性：由于采样的器材较多，需占用一定的场地，故在选择采样点时，应尽可能选择有一定空间可利用的地点，并宜选用低噪声、有足够电源的小型采样器材，这样可最大限度地保护现场环境的原始性。

（3）采样布点方法

1）采样点的数量。采样点的数量根据监测室内面积的大小和现场情况而确定，以期能正确反映室内空气污染物的水平。具体而言，为避免墙壁的吸附或溢出干扰，采样点应距离墙壁不得少于 1m。原则上小于 $50m^2$ 的房间应设 1~3 个点；50~100m^2 设 3~5 个点；100m^2 以上至少设 5 个点。

2）采样点的分布。除特殊目的外，一般采样点分布应均匀，并应离开门窗一定距离，以避免局部微小气候造成的影响。在作污染源逸散水平检测时，应以污染源为中心，在与之不同的距离（2m、5m、10m）处设点，或在对角线上或梅花式均匀分布。同时采样点设置地点应注意尽量避开通风口。

3）采样点的高度。采样点的高度应与人的呼吸区高度相一致，一般距离地面 1.5m 或 0.75~1.5m 之间。在调查各种不同的净高对室内污染的垂直浓度差与温度的影响时，采样点可按层流变化来确定，一般可采用距离地面 0.1m、0.5m、1.0m、1.5m、2.0m、2.5m 的高度。

4）室外对照采样点的设置。在进行室内污染检测的同时，为了掌握室内外污染的关系，或以室外的污染浓度为对照，应在同一区域的室外设置 1 个或 2 个对照点。也可用原来的室外固定大气监测点作对比，这时室内采样点的分布，应在固定检测点半径 500m 范围内才较合适。

二、采样方法

室内空气品质所涉及的污染物的一个最大的特点就是低浓度、长时间的污染，所以在测量时需要进行采样，采集气体样品的方法有直接取样和浓缩取样两大类。

（1）采样时间与频率

采样前至少关闭门窗 4h。日平均浓度至少要连续采样 18h，8h 平均浓度至少要连续采样 6h，1h 平均浓度至少要连续采样 45min。

（2）采样仪器

室内空气环境检测的采样仪器主要由收集器、流量计以及采样动力这三部分组成。

1）收集器。常用的采样收集器有液体吸收管或吸收瓶、填充吸附剂、采样管、滤膜、滤纸以及采样夹等。根据被捕集物质的状态、理化性质等选用适宜的收集器。液体吸收管主要用于采集气体或蒸汽态的样品，有冲击式吸收管和多孔玻璃板吸收管两种。其中冲击式吸收管，其小型管可装吸收液 5~10ml；大型管可装 25~50ml。这类吸收管的关键是注意控制吸收管的尖嘴口径及其与吸收管底部的距离。尖嘴口径应控制在气流的线速度为 50m/s 范围内。在气流快速通过冲击下，形成许多气泡，并通过一定高度的液柱，使样品能较完全地被吸收。尖嘴的口径一般为 0.5~1.0mm，距离底部的高度一般为 5mm 左右，采样流量一般为 0.1~2.0L/min。

2）流量计。流量计用于测定进入采样器的空气流量的仪器，而流量是计算采集气体体积必知的参数。常用的流量计有孔口流量计、临界限流孔流量计、转子流量计和精密限流孔等。孔口流量计有隔板式和毛细管两种，当气体通过隔板或毛细管小孔时，因阻力而产生压力差；气体流量越大，阻力越大，产生的压力差也越大，由下部的 U 形管两侧的液柱差，可直接读出气体的流量。转子流量计由一个上粗下细的锥形玻璃管和一个金属制转子组成。当气体由玻璃下端进入时，由于转子下端的环形孔隙截面积大于转子上端的环形孔隙截面积，所以转子下端上升，直到上、下端的压力差与转子的重量相等，转子停止不动。限流孔实际上是一根长度一定的毛细管，如果两端维持足够的压力差，则通过限流孔的气流就能维持恒定，此时的流量称为临状态下的流量，其大小取决于毛细管孔径的大小，使用不同孔径的毛细管，可获得不同的流量。

3）采样动力。在实际操作中，应根据污染物在室内空气中的存在状态，选用合适的采样方法和仪器，用于室内的采样器的噪声应小于 50dB。具体采样方法应按各个污染物检验方法中规定的方法和操作步骤进行。采样动力应根据所需采样流量、采样体积、所用收集器及采样点的条件进行选择。一般应选择重量轻、体积小、抽气动力大、流量稳定、连续运行能力强及噪声小的采样动力。

（3）采样的质量保证措施

采样时，必须要采集到有效的样本，故在采样前，采样中及采样结束后要注意如下几点以保证采样的质量：

1）气密性检查：动力采样器在采样前应对采样系统气密性进行检查，不得漏气。

2）流量校准：采样系统流量要能保持恒定，采样前和采样后要用一级皂膜计校准采样系统进气流量，误差不超过 5%。

3）空白检验：在一批现场采样中，应留有两个采样管不进行采样，并按其他样品管一样对待，作为采样过程中空白检验，若空白检验超过控制范围，则这批样品作废。

4）仪器使用前，应按仪器说明书对仪器进行检验和标定。

5）在计算浓度时应用式（7-20）将采样体积换算成标准状态下的体积：

$$V_0 = V \frac{T_0}{T} \cdot \frac{P}{P_0} \tag{7-20}$$

式中　V_0——换算成标准状态下的采样体积，L；

V——采样体积，L；

T_0——标准状态的绝对温度，273K；

T——采样时采样点现场的温度 t 与标准状态的绝对温度之和，$t+273$，K；

P_0——标准状态下的大气压力，101.3kPa；

P——采样时采样点的大气压力，kPa。

6）每次平行采样，测定之差与平均值比较的相对偏差不超过20%。

（4）采样误差来源

采样人员不仅应知道采样的时间、地点及方法，还应掌握采样过程中的误差来源，并尽量设法减少与避免这些误差。采样中的误差可有下列几个来源：

1）采样人员的操作误差；

2）采样方法的误差；

3）环境与气象因素引起的误差。

1. 直接采样法

当室内空气中被测组分浓度较高或者所用分析方法很灵敏时，直接采取少量样品就可满足分析需要。这种方法测定的结果是瞬时浓度或短时间内的平均浓度，常用的采样容器有注射器、塑料袋、真空瓶等。

（1）注射器采样

常用100ml注射器采集有机蒸气样品。采样时，先用现场气体抽气2～3次，然后抽取100ml，密封进气口，带回实验室分析。样品存放时间不宜长，一般应当天分析完。

（2）塑料袋采样

应选择与样气中污染组分既不发生化学反应，也不吸附、不渗透的塑料袋。常用的有聚四氟乙烯袋、聚乙烯袋及聚酯袋等。为减少对被测级分的吸附，可在袋的内壁衬银、铝等金属膜。采样时，先用二联球打进现场气体冲洗2～3次，再充满样气夹封进气口，带回尽快分析。

（3）采气管进行采样

采气管是两端具有旋塞的管式玻璃容器，其容积为100～500ml，采样时，打开两端旋塞，将二联球或抽气泵接在管的一端，迅速抽进采气管6～10倍的气体，使采气管中原有气体被完全置换出，关上两端旋塞，气体体积即为采气管的容积。

（4）真空瓶采样

真空瓶是一种用耐压玻璃制成的固定容积，容器为500～1000ml。采样前，先用抽气真空装置将采气瓶内抽至剩余压力达1.33kPa左右，如瓶内预先装入吸收液，可抽至溶液冒泡为止，关闭旋塞。采样时，打开旋塞，被采空气即吸入瓶内，关闭旋塞，则采样体积为真空采样瓶的容积。如果采气瓶内真空达不到1.33kPa，实际采样体积应根据剩余压力进行计算。当用闭管压力计测量剩余压力时，现场状态下的采样体积按式（7-21）计算。

$$V = V_0 \times (P - P_B) / P \qquad (7-21)$$

式中　V——现场状态下的采样体积，L；

　　　V_0——真空采气瓶的容积，L；

　　　P——大气压力，kPa；

　　　P_B——闭管压力计读数，kPa。

当用开管压力计测量采气瓶内的剩余压力时，现场状态下的采样体积按式（7-22）计算：

$$V = V_0 \cdot P_K / P \qquad (7\text{-}22)$$

式中　P_K——开管压力计读数，kPa。

2. 浓缩采样方法

室内空气中的污染物浓度一般都比较低，虽然目前的测试技术有很大的进步，出现了许多高灵敏度的自动测定仪器，但是对许多污染物质来说，直接采样法远远不能满足分析的要求，故需要用富集采样法对室内空气中的污染物进行浓缩，使之满足分析方法灵敏度的要求。另一方面，富集采样时间一般比较长，测得的结果代表采样时段的平均浓度，更能反映室内空气污染的真实情况。这种采样方法有液体吸收法、固体吸附法、滤膜采样法。

（1）液体吸收法

用一个气体吸收管，内装吸收液，后面接有抽气装置，以一定的气体流量，通过吸收管抽入空气样品。当空气通过吸收液时，在气泡和液体的界面上，被测组分的分子由于溶解作用或化学反应很快进入吸收液中。同时，气泡中间的气体分子因存在浓度梯度和运动速度极快，能迅速扩散到气-液界面上。因此，整个气泡中被测气体分子很快被溶液吸收，取样结束后倒出吸收液，分析吸收液中被测物质的含量，根据采样体积和含量计算室内空气中污染物的浓度，这种方法是气态污染物分析中最常用的样品浓缩方法，它主要用于采集气态和蒸汽态污染物。

溶液吸收法的吸收效率主要取决于吸收速度和样气与吸收液的接触面积。欲提高吸收速度，必须根据被吸收污染物的特性选择效能好的吸收液。常用的吸收液有水、水溶液和有机溶剂等。按照它们的吸收原理可分为两种类型：一种是气体分子溶解于溶液中的物理作用，如用水吸收大气中的氯化氢、甲醛等；另一种吸收原理是基于发生化学反应，如用氢氧化钠溶液吸收大气中的硫化氢。理论和实践证明，伴有化学反应的吸收溶液吸收速度比单靠溶解作用的吸收液吸收速度快得多。因此，除采集溶解度非常大的气态物质外，一般都选用伴有化学反应的吸收液。

而增大被采气体与吸收液接触面积的有效措施是选用结构适宜的吸收管（瓶），常用的吸收管有气泡吸收管、冲击式吸收管、多孔筛板吸收管。气泡吸收管适用于采集气态和蒸汽态物质，而不适合采集溶胶物质；冲击式吸收管适宜采集气溶胶物质，而不适合采集气态和蒸汽态物质；多孔筛板吸收瓶，当气体通过吸收瓶的筛板后，被分散成很小的气泡，且滞留时间长，大大增加了气液接触面积，从而提高了吸收效果，除适合采集气态和蒸汽态外，也能采集气溶胶态物质。

吸收液的选择原则是：

1）与被采样的物质发生化学反应快或对其溶解度大；

2）污染物质被吸收液吸收后，要有足够的稳定时间，以满足分析测定所需时间的要求；

3）污染物质被吸收后，应有利于下一步分析测定，最好能直接用于测定；

4）吸收液毒性小、价格低、易于购买，且尽可能回收利用。

（2）固体吸附法

固体吸附法又称为填充柱采样法，由一根长6~10cm、内径为3~5cm的玻璃管或塑料管，内装颗粒状填充剂制成。填充剂可以用吸附剂或在颗粒状的单体上涂以某种化学试剂。采样时，让气体以一定流速通过填充柱，被测组分因吸附、溶解或化学反应等作用被滞留在填充剂上，达到浓缩采样的目的。采样后，通过解析或溶剂洗脱，使被测组分从填充剂上释放出来进行测定。根据填充剂阻留作用的原理，可分为吸附型，分配型和反应型3种类型。

1）吸附型填充剂

吸附型填充剂是颗粒状固体吸附剂，如活性炭、硅胶、分子筛、高分子多孔微球等。它们都是多孔物质，比表面积大，对气体和蒸汽有较强的吸附能力。有两种表面吸附作用：一种是出于分子间引力引起的物理吸附，吸附力较弱；另一种由于分子间引力引起的化学吸附，吸附力较强。极性吸附剂如硅胶等，对极性化合物有较强的吸附能力；非极性吸附剂如活性炭等，对非极性化合物有较强吸附能力。一般来说，吸附能力越强，采样效率越高，但这往往会给解析带来困难。因此，在选择吸附剂时，即要考虑吸附效率，又要考虑易于解吸。

2）分配型填充柱

这种填充柱的填充剂是表面涂高沸点的有机溶剂（如异十三烷）的惰性多孔颗粒物（如硅藻土），类似于气液色谱柱中的固定相，只是有机溶剂分配系数大的组分保留在填充剂上而被富集。

3）滤料采样法

该方法是将过滤材料如滤膜放在采样夹上，用抽气装置抽气，则空气中的颗粒物被阻留在过滤材料上，称量过滤材料上富集的颗粒物质量，根据采样体积，即可计算出空气中颗粒物的浓度。滤料采集空气中气溶胶颗粒基于直接阻截、惯性碰撞、扩散沉降、静电引力和重力沉降等作用。滤料的采集效率除与自身性质有关外，还与采样速度、颗粒物的大小等因素有关。常用的滤料有纤维状滤料，如滤纸、玻璃纤维滤膜、过滤乙烯滤膜等，筛孔状滤料，如微孔滤膜、核孔滤膜、银薄膜等。选择滤膜时，应根据采样目的，选择采样效率高、性能稳定、空白值低、易于分析测定的滤膜。

此外还有过滤法、集气法和显色检气管法。过滤法是利用空气采样器抽取一定体积的空气，使通过滤纸或滤膜收集空气中悬浮粒子（粉尘、飘尘、气溶胶及烟雾等）状污染物的方法，采集了样品后的滤纸或滤膜供分析之用。当空气中被测物质浓度较高而又不便采用上述方法时，往往采用集气法。集气法包括注射器和气袋法，前者是指用50ml或100ml注射器，直接采集现场空气采样后，密封进气口，带回实验室进行分析，这是气相色谱分析中常用的取样方法之一；后者是指用一种与被测污染物既不发生反应也不吸附和吸收的塑料袋进行采样，将现场的空气样品注入塑料袋内，带回实验室分析。这种方法与用注射器采样方法一样，具有经济简便的优点；缺点是不能浓缩被测物质，且只能测定瞬时空气中污染物的浓度，对一些不稳定的或易发生化学反应的物质，不能采用这种方法。显色检气管法是将能与被测物质迅速反应的试剂配制成一定浓度的溶液后，浸泡于载体（硅胶、素陶瓷或氧化铝），再将此载体装入玻璃管中，抽取已知体积的气体或蒸汽通过管子，根据管中发生的颜色变化来确定被测物质的浓度。这是一种将采样与测定结合在一起的方法。测定时根据变色柱的长度，或直接读出浓度值，或用浓度标尺法，或用标准度和灵敏度，并可在采样时立刻得出被测物质的瞬时浓度。

3. 个体采样器

在评估空气污染物对人体健康影响的研究中，需要掌握个体对污染物的接触量。为此，近年来已出现了一系列个体监测装置，其中能用于现场即时显示污染物时间加权水平的成为个体监测器或剂量器；用于采集样品的称为个体采样器。个体采样器按其工作原理，可分为主动式与被动式两类。

（1）主动式个体采样器

主动式个体采样器由样品收集器、流量计量装置、抽气泵与电源等几部分组成，是一种随身携带的微型采样装置。抽气泵多用耗电量小、性能稳定的微型薄膜泵或电磁泵，电源可用反复充电的镍镉电池，可供连续 8h 采样。样品收集器一般采用固体吸附柱、活性炭管、滤膜夹及滤膜。

主动式个体采样器的技术要求如下。

1）重量：不大于 550g，现某产品已达到小于 350g。

2）尺寸大小：长度不超过 150mm，宽度小于 75mm，厚度不超过 50mm。

3）采样时间：连续工作不少于 8h。

4）流量：采样系统阻力为 305mm，宽度小于 75mm，厚度不超过 50mm。

5）功率损失不少于 20%。

6）电池：工作温度为 30～600℃。

7）抽气泵：恒速、耐腐蚀、耐有机蒸气的影响。

8）携带或佩带方便。

（2）被动式个体采样器

被动式个体采样器又称为无动力采样器，污染物通过扩散或渗透作用与采样器中的吸收介质反应，以达到采样的目的。因此，被动式个体采样器分为扩散式与渗透式两种。这种采样器体积小、质量轻、结构简单、使用方便、价格低廉，是一种新型采样工具，适用于气态和蒸汽态污染物的采样。

1）扩散式个体采样器。其基本结构包括外壳、扩散层、收集剂等三部分，有圆盒形、方盒形、圆筒形等。壳体为一面或两面，面上打有许多通气孔，污染物通过扩散作用，经通气孔通过扩散层，被收集剂吸附或吸收。常用的吸附剂有：活性炭、硅胶、多孔树脂、浸渍滤纸、浸试剂的金属筛网等。污染物分子由浓度高的一端向浓度低的一端扩散，单位时间内沿 x 轴方向穿过单位面积 ΔS 时，ΔS 越大，扩散流量 NL 也越大。设在 ΔS 两侧污染物分子的分布不存在浓度梯度时，则在单位时间内，正向与反向通过 ΔS 的分子相等，即 $NL = 0$。因此，浓度梯度时质量转移的必备条件。

2）渗透式个体采样器。其基本结构包括外壳、渗透膜和收集剂等三部分，与扩散式采样器相似，仅以渗透膜取代扩散层。渗透式采样器是利用气态污染物分子的渗透作用，来完成采样目的。污染物分子经渗透膜进入收集剂，收集剂可以是固体吸附剂（如活性炭、硅胶等），可以是吸收液，也可以根据各种污染物的化学性质进行选择。渗透膜一般是有机合成的薄膜，如二甲基硅酮、硅酮聚碳酸酯、硅酮酯纤维膜、聚乙烯氟化物等，厚度一般为 $0.025 \sim 0.25mm$。渗透过程可看作是气体的扩散过程，聚合膜作为一种渗透介质，气体分子通过渗透膜而进入吸收液，当渗透膜的一侧存在一定质量浓度的被测物质量，两侧污染物的质量浓度失去平衡，被测物质由质量浓度高的一侧向质量浓度低的一侧渗透。其渗透率可由下式计算：

$$N = PA \ (\rho_1 - \rho_0) \ / l \qquad (7\text{-}23)$$

式中　N——膜截面的渗透率，ng/s；

　　　P——膜材料的渗透常数，cm^2/s；

　　　A——渗透膜的有效面积，cm^2；

　　ρ_1、ρ_0——膜两侧被测物的质量浓度，ng/cm^3；

　　　l——膜的厚度，cm。

三、采样记录

采样记录与实验室分析测定记录同等重要。在实际工作中，不重视采样记录；往往会导致由于采样记录不完整而使一大堆监测数据无法统计而报废。因此，必须给予高度重视。采样记录是要对现场情况、各种污染物以及采样表格中采样日期、时间、地点、数量、布点方式、大气压力、气温、相对湿度、风速以及采样者签字等做出详细的记录，随样品一同报到实验室。现场记录如表 7-23 所示。

采样记录表格　　　　　　　　　　　　　　　　　　　表 7-23

采样地点										
采样方法										
污染物名称										
采样日期	采样时间		温度（℃）	湿度（%）	大气压（kPa）	流量（L/min）	采样体积			采样人
	开始	结束					时间（min）	体积（L）	标准体积（L）	

思考题

1. 试举例说明室内甲醛、苯系物、氨、TVOC 等主要污染气体的室内检测方法、仪器。

2. 试说明室内的颗粒物的检测方法与仪器设备是什么？

3. 室内空气中的氡的检测方法与仪器是什么？生物污染的主要检测方法是什么？

4. 环境舱的环境控制参数主要有那些？常用的控制参数指标的值是什么？

5. 人造干板材的气体污染物的检测方法主要有哪些？室内涂料中有害物质检测的主要方法有哪些？

6. 室内污染物的采集房间的选择方法是什么？室内空气污染气体的采集点布置原则是什么？采样方法是什么？

参考文献

[1] A. P. Jones. Indoor air quality and health [J]. Atmospheric Environment, 1999, 33 (8): 4535-4564.

[2] Horvath, E. P., . Building-related illness and sick building syndrome: from thespecic to the vague [J]. Cleveland Clinical Journal of Medicine, 1997, 64 (6): 303-309.

[3] Schwarzberg, M. N. Carbon dioxide level as migraine threshold factor: hypothesis and possible solutions [J]. Medical Hypotheses, 1993, 41 (1): 35-36.

[4] 朱颖心, 张寅平, 李先庭, 秦佑国, 詹庆旋. 建筑环境学 [M]. 北京：中国建筑工业出版社, 2005.

[5] M. Maroni, B. Seifert. T. lindvall. Indoor Air quality-a Comprehensive Reference Book [M]. 1995. Elsevier Science B. V, Netherland.

[6] Stewart, R. D., Peterson, J. E., Baretta, E. D., Bachand, R. T., Hosko, M. J., Herrmann, A. A. Experimental human exposure to carbon monoxide [J]. Archives of Environmental Health, 1970, 21 (2): 154-164.

[7] Jin H., Zheng, M., Mao, Y., Wan, H., Hang, Y. The effect of indoor pollution on human health [M]. Proceedings of the Sixth International Conference on Indoor Air Quality and Climate, 1993, Helsinki, Finland.

[8] Ronald M. Heck, Robert J. Farrauto, Van Nostrand Reinhold. Catalytic air pollution control — Commercial technology [M]. Published by Wiley-Interscience, New York, 1995.

[9] Moriske, H. J., Drews, M., MG., et al. Indoor air pollution by different heating systems: coal burning, open fireplace and central heating [J]. Toxicology Letters, 1996, 88 (1-3): 291-354.

[10] Longo, L. D. The biological effects of carbon monoxide on the pregnant woman, fetus, and new-born infant [J]. American Journal of Obstertrics and Gynaecology, 1997, 129 (1): 69-103.

[11] Wanner, H. U., . Sources of pollutants in indoor air [M]. IARC Scientific Publications 109, 1993.

[12] Rando, R. J., Simlote, P., et al. Environmental tobacco smoke: measurement and health effects of involuntary smoking [M]. In: Bardana, E. J., Montanaro, A. (Eds), Indoor Air Pollution aand Health. 1997, Marcel Dekker, New York.

［13］ IEH （Institute for Environment and Health）, IEH assessment on indoor air quality in the home ［M］. Institute for Environment and Health, 1996, Leicester, UK.

［14］ 崔九思. 室内空气污染监测方法 ［M］. 北京：化学工业出版社，2002.

［15］ 曲建翘，薛丰松，蒙滨. 室内空气质量检验方法指南 ［M］. 北京：中国标准出版社，2002.

［16］ 宋广生. 室内空气质量标准解读 ［M］. 北京：机械工业出版社，2003.

［17］ 王炳强. 室内环境检测技术 ［M］. 北京：化学工业出版社，2005.

［18］《民用建筑工程室内环境污染控制规范》GB50325—2001.

［19］《室内空气质量标准》GB/T18883—2002.

［20］《室内环境空气质量监测技术规范》HJ/T167—2004.

［21］《室内装饰装修材料人造板及其制品中甲醛释放限量》GB18580—2001.

［22］《室内装饰装修材料溶剂型木器涂料中有害物质限量》GB18581—2001.

［23］《室内装饰装修材料内墙涂料中有害物质限量》GB18582—2001.

［24］《室内装饰装修材料胶黏剂中有害物质限量》GB18583—2001.

［25］《室内装饰装修材料木家具中有害物质限量》GB18584—2001.

［26］《室内装饰装修材料壁纸中有害物质限量》GB18585—2001.

［27］《室内装饰装修材料聚氯乙烯卷材地板中有害物质限量》GB18586—2001.

［28］《室内装饰装修材料地毯、地毯衬垫及地毯胶黏剂中有害物质限量》GB18587—2001.

［29］《室内装饰装修材料混凝土外加剂中释放氨的限量》GB18588—2001.

［30］《人造板及饰面人造板理化性能试验方法》GB/T 17657—1999.

［31］ 石克虎，杨正宏，孙媛. 木质人造板材中甲醛释放特征的研究 ［J］. 建筑材料学报，2005，8（1）：47-50.

［32］ Commission of the European Communities. Report No2：Formaldehyde emissions from wood based materials：guideline for the establishment of steady state concentrations in test chambers ［M］. EUR 13216 EN, 1990.

［33］ ENV 13419-1 Building products-Determination of the emission of volatile organic compounds-Part 1：Emission test chamber method ［M］, 1999.

［34］ ENV 13419-3 Building products-Determination of the emission of volatile organic compounds-Part 3：Procedure for sampling, storage and preparation of test specimen ［M］, 1999.

［35］ ASTM D 5116-97 Standard Guide for small-scale environmental chamber determinations of organic emissionsfrom indoor materials/products ［M］. American society for testing and materials, West Conshohocken, PA. 1997.

［36］ EPA-RTL. Large chamber Test Protocol for Measuring Emission of VOCs and Aldehydes ［M］. USA EPA., 1999.

第八章 室内空气品质控制方法

随着社会的发展和科技的进步，健康成为热门话题。人们开始有意识地、主动地控制室内空气品质，主要控制方法有：项目选址与规划技术，建筑通风换气，室内防潮与除湿技术，室内污染源控制，采用新的空气治理技术等。

第一节 项目选址与规划

一般来说，应将向大气排放有害物质的污染源布置在下风向上，居住区应布置在上风向上。在不同地区风向特征有所不同，相应的污染物控制对策也有所不同。

根据风向的变化特征，我国共可划分四大类风向区，如图 8-1 所示，分别是：

(1) 季节变化区；

(2) 主导风向区；

(3) 无主导风向区；

(4) 准静止风型区。

主导风向区中，Ⅱa 表示全年以偏西风为主区，Ⅱb 表示全年多西南风区，Ⅱc 表示冬季盛行偏西风，夏季盛行偏东风。

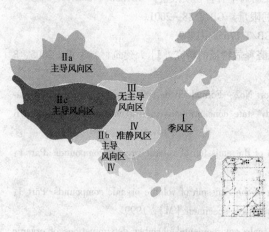

图 8-1 风向分区图示意图

季节变化区盛行风向随着季节的变化而转变，冬夏季风向基本相反，季风现象必须是风向或气压系统有着明显的季节变化，将 1、7 月风向变化大于 135°、小于 180°者称为季节变化型，大致分布在我国东部。在季节变化区，城市规划应使从上风向吹来污染物的机会最少，故应将向大气排放有害物质的污染源按最小风频的风向，布置在对空气品质要求较高的居住区的上风方向，例如冬季盛行北（N）风，风频为 27%，东北北（NNE）风频为 52%，夏季盛行西南（SW）风，风频为 19%，西南南（SSW）风频为 36%，冬夏风向基本相反，从全年风频规律看，最小风频的方向为西北西（WNW）风，风频为 0.6%，在这种风向条件下，应将污染源布置在区域总体规划的 WNW 方向上，对其他区域的影响最小。

主导风向区，即一年中基本上是吹一个方向的风。这种类型的风主要分布在我国新疆、内蒙古和黑龙江北部。这一区常年在西风带控制之下，风向偏西，即使盛夏也很少受到热带海洋来的季风影响。在主导风向区，虽然造成主导风向原因不明，但从风向来看，终年基本不变，所以在区域规划时，影响污染源布置在常年主导风向下风

272

侧，居住区等对空气品质要求较高的区域布置在主导风向的上风侧。

无主导风向型全年风向不定，没有一个主导风向，各向风频相差不大，故在这区里无上、下风方向之分，也无最小风频之分。与季节变化区和主导风向区在布局时着重风向影响不同，无主导风向区城市或区域规划布局，着重考虑风速的影响。风速越大，大气污染浓度越低。为了考虑风速的影响，常用污染系数表示：

$$污染系数 = 风向频率/平均风速 \tag{8-1}$$

在城市规划或区域规划布局时，应将污染源布置在污染系数最小的方位或最大风速的下风向上。

准静风区是指全年静风频率在 50% 以上，年平均风速在 1.0m/s 的地区。在准静风区考虑城市及区域规划时，应将污染源设置在相应的防护距离之外。需要计算工厂排出的污染物的地面最大浓度及其落点距离，给出其安全边界，生活区在安全界限之外。一般情况下，居住区宜距离烟囱高度 10~20 倍远之外。

第二节　建筑通风策略

一、自然通风

自然通风的动力包括热压与风压，下面分别对热压和风压的作用机理进行阐述。

1. 热压通风

当建筑室内外温度 t_n 和 t_w 不同时，对应空气密度分别为 ρ_n 和 ρ_w，如果 $t_n > t_w$，则 $\rho_n < \rho_w$。建筑物外围护结构有高度不同的开口 a 和 b，假设窗孔外的静压力分别为 P_a、P_b，窗孔内的静压力分别为 P'_a、P'_b，如图 8-2 所示。如果首先关闭窗孔 b，仅开启窗孔 a，不管最初窗孔 a 两侧的压差如何，随着空气的流动，P_a 与 P'_a 之差将逐渐减小，直到 P_a 等于 P'_a，空气停止流动。

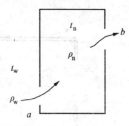

图 8-2　热压作用下自然通风图

根据流体静力学原理，这时窗孔 b 的内外压差：

$$\Delta P_b = P'_b - P_b = (p'_a - gh\rho_n) - (p_a - gh\rho_w)$$
$$= (p'_a - p_a) + gh(\rho_w - \rho_n)$$
$$= \Delta P_a + gh(\rho_w - \rho_n) \tag{8-2}$$

式中　ΔP_a、ΔP_b——窗孔 a、b 的内外压差，$\Delta P > 0$，该窗孔排风；$\Delta P < 0$，该窗孔进风，Pa；

$\quad\quad\quad g$——重力加速度，m/s^2。

从式（8-2）可以看出，在 $\Delta P_a = 0$ 的情况下，当 $\rho_n < \rho_w$（即 $t_n > t_w$），则 $\Delta P_b > 0$，当开启窗孔 b，空气将从窗孔 b 流出，随着空气流动，室内静压逐渐降低，$(P'_a - P_a)$ 由等于 0 变为小于 0。$\Delta P_a < 0$，空气将从窗孔 a 流进室内。

当窗孔 a 的进风量等于窗孔 b 的排风量时，室内静压保持恒定。

$$\Delta P_b + (-\Delta P_a) = \Delta P_b + |\Delta P_a| = gh(\rho_w - \rho_n) \tag{8-3}$$

式（8-3）表明，进风窗孔和排风窗孔两侧的绝对值之和与两窗孔的高度差和室内外空气的密度差有关。我们把 $gh(\rho_w - \rho_n)$ 称为热压。在热压作用下形成热压通风，即所谓的烟囱效应。通过上述的分析得出，在室内温度高于室外温度的情况下，空气从较低的窗口流入室内，从较高的窗孔流出；反之，当在室内温度低于室外温度的情况下，空气从较高的窗口流入室内，从较低的窗孔流出。

在建筑中，通过一个窗孔也会产生热压通风，当 $\rho_n < \rho_w$（即 $t_n > t_w$）时，在同一窗口的上部排风，下部进风，如图 8-3 所示。

热压通风的驱动力主要受到两个因素的影响，即室内外温差和建筑开口的相对高度。

2. 风压通风

室外气流由于建筑物的阻挡，建筑物四周室外气流的压力分布发生变化，与未受干扰的气流相比，其静压的升高或降低通称为风压。建筑物四周的气流分布如图 8-4 所示。建筑迎风面气流受到阻挡，动压降低，静压增高，风压为正压；侧面和背风面由于产生局部涡流，静压降低，风压为负压。不同形状的建筑在不同方向的风的作用下，风压的分布是不同的。某一建筑物周围的风压分布与该建筑的几何形状和室外风向有关。建筑外立面的压力分布不同引起建筑室内空气的流动为风压通风。

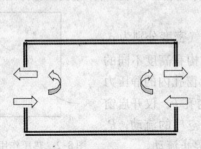

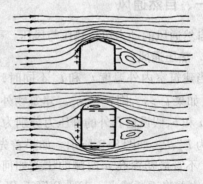

图 8-3　同一个窗孔的热压通风　　　　图 8-4　建筑物四周的气流分布

由于自然风的随机性和紊流特性，风压实际上是一个波动量，可以分解为时间的平均流量与脉动量的叠加。得到准确的自然风的时均速度是非常困难的，通常是将自然风按照其平均流动的定常流动来进行计算，这样计算得到的自然通风量和实际通风量存在一定的误差，但对于分析各种建筑因素的影响作用是合适的。

风压大小受到下列因素的影响：

（1）室外风速及风向（建筑外立面与室外风向的相对夹角）；

（2）建筑的几何形状；

（3）开口在建筑外立面上的位置；

（4）大气边界层状况；

（5）建筑的周边环境条件（包括周围地形及建筑密度、植被等）。

对于矩形的建筑物来说，如果假设在建筑同一立面上的风压作用值都相同，则作用于开口的风压值可以用下式进行计算：

$$\Delta p_{wind} = p_{wind} - p_{ref} = c_p \cdot \rho \cdot v_h^2 / 2 \tag{8-4}$$

式中　p_{wind}——作用于开口的风压值，Pa；

　　　p_{ref}——大气压，Pa；

　　　ρ——空气密度值，kg/m³；

　　　v_h——来流风速，一般指建筑物高度处的风速，m/s；

　　　c_p——风压系数值，反映建筑物形状、开口位置、风向的影响因素的综合作用，c_p的值可以通过实验的测试得到。

3. 自然通风量的计算及优化设计方法

如果建筑物开口存在压力差，就会产生空气流动，开口处的压力差是空气流动的驱动力。

$$\Delta P = \zeta \frac{v^2}{2} \rho \tag{8-5}$$

式中　ΔP——开口两侧的压力差，Pa；

　　　v——空气流过开口时的流速，m/s；

　　　ρ——空气的密度，kg/m³；

　　　ζ——开口的局部阻力系数。

则通过开口的空气流量为

$$L = vF = \mu F \sqrt{\frac{2\Delta P}{\rho}} \tag{8-6}$$

出于各种需要，在建筑的围护结构上总是开有各种各样的开口，无论它们是面积较大的门窗，或者是缝隙、孔洞，只要它们两侧的空气存在压力差，空气就会通过开口产生流动。

通过面积较小的缝隙、孔洞产生的空气交换是在房间门窗关闭的情况下出现的，在采暖房间和空调房间，由于节能的要求，会严格控制通过渗透的空气流通。空气渗透量主要与缝隙的总长度和门窗的气密性好坏有关，过度的气密性会使房间的通风换气量过小，造成室内空气品质低下，因此在空调房间和采暖房间也应保证一定的通风换气量。

在有些情况下，即使开口的面积较大，也需要精心的通风组织才能使通风量满足要求。在过渡季，建筑门窗处于开启状态时，自然通风作为一种重要的降温手段，可以带走室内的余热余湿，同时良好的自然通风对改善室内空气品质，创造更加趋于自然的建筑室内环境具有重要作用。在这种既不采暖也不采用空调制冷的情况下，建筑室内外的焓差值有限，需要较高的通风量，才能满足室内热湿环境参数的要求。此外，在室内污染物散发量较大或希望迅速排出室内污染物的情况下，也会通过打开门窗以期获得较大的通风量。由热压和风压引起的自然通风则是与建筑本身密不可分的，自然通风驱动力的热压和风压值往往也非常有限，因此欲获得较大的自然通风量需要在建筑设计上的精心组织。

窗户开启方法不同，在同样的窗洞面积下，可获得的通风面积会有很大的差别。

平开窗是目前应用较为广泛的开启方式，是用铰链或滑撑（四连杆等）把窗扇和框连接起来；推拉窗可以上下、左右方向进行推拉，推拉窗的气密性、水密性较平开窗差，通风量比平开窗小，但推拉窗启闭方便，不占用室内空间，制作工艺简单；悬窗一般装设在离地较高的位置，悬窗分为上悬窗、中悬窗和下悬窗，悬窗窗扇沿水平轴转动，开启时有一定的角度，可遮挡雨水，利用热压作用，合理地开设悬窗可使室内的热空气迅速排出室外，上悬窗是铰链装于窗上侧，向内或向外开启的窗，一般向外开启，利于防雨，经常与外平开窗或外平开门组合使用；窗扇不能开启的窗称为固定窗。平开窗的通风面积最大，而固定窗则不会有通风面积。其中悬窗还可以调节进入室内气流的垂直方向角度。通过平开窗、推拉窗这些类型窗户的气流都是水平的，故建议此类窗户应设在需要通风的高度位置上。窗户的构造形式不仅与通风有关，还与采光、保温及美观等因素有关，因此应综合考虑。

自然通风的房间通过门窗形成了大开口的自然通风，热压和风压的作用机理不同，相应的优化设计方法也有所不同。

（1）风压通风设计

真正作用于建筑外部的风环境是建筑室外的微气候下的风速风向，城市中建筑周围的建筑群体，尤其是前栋建筑对后栋建筑会有"风影"作用的影响，风影处的风速将大大降低，由于建设规划或单体的设计不当还有可能在某些区域形成无风区和涡旋区，不利于室内散热和污染物消散，不但增加了空调能耗，还会严重影响建筑室内外的环境质量，因此也应尽量避免。

风压通风的必要条件是建筑具有不同朝向的开口，只有在不同朝向的开口才有可能形成足够大的风压差。但建筑具有多个不同朝向的开口并不见得就会形成风压通风，每当室内空间对外有不止一个开口的时候，如果不注意开口相对风向的位置，就可能使开口都面向同样的气压区，室内的通风气流就会很小或根本没有。如图8-5所示，三种情况虽然都设有开口，但都无法形成风压通风。其中图8-5（a）、图8-5（b）虽然都有不同方向的开口，但由于不同方向的开口与来流方向的角度相同，因此开口之间并不会形成风压差，就不会形成风压通风。图8-5（c）的两个开口在同一个方向，显然开口间无风压差和风压通风。

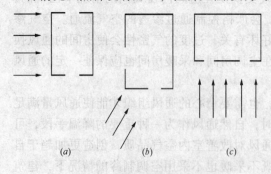

(a)　　(b)　　(c)

图8-5 无法形成通风的情况

有时即使没有风压通风，在室外风的作用下也可以造成一些气流，这是由于沿开口高度及宽度方向都有一点气压差以及由于压力波动所形成的风箱作用，使空气忽进忽出；但由此形成的气流，与同等面积的开口在风压通风下所形成的气流相比，则要小得多。

绿化对室内通风的影响非常灵活，虽然绿化对通风的影响程度具有局限性，但是绿化往往可以在通过建筑本身组织通风受到限制的情况下发挥作用。并且通过绿化组织通风还会起到美化环境的双重功效。图8-6显示的建筑朝向与风向平行的情况，根据风压通风理论，这样的建筑朝向建筑开口处的风压值基本相同，无法形成风压通风，但浓密的灌木可以种植在建筑的附近，通过形成正压与负压区使气流穿过建筑，形成通风。

绿化起到了通风和遮阳的双重作用，可以获得良好的防热效果。同时，空气的质量也发生改变，绿化有助于降低空气中的含尘量、二氧化碳含量，增加氧气的含量。具有一定宽度的绿化带，还有明显的降低噪声的作用。

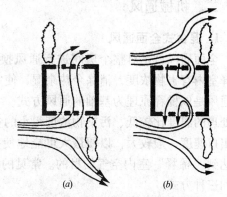

图8-6　绿化影响作用下形成的风压通风
(*a*) 良好的通风；(*b*) 不良的通风

（2）热压通风设计

影响热压通风的根本因素在于建筑室内外的温度差和开口的高度差。在空间高度有限的一些民用建筑中，如住宅、办公室，开口的高度差非常有限，热压通风一般都是在单个开口上下之间进行的，热压通风量及对室内的影响范围都非常有限。在公共建筑的一些高大空间中，建筑垂直高度较高，为利用热压通风提供了有利条件，特别是对于采用热负荷较大或室内污染物散发量较大的室内空间，组织热压通风具有重要的作用。

在高大空间中组织利用热压通风的原理并不复杂，关键在于合理与建筑空间组织、采光设计等因素相结合而进行设计。图8-7表示了带有中庭的建筑利用不同高度的开口组织通风的示意图，图8-8表示了利用风塔组织热压通风的案例。

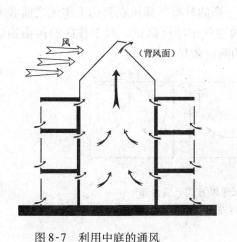

图8-7　利用中庭的通风

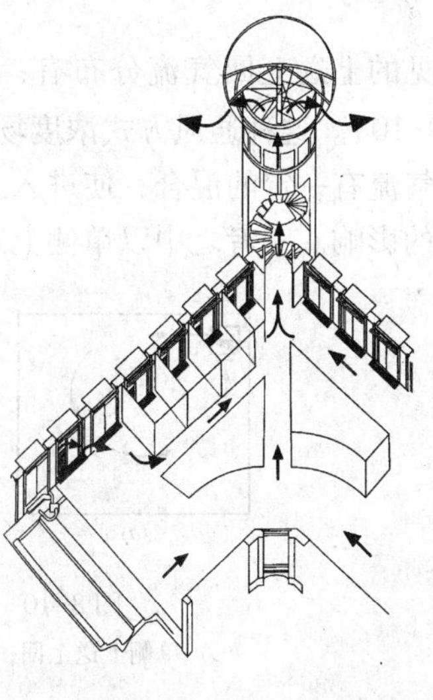

图8-8　利用风塔的通风

二、机械通风

1. 混合式全面通风

全面通风就是对整个房间进行通风换气，其目的在于将清洁空气引入整个房间，稀释室内有害物浓度，消除余热余湿，使室内达到允许浓度并获得良好的舒适性。混合通风是以稀释原理为基础的通风方式。它通过位于顶板或者室内任何位置的送风口将处理的温度比较低、污染物浓度很小的空气，经送风口以一定的流速送入房间。气流出口速度一般较大，以便最大可能地使整个房间内的空气与新风空气混合均匀，从而达到"稀释"室内空气的目的。常见的混合通风方式有上送下回、上送上回和下送上回三种方式。

常见的上送下回气流分布有：侧送侧回、散流器送风和孔板送风（见图8-9）。由于上送下回的气流分布形式，送风气流不能直接进入工作区，与室内空气有较长的混掺的距离，导致了在人员活动区域内污染物浓度较高。相同的送风量下，散流器送风人员呼吸区域的污染物浓度大于侧送侧回。而孔板送风方式多用于对室内温度、湿度、洁净度和气流分布的均匀性有较高要求的空调系统中。

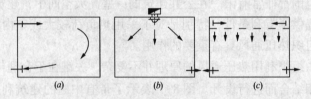

图8-9　上送下回送风方式气流分布
(a) 侧送风口；(b) 散流器上送；(c) 孔板送风

常见的上送上回气流分布有：单侧上送上回，异侧上送上回和散流器上送上回（见图8-10）。这种通风方式浓度场呈上低下高的分布，新风在到达工作区之前和上升的污染气流有一定的混合，使进入工作区的空气洁净度降低，对工作区的污染物浓度有一定的影响。三者之中以单侧上送上回的除污效果较佳。

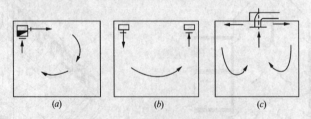

图8-10　上送上回送风方式气流分布
(a) 单侧上送上回；(b) 异侧上送上回；(c) 散流器上送上回

混合通风方式基于"稀释"原则，新风在进入房间后迅速和房间内的空气混合、污染后，只有大约1%的新鲜空气能够被人使用，其余99%的空气都被浪费掉了。污染物在整个房间内发生横向扩散，使得整个房间内污染物的浓度几乎是完全相同的。

同时，送入气流的循环掺混延长了污染物在室内的停留时间，使换气效率降低。

2. 置换通风

置换通风是以浮力控制为动力的通风方式。新风由房间底部送入，速度一般为 0.25m/s 左右，新风的温度低于室内温度，送风温差一般为 2~4℃。由于新风相对密度较高，在重力的作用下先下沉，随后慢慢在地板上弥漫开来，形成一个"空气湖"。随后空气受障碍物和热浮力作用上升，不断卷吸周围热空气。由于热浊气流的上升、新鲜空气的推动以及排风口的抽吸，工作区的污染物不断被排出，形成典型的"置换"流动（见图 8-11）。置换通风热力分层高度高于工作区高度，从而保证了工作区较好的空气洁净度。

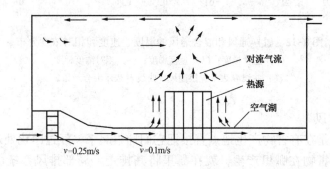

图 8-11　置换通风流态

置换通风空调系统比混合通风空调系统更能有效降低室内工作区的空气有害气体含量，大大提高了室内的空气品质。在置换通风方式中，气流流动主要以层流方式由下至上。浓度梯度的趋势与温度分布相似，上部浓度高，底部浓度低（见图 8-12）。污染物几乎没有发生横向扩散，这样就保证了在工作区范围内污染物的浓度较低，能给处在工作区范围内的人员提供较新鲜的空气。置换通风排除污染物所需的送风量大于除热、除湿的送风量，因为它需要保证工作区在分层高度以下。置换式通风虽然能够提供较好的空气品质，但也会有冷吹风感和房间垂直温度差异造成的局部不适度。而且并非任何建筑都适合置换通风，对于某些无热源且污染物浓度大的区域，置换通风效果并不能充分发挥出来。设计中要根据室内特点而定，只有在条件符合时选择这种气流组织形式。

20 世纪 90 年代以来，置换通风系统以其舒适、节能等特点引起了人们的关注，当前这种送风方式正在成为人们研究的热点。置换通风在北欧应用较为广泛，它最早是用在工业厂房用以解决室内的污染物控制问题，随着民用建筑室内空气品质问题的日益突出，置换通风方式的应用转向民用建筑，如办公室、会议室、剧院等。北欧一些国家新建办公楼建筑置换通风已达到 50%~70%。

3. 局部通风

局部通风是利用局部气流，使局部工作地点不受有害物的污染，以最小的通风量，达到最好的通风效果。局部通风系统分为局部排风和局部进风两大类，它们都是利用局部气流使局部工作地点不受有害物的污染，造成良好的空气环境。

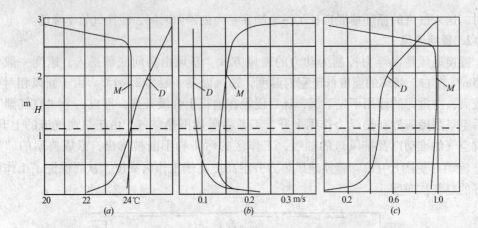

图 8-12 置换通风和混合通风的温度、速度和相对浓度分布

（a）温度梯度；（b）速度梯度；（c）相对浓度梯度

注：曲线 D 表示置换通风，曲线 M 表示混合通风。

（1）局部排风

局部排风就是在有害物产生地点直接把它们捕集起来，经过净化处理，排除室外。其指导思想是有害物在哪里产生，就在哪里将其排走。局部排风系统由局部排风罩、风管、净化设备、风机组成，如图 8-13 所示。

（2）局部送风

对于面积很大，操作人员较少的生产车间，用全面通风的方式改变空气环境，既困难又不经济。空气经集中处理后送入局部工作区，在局部地点造成良好的空气环境，这种通风方式称为局部送风。其指导思想是哪里需要，就送到哪里。局部送风系统有系统式和分散式。图 8-14 为系统式局部送风系统示意图。分散式局部送风一般使用轴流风扇或喷雾风扇，空气在室内循环。人呼吸到的大部分空气来自于呼吸区域，呼吸区域的空气品质的好坏直接影响到人的身心健康，而其他区域的空气品质对人的影响则相对较小。所以局部送风可以很好地满足人们这方面的需求。

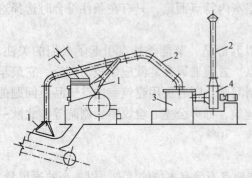

图 8-13 局部排风系统示意图

1—局部排风罩；2—风管；3—净化设备；4—风机

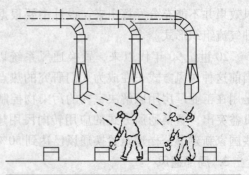

图 8-14 局部送风系统送风示意图

（3）个体化送风

个体化通风是采用个体化调节方式,以工作区为主要调节区,将新鲜空气直接送到呼吸区,缩短新风年龄,可以在呼吸区保证较高的空气品质。同时,个体化送风需要的新风量较小,这在节约系统耗能上有很大的优势。个体化调节的实现,目前大多采用工位调节 TAC (Task Air Conditioning) 系统,主要为地板式系统和桌面式系统。采用地板式 TAC 系统（见图 8-15）,将新鲜空气送到人的工作区,有效地改善了空气品质。但也有些研究指出,这种方式存在额外的扬尘污染,目前存在争议。

地板 TAC 系统与传统的地板送风系统的区别在于：地板送风系统的送风口是从整体考虑均匀分布于房间里,而地板 TAC 送风系统的送风口安装位置在每个人的附近,个人可调节送风量和送风方向。桌面式系统可以分为水平桌面格栅、垂直桌面格栅、个人环境单元和可移动式送风口四种方式（见图 8-16）。其中可移动式送风口,通过机械臂使风口位置可以移动,能够较好地将风送至人的呼吸区,而且不影响人的正常工作,是目前比较好的一种个体化送风方式。

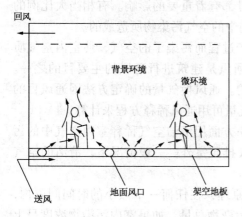

图 8-15 地板 TAC 系统

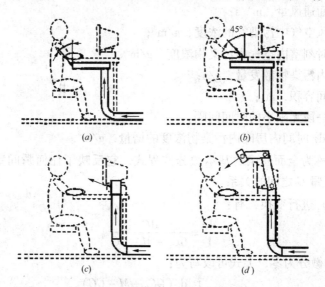

图 8-16 桌面 TAC 系统

（a）水平桌面格栅；（b）垂直桌面格栅；
（c）个人环境单元；（d）可移动式送风口

个体化微环境调节目前在国际上是一个比较前沿的研究领域,地板式 TAC 系统和桌面式 TAC 系统的换气效率、污染物移除率、对人体热环境的改善状况,都需要进一步研究和验证,都还需要做大量的工作。

281

三、稀释通风量的确定

同样由于室内外的差别，通风也会带来热量、水蒸气的传递和污染物的传递。因此，建筑的通风对建筑热湿过程及室内空气质量都有着重要的影响。有相当大比例的室内空气品质问题是由于不良通风以及室内空间中的空气污染物所造成的。

用室外的新鲜空气更新室内由于生活及生产过程而污染了的空气，使室内空气质量满足要求，此类通风可称为健康通风，健康通风是建筑进行通风的主要目的之一。健康通风量是在任何气候条件下都应予以保证的。通风换气量的确定方法因通风目的的不同而不同，控制污染物所需的健康通风换气量可用通风稀释方程来计算。

用通风的方法控制室内污染物的方法就是一方面用清洁空气稀释室内空气中的污染物，同时不断地把室内污染物浓度较高的空气排至室外。一般情况下，清洁的空气来自室外未受污染的空气，也称新风。

如果室内污染物浓度不变，根据质量守恒原理，在任何一个微小的时间间隔内，室内得到的污染物总量应该等于从室内排除的污染物总量。如果室内污染物浓度呈上升趋势，则说明室内得到的污染物总量应该大于从室内排除的污染物总量；反之，室内得到的污染物总量应该小于从室内排除的污染物总量。总之，室内得到的污染物与从室内排出的污染物总量之差等于房间内污染物量的变化，即：

$$GC_0 d\tau + M d\tau - GC d\tau = V dC \tag{8-7}$$

式中　G——全面通风量，$\mathrm{m^3/s}$；

　　　C_0——送风空气中污染物的浓度，$\mathrm{g/m^3}$；

　　　C——某时刻室内空气中污染物浓度，$\mathrm{g/m^3}$；

　　　M——室内污染物散发量，$\mathrm{g/s}$；

　　　V——房间容积，$\mathrm{m^3}$；

　　　$d\tau$——某一段无限小的时间间隔，s；

　　　dC——在 $d\tau$ 时间内房间内污染物浓度的增量，$\mathrm{g/m^3}$。

式（8-7）称为全面通风的基本微分方程式，它反映了任何瞬间室内空气中污染物浓度 C 和通风量 G 之间的关系。

对式（8-7）进行变换，有：

$$\frac{d\tau}{V} = \frac{dC}{GC_0 + M - GC} \tag{8-8}$$

由于常数的微分为零，上式可改写为：

$$\frac{d\tau}{V} = -\frac{1}{G} \frac{d(GC_0 + M - GC)}{GC_0 + M - GC}$$

如果在 τ 秒钟内，室内空气中污染物浓度从 C_1 变化到 C_2，那么有：

$$\int_0^\tau \frac{d\tau}{V} = -\frac{1}{G} \int_{c_1}^{c_2} \frac{d(GC_0 + M - GC)}{GC_0 + M - GC}$$

$$\frac{\tau G}{V} = \ln \frac{GC_1 - M - GC_0}{GC_2 - M - GC_0}$$

即
$$\frac{GC_1 - M - GC_0}{GC_2 - M - GC_0} = \exp\left[\frac{\tau G}{V}\right] \tag{8-9}$$

当 $\frac{\tau G}{V} < 1$ 时，级数 $\exp\left[\frac{\tau G}{V}\right]$ 收敛，式（8-9）可以用级数展开的近似方法求解。如近似地取级数的前两项，则得：

$$\frac{GC_1 - M - GC_0}{GC_2 - M - GC_0} = 1 + \frac{\tau G}{V}$$

$$G = \frac{M}{C_2 - C_0} - \frac{V}{\tau}\frac{C_2 - C_1}{C_2 - C_0} \tag{8-10}$$

由式（8-10）可以求出在规定时间 τ 内，达到要求的浓度 C_2 时，所需的全面通风换气量。该式称为不稳定状态下的全面通风换气量计算公式。

由式（8-9）可求得通风量 G 一定时，任一时刻室内污染物的浓度 C_2。

$$C_2 = C_1\exp\left(-\frac{\tau G}{V}\right) + \left(\frac{M}{G} + C_0\right)\left[1 - \exp\left(-\frac{\tau G}{V}\right)\right]$$

若室内空气中初始的污染物 $C_1 = 0$，上式可写成：

$$C_2 = \left(\frac{M}{G} + C_0\right)\left[1 - \exp\left(-\frac{\tau G}{V}\right)\right]$$

当 $\tau \to \infty$ 时，$\exp\left[-\frac{\tau G}{V}\right] \to 0$，室内污染物浓度 C_2 趋于稳定，其值为：

$$C_2 = C_0 + \frac{M}{G} \tag{8-11}$$

从上述分析可以看出，室内污染物浓度按指数规律增加或减少，其增减速度取决于（G/V），根据式（8-11），室内污染物浓度 C_2 处于稳定状态时所需的全面通风换气量按下式计算：

$$G = \frac{M}{C_2 - C_0} \tag{8-12}$$

如果室内产生热量或水蒸气，为了消除余热或余湿，保持室内温度和湿度处于稳定状态，所需的降温通风的通风量的计算公式与式（8-12）的形式类似，具体如下：

消除余热通风量：

$$G = \frac{Q}{c(t_i - t_0)} \tag{8-13}$$

式中　Q——室内余热量，kJ/s；

　　　c——空气的质量比热，为 $1.01\text{kJ}/(\text{kg} \cdot \text{℃})$；

　　　t_i——排出空气的温度，即室内空气温度，℃；

　　　t_0——引入的室外空气温度，℃。

消除余湿通风量为：

$$G = \frac{W}{d_i - d_0} \tag{8-14}$$

式中　W——室内余湿量，g/s；

d_i——排出空气的含湿量，即室内空气的含湿量，g/kg；

d_0——引入的室外空气含湿量，g/kg。

通过式（8-12）～式（8-14）可计算不同情况所需的通风换气量。

四、室内空间划分的影响

在多数情况下,建筑中常用内围护结构划分出不同的空间,一个房间的通风要与其他房间相联系。如果一套房间包括有若干内部互相联系着的房间,则通风气流可能要经过数次方向的改变,而这些偏转对气流会产生较大的阻力。图 8-17 表示了室内空间划分对需要风压通风室内气流的影响。在图中所示内隔墙及窗户位置有几种安排,或是使气流由进口直接至出口,或是迫使其在离开房间以前转折达四次之多。在各种情况下，风向均垂直于进户窗,室内气流速度是在与窗中心等高水平处测得的。由图可见,室内的再划分,在总的方面使内部气流速度有一些降低,其平均速度的最大降低量由44.4%降到30.2%。当隔墙靠近并正对进风窗时,气流速度最低,因为空气在进入内室以前先需转向的原因。当隔墙靠近出风口时,情况较好些。由此可以推断,在气流必须经过一房间才能抵达另一房间的套房中，位于上风侧的一间房间,以稍大些为好。

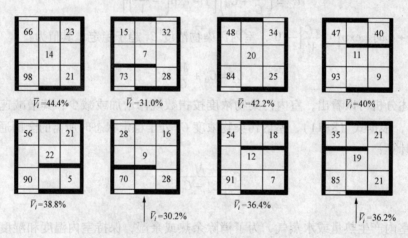

图 8-17　房间再划分对室内气流浓度分布的影响

室内空间划分成不同的功能区,考虑保持良好的空气品质的需要,无论是什么通风机理下的通风组织,都应使对空气品质要求高的房间处于上风侧,污染物散发量较高且室内空气品质要求相对较低的房间处于下风侧。例如在住宅中,应将厨房及卫生间布置在下风侧为好。

第三节　室内防潮与除湿方法

一、防潮设计

围护结构长期处于过湿状态,房间的地面或其他结构表面的结露会使人们感到烦恼和不舒适。在围护结构潮湿表面易形成霉菌等微生物，长期生活在地面潮湿的房间里，会引起风湿性关节炎，同时由于细菌容易繁殖，也会引起其他疾病。另外，在这些表面潮湿的房间里，床上用品、衣服鞋帽、家具、设备等均易受潮发霉。此外也会对房屋结构造成损害，如木地板会霉烂，顶棚、墙体的粉刷易脱落等。因此，在建筑设计中，尽可能采取一些构造措施，以防止或减轻地面的泛潮现象，预防对室内环境品质和人体的健康的不利影响。

建筑围护结构潮湿的重要原因是产生冷凝，其原因不外乎是由于室内空气湿度过高或者围护结构的温度过低造成的。现就不同情况分述如下：

1. 防止表面冷凝

正常湿度的房间若设计围护结构时已考虑了最小传热阻的要求，一般情况下不会出现表现冷凝现象，但使用中应注意尽可能使外围护结构内表面附近的气流畅通，所以家具、壁橱等不宜紧靠外墙布置。当供热设备放热不均匀时，会引起围护结构内表面温度的波动。为了减弱这种影响，围护结构内表面层宜采用蓄热特性系数较大的材料，利用它蓄存的热量所起的调节作用，以减少出现周期性冷凝的可能。高湿房间一般是指冬季室内相对湿度高于75%（相应的室温在18~20℃以上）的房间，对于此类建筑，应尽量防止产生表面冷凝和滴水现象。有些高湿房间，室内气温已接近露点温度（如浴室、洗染间等），即使加大围护结构的热阻，也不能防止表面冷凝，这时应力求避免在表面形成水滴掉落下来，影响房间使用质量，并防止表面凝水渗入围护结构的深部，使结构受潮。

2. 防止和控制内部冷凝

由于围护结构内部的湿转移和冷凝过程比较复杂，在设计中主要是根据实践中的经验和教训，采取一定的构造措施来改善围护结构内部的湿度状况。例如合理布置材料层的相对位置。

3. 地面防潮

在房屋结构中，地面常常采用又厚又重的材料装饰，因此，泛潮现象常比其他围护结构严重。若地面材料处理欠妥，梅雨季节会发生晴天穿雨鞋才能进屋的情况。虽然地面热惰性大，表面温度变化迟缓。但在程度上各种地面有所不同。众所周知，木板地面很少泛潮，而磨石子地面却可能出现一薄水层。地面的表面温度均随气温的高低而升降，只是两者间的差值因面层材料不同而有差异。差值大者当然容易结露，差值小者表面就干燥。因此地面的面层宜采用蓄热系数小的材料，表面材料宜采用微孔较多的材料，如陶质防潮砖，以便在冷凝时，水即被吸入，而使表面不显得潮湿，以后再蒸发出去。南方梅雨季节内地下水位高的地区，会因毛细管作用加重地面的潮湿程度，故应加强垫层的隔潮能力，如采用粗沙、三合土等垫层，必要时甚至可以增敷油毡或涂刷沥青以加强防潮。在使用时，当室外空气相对湿度高的时候，关闭门窗以防止室外空气流入，而当室外空气较干燥时，则开窗换气，并争取日晒以提高地面温度和加速其蒸发，这些措施也可以减少地面的泛潮程度。

二、除湿方法及设备简介

空气除湿方法主要有冷却法除湿、液体吸湿剂除湿、固体吸附剂除湿及膜法除湿，这些方法可以用多种方式组合，构成新的除湿系统。

1. 冷却法除湿

冷却法除湿是湿空气被冷却到露点温度以下，将冷凝水脱除的方法，又称为露点法，也称为冷冻除湿。冷却除湿在一般条件下除湿效果好，性能稳定且能耗较低，目前应用比较广泛，但冷却法除湿也存在一些需要注意的问题：

（1）除湿后的空气接近饱和状态，此时的空气温度较低，如果直接送入室内，会引起室内人员的冷吹风感。所以，必须将冷却除湿后的空气加热到适当的温度后再送入房间。这种先冷却后加热的过程造成能源的巨大浪费，为此，在冷冻除湿方法中通常利用冷冻机本身的排热作为再热热源，或设置利用处理空气本身的热量进行再热的热回收装置，以尽量减少除湿所消耗的能源。

（2）使用冷却盘管除湿时，当处理空气出口露点在零度以下时，冷凝水会在盘管表面结冰，并将随着时间的增长不断增长，以至于堵塞盘管肋片之间的间隙，妨碍传热和空气流通，使除湿不能继续进行。因此，使用这种方法进行低露点除湿时，必须增加除霜装置。

（3）对低湿要求的处理过程，蒸发器表面温度降得很低，当表面温度低于零度时，冷却盘管容易结霜，除湿能力下降，制冷机性能系数下降，能耗增加，很不经济。

冷却除湿方式分为两种：一种是喷水室方式，是通过在喷水室中直接喷淋冷水，空气与冷水接触后结露的除湿方式，其冷源可使用冷冻水；另一种是冷却盘管方式，可以在冷却盘管中直接使用冷媒，也可以在冷却盘管中通过冷冻水或低温不冻液间接冷却空气进行除湿的方式。

喷水室除湿是通过在喷水室中直接喷淋冷水，空气与冷水接触后结露脱出水分的除湿方式。喷水室由喷嘴、供水排管、挡水板、集水底池和外壳所组成，底池还包括多种管道和附属部件（见图8-18）。喷水室借助喷嘴向流动空气中均匀喷洒细小水滴，以实现空气与水在直接接触条件下进行热湿交换。喷水室具有一定的空气净化能力，结构上易于现场加工构筑且节省金属耗量等优点，但是它对水质要求高，限制了它的应用场合。

表面式冷却器除湿利用冷水或制冷剂通过冷却器盘管，而空气流过盘管和肋片表面得到冷却，空气冷却到要求的露点后将其中水蒸气脱除的除湿方式，它又分为水冷式和直接蒸发式两类。图8-19为水冷式表冷器除湿系统。与喷水室除湿比较，表面式冷却器需耗用较多的金属材料，对空气的净化作用差。但它在结构上十分紧凑，占地较少。水系统简单且通常采用闭式循环，故节约输水能耗，对水质要求也不高。

2. 液体吸湿剂除湿

液体吸湿剂除湿是利用某些吸湿性溶液能够吸收空气中的水分而将空气脱湿的方法，它又称为液体吸收法，简称液体除湿。

湿空气经过液体除湿剂的处理变为干燥空气，此时空气温度较高，往往需要用蒸发冷却器将除湿后的干燥空气冷却。稀释以后的液体除湿剂经过再生变为可重新使用的除湿剂。这些设备构成了一个系统——液体除湿冷却装置。在这个装置中，使空气得到干燥蒸发冷却，除湿剂循环利用，形成了一个连续地制造干燥冷却空气的过程。

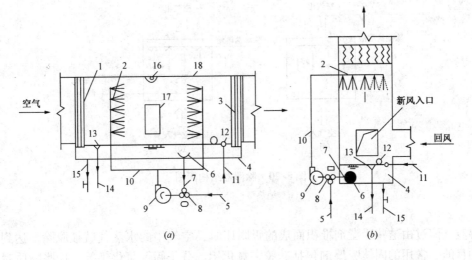

图 8-18　喷水室的构造

1—前挡水板；2—喷嘴与排管；3—后挡水板；4—底池；5—冷水管；6—滤水器；7—循环水管；

8—三通混合阀；9—水泵；10—供水管；11—补水管；12—浮球阀；13—溢水器；14—溢水管；

15—泄水管；16—放水灯；17—检查门；18—外壳

液体除湿冷却装置一般包括除湿器、除湿剂再生器、蒸发冷却器、热交换器、泵等设备。

除湿器是液体除湿装置的核心部分，根据其在除湿过程中冷却与否，可以将其分为绝热型和内冷型两类，如图 8-20 所示。

在液体除湿器中，高温高湿的空气由送风管道自下而上通过紧密床体，紧密床体大都由填料层构成，液体除湿剂由溶液泵通过液体分布器喷淋到紧密床体上并形成均匀的液膜向下流动，液膜与空气在除湿器内进行热质交换，由于溶液表面形成的饱和水蒸气

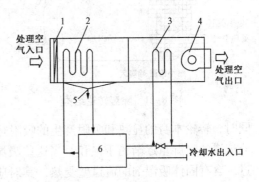

图 8-19　水冷式表冷器除湿系统

1—过滤器；2—表冷器；3—再热器；4—送风机；

5—凝结水出口；6—冷水机组

分压力低于空气中的水蒸气分压力，水蒸气就由空气进入液体除湿剂中，从而达到除湿的目的。

用液体吸湿剂除湿主要有两个优点：第一，可以用一种处理过程就把空气处理到所需的送风状态，不必先将空气冷却到机器露点然后再加热，从而避免了冷热抵消现象；第二，空气减湿幅度大，可达到较低的含湿量。缺点是必须有一套盐水溶液再生设备，系统比较复杂，而且喷嘴容易堵塞，设备及管道也必须进行防腐处理。

3. 固体吸湿剂除湿

固体吸湿剂除湿利用某些固体吸湿剂对水蒸气分子的吸附作用进行除湿。这种方法又称为固体床吸附法，简称固体吸湿。某些固体吸湿剂对水蒸气有强烈的吸附作用，

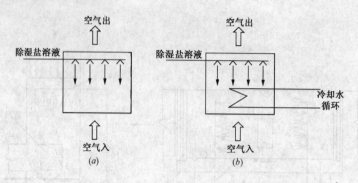

图 8-20 除湿器结构简图
(a) 绝热型；(b) 内冷型

当湿空气流过由这些吸湿剂堆积而成的吸附床时，空气中的水蒸气就被脱除，达到除湿的目的。常用的固体吸湿剂包括硅胶、氧化铝、分子筛、氯化钙等，这些物质对水分有强烈的亲和性。

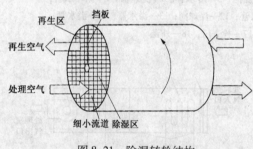

图 8-21 除湿转轮结构

转轮除湿机是利用固体吸湿剂做成的转轮进行旋转除湿的设备，图 8-21 是转轮结构示意图，转轮上布满蜂窝状的流道，空气流过这些流道时，与流道壁进行热湿交换，流道壁本身含有固体吸湿剂，它被空气所冷却时，其对应的水蒸气分压力变得小于处理空气的水蒸气分压力，空气中的水蒸气就被吸附到吸湿剂中。与此同时，转轮本身的显热和吸附产生的吸附热使空气温度升高。随着转轮的旋转，这部分流道的吸湿量逐渐趋于饱和，当这些吸湿后的流道旋转到再生区时，热再生空气流过，含有固体吸湿剂的流道壁受热，其对应的水蒸气分压力高于再生空气中的水蒸气分压力，将吸湿剂中的水分驱离出来，随着转轮的旋转和脱附的进行，蜂窝状的吸湿剂流道恢复了吸湿能力，又被旋转到除湿区，这样周而复始，除湿过程得以连续进行。

4. 膜法除湿

膜法除湿是利用膜的选择透过性进行除湿的方法。除湿膜一般采用亲水性膜，膜的种类可以是有机膜、无机膜和液膜，膜的形态可以是平板式，也可以是具有很高装填密度的中空纤维式。

空气的除湿过程实际上就是空气中的水蒸气优先通过膜而与空气中的氧气、氮气相分离的过程。要是水蒸气透过膜，必须在膜的两端产生一个浓度差，然后利用水蒸气与空气中的其他成分在浓度差作用下选择性透过膜的机理实现除湿，这种浓度差既可由膜两端压力造成，又可由膜两端温差造成。

膜法除湿过程连续进行，无腐蚀问题，无需阀门切换，无运动部件，系统可靠性高，易维护，能耗小。

第四节 空调系统污染的控制方法

虽然空调系统能为人们提供舒适的热湿环境,但是不当的空调系统设计、安装、维护造成的"不良通风"往往成为引起室内空气品质恶化的重要诱因。有文献指出,大约有80%的病态建筑综合症与空调系统的设计、安装、维护不当有关。因此改善空调系统的设计、安装、维护对控制气溶胶微粒污染,提高室内空气品质都有重要的意义。

一、空调系统的设计

(1)空调设备的选择要经过科学的计算,比如设计人员一般比较保守,设备选型明显过大,造成室内空气温度明显低于设计温度,这种情况易造成风管内、风口表面结露,从而导致微生物滋生等问题,且湿度过大不利于室内人员的身体健康。

(2)在系统回风口处加设高效过滤器。从一般实测结果看,回风口处有污染物富集的现象,所以在回风口处加设高效过滤器、杀菌消毒对维持室内空气品质有至关重要的作用。如在送风主干管上加设高效过滤器,能使送风中的气溶胶微粒浓度都得到控制,减少气溶胶微粒在空调管道中的沉积,相应减少微生物的滋生,延长空调清洗时间,提高室内空气品质。

(3)湿度的控制。空调系统送风一般采用露点送风,湿度一般可达到90%~95%。而微生物的活动会随湿度的增加而增加,最适宜的湿度为70%~100%。在空调系统内,要求过滤器处空气的相对湿度不超过90%,相对湿度过高就会在冷表面产生凝水,随着室内颗粒物在过滤器上沉积,空气微生物就会在过滤器上繁殖,产生令人不快的微生物可挥发性有机化合物,所以要在设计时控制相对湿度不超过70%。

(4)新风系统的保温。空调新风管道在实际工程中通常是不进行保温的,其实这种做法是不可取的,因为新风经新风机处理后,相对湿度一般较高,水蒸气有可能会在风管内壁结露。我国《采暖通风与空气调节设计规范》GB-50019-2003规定,经冷却处理的新风管都要求采取保温;同时该标准也指出,在风管上那些温度有可能降至露点温度以下的部位,有必要安装隔热材料。

二、空调系统的安装

(1)认真检查用于制作风管的材料是否清洁,是否残留有制作过程中的油渍及异味,防止风管在未使用前就被污染了。

(2)在管道敷设安装时,应保持其构件和设备的清洁,安装完成后应及时密封管口,防止其他施工作业时建筑材料及大颗粒进入管道内部。

(3)凝水盘要安装正确,防止凝水盘排水不畅导致的微生物滋生。

(4)对易于微生物生长的材料(如管道保温材料,隔音材料等)进行密封处理;对在施工中易受潮的材料进行更换,减少空调系统的潮湿面积。

三、空调系统的维护

（1）定期清洗风柜及风机盘管中的过滤器，对环境较差、污染物浓度较高的区域，过滤器的清洗次数应增多。

（2）按照国家标准定期清洗风管、风柜，保持设备整洁。《公共场所集中空调通风系统清洗规范》、《公共场所集中空调通风系统卫生管理办法》规定空调系统的清洗范围为：

1）风管清洗范围包括：送风管、回风管和新风管。

2）部件清洗范围包括：空气处理机组的内表面、冷凝水盘、加湿和除湿器、盘管组件、风机、过滤器及室内送回风口等。

3）空调冷却水塔。

清洗周期为：

1）开放式冷却塔每年清洗不少于一次；

2）空气过滤网、过滤器和净化器等每6个月检查或更换一次；

3）空气处理机组、表冷器、加热（湿）器、冷凝水盘等每年清洗一次；

4）风管内的积尘量超过 $20g/m^2$ 则需要清洗。

（3）定期检查和清理冷凝水盘、排除积水。

（4）加强水系统的改造和水质处理防止微生物滋生。防止冷却水、冷凝水中检查出嗜肺军团菌的滋生，如果检查出水系统中含嗜肺军团菌，则应立即对集中空调通风系统进行清洗和消毒，待其检测、评价合格后，方可运行。

四、空调房间的维护

（1）及时清扫房间，保持房间内部整洁。

（2）严格控制室内污染源，使其局限在较小的范围内。

（3）尽量不要采用易使颗粒物沉积的装饰材料。

第五节　室内空气污染源控制方法

室内空气污染物的来源分室外污染源和室内污染源。室外污染物主要是通过门窗等围护结构缝隙的渗透、机械通风的新风以及人员的进出带入室内。除了室外污染物以外，室内人员的活动或设备运行等是室内污染物的另一个主要来源。因此，从源头上控制污染源的散发，是室内污染控制的主要手段之一。

一、我国室内空气质量标准

目前，我国控制室内空气的质量标准有两个。一个是由国家质检总局、卫生部、国家环保总局于2002年11月9日联合颁布的《室内空气质量标准》（GB/18883—2002，附录A表1），该标准已于2003年3月1日正式实施。这个标准侧重于人们正常生活工作环境的检测，主要是从物理性、化学性、生物性和放射性等几个方面来规定的。另外一个标准是由国家质监总局和建设部联合颁布的《民用建筑工程室内环境污染控制规范》（GB50325—2001，附录 B 表 2），该标准已于 2002 年 1 月 1 日起正式实施，并于 2006 年 8 月 1 日进行过修订，原标准的部分条文已变为强制性标准，这个标准侧重于民用建筑室内环境的工程验收。另外，国家质监总局还颁布实施了《室内装饰装修材料有害物质限量》标准。这些标准、规范的实施，从建筑材料、工程设计、建筑施工到建筑维护管理等各个环节建立了全过程的室内空气质量监控体系，对保持良好室内环境、保障人民身体健康具有十分重要的意义。

二、室外空气污染源的控制

室外空气污染源主要是指对室内空气造成污染的室外大气中的污染物。国际上控制室外空气污染源的努力可以追溯到 14 世纪，以当时英国伦敦的烟雾控制方法为典型代表。1952 年，伦敦发生了著名的"光化学污染"事件，很多老人因此而死亡，此事促进了人们对现代空气污染问题研究的重视。经过 50 多年的研究，人们对室外空气污染的成因、影响因素和代表性危害都有了全面的认识。同时，控制室外空气污染的方法、措施也不断完善，并形成了与室外空气污染控制相关的产业。

1. 室外空气污染物的来源及种类

室外空气污染源可以分为自然源和人为源两种。自然源是由于自然现象造成的如火山爆发时喷出大量的粉尘、二氧化硫气体等。人为源是由于人类的生产、生活等造成的，是室外空气污染源的主要来源。人为的室外空气污染物来源主要包括以下 3 个方面：燃料燃烧、工业生产、交通运输。建筑物所处的位置不同，室外污染物的来源也不同，造成室外空气质量相差很大。例如：建筑物处于工业区，则室外空气污染源主要来源于重化工业生产所排放的气体和工业废气（NO_x、CO_2、SO_2、烟雾及可吸入颗粒物）；如建筑物所处的位置为城市中心区，则室外空气污染源主要来源于交通运输所产生的汽车排放尾气（主要是氮氧化物、一氧化碳、碳氢化合物等）；如建筑物处于生活区、建筑工地附近，则室外污染源主要是厨房的燃料燃烧或微生物、粉尘。

室外空气污染源具有时间性和空间性的特点。所谓时间性指室外污染物的浓度变化与污染源的排放规律和气象条件如风速、风向等有关。同一室外污染源对同一地点的室内污染程度往往不同，如北方某城市，11 月到次年 2 月属于采暖期，则二氧化硫浓度比其他月份高。所谓空间性是指室外污染物的空间分布与污染源种类、分布状况和气象条件等因素有关。质量轻的分子态和气溶胶态污染物高度分散在大气中，容易被扩散和稀释，随时间变化快，而质量较大的粉尘，扩散能力差，影响范围可能反而大。

2. 室外空气污染物的控制原则

要控制室外空气污染，从根本上讲主要依赖全社会对大气污染的综合治理。考虑到室外空气中的污染物是通过门窗进入室内的，因此，室外空气污染源的控制有三种方法：第一种方法就是在源头处捕获污染物，减少污染源的发生；第二种方法是通过采取适当措施，切断污染源进入室内的途径，避免污染物进入室内空气中；第三种方法就是采用排除法，将进入室内的污染源消除或者与室内环境隔离开来。图 8-22 说明了控制室外污染源的途径。

室外空气污染物多种多样，应根据优先监测原则，选择那些危害大、涉及范围广的项目进行监测。我国在《环境监测技术规范》中明确规定必须进行监测的项目有二氧化碳、氮氧化物、总悬浮颗粒物、硫酸盐化速率、灰尘自然尘降量等。此外，属于选测的项目有一氧化碳、可吸入有机物等。

图 8-22　控制室外污染源的途径

室外污染源的控制，会受到投资、技术、工程进度等的限制，一般要以对生命、健康威胁的严重程度依次进行控制。

（1）首先进行建筑场所氡浓度调查，尽量避开在有放射性物质的场所建造建筑，如果必须在此场所进行建筑，则须根据场地放射性资料进行建筑物防放射性（氡）的设计。

（2）选择在远离工业区的地方建造居住区建筑，如果无法避免靠近工业区，则必须选择在工业区的上风侧。

（3）尽量避免在主要交通干线建造居住建筑，使居所与交通干线保持一定距离，或选择层数较高的楼层居住。

（4）使建筑布局、结构更合理，使污染物不容易进入室内，但这一般与自然通风的原则相矛盾，比较难以做到。

三、室内空气污染物的控制

1. 室内空气污染物的来源与种类

室内空气污染源是影响室内空气品质能否达到"感受到的可接受的室内空气品质"主要因素，也是室内异味的根源。室内空气污染物物质主要有甲醛、苯、氨、总挥发性有机物（TOVCs）、氡气等。表 8-1 列出了主要的室内空气污染物性质、危害及来源。

主要室内空气污染物种类、性质、危害及来源　　　　　　表 8-1

污染物种类	主要性质	主要来源	危害
甲醛	无色、刺激性气味、易溶于水	各种人造板、胶合板、纤维板等隔热材料	对神经系统、免疫系统、肝脏、黏膜等产生危害
苯	无色、芳香味、微溶于水	燃烧烟草、涂料、染色剂、地毯、合成纤维等	引起骨髓与遗传损害、贫血、白血病等
氡气	无色、无味、放射性气体	房屋地基、土壤、建材内镭衰变而来	对上呼吸道刺激、腐蚀
总挥发性有机物（TVOCs）	无色、强烈刺激性、气体，沸点小于260℃	油漆、涂料、胶粘剂、人造板等	中枢神经系统、肝、肾、血液中毒
氨	无色、强烈刺激性气体	冬季施工混凝土中添加的防冻剂、防水材料	对眼黏膜、呼吸道、皮肤产生损害

从表 8-1 可知，室内污染物的来源主要有建筑、装修材料、建材等释放的有害气体；家具、地板等释放的有害气体；油漆、涂料、清洁剂、杀虫剂和化妆品等释放的化学合

成剂；以及由室外进入的空气污染物。据统计，室内挥发性有机物达300多种。此外，还有人类活动所产生的污染物，如室内抽烟、烤火及人体、宠物的新陈代谢、生活垃圾等。这些污染物也会发生化学反应，产生二次污染。这些空气污染物加上病菌、细菌、霉菌等大量微生物，会引起人体不适，使室内人员致病或呈现亚健康状态。

有文献表明，室内空气的污染程度甚至是室外空气的5～10倍。根据对我国部分建筑物室内空气污染水平的检测数据，新装修后污染严重的房间，室内空气中甲醛的峰值浓度能达到0.8～1.0mg/m^3，超过国家标准限值0.08mg/m^{3}的10倍以上，个别甚至高达5～10mg/m^3。有人对深圳市19家行政、企事业单位和8户居民住宅共45个单元房间进行检查发现，甲醛的检出率最高，达到100%，甲醛的平均浓度达到0.616mg/m^3。表8-2显示了不同粒径的颗粒物在空气中悬浮的时间。

不同粒径的颗粒物在空气中悬浮的时间　　　　　　　表8-2

粒径（μm）	200	120	60	30	15	8	4	2	1
悬浮时间（s）	2.5	10	50	150	10	40	3	8.5	长期

恶劣的室内空气正在给人类的健康带来严重危害。室内空气污染问题在世界许多国家都受到了高度重视，欧洲、北美和日本等国家从20世纪80年代开展了室内环境质量的研究工作。研究内容涉及室内空气质量的检验、评价和标准；室内空气污染物与人群健康关系；新型"绿色环保生态"建筑材料，以及控制和治理污染的新技术与新设备等。我国1993年开始实行环境标志制度，1997年上海市首先公布了"健康型建筑涂料"标准，但全国范围的整体工作还有待进一步提高。

2. 室内空气污染物的控制方法

场地、建材、家具、设备系统内部都可能产生污染物影响室内空气质量。如果控制这些污染源，就有可能减少污染物的数量和浓度，形成相对清洁的室内空气和健康的室内环境。所以，与室外空气污染物的控制方法一样，最根本的室内空气污染控制方法是消除或减少室内空气污染源，从根本上、源头上改善室内空气品质，这是提高室内舒适性最经济、最有效的途径。

（1）推广绿色建材，防止建材产生污染物

引导人们提高室内环保意识，改变陈旧的装修观念，特别是破除豪华装修的概念。要提倡"以人为本"的绿色装修观念，装修以健康、适度为原则。装修材料要尽量使用对人体和周边环境无害的健康型、环保型、绿色型、安全型建筑材料，如使用原木木材、软木胶合板和装饰板，而不使用刨花板、硬木胶合板、中强度纤维板等；装修工艺要选择无毒、少毒、无污染、少污染的施工工艺。

（2）控制油烟、吸烟及燃烧产物

吸烟、使用燃气灶具、烹饪过程等都会释放挥发性有机物等空气污染物，如办公场所、起居室吸烟会释放有害的挥发性有机蒸气、化学气体及微粒，香烟烟雾的成分极其复杂，目前已经测出3800多种物质，它们以气态、气溶胶的状态存在，不少物质有致癌作用；燃气灶具燃烧会产生大量的二氧化碳甚至一氧化碳；烹饪过程会产生大量的油烟，由于热分解作用产生大量的有害物质，目前已经测定出的物质包括醛、酮、芳香簇化合物等 220 多种。据研究，世界上室内空气污染最严重的建筑是中国西北地区的窑洞，其原因就是当地居民在室内大量燃烧秸秆、粪便做饭、取暖，其燃烧产物大量聚集在居所内。因此，办公室、起居室要控制或禁止吸烟或划定专门的吸烟区；厨房要远离卧室，尽量使厨房通风良好，保持燃气具良好的燃烧性能从而使可燃物充分燃烧；烹饪过程要控制温度，加强局部排风等；尽量使用集中供暖系统，而不使用农作物、牲畜粪便做饭取暖等。

（3）正确处理室内空气污染源

对于已经存在的室内空气污染源，应立即撤出室内或封闭、隔离，防止继续在室内散发污染物。如对有助于微生物生长的材料，如管道保温隔声材料等进行密封，对施工中受潮的易滋生微生物的材料进行清除更换。对住宅、写字楼、商场、宾馆、饭店等新建建筑物或新装修的建筑物，在使用前应用空气真空除尘设备清除管道井和饰面材料的灰尘和垃圾。在交付使用前要经环保部门检测，确保室内空气质量满足《室内空气质量标准》才能使用。

（4）加强和完善通风

加强和完善通风是消除室内空气污染、控制室内污染物的重要技术措施。通过加强自然通风的通畅性，合理设计门窗的位置和大小，可以利用室外的新鲜空气稀释室内被污染的空气，这是一种最经济、最有效的控制室内污染的方法。2003 年，在某些建筑中，凡属通风良好的地方，其居民感染 SARS 病毒的机会就少很多。事实证明，除了消毒杀菌以外，强调开窗通风是抗击 SARS 病毒的良好武器。

对于比较大型的公共建筑，如果不能充分做到自然通风而不得不采用机械通风，则在设计和管理中必须注意采用以下措施：

1）尽量将新风进口设在空气清新处，如新风口应远离停车场、冷却塔、排风口等地方，新风口设置屏障，防止新风进口受到污染。

2）设计合理的新风量，《室内空气质量标准》规定了每人每小时必须维持不少于 $30m^3$ 的新风量。调节风量，保障室内良好空气品质所需要的新风量和循环风量。

3）对有特殊污染源的房间，安装专用的局部排风系统。

4）通风设计中充分考虑通风系统的可维护性和可清洁性。定期清洗、更换空气过滤系统。

（5）使用空气净化措施控制室内空气污染物

对于受到污染的室内空气可以采用杀灭、吸附、稀释三种不同的方法进行处理，可以采用紫外线、光催化分解等消除室内空气污染物，但这种方法代价很高。吸附是将有害物质吸附到某种物质上，此方法需经常更换吸附材料，并且只能降低到一定的污染物浓度；稀释是用室外新鲜空气送入室内稀释室内有害物质，并将室内污染物排到室外。

有研究报告指出：将近 80% 的建筑物成为病态建筑物综合症（SBS）与不良的维护管理有关。对于空调、通风系统，必须加强系统维护和管理，如定期清洗或更换空调箱中的过滤器，清洗表冷器和接水盘等，克服空调系统只用不管或轻视管理的倾向。

对于空调系统自身产生的污染，需要通过提高过滤效率，过滤掉大部分生物微粒，才能大大降低其进入室内或与表冷器等湿表面接触的数量。

第六节　室内空气污染物的净化技术

目前，室内空气污染物的净化方法主要有机械方法、物理方法、化学方法和生物方法。

一、机械方法

机械方法就是用清扫、洗刷、通风、吸附等办法来清除和降低空气中的灰尘、污染物和病原体，这种方法不能直接杀死病原菌，也不能降低气体本身的浓度，但由于很多病原菌携带在灰尘上，故可以使细菌的数量大大减少。此外，机械方法还可以和其他方法联合使用，如物理方法，这样就可以直接杀死细菌、降低污染物浓度。使用机械方法消除室内污染物是一种低成本的实用净化技术。

1. 过滤

对室内空气进行过滤净化是消除室内污染物的重要技术手段之一。在室内通风、空调系统中安装空气过滤器是最常用的过滤方法。因此，空气过滤器是保证室内空气净化效果的关键设备之一，它的性能优劣直接影响到室内空气的净化效果和洁净度等级。美国 ASHRAE 标准（62-1989R）规定普通空调系统要求配备至少满足对粒径为 $3\mu m$ 粒子的过滤效率为 60% 的空气过滤器，这相当于国家标准《一般通风用空气过滤器》中的中效空气过滤器的水平。

（1）过滤原理

一般认为，过滤就是在过滤纤维的作用下，被过滤物质在纤维的宏观拦截和分子间作用力的微观作用，被过滤器所捕集、吸附。经典的过滤理论认为捕集污染物的机理有以下几种途径：

1）拦截；

2）惯性碰撞；

3）扩散；

4）静电效应；

5）重力沉淀。

如果是以非带电材料作为过滤材料，则可以忽略静电效应。图 8-23 说明了空气通过过滤器的流程，图 8-24 说明了过滤器的结构。

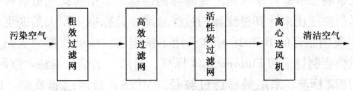

图 8-23　过滤器净化室内空气流程

295

粗效过滤网用于去除空气中较大颗粒及灰尘。目前市场上提供了多种粗效过滤材料，适用于粗尘过滤、空气过滤系统预过滤，如毛发、皮屑、纤维、花粉、霉菌等。粗效过滤器可抽出清洗，反复使用。

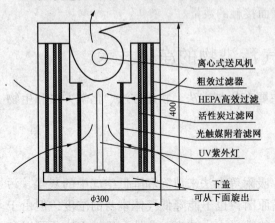

图 8-24　过滤器的一般结构

（图标注：离心式送风机、粗效过滤器、HEPA高效过滤、活性炭过滤网、光触媒附着滤网、UV紫外灯、下盖、可从下面旋出、400、φ300）

高效过滤器（High Efficiency Particle Air Filter，HEPA）一般采用多组分玻璃纤维制成，可有效地滤除 $0.3\mu m$ 以上的可吸入颗粒物、烟雾、细菌等，过滤效率达 99.97% 以上，是普遍采用的性价比最好的空气过滤材料。HEPA 过滤材料在使用上最重要的发展，是采用整体结构的无隔板式过滤器圈，不仅消除了分隔板损坏过滤材料的危险，而且有效增加过滤面积，因此在空气净化器中得到了广泛的使用。

此外，活性炭因含有大量的微孔结构而具有良好的吸附能力。对于空气中的有毒气体、异味等有极强的吸附能力。相对于其他吸附材料，活性炭最大的优点是没有毒副作用，没有二次污染。并且，活性炭纤维过滤器由于过滤时具有压力损失极小，吸附与脱吸速度快、耐振动、可再生的优点。因此，活性炭将得到大力的推广和应用。

（2）过滤器性能检测方法与测试标准介绍

过滤器性能检测方法有人工尘计重法、比色效率法和计径计数法。人工尘计重法是以人工尘为尘源，通过检测被测过滤器前后人工尘质量变化来确定过滤器的过滤效率；比色效率法是根据采样前后由于积尘使滤纸的光通量或色度发生变化，采用比色计来判别其差异，从而得出过滤器的效率；计径计数法是通过白炽光源或激光光源的粒子计数器测量被测过滤器前后各粒径档的累积粒子数目确定各粒径档的累积计数效率，此方法给出一条随粒径变化的过滤效率曲线，能够更全面地反映过滤器的性能。随着电子行业的发展，洁净级别要求越来越高，特别是 1 级洁净室的出现，相应地对检测技术和检测仪器提出了更高的要求。

许多国家制定和颁布了高效过滤器性能试验方法的相关标准。1938 年，美国国家标准制定了针对中效空气过滤器的比色效率检测法，按尘源又分为人工尘比色效率法和大气尘比色效率法两种。1952 年，美国过滤器研究所制定的 AF_1 人工尘计重法，主要用于粗效过滤器。美国军事委员会于 1956 年制订了军用标准 US MIL-STD282，采用 DOP（邻苯二甲酸二辛酯）法来测定过滤器的性能。即用前向光散射式光度计检测过滤器前后气样的浊度比来计算过滤器的过滤效率，此标准未作大的变更，一直沿用至今。1965 年，英国制订的 BS3928 标准采用了钠焰法，检测仪器为火焰光度计，1973 年，欧洲通风协会制订了的 Eurovent 4/4 标准，沿用了钠焰检测法。欧洲在 1999 年制订了 BSEN—1822 标准，采用最易透过粒径（MPPS）检测过滤效率。日本工业标准《洁净室用空气过滤器性能试验方法》JISB 9927—1999 中采取粒子计数法对高效过滤器进行检测。我国于 1985 年颁布了《高效空气过滤器性能实验方法》 GB6166—85，将油雾法和钠焰法同时作为法定的性能试验方法。

（3）过滤效率计算公式

影响空气过滤器性能的因素主要有：滤料性能、被过滤气流性质、气流速度和过滤器结构。归纳这些影响因素，并根据大量测量数据可得到理论上的空气过滤器效率、阻力计算公式。国外研究者对单一纤维的捕集机理作过很多研究工作，得出不少研究成果，表 8-3 列出了常用的和具有代表性的过滤效率的理论计算公式。

过滤效率计算公式的选取
表 8-3

类　　型	计　算　公　式	参　数　说　明
拦截捕集效率	$\eta_R = 1 + R_P - (1 + R_P)^{-1}$	R_P：拦截系数
扩散捕集效率	$\eta_D = 2.6 \left[(1-\alpha)/K_n \right]^{1/3} Pe^{-2/3}$	α：纤维介质填充率； K_n：粉尘的 Knudsen 数； Pe：佩雷克 Peclet 数
惯性捕集效率	$\eta_t = St^3 / (St^3 + 0.77St^2 0.22)$	St：斯托克斯数
单纤维捕集效率	$\eta_s = (1 - \eta_D)(1 - \eta_R)(1 - \eta_t)$	
过滤器总捕集效率	$\eta = 1 - \exp\left(-\dfrac{4\alpha H \eta_f}{(1-\alpha)\pi d_f} \right)$	H：纤维介质厚度，m； d_f：纤维直径，m

影响纤维过滤器效率的因素主要是被过滤气流中微粒直径、滤料纤维粗细、滤料结构、气流速度、气流的温湿度和含尘量，归纳起来过滤器的效率高低取决于滤料的性能、被过滤气流的性质和气流速度。研究表明，过滤器的阻力主要与气流速度、过滤面积、过滤器结构、气体黏度、气体平均自由程、纤维平均半径和填充密度有关。

（4）活性炭过滤器的在室内空气净化中的应用

活性炭纤维是由有机纤维经炭化、活化而制得的新型炭纤维材料。与颗粒状活性炭相比，活性炭纤维比表面积更大，微孔直径更小（集中在 1nm 左右）且更丰富（微孔的体积占总孔体积的 90% 以上），同时微孔直接开口于纤维表面，因而具有吸附容量大、吸附效率高、吸附、脱附速度快等优点。此外，与沸石、硅胶、活性氧化铝等极性吸附剂相比，活性炭还具有非极性的特点。因此，活性炭被广泛用于消除室内空气中的气态污染物，特别适用于室内污染物浓度低、成分复杂的场合。多孔活性炭是具有丰富孔隙结构的碳材料，属于活性炭的典型代表。

挥发性有机物大多属于非极性或弱极性物质，因此适于选用非极性吸附剂来进行吸附。活性炭是一种非极性的多孔材料，对非极性或弱极性的挥发性有机物有较强的吸附能力。除此之外，由于活性炭的孔径范围宽，吸附容量大，因此广泛用于吸附室内空气中的挥发性有机化合物。活性炭对气体的吸附能力可用"亲合系数"和"平衡吸附容量"来表述，颗粒活性炭对一些气体的亲合系数分别为：苯，1.0；甲苯，

1.25；二甲苯，1.43；甲醛，0.52；氯乙烷，0.75；丙酮，0.88；氯仿，0.86；四氯化碳，1.05；正己烷，1.35；正庚烷，1.59；氨，0.28。

　　由以上数据可见，活性炭材料对许多室内常见的挥发性有机气体有良好的吸附性，相对无机气体而言，其对有机气体的吸附性能更好一些。而活性炭纤维由于其巨大的比表面积和优异的孔结构，对许多有机物的平衡吸附容量优于颗粒活性炭。

　　有研究表明，活性炭纤维不仅能很好地吸附臭氧，其表面官能团还能催化臭氧分解。实际应用中，将活性炭纤维布包附在复印机机壳内，用于处理复印机等设备产生的臭氧。日本研究者还研制出了供分解低浓度臭氧使用的蜂巢状活性炭滤器。

　　现在，过滤技术已非常成熟，除了普通滤料外，带电滤料、外加电压滤料、抗菌滤料及静电过滤器也在空调设备中应用，甚至家用空气清净机也已用上了HEPA过滤器。其中HEPA对0.3mm粒子的过滤效率高于99.97%，可以有效地拦截绝大多数的浮游生物及悬浮粒子。

2. 吸附

（1）吸附法净化室内空气的机理

　　吸附按作用力的性质可分为物理吸附和化学吸附。发生物理吸附时，分子之间的力就是范德华力，它相当于流体相分子在固体表面上的凝聚，不需要活化能且速度快，这种吸附一般是可逆的。化学吸附的实质是一种发生在固体颗粒表面的化学反应，固体颗粒表面与吸附质之间产生化学键的结合，它的反应需要活化能且速度慢，这种吸附一般是不可逆的。发生吸附时，一般会有放热现象的发生，式（8-15）从热力学角度对吸附热现象进行了解释。

$$\Delta G = \Delta H - T \cdot \Delta S \tag{8-15}$$

式中　ΔG——定压下进行吸附的自由能变化，kJ/mol；

　　　ΔH——焓变，kJ/mol；

　　　ΔS——熵变，kJ/（mol·K）。

　　从吸附开始到吸附达到平衡状态，意味着系统的自由能减少，而表示系统杂乱程度的熵也减少，ΔH常为负值，这说明吸附常常是一个放热过程。物理吸附时温度越低，吸附量越大。另一方面，在化学吸附中，适当升高温度有利于化学吸附。一般来说，物理吸附的微分吸附热和被吸附物质的冷凝热大小相当；而化学吸附，则和化学反应热相当；与物理吸附热相比，化学吸附热是相当大的，但是这一理论不能解释微生物吸附。

（2）吸附法净化室内空气的应用

　　吸附法净化室内空气时，一般与过滤法一起使用。选择一种吸附材料时，必须清楚其对某种特定或一系列污染物的吸附性能。目前对室内空气污染物的吸附大多数采用多孔炭材料。一般认为，水蒸气并不干扰有机物和其他化合物在活性炭上的吸附过程。但国外有研究表明，当空气中的相对湿度超过40%时，活性炭能吸附大量的水蒸气而严重降低其对有机分子的吸附能力。此外，由于实际应用中，室内空气污染物成分复杂，因此竞争吸附的研究非常重要。

　　普通活性炭对室内气体的吸附多属于物理吸附，几乎能够吸附所有的气体。但是，仅有物理吸附时，只有极其微小的吸附能力，实用价值很小。而且活性炭是疏水性物质，有时缺乏对亲水性物质的吸附能力；同时，物理吸附稳定性很差，在温度压力等条件变化时容易脱附而造成二次污染。化学吸附是利用吸附剂表面与吸附分子之间的化学键力所造成，具有在低浓度下的吸附容量大、吸附稳定不易脱附和传播、可以对室内空气中不同特性的有害物质选择吸附净化等优点。通过表面化学改性，可变物理吸附为化学吸附，增加多孔炭材料的吸附能力或使其具有新的吸附性能。因此，积极探索针对处理室内空气污染物的活性炭改性技术，研究开发高效的炭质吸附剂是室内空气净化剂的重要发展方向之一。目前国内已有这方面的研究，如在活性炭纤维上添附脂肪酸类的酸性物质，利用酸碱中和反应以提高对氨（尿臭）的吸附性能；添加氢氧化钠、碳酸钠等碱性物质到活性炭纤维上，利用酸碱中和反应以提高对 H_2S、SO_2、ClO_2、硫醇类等酸性气体的吸附性能；将碘、溴或其他化合物添附到活性炭纤维上，以将硫化氢、硫醇、硫醚类物质氧化成硫、硫酸或生成其他硫化物而积蓄；在活性炭纤维上添附胺及胺的诱导体，以提高活性炭纤维对醛类的吸附性能；把铂簇（钯、铂、铑一个以上）触媒引入碳纤维载体上，以过渡金属与 H_2S、CH_3SH、NH_3、NO_x、CO 等形成络合物而去除等。

由于吸附剂始终存在吸附容量有限、使用寿命短等问题，同时吸附达到饱和以后必须再生，操作过程必然为间歇。而催化具有操作连续的优点，成为室内空气净化的主要发展方向之一。例如，利用 MnO_2、CuO 和 Pt 组成的催化剂可分解臭氧为氧。近年来，利用比表面积比活性炭更大的活性炭纤维上载附活性化学物质，制备出具有去污、抗菌作用更强的净化材料，应用前景广阔。

（3）吸附法净化室内空气的优点

1）应用范围广。不仅可以吸附空气中的多种污染成分，如固体颗粒、有害气体等，而且有些吸附剂（如 TiO_2，蛇纹石）本身具有抗菌、抑菌作用，可以消除空气中的致病微生物。应用场所不受限制，无论是在居室、厨房、厕所、办公室还是公共娱乐场所都适用。

2）应用方便。吸附剂可以选择多种载体，操作起来方便可靠。只要同空气相接触就可以发挥作用。在油漆、涂料和布料中加入吸附型添加剂就可增加原有产品的功能。

3）价格便宜。普通吸附剂价格不高又不需要专门设备，不消耗能量，应用起来比较经济。

二、物理方法

这是最常用也是最简单的方法，但随着室外空气污染的加重，这一方法的有效性也大打折扣；物理消毒是利用光、电、声、热、辐射、微波等物理因素来消除或杀灭病原微生物和其他有害微生物，静电吸附和紫外线是两种高效的物理净化手段。

1. 紫外线照射

紫外线是一种传统的、常用的消毒、灭菌方法。对紫外线消毒研究始于1920年。1936年，这种方法开始在医院手术室中采用，1937年首次在学校教室中采用。目前，美国疾病控制与预防中心（CDC）已建议将紫外线用于医院、军事基地、收容所、教室、医疗机构等对室内空气进行消毒，防止结核病等的传播。特别是在 2003 年，在抗击急性呼吸道传染病（SARS）中，紫外线被证明为一种有效地控制室内空气的微生物污染的良好方法。表 8-4 说明了紫外线消毒杀菌的市场。

紫外线消毒杀菌市场（百万美元）　　　　　　　　　　　　　　表 8-4

	室内空气领域		水净化领域		食品消毒领域	
	2007 年	2012 年	2007 年	2012 年	2007 年	2012 年
美国	50	73	4	5	4	5
欧洲	20	29	8	8	7	9
亚洲	10	18	3	5	6	10
合计	80	120	13	18	17	24

（1）紫外线消毒杀菌原理

根据产生生物效应的不同，紫外辐射分为四个波长：A、B、C 以及 V 波段。其中 A 波段（UV-A）又称黑斑效应紫外线，波长范围为 400～320nm；B 波段（UV-B）又称红斑效应紫外线，波长范围为 320～290nm；C 波段（UV-C），波长范围为 290～100nm，称为消毒紫外线。UV-C 是短波辐射，研究表明这个波段的紫外辐射能破坏细菌、微生物的 DNA 链，破坏体内 DNA 复制和蛋白质合成，使微生物失活或死亡。紫外辐射的 UV-V 段则可以强烈氧化空气中的化学有机物质以及异味，但也会产生臭氧副产品。

紫外线消毒的效果可用杀菌率来表示。在一定紫外线照射强度下，经过一段时间后，目标微生物的存活比例用下式表示：

$$N_t/N_0 = e^{-kI\Delta t} \tag{8-16}$$

式中　N_0——t_0 时刻微生物个数，个；

　　　　N_t——t 时刻微生物个数，个；

　　　　k——衰减常数，$cm^2/\mu Ws$；

　　　　I——辐射强度，$\mu W/cm^2$。

式中，k 与微生物种类有关，k 值大时说明该微生物对紫外线敏感，抵抗力弱。微生物的存活量随照射时间呈指数规律递减。不同种类微生物对紫外线的抵抗力不同，病毒最弱，细菌次之，霉菌、真菌孢子对紫外线的抵抗力最强。表 8-5 说明了在紫外线照射时各种微生物的消除情况。

紫外线主要是通过紫外灯得到。紫外灯是一种气体放电灯，通过封存于灯管内的汞蒸气在一定压力下电离释放出紫外线。紫外灯可分为石英玻璃管紫外灯和高硼玻璃管紫外灯两种。按灯管内汞蒸气压力的不同，紫外灯可分为低压低强度、低压高强度和中压高强度紫外灯三类。

在计算紫外线的杀菌率时，空间辐射场强度计算是比较复杂的。紫外灯在空间形成的辐射场分布遵守反平方定律（Inverse Square Law），即距离灯管越远，辐射强度越小。因此，紫外灯的作用范围主要集中在距灯管 0.5～1.0m 之内。考虑到实际紫外灯长度和直径的影响，不宜直接采用反比平方定律计算空间某点的辐射强度，工程计算中常采用辐射角系数法来确定单根紫外灯形成的直接辐射场。此外，壁面对紫外线的反射也会增加空间辐射场的强度，空间某点的总辐射强度应为直射辐射和多次反射辐射之和。由于紫外灯是一种非相干光源，两束紫外线相交时不会产生干涉现象。因此，在进行多根紫外灯形成的空间辐射场的计算时，辐射强度满足叠加原理。

在 25μW/cm² 紫外线照射时 99% 微生物被灭杀时间　　　　　　表 8-5

微生物名称	微生物种类	标准衰减常数 cm²/（μW·s）	99% 被杀灭时间（s）
腺病毒	病毒（含 DNA）	6.2518	0.03
流行感冒病毒	病毒（含 RNA）	8.967	0.02
金黄葡萄球菌	细菌（革兰氏阳性菌）	0.0006	307.0
肺炎分支杆菌	细菌（革兰氏阳性菌）	0.0007	263
脑膜炎双球菌	细菌（革兰氏阴性菌）	0.0028	65.8
大肠杆菌	细菌（革兰氏阴性菌）	0.00077	240.16
毛霉菌孢子	真菌	0.0002	921
曲霉菌孢子	真菌	0.00005	3684

（2）紫外线消毒清洁室内空气的应用

紫外线消毒广泛应用于室内空气净化，紫外灯消毒主要有空气消毒（air disinfection）和表面消毒（surface disinfection）两种形式。空气消毒可分为静止空气消毒和流动空气消毒。静止空气消毒即封闭房间内的紫外灯照射消毒；流动空气消毒包括风管内照法、房间上照法和独立紫外消毒。

1）风管内照法

风管内照法是将紫外灯设置在空调或通风系统的回风管内，以防止被污染的空调送风/回风形成交叉传播。由于室外新风中的病原微生物含量较少，直径较大的细菌（常滞留于灰尘上）可以被过滤器有效阻留下来，故新风管道一般不设紫外灯消毒。对于一些特殊场所，如医院病房，由于病人的免疫力较差，室外新风也必须经过严格消毒方可送入室内。采用风管内照法最大的优点是可有效避免紫外线对人体的辐射。在医院隔离病房等疾病容易传播的场所，使用紫外灯在回风段对空气进行循环消毒，可以大量减少对补给新风的要求，降低能耗，提高系统运行的经济性。由于在空调系统或通风系统的风管内设置紫外灯，安装、检修、维护等有一定难度，所以对空气安全性要求较高的场合，建议风管内照法与其他消毒方法配合使用。

风管内照法紫外灯一般垂直于气流方向布置成多排，紫外灯的数量、布置形式等由目标微生物种类、数量及风管断面尺寸、气流速度等决定。使用这种方法，其消毒的效果与气流流速、温湿度、管内衬反射材料及紫外灯布置等诸多因素有关。研究证明，环境温度升高或降低，灯管周围空气流速发生变化时，都会影响灯管表面与空气的换热，从而影响灯管内部的温度场，使辐射输出减小，杀菌率降低。因此，紫外灯在环境温度为20℃的静止空气中具有最大的辐射输出和最好的杀毒效果。

2）房间上照法

房间上照法控制室内微生物污染的研究始于1900年，将紫外灯悬挂在房间上部或固定在墙上，灯管下安装具有反射特性的屏蔽材料，使紫外光直接射向房间上部空间，避免照射室内人员。房间上照法的消毒效果取决于房间下部污染空气与上部消毒空气的混合程度。

但是由于室内洁净空气的不断流动，紫外线的灭菌效果可能很快被破坏。因此，国外药品管理机构（GMP）对紫外线消毒灭菌进行评价后认为，单独使用紫外线消毒效果不适用于有人活动的空间和有气流流动的空间，并认为紫外线照射可造成装修表面涂料层厚度变薄和灰尘量增多。因此，对紫外线单独灭菌基本持否定态度。如世界卫生组织（WHO）1992版GMP规定，由于紫外线的灭菌效果有限，不得单独使用紫外线来代替化学消毒，并明确指出，最终灭菌不能使用紫外线照射法。

3）独立消毒法

紫外线独立消毒法是一种自净式空气消毒方法，实现方法就是将紫外灯和高效过滤器组合安装在带有风机驱动的装置内，使室内空气循环流过该装置，从而将细菌消灭。紫外灯一般布置在表冷器上风侧或过滤器下风侧。这种装置对室内空气具有很好的消毒效果。有研究认为，通过单通路循环的紫外线除菌效率，其有效率达到99%，对细菌芽孢也可达80%左右。

一般认为，紫外线独立消毒的效果与消毒器的摆放位置有很大关系。当房间体积较大时，为保证室内足够的空气流过消毒器，风机转速就必须加大，会造成室内人员有吹风感，影响人的舒适性。降低风速后，室内空气的自净次数也随之减少，消毒效果得不到保证。因此，紫外线独立消毒只适用于房间体积小或局部消毒净化的场合。

欧洲早在1973年就开始采用紫外线照射来控制空调机组内微生物的滋生，相关研究表明，在距表冷器或凝水盘1m处使用15W紫外灯直接照射足够长时间就能达到灭菌的目的。但是由于紫外线的穿透力不强，在机组内部阴暗处等细菌容易滋生的地方，表面照射消毒难以达到理想的消毒效果。对于过滤器紫外线消毒，条件许可时可用双侧紫外线照射，以有效控制过滤器内部微生物的生长繁殖。由于空调机组内过滤器需要经常洗涤或更换，与紫外灯配合使用可延长过滤器的使用周期、节省维护费用。

当前，室内空气净化普遍使用紫外线照射，而紫外线照射的消毒效果受诸多因素影响，且存在对人体伤害等缺点。因此，寻求一种便捷而有效的室内空气净化方法是十分必要的。

2. 光催化

1972年，Fujishima和Hond发现在受辐射照射的TiO_2表面上可持续发生水的氧化还原反应并产生氢，从此以后，光催化材料消除室内空气污染就受到了研究者的广泛关注。1985年，日本学者Tadashi Mat和sunaga等首先发现了TiO_2在紫外光照射下有杀菌作用。此后，科学家们对TiO_2的光催化效果进行了大量的研究，光催化材料的理论和应用研究取得了长足的进步。纳米TiO_2具有催化活性高、稳定性好、氧化能力强、廉价无毒、易制备成透明的薄膜等特点，并具有较好的净化空气、抗菌、污水处理、自清洁等光催化效应，因此在环境净化方面展示了广泛的应用前景，已成为新一代室内空气净化的重要技术。

（1）光催化原理

TiO_2是一种 n 型（电子导电型）半导体氧化物，其光催化原理可用半导体的能带理论来阐释。半导体化合物纳米粒子，由于其几何空间的限制，其电子的费米（Fermi）能级是不连续的，因此，在半导体化合物的原子或分子轨道中具有空的能量区域。

半导体的能带结构通常由一个充满电子的低能价带（Valence Band，VB）和空穴的高能导带（Conduction Band，CB）组成。空能区由充满电子的低能价带（价带缘）一直伸展到高能导带（导带缘），被称为禁带宽度或带隙能（E_g），E_g 在数值上等于导带与价带的能级差。TiO_2 的禁带宽度为 3.2eV，对应的光吸收波长阈值为 387.5nm。当在波长小于 400nm 的光波的照射下，TiO_2 处于价带的电子(e^-)就会被激发到导带上，价带生成空穴(h^+)，从而在半导体 TiO_2 表面产生了具有高度活性的空穴(h^+)-电子(e^-)对。当光照射半导体化合物时，并非任何波长的光都能被吸收和产生激发作用，只有其能量 E 满足式（8-17）的光量子才能发挥作用，即：

$$E = hc/\lambda \geq E_g \tag{8-17}$$

式中　h——普朗克常数，4.138×10^{-15} ev·s；

　　　c——真空中光速，2.998×10^{15} nm/s；

　　　λ——光子波长，nm。

在电场的作用下，空穴(h^+)-电子(e^-)对迁移到 TiO_2 粒子表面的不同位置，分布在表面的空穴 h^+ 与吸附在 TiO_2 表面的水和 OH^- 氧化成·OH 自由基，而 TiO_2 表面的高活性电子 e^- 则可以使空气中的 O_2 或水体中的金属离子还原。其主要光学反应式为：

$$TiO_2 + E(能量) \rightarrow e^- + h^+$$
$$H_2O + h^+ \rightarrow ·OH + H^+$$
$$h^+ + OH^- \rightarrow ·OH$$
$$O_2 + e^- \rightarrow ·O_2^-$$
$$·O_2^- + H^+ \rightarrow HO_2·$$
$$2HO_2· \rightarrow O_2 + H_2O_2$$
$$H_2O_2 + O_2^- \rightarrow ·OH + OH^- + O_2$$

·OH 自由基的氧化能力是水体中存在的氧化剂中最强的，能氧化大部分的有机物和部分的无机物，最终将其分解为 CO_2 和 H_2O 等无害物质，而且·OH 自由基对反应物几乎无选择条件，因而在光催化中起着决定作用，纳米 TiO_2 的光催化机理示意图如图 8-25 所示。

（2）光催化在室内空气净化中的应用

TiO_2 作为一种光催化剂，与吸附剂（如沸石、活性炭、二氧化硅等）相结合，在弱紫外光的照射下，TiO_2 就可有效地降解室内低浓度的有害气体，这些有害气体可完

全被 TiO_2 光催化分解为 CO_2 和 H_2O。在居室、办公室窗玻璃、陶瓷等建材表面涂敷

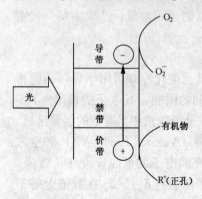

图 8-25　光催化原理示意图

TiO_2 光催化薄膜或在房间内安装 TiO_2 催化设备（如 TiO_2 空气净化器或空调器中安装纳米 TiO_2 空气净化网等）均可有效地降解这些有机物，净化室内空气。更重要的是，纳米 TiO_2 作为抗菌剂具有抗菌广泛、长效、安全稳定；杀菌效果迅速，杀菌力强，可长期使用和可循环再生使用；耐洗涤、耐磨损；对人体无害，无异味，外观颜色浅；热稳定性好，高温下不变色、不分解、不挥发、不变质；价格便宜，来源丰富等优点。因此，在消除建筑材料散发物、净化室内污染空气等方面显示出巨大的优势。纳米 TiO_2 材料光催化环境治理技术是国际上普遍认为治理低浓度有机

废气最有应用化前景的高新技术之一，有研究者使用具有直通孔的成型支承体胶粘活性炭为复合载体，采用浸涂法在复合载体上形成纳米 TiO_2 光催化剂薄壳层，制备出可用于室内空气净化的活性炭-纳米 TiO_2 光催化净化网。通过对净化性能考察结果表明，以功率为 6W、波长 254nm 的紫外杀菌灯照射 3h，其对甲苯净化效率为 98.8%，对三氯乙烯的净化效率为 99.5%，对硫化氢的净化效率为 99.6%，对氨气的净化效率为 96.5%，对甲醛的净化效率为 98.5%。

日本东京大学的藤岛昭教授等人经实验证明纳米 TiO_2 还具有分解病原体和毒素的作用，在玻璃上涂一薄层 TiO_2 光照射 3h，达到了杀死大肠杆菌的效果，毒素的含量控制在 5% 以下。一般抗菌剂只有杀菌作用，并不能分解毒素，实验证明纳米 TiO_2 锐钛矿型对绿脓杆菌、大肠杆菌、金黄色葡萄球菌、沙门氏菌芽杆菌和曲霉等具有很强的杀灭能力。美国得克萨斯大学研究人员利用纳米 TiO_2 和太阳光进行灭菌，他们将大肠杆菌和 TiO_2 混合液在大于 380nm 的光线下照射，发现大肠杆菌以一级反应动力方程被迅速杀死。日本已开发出用 TiO_2 涂覆的抗菌陶瓷用品，其制造工艺是先将 TiO_2 加水制成浆料涂在陶瓷表面高温煅烧即得到 1mm 厚的光催化薄膜产品，在光照射下就能完全杀死表面的细菌。因此，纳米 TiO_2 光催化剂复合涂料对多种细菌的杀灭力极强，24h 后细菌几乎被全部杀死。更重要的是，纳米 TiO_2 不仅能影响细菌繁殖力，而且能攻击细菌细胞中的有机组分，穿透细胞膜破坏细菌的细胞膜结构，达到彻底降解细菌、防止内毒素引起二次污染的目的。

在各种催化技术中，光催化氧化技术由于具有反应条件温和、经济等优点，同时既能去除气态污染物，又能去除微生物，有着巨大的应用潜能，可望在各种室内场合得以应用。由于室内环境中单一污染物的浓度很低，低浓度下污染物的光催化降解速度较慢，并且光催化氧化分解污染物要经过许多中间步骤，有些中间产物是极其有害的物质。为了克服这些不足，可采用光催化与吸附组合的方法。利用活性炭的吸附能力使污染物浓集到一特定环境，提高了光催化氧化反应速率，吸附中间副产物使其进一步被光催化氧化，达到完全净化。同时，被吸附的污染物在光催化的作用下参加氧化反应。因此，有可能通过光催化剂与活性炭的结合，使活性炭经光催化氧化而去除

吸附的污染物后得以再生，从而延长使用周期。有关活性炭与光催化的组合方式以及吸附光催化机理尚处于探索阶段，但光催化技术与多孔炭材料的吸附功能结合仍将是室内空气污染治理中最具前景的技术之一。

3. 非平衡等离子体

通风换气、过滤、吸附等净化室内空气的方式对大颗粒的污染物比较有效，对分子级别的无机物气体，如 NO_x、SO_2、VOCs 等及杀菌等方面效果不好。20 世纪 80 年代末，日本增田闪一教授首先提出了脉冲电晕放电非平衡等离子体净化技术（PPCP），这种技术有净化彻底、净化范围广、可重复性强等优点。

（1）非平衡等离子体空气净化机理

对非平衡等离子体反应器（见图 8-26），施加交、直流或脉冲高压到电极上，在极不均匀电场作用下，反应器的气隙中产生稳定的电晕放电，但不会击穿反应器。被污染的室内空气，在常温常压就能获得非平衡等离子体，在高压放电的作用下，由于受到大量高能电子的轰击，产生 O^- 和 OH^- 等活性粒子，一系列反应使有机物分子最终降解为 CO_2、H_2O。合理的空气净化非平衡等离子体反应系统的设计，应保证被处理空气在反应器内处于稳定的电晕放电状态。电晕区内污染空气净化的主要反应如下：

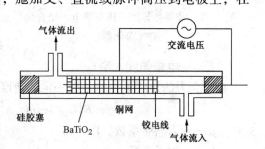

图 8-26 非平衡等离子反应器的结构

$$O_2 + e^- \rightarrow O_2^- \cdot$$
$$2O_2^- \cdot + 2H^+ \rightarrow H_2O_2 + O_2$$
$$O_2^- \cdot + H_2O_2 \rightarrow O_2 + HO \cdot + HO^-$$
$$2O_2^- \cdot + 2H_2O \rightarrow O_2 + HO_2^- \cdot + HO \cdot$$
$$2O_2^- \cdot + O_3 + H_2O \rightarrow 2O_2 + HO^- + HO \cdot$$
$$C_xH_y + (x+y/4)O_2 \rightarrow xCO_2 + (y/2)H_2O$$
$$VOCs + PM_x + ROS \rightarrow CO_2 + H_2 + PM_x$$

上述反应式中，VOCs 为挥发性有机物，PM_x 为微小粒子，C_xH_y 为碳氢化合物，ROS 为活性氧类，光催化可提高其效率。这种离子形态之所以叫非平衡态，是因为在高压脉冲电晕下放电，在空气中电离出大量电子和离子，在强电场作用下，电子的加速度远大于离子的加速度。窄脉冲短时间放电结束后，电子的运动速度远大于离子的运动速度，即电子温度远高于离子温度，称之为非平衡态。

从上述反应原理可知，非平衡等离子技术消除室内空气污染物的途径主要有两个：一是利用非平衡电离态等离子中的高能粒子直接打开气体分子键，并生成一些单原子分子和固体颗粒；二是通过电离激发出大量的 OH^-、HO_2^-、O^- 等自由基，这些自由基与 SO_2、NO_x 等污染物反应，最终将有机物分子降解为 CO_2、H_2O，如果能够伴随紫外线辐射，还可以杀灭细菌。这种非平衡等离子体净化法可净化的污染物尺寸可达到纳米（nm）级别，比传统的方法下降了几个数量级。

（2）非平衡等离子体空气净化装置

1）与静电收集器相结合的空气净化装置

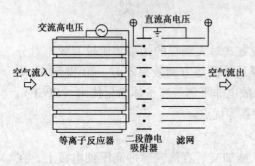

图 8-27 非平衡等离子体与静电相结合的
空气净化器

非平衡等离子体空气净化器可以与静电收集器相结合（见图 8-27），静电收集器大大减轻了等离子反应器的负担，并可吸附等离子净化过程产生的 CO_2、H_2O，故二者结合效率可大为提高。

离子吸附粒子后，在电场中运动（主要是粒径大于 $0.2\mu m$ 的粒子），其作用力叫库仑力，库仑力的大小可以用式（8-18）表示：

$$F_E = Q \cdot E \qquad (8-18)$$

式中　Q——粒子电量，C；

E——电场强度，N/C。

在库仑力的作用下，粒子以一定的速度进入静电收集器，其速度为：

$$\overline{\omega}_e = F_E C_m/3\pi\mu d_p = \varepsilon_0 \varepsilon_s d_p E^2/\mu(\varepsilon_s + 2) \qquad (8-19)$$

式中　μ——为黏滞系数，Pa·s；

d_p——粒子直径，m；

ε_0——真空介电常数，F/m；

ε_s——悬浮粒子的介电常数，F/m；

C_m——校正系数。

其中：

$$C_m = 1 + 2.54(\lambda/d_p) - 0.8(\lambda/d_p)\exp(-0.55d_p/\lambda) \qquad (8-20)$$

式中　λ——分子的平均自由行程，m。

$$\lambda = 6.61 \times 10^{-8}\frac{T \times 101.3 \times 10^3}{P \times 293} \qquad (8-21)$$

如果是由热扩散引起的运动（粒径小于 $0.2\mu m$ 的粒子），其运动速度为：

$$\omega_e = \frac{4\varepsilon_0 kT C_m}{\mu e} \qquad (8-22)$$

静电收集器的收集效率为：

$$\eta = 1 - \exp(-\omega_e A/q) \qquad (8-23)$$

式中　k——波尔兹曼常数，J/K；

q——气体流速，m/s；

e——电子电量，C；

A——收集电极的面积，m^2。

由于静电收集器的收集效率与电极几何尺寸、被吸附粒子的性质有关，因此，许多学者对这一公式进行了修正，如：

$$\eta = 1 - \exp(-\omega_e LK/v_0 b) \qquad (8-24)$$

式中　L——电极在收集方向上的长度，m；

　　　v_0——气体的运动速度，m/s；

　　　K——测量的校正系数；

　　　b——电极的宽度，m。

　　静电收集器（ESPs）可吸附空气中的多种离子，但对香烟等产生的有毒气体却无能为力。其气味成分主要是乙醛，在干燥空气中用非平衡等离子体法可净化乙醛。空气中难闻气味的分子通过等离子反应器被分解，出来的气流将进入第二处理过程——静电吸附阶段。半径较大的分子及等离子体反应未及处理的粒子在此被吸附。

　　2）与光催化相结合的非平衡等离子体空气净化装置

　　非平衡等离子体净化装置也可以和光催化相结合，这种装置的典型结构如图8-28所示。将 TiO_2 光催化剂放在外加高电压的线-板放电区，被污染空气被等离子化，与板极等电位的 TiO_2 催化剂加速反应。

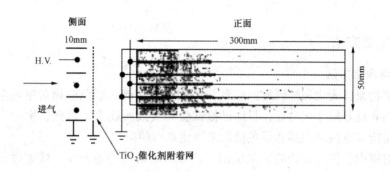

图8-28　非平衡光催化与等离子相耦合的空气净化器结构

　　等离子体产生的紫外光可激发光催化剂，气体放电在产生低温等离子的同时能产生较强的紫外线，可用于激发 TiO_2 进行光催化。此外，TiO_2 光催化剂起到一定的电介质作用，可增强局部电场。同时，有研究表明，从 TiO_2 光催化剂中激发产生的导带电子可以增强等离子电离区域的自由电子供应，从而提高等离子体的电离度，并能降低气体放电的起始电压。从而有利于能源利用率，这已被许多研究证实。在等离子体中，除了光子以外还有电子、激发态分子、活性基团等高能量物质颗粒产生。其中电子的平均能量能达到5eV左右，而由电子与分子碰撞产生的激发态寿命长达数秒的亚稳态 N_2 分子则有6.2eV的平均能量。这些粒子可以激活表面的 TiO_2 光催化剂，促进有害气体的光催化降解。

　　有学者对低气压条件下（210Pa）单独低温等离子作用、等离子与 TiO_2 催化剂结合、紫外线灯（UV）与 TiO_2 催化剂结合、等离子和 TiO_2 催化剂以及紫外线（UV）灯结合这四种条件进行了 C_2H_2 分解对比试验研究，其结果如图8-29所示。由图可看出，最后一种试验条件下降解速率要显著高于其他三种情况。因此，可以认为，等离子体产生的UV还不足以使等离子与光催化的耦合效应得到充分发挥，而在有外加UV灯的加强照射下，可促使光催化剂充分吸附由等离子体产生的大量中性基团粒子以及有害气体分子，从而促进了有害气体的降解。

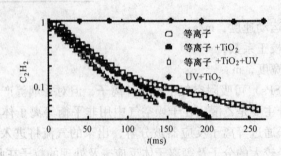

图 8-29 C_2H_2 在不同实验条件下的降解
实验研究

另外，也有学者实验证明，在频率为 60Hz，峰值为 20kV 的交流电压作用下，如果配以光催化作用，等离子反应器对乙醛（C_2H_4O）的一次净化效率超过 90%，除臭效果显著。

三、生物方法

1. 植物净化方法

绿色植物兼具美化和控制室内空气污染的双重功能，绿色植物对室内空气中的某些污染物具有良好的净化功能，目前已被试验和实践所证实。因此，生物方法消除室内污染则是指在室内利用某些绿色植物来净化室内的空气。

植物对室内气体污染物的去除机制，这方面的研究报道较少。威廉做了大量的试验，证实绿色植物吸入化学物质的能力大部分来自于盆栽土壤中的微生物，与植物同时生长于土壤里的微生物在经历了代代遗传繁殖后，其吸收化学物质的能力还会加强。同时盆栽植物土壤中的水分，对于甲醛类的有害物质同样具有良好吸收作用。

美国航天局（NASA）于 20 世纪 80 年代初系统地开展了相关植物吸收净化室内空气的研究，他们用了几年的时间，测试了几十种不同绿色植物对几十种化学物质的吸收能力。研究结果表明，在 24h 照明的条件下，芦荟去除了 $1m^3$ 空气中 90% 的甲醛。他们比较了 3 种观赏植物清除甲醛的能力，显示中斑吊兰在 6 h 内每 cm^2 的叶片吸收 $2.27\mu g$ 的甲醛，其次是合果芋（$0.50\mu g \cdot cm^2$），绿萝较差（$0.46\mu g \cdot cm^2$）。

一般来说，吊兰、芦荟、虎尾兰能大量吸收室内甲醛等污染物质；月季能较多地吸收氯化氢、硫化氢、苯酚、乙醚等有害气体；常春藤能吸收室内空气的苯等。但一些植物吸收一定量有害气体的同时，也会放出另外一些副作用，并且植物吸收有害气体是有限的、缓慢的，这些植物净化室内空气的作用到底有多大、持久性如何，还需要更多的研究才能确定。

2. 生物酶净化技术

使用生物酶技术对室内微生物进行控制是目前比较先进的生物控制方法。它是利用蛋白酶、脂肪酶、纤维素酶等生物酶，将蛋白质、淀粉、脂肪、油、油脂、卫生纸等有机物降解为微小的粒子。有些特选的微生物，在生物酶的作用下，在好氧和厌氧的条件下均表现出众，可降解油分子中最难分解的长链脂肪酸，抑制产生臭味的化合物（如硫化氢、挥发性脂肪酸等）生成，从而减少臭味产生。

在生物净化控制微生物污染中，目前使用最普遍的生物酶净化技术是利用一种纯生物活性纤维作为载体，这种活性纤维是一种特别的羊毛，其核心技术是用某种生物酶对这种活性纤维进行特殊处理，通过生物感应和生物激活技术，实现活体纤维的自呼吸功能，使纤维中的蛋白酶同空气中的甲醛、苯、甲苯、二甲苯及 TVOC 和氨气、霉菌等发生生物分解和生物融合，从而消除室内污染。目前，已有产品应用到包括房间、汽车及冰箱内的空气净化等。可以预见，生物酶净化技术将是今后室内空气净化领域的一个研究重点，一旦能够提高酶产品使用寿命，比如把产品寿命从 3～5 年提高到 10 年以上，这种技术将会受到用户的欢迎。

四、化学方法

化学方法消除室内空气污染主要是指利用化学消毒剂进行喷洒作业来降尘、消毒的方法，它主要用于室内病原体的杀灭，如使用杀虫剂、消毒剂清洁地毯等。化学方法消除室内空气污染经常被医疗机构采用。

化学类物质一般只能去除甲醛，或者消除对细菌、病原体的危害，消除其他有害物质作用相对小些，并且化学方法局限性较大，价格较贵。因此，化学方法只适合于短期控制污染，无法抵制长期释放的有害气体。

第七节　微生物污染的控制措施

微生物的种类包括细菌、真菌、病毒、孢子等。室内环境中的微生物是造成室内空气品质恶化的重要原因。每种微生物都有各自适宜的生长环境和繁殖特性。了解各种微生物的特性，才能对其进行控制。表 8-6 列出了几种常见的污染室内环境的微生物。

常见污染室内环境的微生物比较　　　　　　　　　表 8-6

名　称	常见名称	大　小	形　状	存在场所
细菌	金黄葡萄球菌、大肠杆菌等	直径从 $0.4\mu m$ 到 $4\mu m$	球菌、杆菌、螺旋菌	自然界只要有水的地方就有细菌
病毒	腺病毒、流行感冒病毒	体积从 $16.5nm^3$ 到 $300nm^3$	棒杆状、球状、蝌蚪状、丝状	广泛寄生在人、动物、植物、微生物细胞中
真菌	毛霉菌孢子、曲霉菌孢子	长 $2\sim3\mu m$，宽 $1\sim10\mu m$	大多数呈丝状	分布极广，土壤、水、空气和动、植物中
其他微生物	花粉、灰尘、皮屑等	粒径大多数较大	多样	办公环境等室内环境

要对室内微生物进行控制，可以采用物理方法、化学方法和生物方法等综合治理技术。如紫外线照射、臭氧处理、超声波裂解等。过去人们处理室内污染通常用物理和化学方法，比如前者通过空气净化器或机械方法过滤受污染空气，后者利用光触媒

催化等方式消除污染空气，或者分解有毒物质，但这些方式也存在一定缺点，比如有时效果不稳定，有噪声或易受环境因素影响甚至出现二次污染等。通过生物方法进行室内空气净化则不存在这些缺点，生物净化技术治理室内空气污染已成为人们研究的一个新方向。

一般来说，微生物生长在裂缝处、阴影区，如空调系统的送、回风管道、风口、保温层、积水处，使用紫外线也许并不能照射得到。因此，对微生物进行控制的最好方法是定期消毒，保持空调系统各部件的清洁，并定期清除灰尘、积水等。

1. 过滤除菌

生物医学洁净单元中除菌的措施主要靠空气过滤，其原理是靠滤材机械阻截、静电、吸附、扩散和惯性作用，把微生物气溶胶过滤掉，过滤法的组合即为各种型号的过滤器。

这种方法的优点是：（1）可在有人条件下，迅速持续提供大量无毒气体。这是该方法最突出的优点。因为在空态、静态杀灭空气中微生物方法很多。但在动态条件下就寥寥无几了。所有化学消毒剂所谓无害都是相对而言。（2）微生物不能在过滤器上大量繁殖，试验表明多数细菌被过滤器捕集就会自然死亡。（3）细菌及病毒很少能穿透滤器。试验表明，病毒本身比细菌小近千倍，如按本身大小都会穿过滤器，但因为病毒从繁殖它的介质散发到空气中不是赤裸裸的病毒体，而是与被包围的介质在一起，这样就使它的体积比自身大得多。因此对病毒高效滤器的过滤效率也可达 99.96% 以上。另一个原因是过滤器孔隙不是直接内外相通，它像长的弯曲隧道。即使病毒进了孔隙也会拦截下来。（4）过滤器的使用寿命长，如：1 万～10 万级洁净厂房，预滤器选用末端高效过滤器的寿命可达 5 年。缺点：条件适宜过滤器也可能滋生细菌。因此研究杀菌滤器是以后研究的方向。

2. 静电除菌法

这种仪器由电离区和过滤区两部分组成。其工作原理是：电离区能产生高浓度正离子，正离子穿透多孔的细胞壁导致细菌死亡。同时，电离区使气溶胶粒子镜像荷电，使其在过滤区克服惯性阻力与粒滞阻力进至纤维层表面而被吸附下来。

该方法有如下优点：

（1）细线放电极形成的电离区使微粒荷电与凝并，使纤维层过滤器提高了除尘（菌）的效率。

（2）经过静电凝聚后的大直径粒子不容易堵塞纤维层的空隙，增大过滤段的容尘量。

（3）过滤段不必使用高效过滤器，从而大大减少了阻力损失。

（4）由于取消了具有大量收尘面积的电除尘器的收尘段，而代之以价格低廉的纤维层滤材，因而除尘（菌）器造价大大降低。清洗、更换简便得多。

（5）臭氧浓度低。

（6）能作为非建筑型空气消毒设备，使用灵活，应用范围广。

缺点：气流常发生短路流型。

3. 紫外辐照消毒法（Ultraviolet Germicidal Irradiation-UVGI）

紫外线按波长分 UV-A、UV-B、UV-C 三波段和真空紫外，杀菌力最强的是 C 波段，即波长为 200~275nm。细菌经照射后核酸和蛋白质及酶类的分子键被破坏，失去复制和活化，因而可杀灭细菌。UVGI 消毒装置在 1909 年完成，空气消毒却在 20 世纪 30 年代，由于当时对紫外光强的计算错误，仅凭经验进行紫外强度的设计，因而不是用量不足，就是超量，造成浪费，也使古老的消毒方法受到阻滞。近来对紫外场强的计算比以前精确，降低了一次性投资。目前还有一种新型反射式紫外灭菌灯，可在有人房间内消毒，这是新的可喜动向。

紫外线消毒法可用于风道、过滤器、冷却盘管及其他空气处理部件的消毒。UVGI 与过滤器合用是互补作用，而不是替代。另外，UVGI 消毒技术具有高效、广谱性、无二次污染、节约能耗、投资小和应用灵活等优点。国内制出的紫外输出功率小，臭氧量大。也有气流流向发生短路的情况，亟待提高。UVGI 技术在国外空气消毒领域应用范围正在迅速拓展，形式多样化，越来越多的人引起重视，呈现出大好的发展趋势。

4. 纳米光催化技术

在光照下，如果光子的能量大于半导体禁带宽度，其价带上的电子会被激发，越过禁带，进入导带，同时在价带上产生相应的空穴。光生空穴有很强的氧化能力，而光生电子具有很强的还原能力。从而可以使有害气体和微生物氧化还原而解体、死亡。所谓纳米光催化，一般是指采用纳米级 TiO_2 作为光催化剂，通过光照（如自然光）产生光生空穴。为解决 TiO_2 光催化剂与气流的分离困难，在不锈钢金属网上制备纳米介孔。TiO_2 光催化薄膜的孔径在 10nm 左右。由于孔径小，光催化剂的比表面积大，因而效率高。通过光催化评价装置对金属丝网负载纳米介孔光光催化活性及降解产物进行研究发现，对甲醛的降解很彻底，对细菌的杀灭也很满意。结果表明，在 4000~8000 流明的荧光照射下光催化剂纸可 100% 杀死葡萄球菌和大肠杆菌。

光催化无毒，对人体和环境无害，效率高。对微生物也具有广谱杀菌性。相信今后会有较大效益。

5. 电离辐射灭菌法

电离辐射灭菌法有两种：丙种射线和高能量电子束。高能电子束或丙种射线引起细菌诱发辐射，特别是 DNA，干扰微生物代谢。微生物中水分子被高速粒子打入，产生 H_2O_2，高能电子束或丙种射线能破坏细胞膜，引起酶混乱。丙种射线可用反射性同位素 C060 产生，但要放在一个很厚的水泥墙的防护房间，最适合液体和固体消毒。高能电子束可用电子加速器产生能量大于 5Mev（百万电子伏特）时，可产生诱导辐射，但穿透力差，只能消毒小物品。此法消毒空气微生物不够灵活。装置庞大，又不安全。

6. 其他灭菌法

另外还有液体冲洗除菌法和火烧法。

将空气通过水或消毒液除菌即为液体冲洗除菌法。此法除菌效率低，而多被过滤法代替。在以石棉保温的金属管道中，盘以电炉丝，通电加热 300~600℃，通风时空气可在此滞留 1~3s，可达到超高效滤材除菌的效果。缺点是风量大时难以保持温度，且耗电大，只适用于污染严重的少量空气。

几种常见室内污染物净化方法的比较如表8-7所示。

几种常见室内污染物净化方法的比较 表8-7

净化类型	吸附法	臭氧净化法	静电除尘法	负离子净化法	光触媒法	植物净化
作用	可吸附空气中的多种污染,有些吸附剂还具有抗菌、抑菌作用	是强氧化剂,对细菌和病毒等具有强杀灭功能,可氧化分解空气VOCs	直流高压形成电晕放电吸附空气中的尘埃。颗粒物净化效率相对较高、能耗相对较低	高压放电使空气产生负离子,负离子与颗粒污染物结合,从而聚集、沉降,降低粘附在颗粒物表面的细菌浓度	TiO_2作为一种光触媒,具有自净性,在紫外线能量激发下发生氧化还原反应,分解成CO_2和水	净化主要在根部,其根部及土壤中有大量微生物,吸入某些化学物质,并作为自身的养料得以生长繁殖
局限性	当温度、风速升高时,会造成二次污染。吸附剂吸附能力补偿存在困难	浓度较高时引发咽喉干燥、咳嗽和哮喘等。影响污染物间直接或间接反应,会造成二次污染	使用高电压、运行中产生不稳定臭氧,危害居民健康;且收尘板容易积聚灰尘,需清洗	使尘埃吸附在墙纸和玻璃上;负氧离子寿命短;通过人工强电场产生电子,往往伴有臭氧产生	紫外光波长小于400nm;光催化效率较低、性能不稳定,易形成对人体有害的中间污染物;产品生产成本高	室内大量花卉增加耗氧量,由于施肥等原因,也会带来另类的污染;同时,绿色植物有时也会生长一些虫害与微生物

思考题

1. 项目选址与规划中如何考虑污染源的影响?

2. 自然通风的驱动方式主要有哪几种类型?其作用的机理是什么?自然通风的优化的原则是什么?

3. 机械通风的主要分类是什么?室内污染物稀释通风量的确定方法是什么?建筑内墙的分格的原则是什么?

4. 建筑室内防潮的主要方法是什么?室内空气的除湿的方法是什么?

5. 室内化学污染的主要控制方法是什么?室内生物污染的主要控制方法是什么?

参考文献

[1] 付海明,张鹏峰,亢燕铭. 空气过滤捕集效率影响因素分析及多元关联式的确定 [J]. 洁净与空调技术,2006,(2):25-28.

[2] 石显能,刘刚. 紫外线照射灭菌对空调环境 [J]. 微生物污染的防治东华大学学报(自然科学版),2003,29 (1):106-109.

[3] Matsunaga T, Tomoda R, Nakajima, T. et al. Continuous sterilization system that uses photose miconductor powders [J]. Applied Enivironmental Microbiology,1988,54 (6):1330-1333.

[4] 余亚白,陈源,赖呈纯. 室内空气净化植物的研究与利用现状及应用前景 [J]. 福建农业学报,2006,21 (4):425-429.

［5］于玺华．生物医学洁净技术讲座（续二）［J］．洁净与空调技术，2003（4）：63-65.

［6］J. D. Eversole, W. K. Cary, Jr. , C. S. Scotto, R. Pierson, M. Spence, and A. J. Campillo. Continuous bioaerosol monitoring using UV excitation fluorescence：Outdoor test results. Field Analytical Chemistry & Technology, 2001, 5（4）：205-212.

［7］Jim Ho. Future of biological aerosol detection. Analytica Chimica Acta［J］. 2002,457(1):127-150.

［8］Ingold, C. T. , Active liberation of reproductive units in terrestrial fungi［J］. The Mycologist 1999, 13（3）：113-116.

［9］Jarosz, N. , Loubet, B. , Durand, B. , McCartney, H. A. , Foueillassar, X. , and Huber, L. , Airborne concentration and deposition rate of maize pollen［J］. Agriculture and Forest Meteorology, 2003, 119（1-2）：37-51.

［10］McCartney, H. A. , Schmechel, D. and Lacey, M. E. Aerodynamic diameter of conidia of Alternaria species［J］. Plant Pathology, 1993, 42（2）：280-286.

［11］Mullins, J. and Emberlin, J. , Sampling pollens［J］. Journal of Aerosol Science, 1997, 28（3）：365-370.

［12］C. H. H. , Wachter, R. , deWeger, L. A. , Willems, R and Emberlin, J. Quantitative trends in annual totals of five common airborne pollen types(Betula, Quercus, Poaceae, Urtica and Artemesia) at five pollen-monitoring stations in western Europe[J]. Aerobiologia, 2003, 19(3-4):171-184.

［13］Weyman, G. S. , Sunderland, K. D. and Jepson, P. C. , A review of the evolution and mechanisms of ballooning by spiders inhabiting arable farmland［J］. Ethology Ecology & Evolution, 2002, 14（4）：307-326.

［14］于玺华．现代空气微生物学［M］．北京：人民军医出版社，2001.

附录 A　室内空气规范标准值

室内空气质量标准　　　　　　　　　　　　　　　　　　　表 A-1

摘自于《室内空气质量标准》GB/T 18883—2002

序号	参数类别	参数	单位	标准值	备注
1	物理性	温度	℃	22 ~ 28	夏季空调
				16 ~ 24	冬季采暖
2		相对湿度	%	40 ~ 80	夏季空调
				30 ~ 60	冬季采暖
3		空气流速	m/s	0.3	夏季空调
				0.2	冬季采暖
4		新风量	$m^2/(h \cdot 人)$	30[①]	
5	化学性	二氧化硫 SO_2	mg/m^3	0.50	1h 均值
6		二氧化氮 NO_2	mg/m^3	0.24	1h 均值
7		一氧化碳 CO	mg/m^3	10	1h 均值
8		二氧化碳 CO_2	%	0.10	日平均值
9		氨 NH_3	mg/m^3	0.20	1h 均值
10		臭氧 O_3	mg/m^3	0.16	1h 均值
11		甲醛 HCHO	mg/m^3	0.10	1h 均值
12		苯 C_6H_6	mg/m^3	0.11	1h 均值
13		甲苯 C_7H_8	mg/m^3	0.20	1h 均值
14		二甲苯 C_8H_{10}	mg/m^3	0.20	1h 均值
15		苯并［a］芘 B（a）P	ng/m^3	1	24h 均值
16		可吸入颗粒物 PM_{10}	mg/m^3	0.15	24h 均值
17		总挥发性有机物 TVOC	mg/m^3	0.60	8h 均值
18	生物性	细菌总数	cfu/m^3	2500	依据仪器定[②]
19	放射性	氡 ^{222}Rn	Bq/m^3	400	年平均值（行动水平[③]）

①新风量要求≥标准值，除温度、相对湿度外的其他参数要求≤标准值。

②见表 A-5。

③行动水平即达到此水平建议采取干预行动以降低室内氡浓度。

民用建筑工程室内环境污染物浓度限量　　　　　　　　表 A-2

摘自于《民用建筑工程室内环境污染控制规范》GB 50325—2001

污 染 物	Ⅰ类民用建筑工程	Ⅱ类民用建筑工程
氡（Bq/m^3）	≤200	≤400
甲醛（mg/m^3）	≤0.08	≤0.12
苯（mg/m^3）	≤0.09	≤0.09
氨（mg/m^3）	≤0.2	≤0.5
TVOC（mg/m^3）	≤0.5	≤0.6

注：1. 表中污染物浓度限量，除氡外均应以同步测定的室外上风向上风空气相应值为空白值。

　　　2. 表中污染物浓度测量值的极限值判定，采用全数值比较法。

我国居住区大气中有害物质的最高容许浓度表 表 A-3

摘自于《工业企业设计卫生标准》TJ36—79

编号	物质名称	最高容许浓度（mg/m³）		编号	物质名称	最高容许浓度（mg/m³）	
		一次	日平均			一次	日平均
1	一氧化碳	3.00	1.00	18	环氧氯丙烷	0.20	—
2	乙醛	0.01	—	19	氟化物（换算成 F）	0.02	0.007
3	二甲苯	0.30	—	20	氨	0.20	—
4	二氧化硫	0.50	0.15	21	氧化氮换算成（NO₂）	0.15	—
5	二硫化碳	0.04	—	22	砷化物（换算成 As）	—	0.003
6	五氧化二磷	0.15	0.05	23	敌百虫	0.10	—
7	丙烯腈	—	0.05	24	酚	0.02	—
8	丙烯醛	0.10	0.05	25	硫化氢	0.01	—
9	丙酮	0.80	—	26	硫酸	0.30	0.10
10	甲基对硫磷（甲基 E605）	0.01	—	27	硝基苯	0.01	—
11	甲醇	3.00	1.00	28	铅及其无机化合物（换算成 PB）	0.01	0.0015
12	甲醛	0.05	—	29	氯	0.10	0.03
13	汞	—	0.0003	30	氯丁二烯	0.10	—
14	吡啶	0.08	—	31	氯化氢	0.05	0.015
15	苯	2.40	0.80	32	铬（六价）	0.0015	—
16	苯乙烯	0.01	—	33	锰及其化合物（换算成 MnO₂）	—	0.01
17	苯胺	0.10	0.03	34	飘尘	0.50	0.15

注：1. 一次最高容许浓度指任何一次测定结果的最大容许值。

2. 日平均最高容许浓度指任何一日的平均浓度的最大容许值。

3. 本表所列各项有害物质的检验方法，应按卫生部批准的现行《大气监测检验方法》执行。

4. 灰尘自然沉降量，可在当地清洁区实测数值的基础上增加 3~5t/（km²·月）。

室内空调采暖热环境参数 表 A-4

摘自于卫生部文件卫法监发 [2001] 255 号

温度（℃）	冬季	16~24
	夏季	22~28
相对湿度（%）*	冬季	30~60
	夏季	40~80
空气流速（m/s）		<0.3

* 对非集中空调的场所湿度可不受本表的限制。

公共场所空气微生物标准 表 A-5

摘自于 GB 9673—88

公共场所类型		撞击法（cfu/m^3）	沉降法（cfu/皿）
旅店业	3～5 星级饭店、宾馆	≤1000	≤10
	1～2 星级饭店、宾馆、非星级带空调的饭店、宾馆	≤1500	≤10
	普通旅店、招待所	≤2500	≤30
文化娱乐场所	影剧院、音乐厅、录像厅（室）	≤4000	≤40
	游艺厅、舞厅	≤4000	≤40
	酒吧、茶座、咖啡厅	≤2500	≤30
	理发店、美容院（店）	≤4000	≤40
	游泳馆	≤4000	≤40
	体育馆	≤4000	≤40
	图书馆、博物馆、美术馆	≤2500	≤30
	展览馆	≤7000	≤75
	商场（店）、书店	≤7000	≤75
	医院候诊室	≤4000	≤40
	候车室、候船室	≤7000	≤75
	候机室	≤4000	≤40
	旅客列车车厢	≤4000	≤40
	软卧客舱	≤4000	≤40
	飞机客舱	≤2500	≤30
	饭店（餐馆）	≤4000	≤40

我国室内环境（适用儿童）指标 表 A-6

指 标	国家标准	备 注
二氧化碳	<0.1%	二氧化碳是判断室内空气的综合性间接指标，如浓度增高，可使儿童感到恶心、头痛等不适症状
一氧化碳	<5mg/m^3	一氧化碳是室内空气中最为常见的有毒气体，容易损伤儿童的神经细胞，对儿童成长极为有害
细菌	总数<10 个/皿	儿童正处于生长发育阶段，免疫力比较低，要做好房间的杀菌和消毒，保证儿童健康成长
温度	夏季<28℃ 冬季>18℃	儿童体温调节能力比较差，所以要保证冬暖夏凉，但要注意空调对儿童身体的影响，合理使用
相对湿度	30%～70%	湿度过低容易造成儿童的呼吸道损害；过高则不利于汗液蒸发，使儿童身体不适
空气流动	<0.3m/s	在保证通风换气前提下，气流不易过大，否则会造成儿童有冷感
采光照明	桌面照度>100Lx	儿童在书写时，房间光线要分布均匀，无强烈眩光
噪声	<50dB	噪声对儿童脑力活动影响极大，一方面分散儿童在学习活动时的注意力，另一方面，长时间接触噪声可造成儿童心理紧张，影响身心健康

室内空气中污染物浓度限值 　　　　　　　　**表 A-7**

摘自于卫生部文件卫法监发〔2001〕255 号

污 染 物 名 称	单位	浓度	备注[1]
二氧化硫 SO_2	mg/m^3	0.15	
二氧化氮 NO_2	mg/m^3	0.10	
一氧化碳 CO	mg/m^3	5.0	
二氧化碳 CO_2	%	0.10	
氨 NH_3	mg/m^3	0.2	
臭氧 O_3	mg/m^3	0.1	小时平均
甲醛 HCHO	mg/m^3	0.12[2]	小时平均
苯 C_6H_6	$\mu g/m^3$	90	小时平均
苯并〔a〕芘 B（a）p	$\mu g/100m^3$	0.1	
可吸入颗粒 PM_{10}	mg/m^3	0.15	
总挥发性有机物 TVOC	mg/m^3	0.60	
细菌总数	cfu/m^3	2500	

① 除特殊之处外，均为日平均浓度；

② 居室内甲醛的浓度限值为 $0.08mg/m^3$。

室内空气中氡及其子体浓度参考值 　　　　　　　　**表 A-8**

摘自于卫生部文件卫法监发〔2001〕255 号

建筑物类型	平衡当量浓度（年平均 Bq/m^3）
住房	200
地下建筑	400

香港办公楼与公共场所 IAQ 管理指南 　　　　　　　　**表 A-9**

——IAQ 指标 1999 年

参　　数	单　位	8h 平 均 值		
		第一水平	第二水平	第三水平
二氧化碳	$\times 10^{-6}$（体积比）	<800	<1000	<5000
一氧化碳	$\mu g/m^3$	<2000	<10000	<29000
可吸入颗粒物	$\mu g/m^3$	<20	<180	—
二氧化氮	$\mu g/m^3$	<40	<150	<5600
臭氧	$\mu g/m^3$	<50	<120	<200
甲醛	$\mu g/m^3$	<30	<100	<370
总挥发有机化合物	$\mu g/m^3$	<200	<600	—
氡	Bq/m^3	<150	<200	—
空气中的细菌	cfu/m^3	<500	<1000	—
温度	℃	20~25.5	<25.5	—
相对湿度	%	40~70	<70	—
空气流速	m/s	<0.2	<0.3	—

香港办公楼宇及公众场所的室内空气质素指标 表 A-10

参 数	单 位	八小时平均[①]	
		卓 越 级	良 好 级
室内温度 Room Temperature	℃	20 至 <25.5[②]	<25.5[②]
相对湿度 Relative Humidity	%	40 至 <70[③]	<70
空气流动速度 Air movement	m/s	<0.2	<0.3
二氧化碳 CO_2 Carbon Dioxide	ppmv	<800	<1000
一氧化碳（CO） Carbon Monoxide（CO）	$\mu g/m^3$	<2000[④]	<10000[⑤]
	ppmv	<1.7	<8.7
可吸入悬浮粒子（PM_{10}） Respirable Suspended Particulates（PM_{10}）	$\mu g/m^3$	<20[④]	<180[⑥]
二氧化氮 NO_2 Nitrogen Dioxide	$\mu g/m^3$	<40[⑤]	<150[⑥]
	ppbv	<21	<80
臭氧（O_3） Ozone（O_3）	$\mu g/m^3$	<50[④]	<120[⑤]
	ppbv	<25	<61
甲醛（HCHO） Formaldehyde（HCHO）	$\mu g/m^3$	<30[④]	<100[④,⑤]
	ppbv	<24	<81
总挥发性有机化合物（TVOC） Total Volatile Organic Compounds（TVOC）	$\mu g/m^3$	<200[④]	<600[④]
	ppbv	<87	<261
氡气（^{222}Rn） Radon（^{222}Rn）	Bq/m^3	<150[⑦]	<200[④]
空气中细菌 Airborne Bacteria	cfu/m^3	<500[⑧,⑨]	<1000[⑧,⑨]

① 在某些情况下，进行连续 8h 的量度工作未必可行。因此、亦可接受替代量度方案（即采取间歇式量度方法，在 4 个不同时段进行每次为期半小时的量度，然后取平均数）。

② 机电工程署 1998 年发出的《空调装置能源效益指引》。

③ 室内空气质素指标：日本（Law of Maintenance of Sanitation in Building）及韩国（Public Sanitary Law）。

④ 芬兰室内空气质素及气候协会 2001 发出的 Classification of Indoor Climate 2000：Target Values，Design Guidance and Product Requirements。

⑤ 世界卫生组织 2000 年发出的 Guidelines for Air Quality。

⑥ 环境保护署 1987 年根据《空气污染管理条例》（第 311 章）所订的香港空气质素指标。

⑦ 美国环保署 1987 年发出的 "US EPA Guideline for Radon in Homes due to Natural Radiation Sources"（注：4pCi/L 或 150Bq/m³ 为美国环保署所订的行动水平）。

⑧ 美国政府工业卫生专家协会 1986 年活动及报告 "生物喷雾剂：办公室环境中存活于空气的微生物：采样准则及分析程序"。

⑨ 细菌含量超标并不表示会构成健康风险，但可作为需要进一步调查的提示。

各项污染物的浓度限值 表 A-11

摘自 GB3095—1996 环境空气质量标准

污染物名称	取值时间	浓度限值			浓度单位
		一级标准	二级标准	三级标准	
二氧化硫 SO_2	年平均	0.02	0.06	0.10	
	日平均	0.05	0.15	0.25	
	1 小时平均	0.15	0.50	0.70	
总悬浮颗粒物 TSP	年平均	0.08	0.20	0.30	
	日平均	0.12	0.30	0.50	
可吸入颗粒物 PM_{10}	年平均	0.04	0.10	0.15	
	日平均	0.05	0.15	0.25	
氮氧化物 NO_x	年平均	0.05	0.05	0.10	mg/m^3（标准状态）
	日平均	0.10	0.10	0.15	
	1 小时平均	0.15	0.15	0.30	
二氧化氮 NO_2	年平均	0.04	0.04	0.08	
	日平均	0.08	0.08	0.12	
	1 小时平均	0.12	0.12	0.24	
一氧化碳 CO	日平均	4.00	4.00	6.00	
	1 小时平均	10.00	10.00	20.00	
臭氧 O_3	1 小时平均	0.12	0.16	0.20	
铅 Pb	季平均		1.50		
	年平均		1.00		
苯并[a]芘 B[a]P	日平均		0.01		$\mu g/m^3$（标准状态）
氟化物	日平均		7[①]		
	1 小时平均		21[①]		
F	月平均	1.8[②]		3.0[③]	$\mu g/（dm^2 \cdot d）$
	植物生长季平均	1.2[②]		2.0[③]	

① 适用于城市地区；

② 适用于牧业区和以牧业为主的半农半牧业，蚕桑区；

③ 适用于农业和林业区。

芬兰良好室内气候标准 A-12

内 容	室内气候规定定值（SI）
房间温度（℃）	21 ~ 22（冬），22 ~ 25（夏）
空气流速（m/s）	<0.1（冬）， <0.15（夏）
相对湿度（%）	25 ~ 45（冬），30 ~ 60（夏）
HVAC 设备 A 声级（dB）	<25
换气次数（h^{-1}）	>0.8
散 发 物	
氡（mg/m^3）	<0.02
甲醛（mg/m^3）	<0.03

续表

内　　　容	室内气候规定定值（SI）
气味强度（decipol）	<0.2
CO_2（mg/m^3）	<1800
全部悬浮颗粒（mg/m^3）	0.06
散发物（表层材料的必要条件）	
全部挥发性有机物［$mg/(m^2 \cdot h)$］	0.2
甲醛［$mg/(m^2 \cdot h)$］	<0.05
氨［$mg/(m^2 \cdot h)$］	<0.03
致癌混合物［$mg/(m^2 \cdot h)$］	<0.005
不满意气味（%）	<15

美国 OSHA 规定的车间部分污染物的允许暴露限值　　　　表 A-13

污染物名称	单　位	标　准　值	备　注
可吸入颗粒物	mg/m^3	5	8 小时 TWA
甲醛	mg/m^3	1	8 小时 TWA
苯	mg/m^3	3.5	8 小时 TWA
二甲苯	mg/m^3	435	8 小时 TWA
总挥发性有机物	—	—	无此项指标
氨	mg/m^3	35	8 小时 TWA
二氧化碳	mg/m^3	9000	8 小时 TWA
一氧化碳	mg/m^3	55	8 小时 TWA
臭氧	mg/m^3	0.2	8 小时 TWA
二氧化硫	mg/m^3	13	8 小时 TWA
二氧化氮	mg/m^3	9	8 小时 TWA
氡	pCi/L	30	8 小时 TWA
铅	$\mu g/m^3$	50	8 小时 TWA

注：1. 8 小时 TWA（Time weighted average limit）指 8 小时加权的平均允许浓度值。

　　2. OSHA 目前规定大约 400 种化学物质的暴露限制，这里所选指标为参照国家环保总局、卫生部制定的
　　　《室内环境质量评价标准》而定。

美国环保局对学校部分室内空气污染物建议的参考标准　　　表 A-14

污染物名称	单　位	标准值	备　注
可吸入颗粒物	mg/m³	0.05	1 小时平均，引用国家环境空气质量标准
甲醛	mg/m³	1	8 小时 TWA，引用 OSHA 标准
二氧化碳	mg/m³	1800	引用 ASHRAE 标准
一氧化碳	mg/m³	44	1 小时平均，引用 NIOSH 标准
臭氧	mg/m³	0.2	8 小时 TWA
二氧化氮	mg/m³	0.1	24 小时平均，引用国家环境空气质量标准
氡	pCi/L	4	8 小时 TWA
铅	—	—	引用 CPSC 规定，在油漆、涂料中禁用
香烟烟雾及二手烟烟雾			引用《保护儿童法案》规定，公立学校一般禁烟
生物污染			尚无具体标准

注：OSHA 即美国职业安全与健康管理局。
　　ASHRAE 即美国供热、制冷及空调工程师学会。
　　NIOSH 即美国国家职业安全与健康研究所。
　　CPSC 即美国消费品安全委员会。

挪威的建筑物设计目标要求　　　表 A-15

挪威学者 ELMUND SKARX T 推荐

项　　目	典型本底水平	设计目标范围
室内 VOC 浓度（μg/m³）	300	300
楼板 VOC 释放量 [μg/（m²·h）]	100~5000	200~500
墙壁 VOC 释放量 [μg/（m²·h）]	20~1000	40~100
室内通风量 [L/（m²·s）]	0.1~4.6	0.2~0.5

世界各国室内甲醛浓度指导限值和最大容许值　　　表 A-16

国家/组织	限值（mg/m³）	评　述
WHO	<0.1	总人群，30 分钟指导限值
丹麦	0.15	总人群，基于刺激作用的指导限值
德国	0.12（0.1mg/L）	总人群，基于刺激作用的指导限值
芬兰	0.30/0.15	对老/新（1981 年为界）建筑物指导限值
意大利	0.12（0.1mg/L）	暂定指导限值
荷兰	0.12（0.1mg/L）	基于总人数刺激作用和敏感者致癌作用，标准推荐知道限值

续表

国家/组织	限值（mg/m³）	评述
挪威	0.06	推荐指导限值
西班牙	0.48（0.4mg/L）	仅适用于室内安装尿醛树脂泡沫材料的初期
瑞典	0.13/0.20	指导限值，室内安装胶合板/补救措施控制水平
瑞士	0.24（0.2mg/L）	指导限值
美国	0.486	联邦目标环境水平
日本	0.12（0.1mg/L）	室内空气质量标准
新西兰	0.12（0.1mg/L）	室内空气质量标准

世界各国规定的室内氡浓度的行动水平（Bq/m³）　表 A-17

国家和组织	制定年代	原有建筑物	新建筑物	备注
澳大利亚	1995	200	未设	
加拿大	1989	800	未设	长期客观
美国 EPA	1986	150	未设	正常居住情况下测量 12 个月的结果
英国 NRPB	1990	200	未设	附加 6 个建议
瑞士	1994	1000	400	高于 1000，要求房主 3 年内采取补救措施
瑞典	1990	200	70	
奥地利	1992	400	200	
比利时	1995	400	未设	
德国 SSK	1994	200~1000	250	>1000 应限时采取有效的补救措施
中国	1995	200	100	年均平衡当量氡浓度
欧共体 CEC	1990	400	200	
ICRP	1993	200~600	未设	年均浓度
IAEA	1994	200~600	未设	年均浓度
WHO	1985	100	未设	

德国的室内空气中 VOCs 浓度值（μg/m³）　表 A-18
德国学者 BERN ＞SEIFER 推荐

烷烃	芳香烃	萜烯烃	卤代烃	酯类	醛、酮类	其他化合物	VOCs 总量
100	50	30	30	20	20	50	300

日本室内空气质量标准（1970）　　　表 A-19

编　号	项　　目	标　准　值
1	悬浮颗粒物	$<0.15\text{mg/m}^3$
2	一氧化碳	$<10\times10^{-6}$（体积比）
3	二氧化碳	$<1000\times10^{-6}$（体积比）
4	温度	$17\sim28℃$
5	相对湿度	$40\%\sim70\%$
6	空气流速	$<0.5\text{m/s}$

挪威室内空气品质指南　　　表 A-20

VOC	$400\mu\text{g/m}^3$（总量）
甲醛	$100\mu\text{g/m}^3$
CO_2	$1800\mu\text{g/m}^3$（最大值）
CO	$10\mu\text{g/m}^3$（8 小时平均值） $25\mu\text{g/m}^3$（1 小时平均值）
NO_2	$100\mu\text{g/m}^3$（24 小时平均值） $200\mu\text{g/m}^3$（1 小时平均值）
悬浮颗粒	$40\mu\text{g/m}^3$（RSP 范围 $0.1\sim2.5\mu\text{m}$） $90\mu\text{g/m}^3$（SP $0.1\sim10\mu\text{m}$）
石棉	没有游离的石棉尘、没有给出确定浓度范围，但必须严格控制污染源
虫螨	每克粉尘大约 50 个虫螨
微生物	无致病微生物存在；其他微生浓度越低越好；室内不应出现发霉气味
合成矿物纤维（MMMF）	没有给出精确的健康危害浓度
氡	待建筑物：$<200\text{Bq/m}^3$； 现有建筑物：浓度 $200\sim800\text{Bq/m}^3$ 之间时需要采取简单的控制措施；浓度高于 800Bq/m^3 时更加复杂
烟草烟物（ETS）	根据与烟草有关的法律制定有关指南

世界卫生组织标准　　　表 A-21

污染物名称	标　准　值		依　据
二氧化硫 SO_2	0.125 mg/m³	24h 平均值	世界卫生组织（WHO）
二氧化氮 NO_2	0.94 mg/m³	1h 平均值	世界卫生组织（WHO）将此值作为制定 NO_2 卫生标准的参考基准值
一氧化碳 CO	7 mg/m³	24h 平均值	WHO 推荐，空气中 CO 浓度应为人群血液中 COHb% 不超过 2.5% 为主要限制指标
二氧化碳 CO_2	1800 mg/m³		世界卫生组织（WHO）推荐作为室内人体长期接触的理想浓度或可接受浓度
甲醛 HCHO	0.10 mg/m³	1h 平均值	WHO 以嗅阈值的中位数作为健康终点效应值

国外或国际组织某些机构协会推荐值			表 A-22
污　染　物	浓　度	平均暴露时间	机构或协会
一氧化碳（CO）	$9 \times 10^{-4}\%$	8 小时	NAAQS[1]
二氧化碳（CO_2）	$10^{-1}\%$	连续	ASHRAE[2]
二氧化氮（NO_2）	$5 \times 10^{-6}\%$	1 年	NAAQS
臭氧（O_3）	$5 \times 10^{-6}\%$	连续	ASHRAE
甲醛（HCHO）	$10^{-5}\%$	连续	ASHRAE
铅（Pb）	$1.5 \times 10 g/m^3$	3 个月	NAAQS
总的悬浮微粒（TSP）	$75 \times 10 g/m^3$	1 年	NAAQS
氡（Rn）	$4 \times 10^{-9} curie/m^3$	1 年	EPA[3]

① 美国环境空气质量标准；
② 美国供暖制冷空调工程师协会；
③ 美国环境保护机构。

美国 ASHREAB 标准 62-1989R 对 10 种室内空气污染物的控制要求					表 A-23
污染物名称	长　　期			短　　期	
	浓　度	时间		浓　度	时间
	（$\mu g/m^3$）	（ppm）	（年）	（$\mu g/m^3$）	（ppm）	（h）

污染物名称	长期 浓度（$\mu g/m^3$）	长期 浓度（ppm）	长期 时间（年）	短期 浓度（$\mu g/m^3$）	短期 浓度（ppm）	短期 时间（h）
二氧化碳	1.8×10^6	1000	常年			
一氧化碳				40000	35.0	1
一氧化碳				10000	9.00	8
氯丹	5.0	0.0003	常年			
铅	1.5		0.25			
氮氧化物	100.0	0.055	1.00			
臭氧				235	0.12	1
臭氧	100.0	0.05	常年			
总悬浮颗粒物	50.0		1.00	150		24
氡	4（pCi/L）		1.00			
二氧化硫	80.0	0.030	1.00	365	0.14	24

各国室内卫生研究部门推荐的室内 TVOC 的标准		表 A-24
部　　　门	推　荐　标　准	
	mg/m³	PPb
北欧建材协会	300～1300	75～325
日本厚生省	400～1000	100～250
美国卫生协会	＜1000	＜200

续表

部门	推荐标准	
	mg/m³	PPb
美国得州协会	500	100
澳大利亚国家健康协会	500	100
芬兰室内空气质量和环境协会	200～600	50～150
德国卫生协会	300	75
丹麦健康协会	250	50
世界卫生组织	300	75

世界各国涂料、胶粘剂和室内空气中微量游离甲醛规定 表 A-25

国家/组织	产品类型	限量
中国建材局	水溶性聚乙烯醇缩甲醛	≤0.5%
中国环保局	水性涂料	500mg/kg
中国	木材用聚乙烯醇缩甲醛树脂	≤1.0%
中国	木材用脲醛树脂	NQBRH、NQTRH（G）、NQBRJ≤1.0%；NQTRB、NQRR（M）≤0.5%；NQTL≤2.0%
中国	木材用三聚氰胺树脂	SQBDJ、SQBGJ≤1.0%
中国	内墙用水性涂料	≤0.5%
中国	水性胶粘剂	≤1g/kg
日本厚生省	用于假发等胶粘剂	<75mg/kg
德国	室内空气	0.12mg/m³ 总人群，30min 均值
美国（威斯康星州）	室内空气	0.24mg/m³
丹麦	室内空气	0.14 mg/m³
日本	室内空气	0.12 mg/m³
中国	室内空气	0.08 mg/m³
荷兰	室内空气	0.12（0.1ppm）
WHO	室内空气	<0.01 mg/m³ 总人群，30min 均值
瑞士	空气（指导限值）	0.24 mg/m³
瑞典	室内安装胶合板/补救措施控制	0.13/0.20 mg/m³
意大利	胶粘剂（包装用）	<6mg/kg
中国环保局（起草稿）	建筑用粘合剂	<0.1
上海地方标准	室内装潢涂料	卫生型：不得检出；安全型：<0.10%

附录 B 室内空气科研机构名称及网址

序号	机 构 名 称	互 联 网 网 址
1	中国室内环境网	http：//www. cietc. com
2	中国室内装饰协会	http：//www. cida. gov. cn
3	中国环保产业协会	http：//www. caepi. org. cn
4	中国消费者协会	http：//www. cca. org. cn
5	中国疾病预防控制中心	http：//www. chinacdc. cn
6	国家质量监督检验检疫总局	http：//www. aqsiq. gov. cn
7	国家环保总局	http：//www. sepa. gov. cn
8	中华人民共和国劳动和社会保障部	http：//www. molss. gov. cn
9	世界卫生组织 WHO （World Health Organization）	http：//www. who. int
10	中国实验室国家认可委员会	http：//www. cnal. org. cn
11	室内空气质素及气候国际协会 ISIAQ （International Society of Indoor Air Quality and Climate ）	http：//www. isiaq. org
12	国际能源组织 IEA （International Energy Agency）	http：//www. iea. org
13	美国室内空气质素协会 IAQA （Indoor Air Quality Association‐U. S. ）	http：//www. iaqa. org
14	香港室内空气质素信息中心 （Indoor Air Quality Information Center‐Hong Kong）	http：//www. iaq. gov. hk
15	国际癌病研究组织 IARC （The International Agency for Research on Cancer）	http：//www. iarc. fr
16	香港吸烟与健康委员会 HKCOSH （Hong Kong Council on Smoking and Health）	http：//www. info. gov. hk/hkcosh
17	美国环保局 EPA （Environmental Protection Agency‐U. S. ）	http：//www. epa. gov/iaq
18	美国职业安全与健康协会 NIOSH （National Institute of Occupational Safety and Health‐U. S. ）	http：//www. cdc. gov/niosh/homepage. html
19	英国建筑科学研究院 （British Research Establishment‐U. K. ）	http：//www. bre. co. uk
20	丹麦室内气候学会 （Danish Society of Indoor Climate）	http：//www. dsic. org/dsic. htm
21	丹麦室内气候标签 （Danish Indoor Climate Labelling‐Denmark）	http：//www. teknologisk. dk/dim
22	日本环保部 （Ministry of the Environment‐Japan）	http：//www. env. go. jp/en/index. html
23	日本环宇环保标签网络 （Global Ecolabelling Network‐Japan）	http：//www. gen. gr. jp
24	室内空气 2002 会议 （Indoor Air 2002 Conference）	http：//www. indoorair2002. org

续表

序号	机 构 名 称	互 联 网 网 址
25	加拿大按揭及楼宇公司 CMHC （Canada Mortgage and Housing Corporation）	http：//www. cmhc-schl. gc. ca
26	能源效益及可再生能源网络 （Energy Efficiency and Renewable Energy Network）	http：//www. eere. energy. gov
27	英国屋宇装备工程师学会 （Chartered Institute of Building Services Engineers – U. K.）	http：//www. cibse. org
28	挪威环保标签	http：//www. ecolabel. no
29	英国环保标签委员会 （UK Ecolabelling Board-U. K.）	http：//www. ecosite. co. uk
30	芬兰完成物料的分类 （Finnish Classification of Finishing Materials-Finland）	http：//www. rts. fi/english. htm
31	英国空气渗滤及通风中心 AIVC （Air Infiltr-ation and Ventilation Centre-UK）	http：//www. aivc. org
32	美国国家标准及技术协会 NIST （National Institute of Standards and Technology-U. S.）	http：//www. nist. gov
33	美国国家风槽清洁人员协会 NADCA （National Air Duct Cleaning Association-U. S.）	http：//www. nadca. com
34	美国联邦贸易委员会 FTC （Federal Trade Commission-U. S.）	http：//www. ftc. gov
35	美国电力研究学会 EPRI （Electric Power Research Institute-U. S.）	http：//www. epri. com
36	美国分析及发布探明能源中心 CADDET （Centre for the Analysis and Dissemination of Demonstrated Energy Agency-U. S.）	http：//www. ornl. gov/CADDET/caddet. html
37	美国疾病控制及预防中心 （Centers for Disease Control and Prevention-U. S.）	http：//www. cdc. gov
38	美国建筑物研究中心 CBS （Centre for Building Studies-U. S.）	http：//eetd. lbl. gov/newsletter/CBS_ NL
39	美国地毯及毯子协会 （Carpet and Rug Institute-U. S.）	http：//www. carpet-rug. com
40	美国采暖、制冷及空气调节工程师学会 ASHRAE （American Society of Heating, Refrigerating and Air-Conditioning Engineers-U. S.）	http：//www. ashrae. org
41	美国空调及制冷协会 ARI （Air-Conditioning and Refrigeration Institute-U. S.）	http：//www. ahrinet. org
42	美国空调承办商 ACCA （Air Conditioning Contractors of America-U. S.）	http：//www. acca. org
43	中国台湾行政院环境保护署网	http：//www. epa-bike. tw
44	中国建材市场网	http：//www. cnjcw. com
45	中国国家标准化管理委员会	http：//www. sac. gov. cn
46	中国室内环境网	http：//www. cietc. com
47	中国环保商情网	http：//www. china-epa. com